OEUVRES D'É. VERDET

PUBLIÉES PAR LES SOINS DE SES ÉLÈVES

TOME III

COURS DE PHYSIQUE

PROFESSÉ A L'ÉCOLE POLYTECHNIQUE

PAR

É. VERDET

PUBLIÉ

PAR M. ÉMILE FERNET
RÉPÉTITEUR A L'ÉCOLE POLYTECHNIQUE, ANCIEN ÉLÈVE DE L'ÉCOLE NORMALE

AVEC 232 FIGURES DANS LE TEXTE

TOME DEUXIÈME

PARIS
VICTOR MASSON ET FILS, ÉDITEURS
PLACE DE L'ÉCOLE-DE-MÉDECINE
1869

ŒUVRES

DE

É. VERDET

PUBLIÉES

PAR LES SOINS DE SES ÉLÈVES

TOME III

PARIS,

VICTOR MASSON ET FILS, ÉDITEURS,

PLACE DE L'ÉCOLE-DE-MÉDECINE.

COURS

DE PHYSIQUE

PROFESSÉ À L'ÉCOLE POLYTECHNIQUE

PAR

É. VERDET

PUBLIÉ

PAR M. ÉMILE FERNET

RÉPÉTITEUR À L'ÉCOLE POLYTECHNIQUE, ANCIEN ÉLÈVE DE L'ÉCOLE NORMALE

TOME II

PARIS

IMPRIMÉ PAR AUTORISATION DE SON EXC. LE GARDE DES SCEAUX

A L'IMPRIMERIE IMPÉRIALE

M DCCC LXIX

COURS DE PHYSIQUE

PROFESSÉ

A L'ÉCOLE POLYTECHNIQUE.

ÉLASTICITÉ ET ACOUSTIQUE.

NOTIONS GÉNÉRALES.

298. **De l'élasticité en général.** — On désigne sous le nom de *théorie de l'élasticité* l'étude générale des relations que l'on peut établir, pour les différents corps de la nature, entre les diverses forces qui agissent sur eux, et leur forme, leur volume et leur état intérieur.

Lorsque, aux forces agissant sur un corps, viennent s'ajouter des forces nouvelles, ce corps est ordinairement modifié; mais, dans certains cas, il arrive que ces modifications disparaissent et que le corps revient à son état primitif dès que ces nouvelles forces cessent d'agir. C'est ce qu'on observe, par exemple, sur un ressort qu'on a fait fléchir par l'action d'une force extérieure, et qu'on soustrait ensuite à l'action de cette force; sur une corde à laquelle on a donné une certaine tension, inférieure à sa limite de résistance, et qu'on abandonne à elle-même en supprimant cette tension; sur un gaz que l'on a comprimé, et qu'on laisse revenir à son volume primitif. Cette propriété générale, qui se manifeste à des degrés divers dans tous les corps, est désignée dans le langage ordinaire sous le nom d'*élasticité* : elle constitue la manifestation la plus évidente de l'influence des forces extérieures sur la forme et le volume des corps; dès lors, on a été naturellement conduit à étendre cette désignation à la science qui a pour objet l'étude de cette influence.

On appelle fréquemment aussi *élasticité*, ou mieux *forces élastiques*, le système des forces intérieures par lesquelles les divers éléments d'un corps réagissent les uns sur les autres, lorsque des forces extérieures tendent à modifier leurs situations relatives.

299. **Des méthodes employées dans l'étude de l'élasticité.** — On peut avoir recours, dans l'étude de l'élasticité, à deux systèmes d'expériences bien distinctes.

Les unes sont des expériences qu'on peut appeler *statiques* : les déterminations qu'elles fournissent sont relatives à des états d'équilibre. Elles consistent à soumettre un corps à l'action de forces déterminées, et à observer directement, lorsque son état est devenu invariable, les modifications qu'il a subies. — Pendant longtemps, les expériences de ce genre ont été entreprises dans un but exclusivement pratique, et n'ont paru fournir à la science proprement dite qu'un petit nombre de faits isolés. C'est seulement à une époque récente qu'on a cherché, dans ces faits d'observation, les fondements d'une doctrine générale, et c'est dans ce sens qu'ont été dirigés les travaux de Navier, de Lamé et Clapeyron, de Poisson, de Cauchy. Les principales difficultés que présentent ces recherches résultent, en général, de la petitesse des effets dont la détermination doit fournir les éléments du phénomène.

Les autres sont des expériences *dynamiques* : elles ont pour objet l'étude des mouvements vibratoires. Lorsqu'un corps, après avoir été modifié par l'action de certaines forces, revient à son état primitif par la suppression de ces mêmes forces, il ne s'arrête pas immédiatement à cet état primitif : il le dépasse, de manière à éprouver une modification inverse de la première, et la répétition de cette double alternative constitue un mouvement vibratoire qui devrait persister indéfiniment s'il ne se communiquait peu à peu aux corps voisins. L'étude de ces mouvements peut faire connaître les lois des forces élastiques intérieures, et ces lois elles-mêmes conduisent à déterminer l'action modificatrice des forces extérieures.

Lorsque les vibrations d'un corps sont suffisamment rapides, et qu'elles peuvent se transmettre à notre organe auditif par l'intermédiaire de l'air ou de tout autre milieu pondérable, elles donnent naissance à la sensation spéciale qu'on désigne par les expressions de *son* et de *bruit*, expressions qui sont à peu près synonymes l'une de l'autre. Or les caractères de cette sensation sont liés d'une manière remarquable à ceux du mouvement vibratoire lui-même, et peuvent servir à les déterminer. De là un moyen d'investigation des effets de l'élasticité, moyen souvent plus facile à appliquer que l'observation directe des phénomènes d'équilibre.

300. **Du but spécial qu'on se proposera dans l'étude de l'acoustique en particulier.** — Les résultats du dernier genre d'expériences qui vient d'être indiqué, considérés en eux-mêmes et réunis à un certain nombre d'études qui appartiennent plutôt à la physiologie qu'à la physique, ont formé pendant longtemps la science connue sous le nom d'*acoustique;* cette science, ainsi constituée, était considérée comme une des divisions primordiales de la physique, division comparable à l'*optique*, par exemple.

Il convient aujourd'hui de modifier un peu les délimitations de ces diverses sciences : de laisser à la physiologie l'étude spéciale des sensations auditives, et de réunir simplement, aux expériences statiques sur les effets de l'élasticité, les expériences qui importent au physicien par les renseignements qu'elles lui fournissent sur les forces intérieures des corps. On devra seulement emprunter à la physiologie du sens de l'ouïe les notions qui sont indispensables pour faire usage des sensations auditives comme d'un moyen d'investigation physique.

DU SON ET DE SES CARACTÈRES.

301. **Définitions.** — On appelle *son* ou *bruit* toute impression produite sur le sens de l'ouïe, et, par extension, tout phénomène physique qui peut donner naissance à une telle impression.

L'oreille distingue dans ses sensations trois qualités différentes : *l'intensité, la hauteur, le timbre.* Les différences d'intensité et de hauteur des divers sons constituent des caractères nettement définis et faciles à apprécier; il est inutile de les définir autrement que par les modifications bien connues des sensations auditives. Dans le langage scientifique, l'expression *timbre* désigne, d'une manière générale, l'ensemble des qualités par lesquelles deux sons de même hauteur et de même intensité peuvent se distinguer l'un de l'autre.

On considère ordinairement comme constituant un *bruit* toute impression dans laquelle l'oreille n'apprécie qu'imparfaitement le caractère de la hauteur. Il n'y a cependant rien d'absolu dans cette définition, et, dans bien des circonstances, l'oreille la moins exercée sait discerner les rapports de hauteurs de divers bruits successifs, qu'il lui paraîtrait impossible de classer dans l'échelle musicale si elle les entendait séparément. C'est ainsi qu'une série de trois tuyaux métalliques, fermés à l'une de leurs extrémités et contenant des pistons, peut être réglée de telle façon qu'en enlevant successivement les pistons des trois tubes on produise une suite de bruits donnant la sensation des notes d'un accord parfait. Un résultat semblable peut être produit avec trois petites lames de bois qu'on laisse successivement tomber sur le sol. — On reviendra d'ailleurs plus loin sur les caractères particuliers des bruits.

302. **Un son est toujours produit par un mouvement vibratoire.** — Un *son* proprement dit est toujours produit par les *vibrations* des corps, c'est-à-dire par des mouvements tels, que les positions relatives de points très-voisins les uns des autres diffèrent constamment très-peu des positions relatives qui conviennent à l'état de repos. — Pour constater le mouvement vibratoire dont est animée une corde tendue, quand on lui fait rendre un son, il suffit de remarquer le gonflement qu'elle semble éprouver, surtout vers son milieu : à cause de la persistance des impressions lumineuses, la corde nous apparaît alors comme occupant à la fois les diverses positions qu'elle prend successivement pendant son mouvement.

Un grand nombre d'autres expériences peuvent servir à manifester les vibrations des corps sonores. — Si l'on fixe très-près de la paroi d'une cloche de verre l'extrémité d'une petite pointe métallique, de façon cependant que la pointe ne touche pas la cloche quand elle est au repos, et si l'on vient ensuite à faire rendre un son à cette cloche, elle produit contre la pointe une série de petits chocs; en posant la main sur la cloche, on sent un frémissement qui ne cesse que lorsque le son vient à s'éteindre. — Si l'on place du mercure dans l'intérieur d'un timbre sonore, il se produit, dès que le timbre est choqué par un marteau ou frotté avec un archet, des ondulations à la surface du liquide : ces ondulations se reproduisent d'une manière continue, tant que dure le son rendu par le timbre. — Enfin, on aura à revenir plus loin sur la disposition particulière qu'affecte le sable répandu sur la surface d'une plaque vibrante, sur les mouvements que manifeste le sable placé sur une membrane mince qu'on descend dans l'intérieur d'un tuyau sonore, etc.

303. **Le son ne peut être perçu par l'oreille qu'autant qu'il lui est transmis par une suite continue de milieux pondérables.** — Lorsqu'on place sous le récipient de la machine pneumatique un timbre muni d'un petit marteau mis en mouvement par un mécanisme d'horlogerie, on constate que, dès que le vide est suffisamment parfait, le son du timbre frappé par le marteau cesse d'être perceptible. De même, en faisant le vide dans un ballon de verre au milieu duquel est placée une petite clochette suspendue par un fil de lin, on peut constater, en agitant le ballon, que le son de la clochette cesse d'arriver à l'oreille.

Au contraire, les divers milieux, solides, liquides ou gazeux, sont aptes à la transmission des sons, pourvu qu'il y ait continuité entre le corps sonore et l'oreille. C'est ce que prouvent un grand nombre de faits énumérés dans tous les ouvrages élémentaires.

304. **L'intensité du son dépend de l'amplitude des vibrations.** — Pour constater que l'intensité du son dépend de l'amplitude des vibrations qui le produisent, il suffit de faire vibrer une corde et de l'abandonner ensuite à elle-même; le son, conservant toujours la même hauteur, perd graduellement son intensité : en observant la corde avec attention, on voit diminuer en même temps l'amplitude de ses vibrations. — Une observation semblable peut d'ailleurs être réalisée avec tout autre corps sonore.

305. **La hauteur du son dépend du nombre des vibrations exécutées en un temps déterminé.** — En observant les vibrations d'une corde fixée par ses deux extrémités, ou d'une lame

élastique fixée par l'une de ses extrémités, et donnant à l'une ou à l'autre une longueur suffisante pour que l'œil en puisse suivre le mouvement, on constate :

1° Que ces vibrations sont périodiques; qu'elles sont en outre *isochrones*, c'est-à-dire que leur durée est indépendante de l'amplitude;

2° Que le nombre des vibrations exécutées dans un temps donné augmente à mesure qu'on diminue la longueur de la corde ou de la lame vibrante;

3° Que, lorsque l'on diminue la longueur au delà d'une certaine limite, les vibrations, trop rapides pour être suivies par l'œil, produisent un son;

4° Que, si l'on réduit au-dessous de cette limite la longueur de la corde ou de la lame vibrante, la hauteur du son s'élève de plus en plus.

Ces diverses observations conduisent à admettre que la perception de la hauteur implique la *périodicité* du mouvement vibratoire, et que la hauteur d'un son particulier dépend du nombre des vibrations de même durée qui sont effectuées en un temps donné.

Par suite, un bruit qui ne paraît pas avoir de caractère musical déterminé ne peut résulter que d'un mouvement vibratoire non

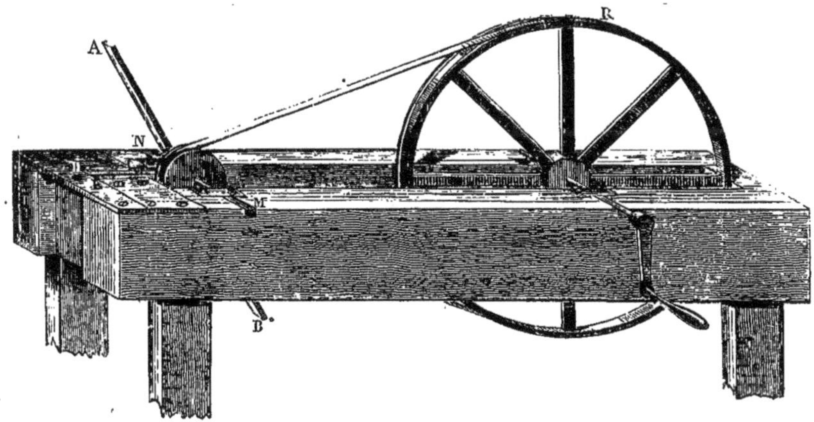

Fig. 281.

périodique. — Pour distinguer nettement les *bruits* des *sons*, il faut remarquer que, dans un grand nombre de cas, l'absence apparente de périodicité est due à la coexistence de plusieurs mouvements vibratoires périodiques, de différentes hauteurs : il est quelquefois possible d'isoler un ou plusieurs de ces éléments d'un bruit. — D'autres fois, la faible durée d'un son ne permet pas, au premier abord, d'en apprécier la hauteur, mais le caractère musical devient sensible si l'on augmente la durée du son. C'est ce que montre l'appareil connu sous le nom de *barre tournante de Savart*. — Une barre de fer AB (fig. 281) tourne autour d'un axe MN perpendiculaire à sa longueur : on lui donne un mouvement de rotation plus ou moins rapide, à l'aide d'une roue R dont le rayon est très-grand par rapport à celui de l'axe de rotation MN; à chaque demi-révolution, la barre traverse une ouverture rectangulaire CDEF, qu'elle remplit presque entièrement. A chaque passage de la barre dans cette ouverture, on entend un bruit intense, sans caractère musical bien défini; cependant, lorsqu'on accélère le mouvement et que la sensation devient continue, on entend un son très-grave, dont la place sur l'échelle musicale n'est pas douteuse pour une oreille exercée.

306. **Vibrations complètes ou oscillations doubles.** — Lorsque, après avoir exercé sur un corps une action qui dérange ses molécules de leurs positions d'équilibre, on abandonne ce corps à lui-même, les forces élastiques développées par de petits déplacements étant sensiblement proportionnelles à ces déplacements eux-mêmes, le mouvement des divers points est, dans la plupart des cas, analogue à celui d'un pendule : chaque *vibration* est alors la succession de deux *oscillations* égales et contraires, décomposables elles-mêmes en deux moitiés symétriques par rapport à la position d'équilibre.

L'usage le plus ordinairement adopté par les physiciens qui se sont occupés de l'étude de l'acoustique consiste à définir la hauteur d'un son par le nombre des oscillations ou demi-vibrations effectuées en un temps donné. On ne s'y conformera pas dans ce cours, et l'on adoptera la convention faite en optique, c'est-à-dire qu'on définira toujours un mouvement vibratoire par le nombre de ses *vibrations complètes*. — Les phénomènes offerts par les roues dentées de Savart, ou par la sirène de Cagniard de Latour, prouvent d'ailleurs, comme on va le montrer, que les vibrations formées de deux oscillations égales et contraires ne sont pas seules aptes à produire des sons véritables.

307. **Roues dentées de Savart.** — Les roues dentées employées par Savart sont en général au nombre de quatre (fig. 282); elles sont montées sur un axe MN, auquel on peut imprimer un mouvement de rotation en le substituant à celui de la barre tournante, dans l'appareil représenté par la figure 281. On place une carte sur le support qui est fixé en avant, de façon que les dents de l'une des roues viennent successivement rencontrer cette carte. Ces chocs répétés produisent un son, et l'expérience, même quand on la fait sans effectuer aucune mesure, montre que le son est d'autant plus aigu que les dents sont plus nombreuses, ou que le mouvement de la roue est plus rapide. — On indiquera plus loin comment l'appareil permet de déterminer le nombre des impulsions imprimées à la carte en un temps donné.

Fig. 282.

308. **Sirène de Cagniard de Latour.** — L'appareil imaginé par Cagniard de Latour, et désigné par lui sous le nom de *sirène*, comprend, comme pièces essentielles, une caisse cylindrique de laiton C, dans laquelle on comprime de l'air en montant le tube T (fig. 283) sur une soufflerie; dans le plateau MN, qui forme la base supérieure de cette caisse, sont pratiquées des ouvertures également espacées sur une circonférence ayant son centre sur l'axe même de la caisse. Au-dessus de MN, et à une très-petite distance, est un plateau mobile PQ, fixé à un axe d'acier qui peut tourner autour de OO' : ce plateau PQ est lui-même percé d'ouvertures, en nombre égal à celui des ouvertures de MN, et situées sur une circonférence de même rayon. Deux ouvertures correspondantes *r*, *s*, pratiquées obliquement l'une et l'autre par rapport au plan des plateaux, comme l'indique la coupe

représentée dans la figure 283 *bis*, ont d'ailleurs leurs axes inclinés en sens contraire, dans un plan perpendiculaire au rayon du plateau.

L'air accumulé par la soufflerie dans la caisse C s'écoule seulement quand il y a correspondance entre les trous du plateau mobile et ceux du plateau fixe; mais, le gaz arrivant par chacun des canaux

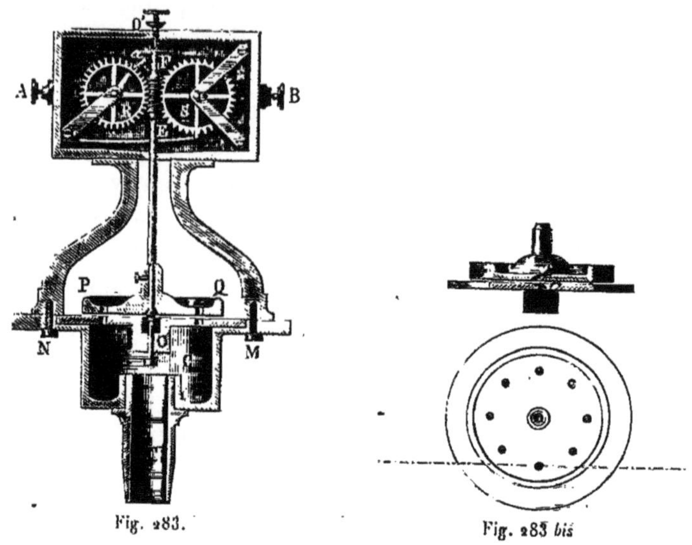

Fig. 283. Fig. 283 *bis*

inférieurs *r* à peu près normalement à la paroi opposée du canal supérieur correspondant *s*, il en résulte des pressions qui déterminent le mouvement du plateau PQ autour de son axe. La correspondance des ouvertures est alors supprimée, mais elle se rétablit quand le plateau supérieur a tourné d'une quantité égale à la distance angulaire de deux ouvertures consécutives, et ainsi de suite.

La vitesse de rotation du plateau PQ, qui va d'abord en augmentant, acquiert ensuite une valeur que l'on peut maintenir constante pendant quelques instants, en exerçant sur le soufflet de la soufflerie une pression convenable. Les chocs périodiques produits contre l'air extérieur par l'air qui s'échappe donnent naissance à un son dont la hauteur est variable avec le nombre des ouvertures et avec la vitesse de rotation imprimée au plateau mobile. — On indiquera plus loin comment on peut déterminer le nombre des impulsions communiquées à l'air en un temps donné.

309. **La périodicité du mouvement est le seul élément nécessaire à la perception de la hauteur.** — Dans les deux appareils que l'on vient de décrire, les mouvements communiqués à l'air sont évidemment périodiques; mais on doit remarquer:

1° Que l'air, chassé de sa position primitive par une impulsion brusque, ne prend pas, pour revenir à cette position, un mouvement égal et contraire à celui qui l'en a écarté;

2° Qu'entre deux impulsions successives l'air est probablement quelque temps en repos, et qu'assurément il n'accomplit pas, de l'autre côté de sa position d'équilibre, une excursion égale à celle qu'il avait accomplie sous l'influence de l'impulsion;

3° Qu'une sirène et une roue dentée, lorsque le nombre des chocs périodiques qu'elles produisent en un temps donné est le même, donnent des sons de même hauteur, bien que les mouvements de l'air ne soient pas identiques dans les deux cas;

4° Que le son d'une sirène ou d'une roue dentée a même hauteur que le son d'un corps qui vibre en vertu de son élasticité, si le nombre des chocs périodiques est égal au nombre de *vibrations* du corps élastique, c'est-à-dire double du nombre des oscillations égales et contraires dont chaque vibration de ce dernier corps est composée[1].

Le caractère musical des sons produits par ces deux appareils n'étant pas d'ailleurs moins accusé que celui des sons d'une corde ou d'une verge, on voit que la *périodicité* du mouvement vibratoire est le seul élément nécessaire à la perception de la hauteur. — Dès lors, pour définir la hauteur, il est rationnel de donner la durée de la période entière plutôt que celle d'un sous-multiple, c'est-à-dire le nombre des *vibrations complètes* plutôt que le nombre des oscillations.

Les courbes ci-contre (fig. 284) indiquent une représentation géométrique du mouvement que l'on peut supposer communiqué à l'air dans les divers cas qui précèdent. Dans la construction de ces courbes, on a pris des abscisses proportionnelles aux temps, et des ordonnées proportionnelles aux valeurs des déplacements qui leur correspon-

[1] On peut, par exemple, constater qu'une corde très-longue, dont la vue peut suivre les vibrations, exécute, en un temps donné, un nombre de vibrations qui varie en raison inverse de sa longueur. Au moyen de cette loi, on peut évaluer le nombre des vibrations d'une corde qui fait entendre un son, et le comparer au nombre des chocs périodiques d'une sirène ou d'une roue dentée qui produit un son de même hauteur.

dent. La courbe A représente le mouvement communiqué à l'air par un corps dont les vibrations sont semblables à celles d'un pendule, par une corde ou une verge par exemple. La courbe B représente

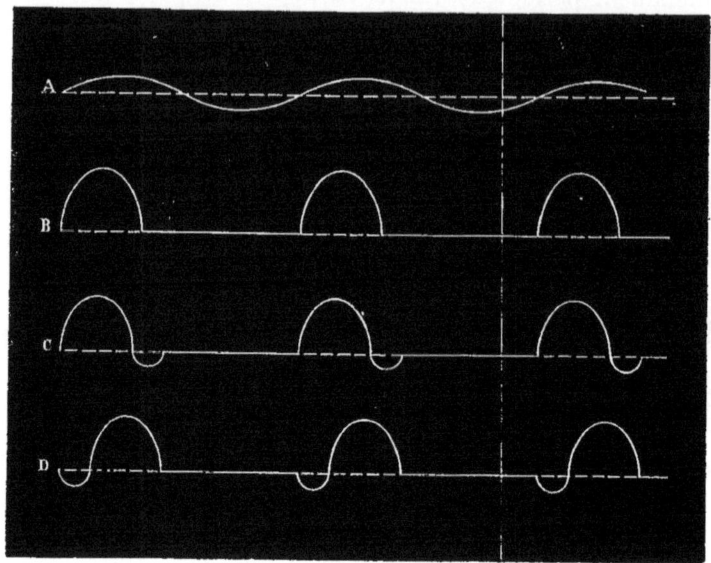

Fig. 284.

le mouvement tel qu'on peut l'imaginer dans le cas de la roue dentée ou de la sirène, en supposant que chaque impulsion soit suivie d'un repos absolu. Les courbes C et D représentent le mouvement dans le cas de la roue dentée et dans le cas de la sirène, en supposant que chaque vibration soit formée de deux oscillations inégales et de sens contraires, suivies d'une période de repos.

On conçoit, sans plus de détails et à la simple inspection de ces figures, comment deux sons qui ont même période et qui apportent à l'oreille, en un même temps, la même quantité de forces vives, peuvent cependant différer entre eux d'une infinité de manières.

310. **Détermination du nombre absolu des vibrations effectuées en un temps déterminé.** — La figure 283 indique les détails principaux d'un système d'engrenages qui est joint à la sirène, et qui constitue un *compteur* des vibrations. Sur l'axe du pla-

teau mobile, on a pratiqué en EF un pas de vis qui engrène avec une roue dentée R, en sorte que, à chaque tour du plateau PQ, la roue R avance d'une dent; une aiguille fixée à l'axe de cette roue, et mobile sur un cadran situé en arrière de la figure, avance alors d'une division : cette aiguille marque donc les nombres de tours effectués par le plateau PQ. Une autre roue S est placée de l'autre côté de la vis EF, mais elle n'engrène pas avec elle : cette roue est destinée à marquer les nombres de tours de la roue R elle-même. Pour cela, on a fixé à la roue R un appendice *a* qui est entraîné avec elle; à chaque tour de R, cet appendice fait avancer d'une dent la roue S, et fait marcher d'une division l'aiguille qui est fixée sur son axe. Donc, en définitive, l'aiguille de la roue R compte les tours du plateau; et si cette roue a cent dents, comme c'est le cas ordinaire, l'aiguille de la roue S compte les centaines de tours.

La plaque verticale qui porte les axes des deux roues peut recevoir de petits mouvements latéraux, à droite ou à gauche, selon qu'on appuie sur le bouton A ou sur le bouton B. Pendant que l'on fait varier graduellement le son de la sirène, cette plaque doit être poussée vers la gauche, de manière que la roue R n'engrène pas avec EF, et que les aiguilles restent immobiles sur leurs cadrans. A l'instant où le son atteint la hauteur qu'on veut lui donner, on presse sur A, de manière à établir l'engrenage et à mettre ainsi en mouvement les roues et les aiguilles. Enfin, quand on entend le son perdre de sa constance, on presse sur B, de manière à supprimer l'engrenage. Les indications des deux aiguilles fournissent les nombres de tours effectués par PQ; le produit de ce nombre par le nombre des ouvertures du plateau donne le nombre des vibrations effectuées pendant la durée de l'expérience. — Quant à cette durée elle-même, on la détermine au moyen d'un chronomètre à pointage, dont on presse le bouton aux deux instants où l'engrenage est établi ou supprimé.

A l'axe des roues dentées de Savart (fig. 282) est adapté d'ordinaire un *compteur* analogue au précédent : il donne le nombre des tours effectués par l'axe, et par suite le nombre des vibrations effectuées dans un temps donné.

Enfin on peut déterminer directement le nombre des vibrations effectuées par un corps sonore quelconque, au moyen des *compteurs graphiques*, dont la première réalisation est due à Duhamel. La figure 285 représente l'un de ces compteurs, disposé pour déterminer

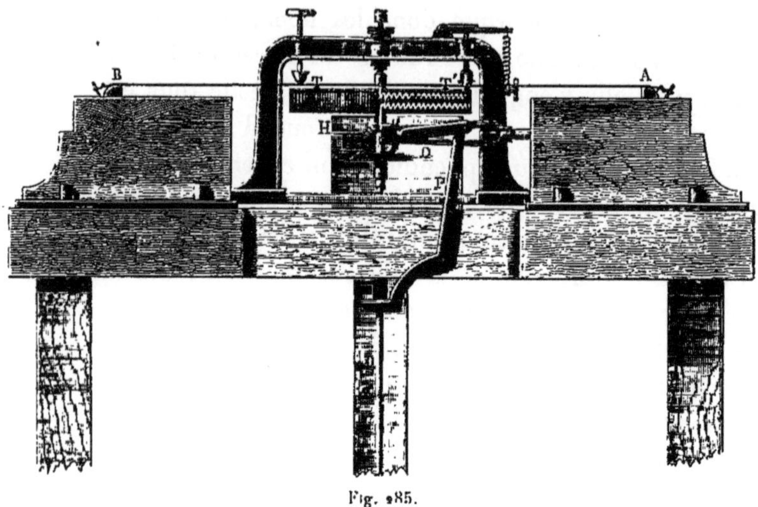

Fig. 285.

le nombre des vibrations exécutées par une corde qui vibre transversalement. — Un tambour cylindrique TT' est animé d'un mouvement de rotation uniforme autour de son axe : il est mû par un mécanisme d'horlogerie placé dans la boîte H : sa surface est couverte de noir de fumée. Un diapason D est mis en vibration, à l'aide d'une pédale qui est adaptée à la partie inférieure de la tige PQ et qui force la pièce de bois *a* à passer entre les deux branches : la branche supérieure de ce diapason porte un petit stylet qui oscille alors verticalement, et qui vient tracer une ligne sinueuse sur le noir de fumée pendant que le cylindre se déplace. La corde AB, qui est soumise à l'expérience, est tendue dans une direction perpendiculaire à l'axe du cylindre : on a fixé en son milieu un stylet qui vient tracer une autre ligne sinueuse sur le noir de fumée, quand la corde est ébranlée en même temps que le diapason. — Il suffit de prendre le rapport des nombres de sinuosités des deux courbes, dans l'intervalle de deux génératrices déterminées du cylindre, pour avoir le rapport des nombres de vibrations exécutées par les deux corps sonores dans un même intervalle de temps. Si donc on connaît le nombre absolu des vibrations exécutées par le diapason dans un temps déterminé, on en conclura le nombre absolu des vibrations exécutées par la corde dans le même temps[1].

311. **Détermination du rapport des nombres de vibrations de deux sons. — Sonomètre.** — L'expérience montre que les nombres de vibrations exécutées dans un même temps par une corde flexible, dont la tension reste constante et dont on fait varier la longueur, sont en raison inverse des longueurs des parties vibrantes. Dès lors, pour déterminer le rapport des nombres de vibrations qui correspondent à deux sons déterminés, il suffit de prendre une corde présentant une tension convenable, et de faire varier la longueur de la partie vibrante de manière à la mettre successivement à l'unisson de chacun d'eux; le rapport inverse des deux longueurs donnera le rapport des nombres de vibrations.

On emploie ordinairement, pour cette détermination, un instrument connu sous le nom de *sonomètre* (fig. 321) : il se compose d'une caisse sonore, en bois de sapin, sur laquelle sont tendues des cordes métalliques dont on peut régler à volonté la tension. De petits chevalets, mobiles dans le sens de la longueur des cordes et placés sur des règles divisées, permettent de mesurer avec précision les longueurs des parties vibrantes.

312. **Limites des sons perceptibles.** — Le nombre des vibrations exécutées par un corps doit, pour produire sur l'oreille la sensation d'un son, être compris entre deux limites que divers physiciens ont cherché à déterminer.

Ces limites ne paraissent pas avoir une fixité absolue : elles semblent varier un peu, soit avec l'intensité du son, soit avec la sensibilité propre de l'oreille de l'observateur. Il est cependant à peu près impossible de percevoir un son lorsque le nombre des vibrations

(1) Pour obtenir le nombre absolu des vibrations du diapason dans un temps donné, il suffit de connaître la vitesse angulaire du tambour cylindrique, et de compter le nombre absolu des sinuosités tracées par le diapason entre deux génératrices situées, l'une par rapport à l'autre, à une distance angulaire déterminée. É. F.

est inférieur à 16 par seconde, ou supérieur à 37 000 par seconde.

VALEURS NUMÉRIQUES DES PRINCIPAUX INTERVALLES MUSICAUX.

313. **Intervalles musicaux. — Consonnances et dissonances.** — L'*intervalle musical* de deux sons est caractérisé, non pas par les nombres absolus des vibrations qui les produisent, mais par le rapport de ces deux nombres.

Le tableau suivant indique les valeurs assignées par l'expérience aux principaux intervalles usités dans notre musique. — On peut diviser ces intervalles en *consonnances* ou *dissonances*, selon que la production simultanée des deux sons qui constituent chacun d'eux produit sur l'oreille une sensation agréable ou une sensation désagréable.

INTERVALLES PRINCIPAUX.

CONSONNANCES.	RAPPORTS DES NOMBRES DE VIBRATIONS.
Unisson	1
Octave	2
Sixte majeure	$\frac{5}{3}$
Quinte juste	$\frac{3}{2}$
Quarte juste	$\frac{4}{3}$
Tierce majeure	$\frac{5}{4}$
Tierce mineure	$\frac{6}{5}$

DISSONANCES.	RAPPORTS DES NOMBRES DE VIBRATIONS.
Seconde majeure ou ton majeur	$\frac{9}{8}$
Seconde mineure ou ton mineur	$\frac{10}{9}$
Demi-ton majeur	$\frac{16}{15}$
Demi-ton mineur (dièse ou bémol)	$\frac{25}{24}$
Comma (intervalle regardé en général comme négligeable)	$\frac{81}{80}$

On peut remarquer que, si la valeur numérique de chaque intervalle est ramenée à une fraction irréductible, comme cela a été fait dans le tableau qui précède, les deux termes des fractions qui correspondent à des consonnances sont toujours plus petits que ceux des fractions qui correspondent à des dissonances[1].

314. **Accords parfaits.** — On appelle en général *accord parfait* une série de trois sons ou notes dont la succession ou la production simultanée produit sur l'oreille une sensation particulièrement agréable; on désigne ces notes, dans l'ordre de hauteur croissante, sous les noms de *tonique*, *médiante* et *dominante*.

Dans l'*accord parfait majeur*, l'intervalle de la médiante à la tonique est une tierce majeure; l'intervalle de la dominante à la tonique est une quinte juste.

Dans l'*accord parfait mineur*, l'intervalle de la médiante à la tonique est une tierce mineure; l'intervalle de la dominante à la tonique est encore une quinte juste.

On voit que les divers intervalles qu'offrent entre eux les sons de chacun de ces deux accords parfaits sont les suivants :

		Rapports des nombres de vibrations.	
Accord parfait majeur.	Tonique......	1	Intervalle $\frac{5}{4}$ (tierce majeure).
	Médiante.....	$\frac{5}{4}$	
	Dominante....	$\frac{3}{2}$	Intervalle $\frac{\left(\frac{3}{2}\right)}{\left(\frac{5}{4}\right)} = \frac{6}{5}$ (tierce mineure).
Accord parfait mineur.	Tonique......	1	Intervalle $\frac{6}{5}$ (tierce mineure).
	Médiante......	$\frac{6}{5}$	
	Dominante....	$\frac{3}{2}$	Intervalle $\frac{\left(\frac{3}{2}\right)}{\left(\frac{6}{5}\right)} = \frac{5}{4}$ (tierce majeure).

Chacune des deux espèces d'accords parfaits est donc formée d'une

[1] La connaissance de ces divers intervalles, et en particulier de ceux auxquels l'oreille est particulièrement sensible, peut être commode pour simplifier la comparaison des conditions de production des sons, dans diverses expériences d'acoustique. Dans les recherches précises, on doit faire usage exclusivement de l'*unisson*, que toute oreille peut apprendre à apprécier avec une exactitude complétement satisfaisante.

tierce majeure et d'une tierce mineure : l'ordre de succession de ces tierces diffère seul de l'un à l'autre.

315. **Gammes.** — On désigne sous le nom général de *gamme* la succession d'un certain nombre de sons, intermédiaires entre une tonique déterminée et son octave aiguë, et dont les nombres de vibrations sont à celui de la tonique dans des rapports fixes. — Les valeurs de ces rapports présentent, dans notre musique, deux séries un peu différentes l'une de l'autre : ces deux séries constituent la *gamme majeure* et la *gamme mineure*.

La série des rapports de nombres de vibrations qui constitue une gamme majeure est la suivante. (On a pris comme exemple le cas où la tonique est la note *ut*.)

GAMME MAJEURE.

	TONIQUE.	SUS-TONIQUE.	MÉDIANTE.	SOUS-DOMINANTE.	DOMINANTE.	SUS-DOMINANTE.	SENSIBLE.	OCTAVE.
	(*ut*)	(*ré*)	(*mi*)	(*fa*)	(*sol*)	(*la*)	(*si*)	(ut_2)
Rapports des nombres de vibrations à celui de la tonique.....	1	$\frac{9}{8}$	$\frac{5}{4}$	$\frac{4}{3}$	$\frac{3}{2}$	$\frac{5}{3}$	$\frac{15}{8}$	2
Intervalles........		$\frac{9}{8}$	$\frac{10}{9}$	$\frac{16}{15}$	$\frac{9}{8}$	$\frac{10}{9}$	$\frac{9}{8}$	$\frac{16}{15}$

On voit immédiatement que les diverses notes d'une pareille gamme peuvent se répartir elles-mêmes en trois séries, formant chacune un accord parfait majeur, savoir, dans l'exemple choisi :

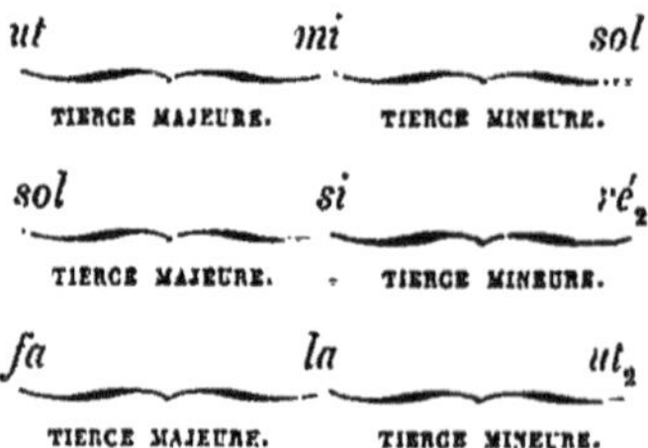

Le premier de ces trois accords a pour tonique celle de la gamme; le second a pour tonique la dominante du premier; le troisième a pour dominante l'octave de la tonique du premier. — Les intervalles de tierce majeure et de quinte juste, qui constituent l'accord parfait majeur, suffisent donc, quand on les combine avec l'intervalle d'octave, pour reproduire toutes les notes de la gamme majeure[1].

La série des rapports de nombres de vibrations qui constitue une gamme mineure est la suivante. (On a pris comme exemple le cas où la tonique est encore la note *ut.*)

GAMME MINEURE.

	TONIQUE.	SUS-TONIQUE.	MÉDIANTE.	SOUS-DOMINANTE.	DOMINANTE.	SUS-DOMINANTE.	SENSIBLE.	OCTAVE.
	(*ut*)	(*ré*)	(*mi* bém.)	(*fa*)	(*sol*)	(*la* bém.)	(*si* bém.)	(ut_2)
Rapports des nombres de vibrations à celui de la tonique....	1	$\frac{9}{8}$	$\frac{6}{5}$	$\frac{4}{3}$	$\frac{3}{2}$	$\frac{8}{5}$	$\frac{9}{5}$	2
Intervalles........	$\frac{8}{9}$	$\frac{16}{15}$	$\frac{10}{9}$	$\frac{9}{8}$	$\frac{16}{15}$	$\frac{9}{8}$	$\frac{10}{9}$	

On voit que les diverses notes d'une gamme mineure peuvent se

(1) En prenant pour tonique l'une quelconque des notes de la gamme, et cherchant à reproduire la série des intervalles de la gamme elle-même, on est conduit à l'emploi des *dièses* et des *bémols.* — Les notes qui sont diésées ou bémolisées conservent alors leurs noms primitifs; mais ces noms s'appliquent à des nombres de vibrations qui sont augmentés dans le rapport $\frac{25}{24}$, ou diminués dans le rapport $\frac{24}{25}$.

C'est ainsi qu'en prenant pour tonique d'une gamme majeure, non plus la note *ut*, mais sa dominante *sol*, on trouve que les notes successives, telles qu'elles existaient dans la gamme d'*ut*, c'est-à-dire

$$sol \quad la \quad si \quad ut_2 \quad ré_2 \quad mi_2 \quad fa_2 \quad sol_2,$$

présentent entre elles les intervalles convenables pour former encore une gamme majeure, à la condition de diéser la note sensible fa_2, c'est-à-dire de multiplier le nombre des vibrations par $\frac{25}{24}$. La nouvelle série de sons ainsi obtenue forme alors une mélodie dans laquelle les intervalles successifs sont, ou rigoureusement égaux à ceux qui ont servi à définir la gamme d'*ut*, ou égaux à ceux de la gamme d'*ut* multipliés par $\frac{81}{80}$, ce qui est considéré comme équivalent pour l'oreille. — De même, en prenant pour tonique d'une gamme majeure la dominante *ré* de la précédente, on est conduit à diéser encore la note sensible *ut*, et ainsi de suite.

Si maintenant on veut former une gamme majeure dont la dominante soit la tonique de la gamme d'*ut*, ou plutôt son octave, et si l'on prend les notes

$$fa \quad sol \quad la \quad si \quad ut_2 \quad ré_2 \quad mi_2 \quad fa_2,$$

on trouve que, pour avoir les intervalles qui caractérisent une gamme majeure, il faut répartir en trois séries, formant chacune un accord parfait mineur, savoir, dans l'exemple actuel :

Ici encore, le premier de ces accords mineurs a pour tonique celle de la gamme; le second a pour tonique la dominante du premier; le troisième a pour dominante l'octave de la tonique du premier. — Les intervalles de tierce mineure et de quinte juste, qui constituent l'accord parfait mineur, suffisent donc, avec l'intervalle d'octave, pour reproduire toutes les notes de la gamme mineure[1].

bémoliser la sous-dominante *si*, c'est-à-dire en multiplier le nombre des vibrations par $\frac{24}{25}$; la nouvelle série de sons ainsi obtenue forme encore une mélodie présentant des intervalles égaux à ceux de la gamme d'*ut*, ou à ces mêmes intervalles multipliés par $\frac{81}{80}$. — De même, en formant une gamme majeure dont la dominante soit la tonique *fa* de la gamme qui précède, on est conduit à bémoliser encore la sous-dominante *mi*, et ainsi de suite.

Les dièses et les bémols servent également, comme on l'indique plus loin, à former les gammes mineures sans employer de nouveaux noms pour les notes qui les constituent, bien que plusieurs de leurs intervalles diffèrent des intervalles qui leur correspondent dans les gammes majeures. É. F.

[1] Les intervalles de la gamme mineure, tels qu'ils sont indiqués ici, sont ceux que les musiciens emploient en effet quelquefois en exécutant la *gamme mineure descendante*, c'est-à-dire en allant de l'octave à la tonique : on voit que la gamme ainsi formée contient toutes les notes qui entreraient dans la formation d'une gamme majeure dont la tonique serait d'une tierce mineure au-dessus de la tonique actuelle, c'est-à-dire, pour l'exemple qui a été choisi, dans la formation de la gamme de *mi bémol majeur*. — Lorsqu'on exécute la gamme mineure *ascendante*, c'est-à-dire lorsqu'on passe de la tonique à l'octave, il est indispensable, pour satisfaire l'oreille, d'élever la note sensible d'un demi-ton, c'est-à-dire, dans le cas actuel, de substituer au *si bémol* un *si naturel*. — Les trois accords parfaits dont la combinaison peut reproduire la gamme mineure ne sont donc plus trois accords parfaits mineurs, mais seulement deux accords parfaits mineurs et un accord parfait majeur. É. F.

PROPAGATION ET PRODUCTION DU SON DANS LES GAZ.

PROPAGATION DU MOUVEMENT VIBRATOIRE DANS LES GAZ.

316. On a déjà étudié précédemment les relations qui existent, dans l'état d'équilibre, entre les volumes des gaz et les pressions qu'ils supportent. On peut donc aborder immédiatement ici l'étude des mouvements vibratoires dont les gaz sont le siége : ces mouvements eux-mêmes devront s'expliquer au moyen des lois que les expériences d'équilibre ont fait connaître.

D'ailleurs, si l'on connaît complétement l'effet produit par l'ébranlement d'une portion infiniment petite d'un corps, il sera facile ensuite d'en conclure l'effet résultant d'un système quelconque d'ébranlements communiqués à toutes les parties de sa masse; en d'autres termes, si les phénomènes de la propagation du mouvement vibratoire sont entièrement connus, on en pourra déduire les lois de sa production. Il convient donc que l'étude de la propagation précède celle de la production du son.

317. **Propagation d'un ébranlement unique dans un tuyau cylindrique indéfini de petit diamètre.** — L'effet d'une impulsion de très-courte durée, produite à l'origine d'nn tuyau, étant de comprimer la première tranche de l'air qu'il contient et de lui communiquer une certaine vitesse, on peut assimiler la réaction de cette première tranche, sur la série indéfinie de tranches égales dont la colonne d'air peut être censée composée, à la réaction qu'exerce une bille élastique en mouvement sur une série indéfinie de billes égales et placées à la suite l'une de l'autre, dans la direction du mouvement de la première. — Quand on effectue cette expérience avec des billes d'ivoire suspendues par des fils de soie, comme on le fait dans tous les cours, on constate que la force

vive communiquée par la première bille à la série se transmet aux billes successives, en sorte que la dernière, ayant même masse que la première, acquiert une vitesse égale à celle que possédait la première au moment du choc. On peut donc admettre que, dans un tuyau cylindrique, un ébranlement unique, dirigé de l'ouverture du tuyau vers l'intérieur, c'est-à-dire ayant pour effet de comprimer la première tranche d'air, se communique successivement et intégralement à toutes les tranches de même masse dans lesquelles on peut décomposer la colonne gazeuse qui remplit le tuyau, chaque tranche rentrant en repos après avoir transmis son mouvement à la suivante.

Par analogie, on est conduit à admettre que, dans le cas où la tranche d'air qui est à l'origine du tuyau est dilatée par aspiration au lieu d'être comprimée par impulsion, la transmission de cette dilatation se fait encore d'une manière semblable, d'une tranche à l'autre, dans toute la longueur du tuyau.

Les conséquences de ces analogies sont d'ailleurs confirmées par l'application d'une analyse rigoureuse à la question. — Si, dans une région limitée AB (fig. 286) d'un tuyau indéfini dans les deux sens, on imagine que les diverses sections éprouvent, à un instant déterminé,

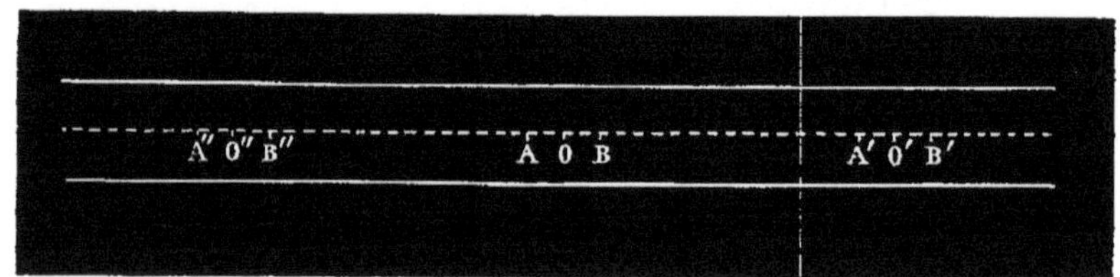

Fig. 286.

de très-petites condensations ou dilatations, variables d'une section à l'autre suivant une loi donnée mais quelconque, et que, en même temps, les diverses sections de cette région soient animées de très-petites vitesses parallèles à l'axe et distribuées également suivant une loi déterminée, cette perturbation se décompose en deux ébranlements distincts, qui se propagent dans les deux sens opposés avec la même vitesse, de telle façon qu'à une époque quelconque t les molécules d'air ébranlées se trouvent contenues dans deux régions, A′B′, A″B″, égales en longueur à AB et ayant leurs milieux O′ et O″ à la même distance at du point O, milieu de AB. Les condensations et les vitesses sont distribuées de telle façon, dans ces deux ébranlements, qu'aux divers points de A'B' le rapport de la vitesse à la condensation soit constant et égal à la vitesse de propagation a, et qu'aux divers points de A"B" ce même rapport soit constant, mais égal à $-a$, c'est-à-dire à la vitesse de propagation prise en signe contraire[1].

318. **Propagation d'un mouvement vibratoire quelconque dans un tuyau cylindrique indéfini.** — Des résultats que l'on vient d'indiquer, on passe, suivant les procédés ordinaires de la méthode infinitésimale, au cas d'un mouvement vibratoire quelconque, en substituant à ce mouvement vibratoire une série discontinue d'ébranlements de plus en plus rapprochés. — On arrive ainsi aux conséquences suivantes :

1° Un mouvement vibratoire, entretenu par une cause quelconque en une section donnée du tuyau, donne naissance à deux mouvements vibratoires qui se propagent en sens opposé et avec des vitesses égales.

2° Si le mouvement vibratoire est périodique, les mouvements propagés sont périodiques, et leur période a la même durée.

319. **Cas particulier d'un mouvement vibratoire dans lequel chaque vibration peut se décomposer en deux oscillations contraires, symétriques l'une de l'autre.** — Lorsque l'on considère, en particulier, le cas où la tranche d'air qui est placée à l'origine d'un tuyau cylindrique indéfini est animée d'un mouvement vibratoire tel que chaque vibration puisse se décomposer en deux oscillations contraires, symétriques l'une de l'autre, il est facile de représenter graphiquement l'état de l'air aux divers points du tuyau, à des époques déterminées : c'est ce qui arrive, par

[1] En employant les conventions généralement adoptées sur les signes des vitesses, cette règle peut s'exprimer en disant que le rapport de la vitesse absolue à la condensation ou à la dilatation absolue est, dans les deux ébranlements A'B', A"B", égal à la vitesse de propagation, et qu'il y a condensation dans les points où la vitesse est dirigée dans le sens de la propagation, tandis qu'il y a dilatation dans les points où la vitesse est dirigée en sens contraire.

Si, aux divers points de l'espace AB primitivement ébranlé, la vitesse est représentée

exemple, quand l'air est mis en mouvement, à l'origine A d'un tuyau d'une grande longueur, par la branche d'un diapason vibrant. — Pour représenter l'état de l'air dans chaque tranche, on prendra une abscisse égale à la distance de cette tranche à l'ouverture, et une ordonnée proportionnelle à la vitesse dont elle est animée : on conviendra d'employer des ordonnées positives pour les vitesses dirigées dans le sens de la propagation des ébranlements, et des ordonnées négatives pour les vitesses dirigées en sens contraire.

Alors, si l'on suppose que la branche du diapason parte de l'extrémité de son oscillation qui est la plus éloignée de l'ouverture du tuyau, de manière à produire d'abord une compression sur l'air intérieur, on voit immédiatement que, après *un quart de vibration,* c'est-à-dire à l'instant où la branche passe par la position qui serait sa position d'équilibre, les vitesses d'ébranlement dans la portion du tuyau mise en mouvement sont représentées par une

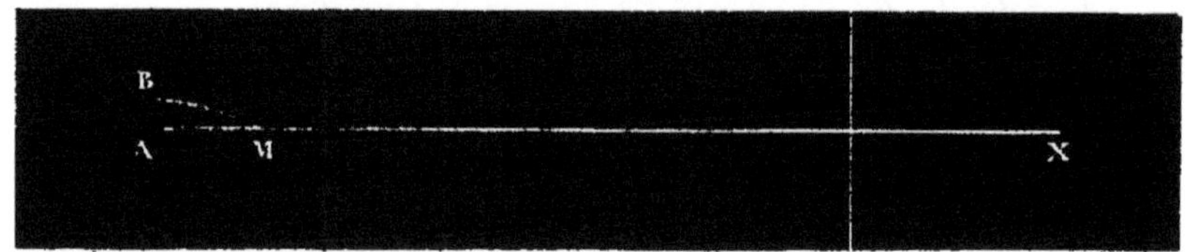

Fig. 287.

courbe telle que BM (fig. 287), l'ordonnée AB représentant la vitesse maximum, et le point M étant le point de l'axe du tuyau auquel arrive, à cet instant, la première impulsion communiquée par la branche du diapason au commencement de son mouvement. — Dans toute la partie AM du tuyau, l'air éprouve d'ailleurs, à ce même instant, une condensation qui est décroissante de A en M.

par $f(x)$, la condensation par $F(x)$, il existe évidemment toujours deux fonctions $\varphi(x)$ et $\psi(x)$ telles, que l'on ait

$$\varphi(x)+\psi(x)=f(x),$$
$$\varphi(x)-\psi(x)=a\,F(x),$$

et l'on peut regarder l'ébranlement initial comme la superposition de deux autres, dans lesquels les vitesses initiales seraient respectivement $\varphi(x)$ et $\psi(x)$, et les condensations initiales $\frac{\varphi(x)}{a}$ et $-\frac{\psi(x)}{a}$. Ce sont ces deux ébranlements élémentaires qui se propagent en sens opposé, avec la même vitesse.

Après *une demi-vibration,* c'est-à-dire à l'instant où la branche du diapason atteint l'extrémité droite de son oscillation, la longueur de la partie ébranlée AM (fig. 288) est double de la précédente : les

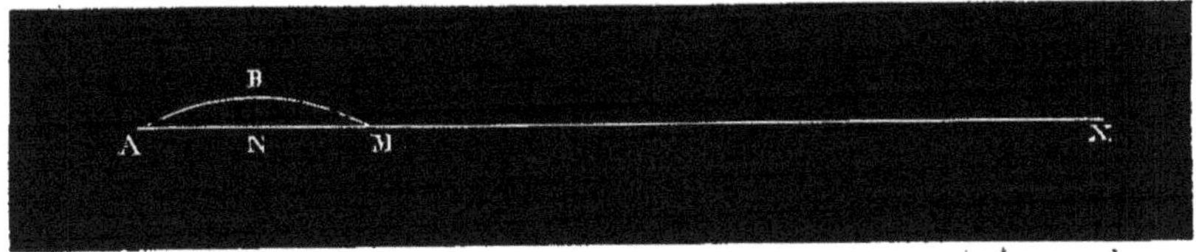

Fig. 288.

vitesses d'ébranlement sont représentées par une courbe telle que ABM, symétrique par rapport à l'ordonnée maximum NB. — Dans toute cette partie du tuyau, l'air éprouve encore, à l'instant considéré, une condensation qui est croissante de A en N, et décroissante de N en M.

Après *une vibration,* c'est-à-dire à l'instant où la branche du diapason, revenant pour la première fois à son point de départ, a accompli deux oscillations contraires et symétriques, la longueur de la partie ébranlée AM (fig. 289) est quadruple de celle qui était

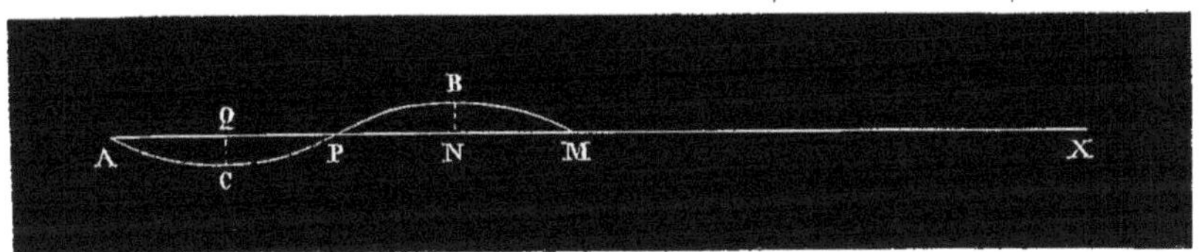

Fig. 289.

ébranlée après un quart de vibration : les vitesses d'ébranlement sont représentées par une courbe telle que ACPBM, dans laquelle le point P est au milieu de AM; les deux ordonnées maxima NB et QC sont égales et de signes contraires, et correspondent respectivement aux milieux de AP et de PM; la branche de courbe PCA est symétrique de la branche PBM, par rapport au point P. — Dans la partie PM du tuyau, l'air éprouve des condensations qui sont croissantes de P en N, décroissantes de N en M; dans la partie AP, il éprouve des dilatations qui sont croissantes de A en Q, décroissantes de Q en P; enfin, la série des dilatations de A en P présente des valeurs égales et contraires à celles de la série des condensations de P en M.

Dès lors, il est aisé de voir que, pour représenter l'état de l'air dans le tuyau *à une époque quelconque,* il suffira d'élever, au point correspondant à l'ouverture A, une ordonnée AD (fig. 290) représentant, pour sa grandeur et pour son signe, la vitesse de la pre-

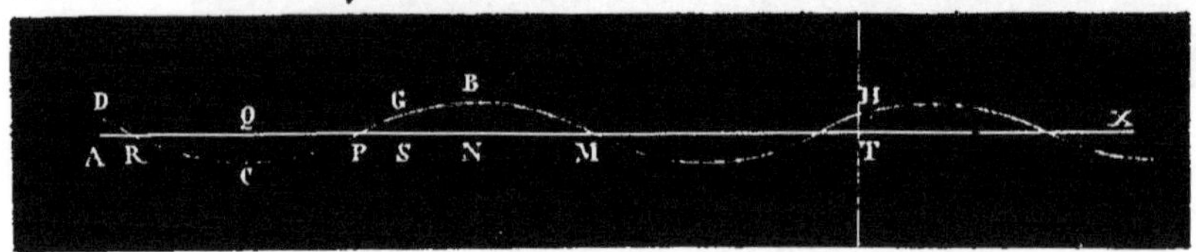

Fig. 290.

mière tranche d'air à cet instant; de construire, à partir du point D, une branche de courbe DR égale à celle que suivrait une ordonnée égale et semblablement placée dans la courbe représentée par la figure 289; enfin de reproduire, à la suite du point R, une succession de branches de courbes RCP, PBM, etc., alternativement égales aux deux branches de cette même figure.

On appelle *longueur d'ondulation,* dans un mouvement vibratoire de période déterminée, la distance AM (fig. 289) à laquelle le mouvement se propage pendant la durée d'une vibration, ou, ce qui revient au même, la distance comprise entre deux points S et T (fig. 290) correspondants à deux ordonnées consécutives SG, TH, égales en grandeur et de même signe. — Une portion du tuyau correspondante à une branche de courbe telle que PBM constitue une *demi-onde condensante;* une portion correspondante à une branche telle que RCP constitue une *demi-onde dilatante.*

Deux demi-ondes consécutives sont toujours de noms contraires : leurs points de jonction, tels que R, P, M, dans lesquels la vitesse d'ébranlement est nulle et où l'air n'est ni comprimé ni dilaté, constituent des *nœuds.* — Les points tels que Q, N, qui correspondent aux plus grandes valeurs absolues des ordonnées, et dans lesquels la vitesse d'ébranlement est maxima, ainsi que la dilatation ou la condensation, constituent des *ventres.* — Si l'on considère divers instants successifs, on voit que ces nœuds et ces ventres se déplacent dans la longueur du tuyau, avec une vitesse égale à la vitesse de propagation elle-même.

Il est important de remarquer que, d'après les considérations qui précèdent, l'intensité du son dans une colonne cylindrique de gaz doit être indépendante de la distance à l'origine.

Un des exemples les plus simples et les plus fréquents de vibrations décomposables en oscillations contraires et symétriques est celui où le mouvement peut se représenter par une formule telle que

$$v = \mathrm{A} \sin 2\pi \frac{t}{\mathrm{T}},$$

v exprimant la vitesse à un instant quelconque t, A étant une constante, et T exprimant la durée d'une vibration complète.

Si la vitesse de la première tranche d'un tuyau est représentée par une pareille formule, il est facile de trouver une expression de la vitesse d'une tranche située à une distance x de l'ouverture. — Soit a la vitesse de propagation d'un ébranlement, dans le gaz qui remplit le tuyau. Chaque ébranlement, après s'être produit à l'ouverture, met un temps $\frac{x}{a}$ pour parvenir à la tranche considérée; donc la vitesse d'ébranlement de cette tranche à l'instant t est celle qui existait à l'ouverture au temps $t - \frac{x}{a}$: elle a pour valeur

$$v = \mathrm{A} \sin 2\pi \frac{t - \frac{x}{a}}{\mathrm{T}}$$

ou bien

$$v = \mathrm{A} \sin 2\pi \left(\frac{t}{\mathrm{T}} - \frac{x}{a\mathrm{T}}\right);$$

or, si l'on désigne par λ la longueur d'une ondulation, on voit que le produit $a\mathrm{T}$ n'est autre chose que λ, en sorte qu'on a

$$v = \mathrm{A} \sin 2\pi \left(\frac{t}{\mathrm{T}} - \frac{x}{\lambda}\right)^{(1)}.$$

(1) La vitesse de vibration d'une tranche quelconque du tuyau étant, à l'instant t,

$$v = \mathrm{A} \sin 2\pi \left(\frac{t}{\mathrm{T}} - \frac{x}{\lambda}\right),$$

et la vitesse étant égale à la dérivée $\frac{du}{dt}$ de l'espace parcouru u, on voit que le déplace-

320. Propagation dans un milieu indéfini en tous sens. — L'ébranlement primitif étant circonscrit dans une petite sphère de rayon ε [1], on démontre qu'à l'époque t les parties ébranlées du gaz sont toujours comprises entre deux sphères dont les rayons sont $at-\varepsilon$ et $at+\varepsilon$, la vitesse de propagation a étant la même que dans le cas d'un cylindre indéfini. — De là résulte évidemment que, dans ce cas, la forme des ondes est sphérique.

Lorsque le rayon des ondes est suffisamment grand, on démontre: 1° que les vitesses des molécules deviennent perpendiculaires à la surface des ondes, quelle que puisse être leur direction originelle; 2° que, sur un rayon donné, les vitesses varient en raison inverse de la distance au centre. — La seconde propriété est une conséquence de la première et du principe de la conservation des forces vives, puisque la force vive est proportionnelle au carré de la vitesse, et que la masse qui reçoit le mouvement est proportionnelle au carré

ment u des molécules de cette tranche par rapport à la position d'équilibre est, à chaque instant,

$$u=C-\frac{AT}{2\pi}\cos 2\pi\left(\frac{t}{T}-\frac{x}{\lambda}\right).$$

Soient u et $u+du$ les déplacements de deux tranches infiniment voisines, dont les distances à l'origine sont x et $x+dx$: l'intervalle de ces deux tranches, qui dans l'état de repos est dx, devient $dx+du$ dans l'état de mouvement; par suite, la densité de la couche d'air comprise entre elles diminue dans le rapport de $1+\frac{du}{dx}$ à l'unité; en d'autres termes, $-\frac{du}{dx}$ est la condensation. Mais, de la valeur précédente de u, on tire

$$-\frac{du}{dx}=\frac{AT}{\lambda}\sin 2\pi\left(\frac{t}{T}-\frac{x}{\lambda}\right),$$

ou bien, en remplaçant λ par aT,

$$-\frac{du}{dx}=\frac{1}{a}A\sin 2\pi\left(\frac{t}{T}-\frac{x}{\lambda}\right)=\frac{v}{a}.$$

Le rapport de la vitesse à la condensation est donc constant et égal à a, ainsi qu'il est nécessaire.

[1] La forme sphérique, assignée à l'ébranlement, n'est une condition restrictive qu'en apparence, tant qu'on laisse indéterminée la distribution des condensations et des vitesses dans l'intérieur de la sphère. Quel que soit le système des points réellement ébranlés, on peut toujours concevoir une sphère qui les contienne tous, et prendre cette sphère entière pour le lieu de l'ébranlement primitif, en attribuant des vitesses et des condensations initiales nulles aux points où il n'y a, en réalité, aucune perturbation de l'état de repos.

du rayon de la couche sphérique; cette propriété signifie d'ailleurs que, dans un milieu indéfini, *l'intensité du son varie en raison inverse du carré de la distance à l'origine.*

On passe ensuite, comme précédemment, d'un ébranlement unique à un mouvement vibratoire continu et périodique. — On voit alors que, si l'on veut représenter par une courbe les vitesses d'ébranlement à un instant donné, sur un rayon quelconque et à une grande distance du centre d'ébranlement, on a, dans le cas où le mouvement vibratoire est du genre de ceux que l'on vient de considérer en dernier lieu, une courbe telle que celle de la figure 291 [1]. Les nœuds M, N, P, Q, R sont encore équidistants, mais les ordonnées

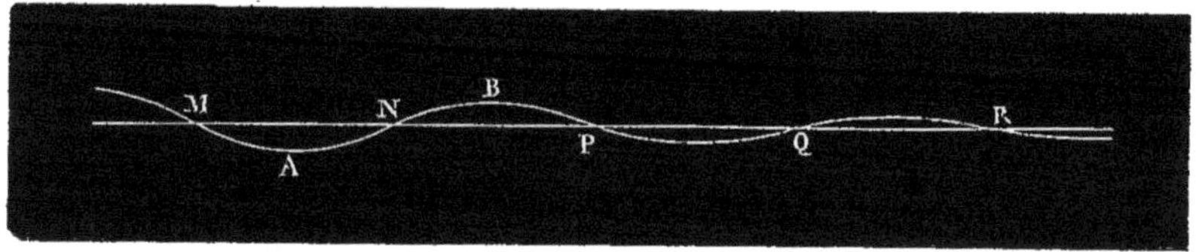

Fig. 291.

maxima vont sans cesse en diminuant, de chaque demi-onde MAN à la demi-onde suivante NBP, en raison inverse de la distance au centre de vibration. — Dans ce cas, la formule de la vitesse à un instant t, pour un point situé à une distance x, est

$$v = \frac{A}{x} \sin 2\pi \left(\frac{t}{T} - \frac{x}{\lambda}\right).$$

Enfin, il est aisé de voir que le principe général de la superposition des petits mouvements permet de passer du cas d'un très-petit ébranlement sphérique au cas d'un système d'ébranlements quelconques.

321. **Valeur théorique de la vitesse de propagation du son dans les gaz.** — En partant de ce principe que la vitesse de propagation a, dans un gaz, est égale à la racine carrée du rapport de l'accroissement absolu de la pression à l'accroissement absolu de

[1] On suppose, dans cette figure, que le centre d'ébranlement est situé à une grande distance sur la ligne MR, à gauche.

la densité, et appliquant simplement la loi de Mariotte, on arrive à la formule donnée par Newton

$$a = \sqrt{g\frac{mh}{D_0}(1+\alpha\tau)}.$$

Dans cette formule, g désigne l'intensité de la pesanteur, dans le lieu que l'on considère; m est la densité du mercure à la température zéro; h est la hauteur barométrique actuelle, réduite à zéro; D_0 est la densité du gaz, sous la pression barométrique actuelle et à la température zéro; α est le coefficient de dilatation du gaz; τ est la température actuelle [1].

Mais, en raison de la mauvaise conductibilité des gaz et de la rapidité de la propagation du son, la chaleur qui est dégagée en un point de la masse, au moment où il s'y produit une condensation, ne peut se répandre immédiatement dans la masse tout entière; de même, la chaleur qui est absorbée en un point, au moment où il s'y produit une dilatation, ne peut lui être immédiatement restituée par le reste de la masse gazeuze. De là résulte que la pression dans l'état vibratoire ne doit pas varier suivant la loi de Mariotte, mais suivant la loi qu'exprime la relation

$$h' = h(1+\delta)\frac{1+\alpha(\tau+\theta)}{1+\alpha\tau},$$

dans laquelle θ désigne la variation de température qui est produite par une variation relative δ de la pression éprouvée par le gaz, cette variation étant une condensation ou une dilatation, selon que δ est

[1] La formule de Newton peut se déduire de l'énoncé qui précède, de la manière suivante. Puisque h est la colonne de mercure à zéro qui représente la pression initiale du gaz, si la pression devient $h(1+\gamma)$, la densité D du gaz devient, en vertu de la loi de Mariotte, $D(1+\gamma)$. Donc le rapport de l'accroissement absolu de la pression à l'accroissement absolu de la densité est

$$\frac{mg \cdot h\gamma}{D\gamma};$$

en supprimant le facteur γ et remplaçant D par $\frac{D_0}{1+\alpha\tau}$, on obtient

$$a = \sqrt{g\frac{mh}{D_0}(1+\alpha\tau)}.$$

É. F.

positif ou négatif. — D'autre part, on a démontré[1] que, si l'on désigne par $1+\gamma$ le rapport $\frac{C}{c}$ de la chaleur spécifique sous pression constante à la chaleur spécifique sous volume constant, on a

$$\frac{\theta}{\delta}=\frac{\gamma}{\left(\frac{\alpha}{1+\alpha\tau}\right)},$$

d'où l'on tire

$$\frac{\alpha\theta}{1+\alpha\tau}=\gamma\delta.$$

Par conséquent, on a

$$h'=h(1+\delta)(1+\gamma\delta)$$

ou, en remplaçant γ par $\frac{C-c}{c}$,

$$h'=h(1+\delta)\left(1+\frac{C-c}{c}\delta\right),$$

ou enfin, en négligeant δ^2 qui est supposé très-petit,

$$h'=h\left(1+\frac{C}{c}\delta\right).$$

Ainsi, quand la densité $\frac{D_0}{1+\alpha\tau}$ augmente de $\frac{D_0\delta}{1+\alpha\tau}$, la pression gmh augmente de

$$gmh\frac{C}{c}\delta,$$

ce qui conduit à la formule donnée par Laplace

$$a=\sqrt{\frac{gmh}{D_0}(1+\alpha\tau)\frac{C}{c}}.$$

La valeur de $\frac{C}{c}$, qui constitue l'un des éléments fondamentaux des gaz, se trouve ainsi liée, comme on le voit, à l'étude des vibrations sonores.

322. **Résultats fournis par l'expérience.** — Les anciennes observations de Biot, faites au moyen des tuyaux destinés à conduire les eaux d'Arcueil, ont donné pour la vitesse de propa-

[1] Voir le cours de première année, tome Ier, p. 180.

gation du son dans l'air, à la température de 11 degrés, la valeur 344 mètres par seconde : ce résultat est d'ailleurs indépendant de la hauteur et de l'intensité du son considéré. — Le nombre 344 diffère, d'environ 5 mètres, du nombre qu'on aurait dû trouver à la même température dans une atmosphère indéfinie; mais la longueur des tuyaux employés n'était que de 951 mètres, et la durée de propagation était inférieure à trois secondes : on ne saurait donc regarder les expériences de Biot comme exactes à 5 mètres près.

On doit à M. Leroux des expériences sur la propagation du son dans l'air, exécutées également en opérant sur un tuyau cylindrique : on indiquera seulement ici le principe de ces expériences. — Un long tube de zinc ACB, courbé en forme d'U, et ayant une

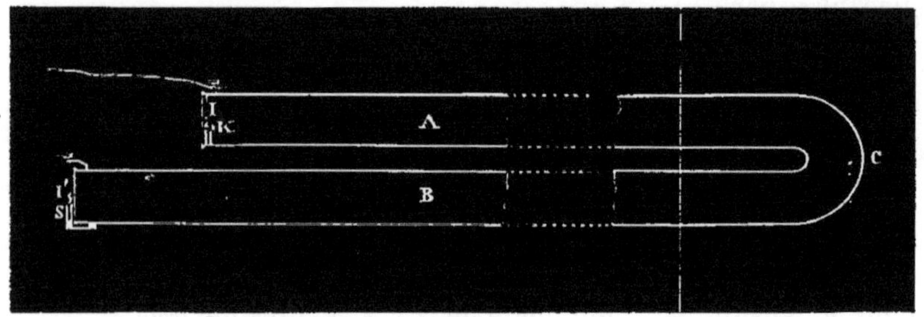

Fig. 29.

longueur totale de 72 mètres, était fermé à ses deux extrémités par deux membranes de caoutchouc. Une petite tige métallique, voisine de l'extrémité de la branche A, portait une capsule fulminante, en sorte que, au moment où cette tige venait choquer un obstacle, l'explosion produisait deux ondes qui ébranlaient successivement les membranes A et B. — Deux stylets enduits d'encre rouge, que ces membranes mettaient en mouvement, laissaient leurs marques sur une règle verticale tombant librement, sous l'influence de la pesanteur, d'un mouvement uniformément accéléré dont l'accélération était connue : le temps nécessaire à la transmission du son se trouvait ainsi mesuré [1].

(1) A ce mode d'enregistrement des temps qui correspondent au commencement et à la fin de l'expérience, M. Leroux en a substitué un autre plus précis (*Annales de chimie et de physique*, 4e série, t. XII). — Dans l'appareil qui a été employé en dernier lieu,

Les expériences exécutées en 1738 aux environs de Paris, pour étudier la propagation du son dans une atmosphère indéfinie, et surtout celles qui furent faites en 1822, par la méthode des coups alternatifs, pour éliminer l'influence de la direction du vent, ont fourni pour valeur de la vitesse de propagation, à la température de 16 degrés, le nombre $340^{m},89$ par seconde. En divisant ce résultat par $\sqrt{1+\alpha\tau}$, on trouve, pour la vitesse de propagation à la température zéro, une valeur sensiblement égale à 332 mètres.

Quant à la comparaison des résultats expérimentaux avec les indications théoriques, on peut dire que les observations faites dans les régions polaires ou équatoriales indiquent une influence de la température qui s'accorde avec la formule théorique. — Les valeurs du rapport $\frac{C}{c}$, déterminées par des expériences directes sur les effets calorifiques de la compression et de la raréfaction de l'air [1], diffèrent sensiblement de celles qu'on déduirait de la formule de Laplace, appliquée au nombre 332 mètres; mais la différence paraît explicable par le défaut de précision des expériences directes [2].

l'ébranlement dont on mesurait la vitesse de propagation était produit par le choc d'un marteau sur la membrane qui fermait la branche A (fig. 292). Un petit pendule I, qui faisait partie d'un circuit électrique, était écarté de la verticale par l'ébranlement lui-même, et produisait ainsi une rupture du circuit, au moment du départ de l'onde solitaire qui se propageait dans le tuyau; un pendule semblable I', placé contre la membrane qui fermait la branche B, produisait un effet semblable au moment de l'arrivée de cette onde. Enfin, une disposition convenable faisait éclater, à chacun de ces deux instants, une étincelle d'induction qui laissait sa trace sur une couche de substance sensible comme celles qu'on emploie dans la photographie. — M. Leroux a trouvé ainsi, pour valeur de la vitesse de propagation dans l'air sec, privé d'acide carbonique, et à la température zéro, le nombre $330^{m},66$. É. F.

(1) Voir le cours de première année, tome Ier, p. 180 et suiv.

(2) Des expériences de M. Regnault, terminées depuis plusieurs années, mais publiées seulement en 1868 (*Comptes rendus de l'Académie des sciences*, t. LXVI, p. 209), ont conduit à des résultats qui diffèrent en plusieurs points de ceux qui avaient été obtenus jusque-là sur la vitesse de propagation du son.

D'après la théorie, une onde plane devrait se propager indéfiniment dans un tuyau cylindrique rectiligne, en conservant la même intensité. Les expériences de M. Regnault démontrent, au contraire, que *l'intensité de l'onde diminue successivement*, et *d'autant plus vite que le tuyau a une plus faible section*. — Dans ces recherches, on produisait des ondes d'intensité égale avec un même pistolet, chargé toujours de 1 gramme de poudre, à l'orifice de conduites de sections très-différentes, et on cherchait à reconnaître la longueur du parcours au bout duquel le coup ne s'entendait plus à l'oreille. On cherchait, de plus,

323. **Interférences des mouvements vibratoires qui produisent les sons.** — Lorsque plusieurs mouvements vibratoires, capables chacun de produire un son, coexistent dans un même milieu, il y a, en chaque point et à chaque instant, superposition des petits mouvements dus à chacun des mouvements vibra-

à déterminer le parcours, beaucoup plus long, au bout duquel l'onde silencieuse cessait de produire une impression sur des membranes disposées de manière à présenter une très-grande sensibilité. — La *principale* cause d'affaiblissement de l'onde, dans son trajet, est la perte de force vive qu'elle éprouve par la réaction des parois élastiques du tuyau.

L'expression de la vitesse de propagation donnée par Laplace ne contenait pas l'expression de l'intensité de l'onde. D'après une formule générale donnée par M. Regnault, cette vitesse doit être d'autant plus grande que l'intensité de l'onde est plus considérable. Or puisque, dans un tuyau cylindrique, l'intensité de l'onde va successivement en décroissant, *la vitesse de propagation doit aller en diminuant*, à mesure que l'on considère des points plus éloignés de l'origine. C'est ce que confirme l'expérience; et on trouve, en outre, que les *vitesses moyennes limites*, c'est-à-dire celles qui correspondent à l'onde assez affaiblie pour ne plus marquer sur les membranes, ont une valeur qui diminue avec le diamètre du tuyau. — Dans un tuyau ayant un diamètre de $1^m,10$, la vitesse moyenne de propagation, dans l'air sec et à zéro, pour une onde produite par un coup de pistolet et comptée depuis la bouche de l'arme jusqu'au point où elle est tellement affaiblie qu'elle n'impressionne plus les membranes les plus sensibles, est de $330^m,6$. Dans ce même tuyau, la *vitesse minima*, celle que possède l'onde la plus affaiblie, est seulement de $330^m,30$.

Selon M. Regnault, l'affaiblissement de l'onde ne provient pas seulement de la perte de force vive qui a lieu à travers la paroi du tuyau. La surface du tuyau elle-même paraît exercer sur l'air intérieur une autre action, diminuant notablement son élasticité sans changer sensiblement sa densité : d'après cette action, la vitesse de propagation d'une onde *de même intensité* dans des tuyaux rectilignes serait d'autant plus faible que le tuyau aurait une section moindre. — Il est probable que la nature de la surface exerce une influence sur ce phénomène. C'est ce que confirme un fait signalé par l'expérience journalière. Dans les égouts de Paris qui offrent une grande section, on prévient les ouvriers par le son de la trompette; or on a reconnu que les signaux portent incomparablement plus loin dans les galeries dont les parois sont recouvertes d'un ciment bien lisse, que dans celles qui sont formées par de la meulière brute.

Les expériences tendent à montrer, en outre, que *la vitesse de propagation d'une onde dans un gaz est la même, quelle que soit la pression que le gaz supporte.*

Enfin des tuyaux de diverses longueurs (567 mètres au plus) ayant été remplis de divers gaz, on a cherché si les vitesses de propagation sont, ainsi que la théorie l'indiquerait, *inversement proportionnelles aux racines carrées des densités.* L'expérience a montré que cette loi peut être admise, mais seulement comme une loi limite, à laquelle les gaz satisferaient exactement si on les mettait dans les conditions où ils se comportent comme des gaz parfaits.

D'autres expériences faites à l'air libre, par la méthode des coups de canon réciproques, ont montré que la vitesse de propagation diminue encore, dans ce cas, à mesure que le parcours augmente. — La correction de température, telle qu'on l'admet généralement, paraît suffisamment exacte. É. F.

toires, ou *interférence.* — C'est ce qu'il est aisé de constater par l'expérience, dans quelques cas particuliers.

Un tuyau bifurqué ABC (fig. 293) étant disposé de façon que l'une seulement des ouvertures inférieures, B par exemple, soit placée au-dessus d'une plaque vibrante, on observe, si les dimensions et la position du tuyau sont convenables, un renforcement du son de la plaque; si maintenant on place les deux ouvertures B, C au-dessus de deux régions de la plaque qui vibrent simultanément en sens opposé, le tuyau ne produit plus aucun effet de renforcement.

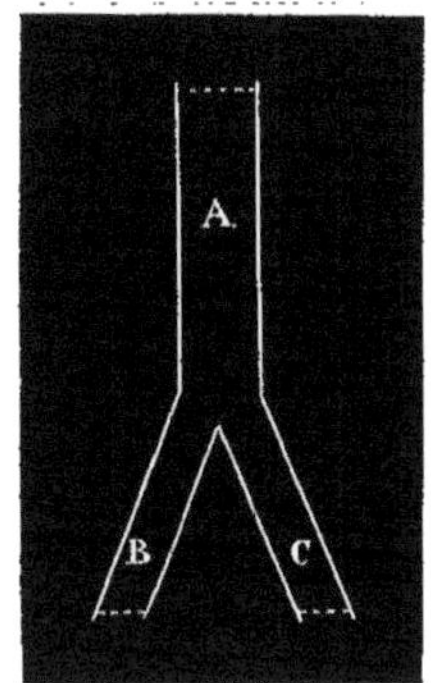

Fig. 293.

Deux tuyaux T et T' (fig. 294), présentant des ouvertures en A et A', communiquent ensemble par leur autre extrémité B : ils ont été réglés de façon que chacun d'eux, placé séparément au voisinage d'une même région d'une plaque vibrante P, renforce le son qu'elle produit; on établit alors la communication en B,

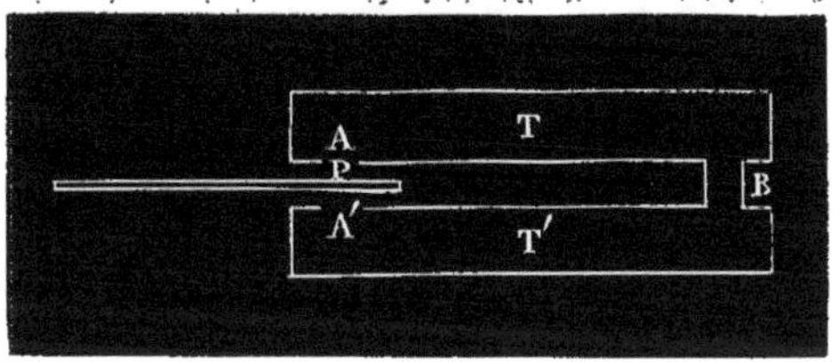

Fig. 294.

et on place les ouvertures A et A' de part et d'autre de la plaque P mise en vibration : on constate que le renforcement est nul.

RÉFLEXION ET RÉFRACTION DU SON.

324. **Réflexion d'un ébranlement à l'extrémité fermée d'un tuyau.** — En continuant, comme on l'a fait plus haut (317), d'assimiler la propagation d'un ébranlement dans un gaz aux réactions successives exercées par une série de billes élastiques dont l'une aurait reçu une certaine quantité de forces vives, on est conduit à cette conclusion que, à l'extrémité fermée d'un tuyau, la réflexion d'un ébranlement condensant doit être assimilée au choc d'une bille

élastique contre un obstacle fixe. Dès lors il doit y avoir, après la réflexion, changement de signe dans la vitesse d'ébranlement elle-même; mais l'ébranlement, qui se propage en sens inverse, demeure toujours un ébranlement condensant. — De là, par analogie, on est conduit à admettre que, dans la réflexion d'un ébranlement dilatant, il doit y avoir aussi changement de signe dans la vitesse d'ébranlement, mais que l'ébranlement réfléchi doit rester dilatant. — Ces conclusions sont d'ailleurs confirmées par une analyse rigoureuse et par les vérifications expérimentales des conséquences qu'on en peut déduire.

325. **Réflexion d'un ébranlement à l'extrémité ouverte d'un tuyau.** — L'analyse traite rigoureusement le problème de la propagation du son dans deux tuyaux de diamètres inégaux, AM, MB (fig. 295), placés à la suite l'un de l'autre, en admettant que la

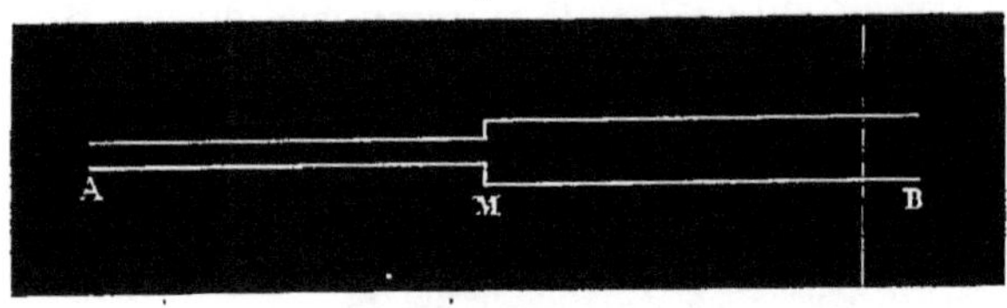

Fig. 295.

pression du gaz n'éprouve pas de variations brusques au point de réunion M. — La nécessité de cette continuité de la pression est d'ailleurs évidente, car, si elle n'avait pas lieu, une tranche infiniment mince de gaz, limitée d'une part en M et soumise sur ses deux faces à des pressions différant entre elles d'une quantité finie, prendrait une vitesse infinie en un temps fini. Il faut donc d'abord que la condensation varie d'une manière continue au point M, comme dans toute l'étendue des tuyaux, et que la variation discontinue des vitesses ne soit pas incompatible avec cette condition.

Or, si l'on considère, dans les deux tuyaux, deux plans perpendiculaires à l'axe, PQ, P'Q' (fig. 296), menés à des distances infiniment petites du point M; et si l'on appelle v et v', à un instant donné, les vitesses des molécules qui se trouvent sur ces deux plans, σ et σ' les sections des deux tuyaux, il est clair que $v\sigma\,dt$ exprime le volume de gaz qui, pendant un temps infiniment court dt, pénètre par le plan PQ dans l'espace infiniment petit PQP'Q'; de même, $v'\sigma'dt$ exprime le volume qui en sort par le plan P'Q'. La masse infiniment petite PQP'Q' reçoit donc, dans le temps dt, un accroissement proportionnel à

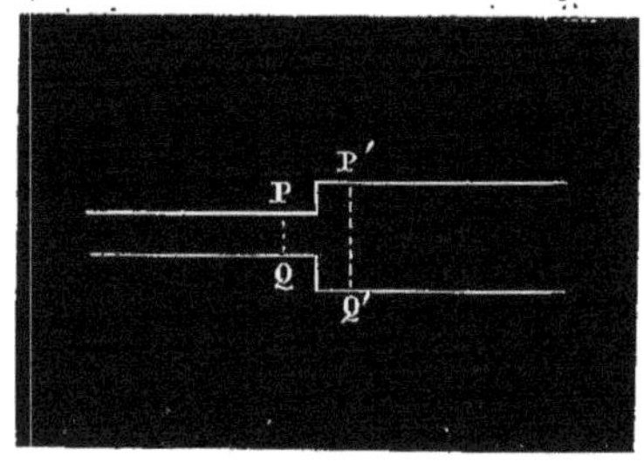

Fig. 296.

$$(v\sigma - v'\sigma')\,dt.$$

Si l'on veut qu'il n'en résulte qu'un accroissement infiniment petit de densité, compatible avec la continuité de pression, il faut que cette expression soit infiniment petite du second ordre, c'est-à-dire qu'en appelant v_0 et v'_0 les limites vers lesquelles tendent v et v', à mesure que PQ et P'Q' se rapprochent indéfiniment du point M, on ait

$$v_0\sigma = v'_0\sigma'.$$

En partant de ces conditions et des propriétés générales des gaz, on démontre :

1° Qu'un ébranlement produit dans la partie AM (fig. 295) donne naissance, en arrivant au point M, à un ébranlement transmis dans MB et à un ébranlement réfléchi dans la direction MA;

2° Que, si la section du second tuyau est très-grande par rapport à celle du premier, l'ébranlement transmis est négligeable; alors, dans l'ébranlement réfléchi, la vitesse est égale en grandeur et en signe à celle de l'ébranlement incident, et la condensation est égale et de signe contraire (1);

3° Qu'il ne se produit au point M lui-même, dans la même hypothèse, que des condensations ou dilatations négligeables. — Cette troisième proposition est une conséquence de la seconde, puisqu'en M à une condensation incidente se superpose toujours une dilatation réfléchie, et *vice versâ*.

Il est naturel d'étendre ces conséquences au cas où un tuyau de petit diamètre débouche dans une atmosphère indéfinie. Toutefois,

(1) C'est-à-dire que, si l'ébranlement incident était condensant, l'ébranlement réfléchi est dilatant, et réciproquement.

on ne doit les regarder, dans ce cas, que comme une première approximation de la vérité. — Le fait même de la réflexion d'un ébranlement à l'extrémité ouverte d'un tuyau a d'ailleurs été observé directement, dans les expériences de Biot sur la vitesse de propagation du son dans les tuyaux de conduite des eaux d'Arcueil. Le bruit produit par un coup de pistolet, à l'une des extrémités du tuyau, donnait naissance à plusieurs sensations perceptibles, d'intensités décroissantes, après des intervalles de temps t, $3t$, $5t$.

326. **Effets produits, dans les tuyaux, par la superposition de l'onde directe et de l'onde réfléchie. — Nœuds fixes et ventres fixes.** — Il résulte de ce qui précède que, s'il se produit à l'ouverture d'un tuyau quelconque un mouvement vibratoire continu, chacun des points du tuyau doit être animé, à chaque instant, d'une vitesse qui est la résultante des vitesses dues aux diverses ondes, directes ou réfléchies, qui s'y propagent. — On examinera d'abord les effets produits, soit dans les tuyaux fermés, soit dans les tuyaux ouverts, par la superposition de deux de ces ondes, savoir : l'onde directe, qui est due au mouvement vibratoire existant à l'une des extrémités du tuyau, et l'onde qui a subi une réflexion à l'extrémité opposée.

1° *Tuyaux fermés.* — Si la courbe MNPQ (fig. 297) représente, à un instant donné, la distribution des vitesses dues à l'onde directe

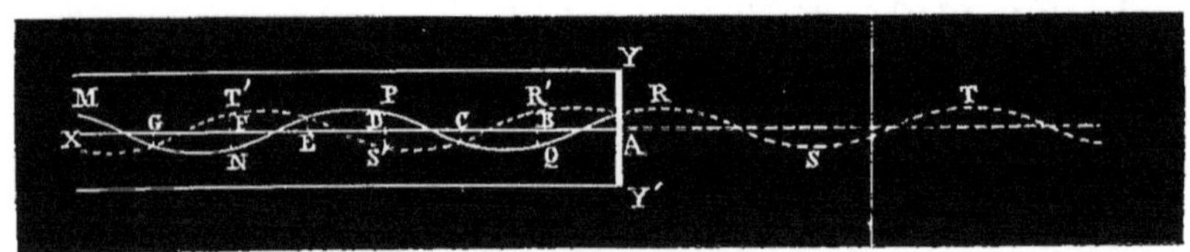

Fig. 297.

(319), et si l'on représente par la courbe ponctuée RST le prolongement de cette onde directe au delà du fond YY' du tuyau, il est visible que la courbe R'S'T', symétrique de celle-ci par rapport à YY', peut représenter l'onde réfléchie, à la condition de considérer les vitesses dues à l'onde réfléchie comme étant, en chaque point, égales et contraires aux ordonnées de cette courbe. — Quant aux condensations, celles qui sont dues à l'onde directe étant proportionnelles aux ordonnées de la courbe MNPQ, on voit que les condensations dues à l'onde réfléchie sont proportionnelles aux ordonnées de la courbe R'S'T', et de même signe.

Or, aux points A, C, E, G,..., qui correspondent aux intersections des deux courbes, la vitesse d'ébranlement résultante est nulle, puisqu'elle est représentée par la somme de deux vitesses égales et de signes contraires. — Au contraire, on démontrera facilement que, en ces mêmes points, la condensation, d'ailleurs positive ou négative, est plus grande en valeur absolue que dans tous les autres points du tuyau au même instant. — Il est aisé de voir enfin que ces points occupent dans le tuyau une position fixe, indépendante de la position particulière que l'on a donnée à la courbe MNPQ, c'est-à-dire indépendante de l'instant considéré : si l'on désigne par λ la longueur d'une ondulation, ils sont à des distances du fond A qui sont représentées par

$$0, \quad 2\frac{\lambda}{4}, \quad 4\frac{\lambda}{4}, \quad 6\frac{\lambda}{4}, \ldots\ldots$$

On donne à ces points le nom de *nœuds fixes;* ils sont, comme on voit, à des distances successives du fond qui sont les *multiples pairs du quart de la longueur d'onde.*

Aux points B, D, F,..., qui correspondent aux points des deux courbes où les tangentes sont parallèles entre elles, il est au contraire facile de voir que la condensation est nulle, comme représentée par la somme de deux ordonnées égales et de signes contraires, et que la vitesse d'ébranlement est constamment maximum par rapport à celle des autres points du tuyau au même instant. — Ces points occupent encore une position fixe dans le tuyau, et leurs distances au point A sont représentées par

$$\frac{\lambda}{4}, \quad 3\frac{\lambda}{4}, \quad 5\frac{\lambda}{4}, \ldots\ldots$$

On leur donne le nom de *ventres fixes* : ils sont à des distances successives du fond qui sont les *multiples impairs du quart de la longueur d'onde.*

On arrive aux mêmes conséquences en partant des formules propres à représenter les deux ondes. — Si $v = A \sin 2\pi \frac{t}{T}$ est la vitesse imprimée au point A, à l'instant t, par l'onde directe, la vitesse qu'apporte cette même onde directe en un point M situé à la distance x du point A, au même instant t, est, d'après ce qu'on a vu (319),

$$u = A \sin 2\pi \left(\frac{t}{T} + \frac{x}{\lambda}\right);$$

celle qu'apporte au même point l'onde réfléchie est

$$u' = -A \sin 2\pi \left(\frac{t}{T} - \frac{x}{\lambda}\right);$$

la somme de ces deux vitesses est

$$u + u' = A \left[\sin 2\pi \left(\frac{t}{T} + \frac{x}{\lambda}\right) - \sin 2\pi \left(\frac{t}{T} - \frac{x}{\lambda}\right)\right].$$

Cette somme exprime la valeur de la vitesse résultante U, en sorte qu'on a, en effectuant le calcul indiqué,

$$U = 2A \sin 2\pi \frac{x}{\lambda} \cos 2\pi \frac{t}{T}.$$

On voit immédiatement que cette vitesse est constamment nulle pour les valeurs de x égales aux multiples pairs de $\frac{\lambda}{4}$, c'est-à-dire aux points qu'on a appelés les *nœuds fixes;* et qu'elle est au contraire maximum, en valeur absolue, pour les valeurs de x égales aux multiples impairs de $\frac{\lambda}{4}$, c'est-à-dire aux *ventres fixes.*

De même la condensation produite par l'onde directe, en un point du tuyau situé à une distance x du point A, et à l'instant t, a pour valeur

$$\delta = \frac{A}{a} \sin 2\pi \left(\frac{t}{T} + \frac{x}{\lambda}\right);$$

la condensation produite par l'onde réfléchie, en ce même point, est

$$\delta' = \frac{A}{a} \sin 2\pi \left(\frac{t}{T} - \frac{x}{\lambda}\right);$$

la somme est

$$\delta+\delta' = \frac{A}{a}\left[\sin 2\pi\left(\frac{t}{T}+\frac{x}{\lambda}\right)+\sin 2\pi\left(\frac{t}{T}-\frac{x}{\lambda}\right)\right].$$

Cette somme exprime la condensation Δ dans le mouvement résultant, en sorte qu'on a

$$\Delta = \frac{2A}{a}\cos 2\pi\frac{x}{\lambda}\sin 2\pi\frac{t}{T}.$$

On voit qu'elle est constamment nulle pour les valeurs de x qui définissent les ventres fixes, et qu'elle est maximum, en valeur absolue, pour les valeurs de x qui définissent les nœuds fixes.

2° *Tuyaux ouverts.* — Pour passer des résultats qui précèdent à ceux qui conviennent aux tuyaux ouverts, il suffit, pour ce qui concerne l'onde réfléchie, d'appliquer à la condensation tout ce qui a été dit de la vitesse, et réciproquement. — On est conduit alors à conclure qu'il se forme des *nœuds fixes* à des distances du fond représentées par

$$\frac{\lambda}{4},\quad 3\frac{\lambda}{4},\quad 5\frac{\lambda}{4},\ldots,$$

et des *ventres fixes* à des distances du fond représentées par

$$0,\quad 2\frac{\lambda}{4},\quad 4\frac{\lambda}{4},\quad 6\frac{\lambda}{4},\ldots;$$

ces systèmes de points ayant d'ailleurs exactement les mêmes caractères que dans les tuyaux fermés [1].

[1] On doit remarquer que, dans les deux espèces de tuyaux, la vitesse d'ébranlement aux ventres, qui est, à chaque instant, maxima en valeur absolue par rapport à celles des autres points, varie avec la valeur de t, entre les limites $2A$ et $-2A$. Elle devient périodiquement nulle à des intervalles de temps représentés par les multiples impairs de $\frac{T}{4}$; à ces instants, la vitesse d'ébranlement est nulle à la fois dans tous les points du tuyau.

Une remarque analogue est applicable à la condensation qui se produit aux nœuds : elle est, à chaque instant, maxima en valeur absolue par rapport à celle des autres points du tuyau, mais elle varie avec le temps t entre les limites $\frac{2A}{a}$ et $-\frac{2A}{a}$. Elle devient périodiquement nulle à des intervalles de temps représentés par les multiples pairs de $\frac{T}{4}$; à ces instants, la pression est uniforme en tous les points du tuyau, et égale à la pression extérieure. É. F.

327. **Réflexion dans un espace indéfini.** — L'examen que l'on vient de faire de la réflexion des ébranlements dans les tuyaux cylindriques permet de se rendre compte des phénomènes offerts par la réflexion dans un espace indéfini. Les lois sont d'ailleurs identiques à celles de la réflexion de la lumière, en sorte que l'on peut constater, par exemple, que si l'on place un corps sonore à l'un des foyers d'un ellipsoïde de révolution à parois rigides, on obtient un foyer sonore à l'autre foyer de l'ellipsoïde; la réflexion des ondes sonores se fait alors comme celle des ondes liquides que l'on peut observer dans un bain de mercure contenu dans un vase elliptique, quand on produit un ébranlement en l'un des foyers de l'ellipse qui forme le contour du vase.

Le *porte-voix* et le *cornet acoustique* ne sont que des applications de la réflexion du son sur les parois rigides; il est facile d'en concevoir l'efficacité, pour la production des effets particuliers que l'on se propose d'obtenir.

328. **Effets produits par la superposition des ondes directes et des ondes réfléchies, dans un espace indéfini.** — Puisque les vitesses correspondantes à un même ébranlement vont en décroissant, dans chaque direction, en raison inverse de la distance au centre d'ébranlement (320), il est clair que les interférences produites dans un milieu indéfini doivent être moins complètes que dans le cas d'un tuyau cylindrique. Les nœuds et les ventres fixes, qui ne se distingueront alors que par des caractères relatifs, occuperont d'ailleurs, sur la perpendiculaire menée du corps sonore à la paroi réfléchissante, des positions sensiblement correspondantes à celles qui ont été définies pour les tuyaux.

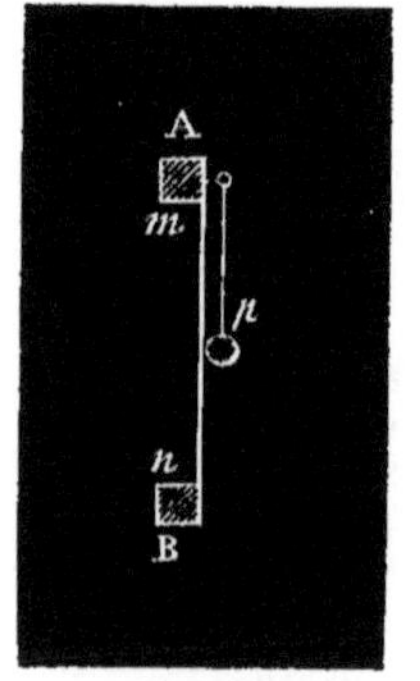

Fig. 298.

Ces conséquences de la théorie ont été vérifiées par A. Seebeck, en employant une membrane verticale *mn* (fig. 298), tendue sur un cadre dont on a figuré la section en A et B, et en appliquant sur cette membrane un petit pendule *p*. La membrane étant placée aux divers points de l'espace dans lequel on se proposait de vérifier la distribution des nœuds et des ventres, la grandeur des impulsions communiquées au pendule donnait une idée des valeurs relatives de la vitesse d'ébranlement transmise par l'air à la membrane.

Si maintenant, un corps sonore étant placé en S (fig. 299) et une paroi réfléchissante en PQ, la membrane *mn* est tendue au fond d'une sorte d'entonnoir ABCD, fixé lui-même dans un vase AMNB

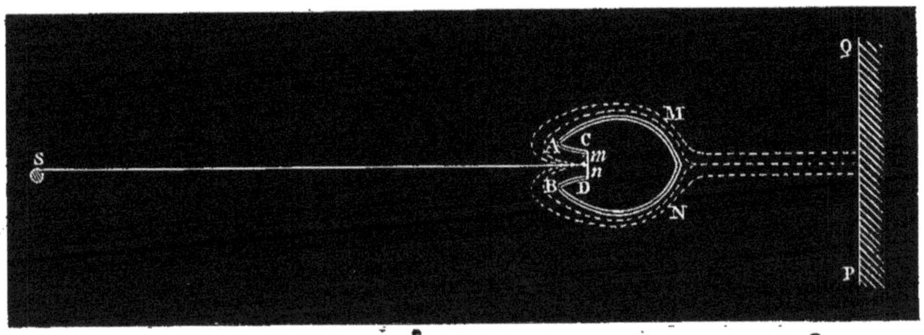

Fig. 299.

à parois très-solides, et si l'appareil est tourné de façon que l'une des deux ondes, soit l'onde directe, soit l'onde réfléchie, doive le contourner pour arriver à la membrane, on voit que les vitesses apportées par cette onde sont, par cela même, changées de signe : les nœuds paraissent alors occuper les positions dans lesquelles l'expérience précédente avait constaté des ventres, et réciproquement. — Les conditions dans lesquelles se trouve la membrane *mn*, dans l'appareil dont on vient d'indiquer l'usage, sont analogues à celles que présente la membrane du tympan dans l'oreille humaine : c'est faute d'avoir fait cette remarque que divers physiciens, et Savart en particulier, ont commis plusieurs erreurs dans l'interprétation des phénomènes observés.

Enfin cette expérience offre, en outre, un moyen simple de séparer les uns des autres plusieurs sons de hauteurs différentes, dont la coexistence constitue un bruit dépourvu en apparence de tout caractère musical ; chacun des sons élémentaires donnant naissance à un système particulier de nœuds et de ventres, on peut souvent, en plaçant l'oreille à diverses distances, sur la perpendiculaire menée du corps sonore à une paroi solide où s'opère la réflexion, entendre ces divers sons prédominer tour à tour.

On concevra sans peine la production de phénomènes analogues, mais plus complexes, par l'interférence des ondes directes et des ondes réfléchies, dans un espace limité de toutes parts.

329. **Réfraction du son.** — Lorsqu'un ébranlement se transmet d'un milieu dans un autre, il se produit une réfraction dont les lois sont identiques à celles de la réfraction de la lumière, c'est-à-dire que le rapport du sinus de l'angle d'incidence au sinus de l'angle de réfraction est constant et égal au rapport de la vitesse de propagation dans le premier milieu à la vitesse de propagation dans le second.

Les phénomènes de réfraction du son ont été constatés par Sondhauss; en mettant en présence d'un corps sonore une sorte de lentille biconvexe, formée par deux membranes de collodion dont l'intervalle est rempli par de l'acide carbonique, on obtient une véritable concentration du son et un *foyer* sonore. — Le même effet peut être réalisé au moyen d'une lentille biconcave remplie d'hydrogène.

PRODUCTION DU SON PAR LES GAZ (TUYAUX SONORES).

330. Toutes les fois qu'une masse de gaz limitée, de forme quelconque, est ébranlée d'une manière quelconque, on peut considérer chacun de ses points comme étant l'origine d'ondes qui se propagent conformément aux lois qui viennent d'être indiquées : la propagation, la réflexion et la superposition de ces ondes donnent donc lieu à un état de mouvement, variable avec le temps, qui peut être entièrement déterminé à l'aide des notions qui précèdent. — On considérera, en particulier, le cas où le gaz est renfermé dans un tuyau cylindrique de petit diamètre, ouvert à une extrémité, ouvert ou fermé à l'autre.

331. **Tuyaux sonores.** — On peut employer deux procédés différents pour faire vibrer ou *parler* un tuyau :

1° Une impulsion ou aspiration unique, ou une succession d'aspirations ou d'impulsions [1];

2° Une action continue, produisant à l'une des extrémités ouvertes des vibrations de période déterminée; telle est, par exemple, dans les tuyaux à *embouchure de flûte* (fig. 300), l'arrivée continue de

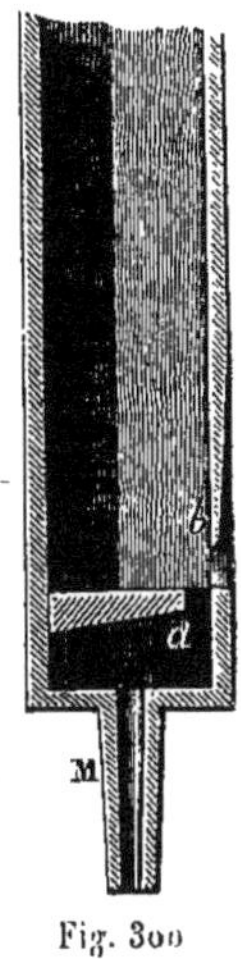

Fig. 300

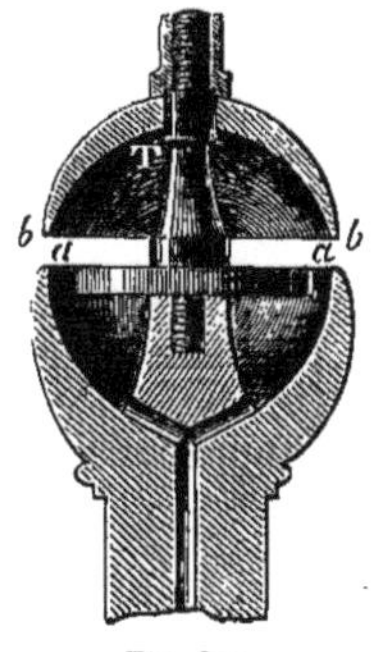

Fig. 301.

l'air qui sort par la lumière *a* et vient se briser contre la lèvre supérieure *b*; telle est aussi, dans le sifflet des locomotives (fig. 301), l'arrivée de la vapeur qui sort par la fente circulaire *aa* et vient se briser contre le bord tranchant *bb* du timbre T.

Quelle que soit celle de ces deux méthodes qu'on emploie pour faire parler un tuyau, l'expérience montre qu'il rend les mêmes sons. — Il est facile de se rendre compte de cette concordance. Si l'on place à l'extrémité ouverte d'un tuyau une embouchure qui vibre d'accord avec le son que rendrait ce tuyau sous l'influence d'un ébranlement unique, l'effet du mouvement produit à l'embouchure pendant la durée T d'une première vibration est de produire, au bout du temps T, un état d'ébranlement déterminé dans l'air intérieur, et, par suite de la forme et des dimensions du tuyau, cet ébranlement tend à se reproduire de lui-même à l'époque 2T; mais

(1) On parvient à obtenir une succession régulière d'aspirations ou d'impulsions, à l'aide de mécanismes magnéto-électriques.

la succession des mouvements qui se sont produits à l'embouchure, entre l'époque T et l'époque 2T, a pour effet de reproduire une seconde série d'ébranlements qui est identique à la première, et qui, en s'ajoutant à elle, double la valeur de la vitesse et de la condensation en chaque point du tuyau, et ainsi de suite. La concordance répétée de ces diverses actions a donc pour conséquence un renforcement des vibrations qui va en croissant avec le temps, et qui n'aurait pas de limite s'il n'y avait pas sans cesse diffusion du mouvement dans le milieu extérieur. Si la période de l'embouchure et celle du tuyau ne coïncident pas, il n'y a plus concordance des impulsions successives, et le renforcement est moindre; mais, le son d'intensité maximum étant celui qu'on s'attache à produire dans toutes les expériences, on voit qu'il est indifférent d'employer l'un ou l'autre des deux procédés. — Il suffit également, à la rigueur, de donner la théorie correspondante à un seul des deux modes de vibration.

332. **Lois expérimentales relatives aux tuyaux sonores.** — Lorsqu'on opère sur des tuyaux dont la longueur est suffisamment grande par rapport aux dimensions de la section, et dont les parois ont une épaisseur suffisante, on constate que la forme ou les dimensions de la section transversale sont sans influence sur la hauteur des sons produits; il en est de même de la nature ou de l'épaisseur des parois. — La longueur du tuyau et la nature du gaz qu'il contient sont donc les seuls éléments dont on ait à déterminer l'influence.

Une étude expérimentale, faite successivement sur des tuyaux ouverts et sur des tuyaux fermés, conduit aux lois suivantes :

Tuyaux ouverts. — 1° Pour des tuyaux de diverses longueurs, les nombres de vibrations qui correspondent au *son fondamental*, c'est-à-dire au son le plus grave que le tuyau puisse rendre, sont en raison inverse des longueurs.

2° Pour un même tuyau ouvert, les nombres de vibrations qui correspondent aux divers *sons harmoniques*, c'est-à-dire aux sons de hauteurs croissantes que l'on peut faire rendre successivement au tuyau, en faisant varier la vitesse d'arrivée de l'air, sont entre eux comme les nombres entiers de la suite naturelle 1, 2, 3, 4,....

Dans les expériences qui servent à établir ces lois, on peut d'ailleurs déterminer les positions des *nœuds fixes* en opérant avec des tuyaux prismatiques dont l'une des parois est formée par une lame de verre, et faisant descendre dans ce tuyau, à l'aide d'un fil de soie, une petite membrane tendue sur un anneau rigide et couverte de sable fin; on voit le sable s'agiter en tous les points du tuyau, sauf en certains points où la vitesse de vibration est constamment nulle : ce sont les *nœuds fixes*. — On constate alors que, si le tuyau rend le son fondamental, il y a un nœud au milieu, et en ce point seulement. Si le tuyau rend l'un quelconque des harmoniques, les nœuds sont équidistants entre eux, et la distance du premier ou du dernier nœud à l'extrémité du tuyau qui est la plus voisine de lui est égale à la moitié de la distance de deux nœuds consécutifs.

Pour constater la position des *ventres fixes*, et vérifier qu'ils sont toujours situés à égale distance de deux nœuds consécutifs, on peut employer, ou bien la membrane couverte de sable, en cherchant les points où le sable présente l'agitation la plus vive, ou bien des tuyaux présentant des ouvertures latérales que l'on pourra déboucher à volonté. Dans cette dernière manière d'opérer, les ventres se distinguent alors par ce caractère que la condensation y est nulle, et qu'ils peuvent être mis en communication avec l'atmosphère sans que le son soit modifié.

Tuyaux fermés. — 1° Le *son fondamental* d'un tuyau fermé est l'octave grave du son fondamental d'un tuyau ouvert de même longueur.

2° Pour des tuyaux fermés de diverses longueurs, les nombres de vibrations qui correspondent au *son fondamental* sont en raison inverse des longueurs. — Cette loi est une conséquence de la précédente et de la première loi relative aux tuyaux ouverts.

3° Pour un même tuyau fermé, les nombres de vibrations qui correspondent aux divers *sons harmoniques* sont entre eux comme la série des nombres impairs 1, 3, 5, 7,....

L'expérience montre que, dans le cas où un tuyau fermé rend le son fondamental, il y a un nœud fixe à l'extrémité fermée et un ventre fixe à l'extrémité ouverte. Quand il rend un harmonique quelconque, les nœuds et les ventres alternent entre eux : ils sont situés à égales distances les uns des autres, dans toute la longueur du tuyau, de façon que l'ouverture du tuyau corresponde à un ventre et le fond du tuyau à un nœud.

333. **Théorie des tuyaux sonores.** — Lorsqu'un mouvement vibratoire se produit à l'ouverture d'un tuyau, l'onde partie de cette extrémité A (fig. 302) se réfléchit une première fois à l'extré-

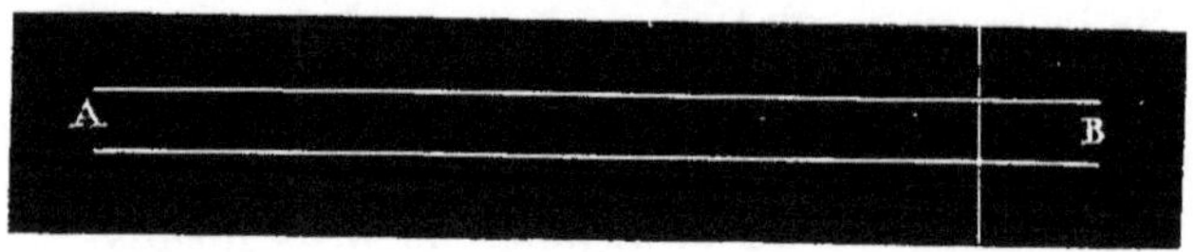

Fig. 302.

mité B, soit sur la paroi rigide si le tuyau est fermé, soit sur l'air extérieur si le tuyau est ouvert (325). L'interférence du mouvement direct avec le mouvement produit par cette réflexion tend alors à produire le système de nœuds fixes et de ventres fixes qui a été étudié précédemment (326). Mais l'onde qui a subi cette réflexion en B vient se réfléchir de nouveau en A; elle peut donc être considérée alors comme une nouvelle onde directe, engendrant à son tour une nouvelle onde réfléchie. Or, si l'état de l'onde qui a subi ces deux réflexions successives, en B et en A, est identique avec celui de l'onde directe primitive, elle produit, par son interférence avec l'onde réfléchie qu'elle engendre, c'est-à-dire avec l'onde qui a subi trois réflexions successives, en B, en A et en B, un mouvement identique avec celui qui résultait de l'interférence de l'onde directe avec l'onde une seule fois réfléchie. On en pourra dire autant de l'interférence de l'onde réfléchie quatre fois avec l'onde réfléchie cinq fois, et ainsi de suite. Tous ces mouvements étant concordants, leurs vitesses et leurs condensations s'ajouteront, et, si les ondes réfléchies étaient réellement égales en intensité aux ondes directes, l'accroissement du son n'aurait pas de limite. Mais la transmission partielle des vibrations à l'atmosphère extérieure implique un affaiblissement sensible, à chaque réflexion. La superposition d'un nombre indéfini de mouvements concordants, mais d'amplitudes indéfiniment décroissantes, donne ainsi naissance à un son dont l'intensité ne peut croître au delà d'une certaine limite; on doit regarder cette limite comme sensiblement atteinte au bout d'un temps très-court, si la longueur du tuyau est peu considérable relativement à la vitesse de propagation du son. — Il est clair d'ailleurs que, si les effets des ondes qui ont éprouvé un nombre pair de réflexions ne concordent pas avec ceux de l'onde directe, l'intensité du son doit être moindre.

Cette condition de concordance détermine donc la série de sons qui est caractéristique d'un tuyau donné, soit dans le cas des tuyaux ouverts, soit dans le cas des tuyaux fermés[1]. — On va voir que cette série s'en déduit très-simplement, dans chacun de ces deux cas.

Tuyaux ouverts. — Les deux réflexions successives en B et en A ne changeant pas le signe de la vitesse, et les deux changements de signe de la condensation se compensant l'un l'autre, l'état de l'onde qui a subi deux réflexions est, au point A, le même que celui d'une onde qui aurait parcouru, sans se réfléchir, un chemin égal au double de la longueur du tuyau. Il sera donc identique à celui de l'onde directe, si le double de la longueur l du tuyau est égal à un nombre entier de fois la longueur d'ondulation λ du son produit à l'embouchure, c'est-à-dire si l'on a

$$2l = n\lambda.$$

Or, si a est la vitesse de propagation du son dans le gaz qui remplit le tuyau, et si T est la durée d'une vibration complète, on a

$$\lambda = a\mathrm{T},$$

d'où l'on tire, en remplaçant λ par cette valeur,

$$\mathrm{T} = \frac{1}{n}\frac{2l}{a}.$$

[1] Voir, à la fin de l'Acoustique, la note complémentaire A sur les effets des réflexions multiples du son dans un tuyau.

Enfin, si l'on désigne par N le nombre des vibrations effectuées en une seconde, nombre dont la valeur n'est autre chose que $\frac{1}{T}$, on pourra mettre cette formule sous la forme qui a été donnée par Daniel Bernoulli,

$$N = 2n \frac{a}{4l}.$$

Cette formule comprend, comme on le voit immédiatement, les deux lois expérimentales indiquées plus haut (332), c'est-à-dire : 1° la relation entre la longueur d'un tuyau ouvert et le nombre de vibrations du son fondamental (ce nombre étant donné par la valeur de N qui correspond à $n = 1$); 2° la loi qui régit la série des harmoniques.

En outre, pour chaque valeur de n, c'est-à-dire pour chaque harmonique en particulier, les ondes qui ont subi un nombre pair de réflexions étant toutes concordantes, le mouvement de l'air en un point quelconque du tuyau est proportionnel à celui qui résulterait de l'interférence de l'onde directe avec l'onde qui a subi une seule réflexion. On conclut de là que, conformément à l'expérience, les deux extrémités du tuyau sont des ventres, et que, si l'on divise la longueur totale en quarts de longueur d'ondulation, les points de division sont alternativement des nœuds et des ventres.

Tuyaux fermés. — Si le tuyau est fermé en B, la réflexion en B change le signe de la vitesse; la réflexion en A change le signe de la condensation. Au point A, l'état de l'onde réfléchie successivement en B et en A est donc exactement contraire à l'état d'une onde qui aurait parcouru deux fois la longueur du tuyau sans se réfléchir : par suite, il est identique à celui d'une onde qui aurait parcouru, sans se réfléchir, le double de la longueur du tuyau augmenté d'une demi-longueur d'ondulation. La condition de concordance est donc

$$2l + \frac{\lambda}{2} = n\lambda,$$

d'où l'on conclut, en raisonnant comme plus haut, la formule de Daniel Bernoulli,

$$N = (2n - 1)\frac{a}{4l}.$$

Cette formule comprend, comme celle des tuyaux fermés : 1° la loi des longueurs; 2° la loi relative à la série des harmoniques.

En comparant les deux formules entre elles, on voit, en outre, que le son fondamental d'un tuyau fermé doit être l'octave grave du son fondamental d'un tuyau ouvert de même longueur.

Enfin on peut se rendre compte, absolument comme il a été dit pour les tuyaux ouverts, de la distribution des nœuds fixes et des ventres fixes.

334. **Vitesse du son dans les gaz, déduite des formules relatives aux tuyaux sonores.** — Les formules qui précèdent permettent de calculer la valeur numérique de la vitesse du son a, quand on a déterminé par l'expérience toutes les autres quantités que ces formules contiennent.

Or, si l'on fait ce calcul pour l'air, en employant les données fournies par un tuyau rendant le son fondamental, on trouve que le résultat est en général inférieur, de près d'un sixième, à la vitesse déterminée directement (322). — La raison de cette différence est dans l'évidente inexactitude des hypothèses relatives à l'état de l'air aux extrémités du tuyau. Il est possible, en augmentant suffisamment l'épaisseur de la paroi qui bouche l'extrémité d'un tuyau fermé, d'obtenir l'immobilité presque complète de la tranche d'air qui est en contact avec elle; mais, au voisinage d'une extrémité ouverte et surtout au voisinage d'une embouchure, il n'est pas possible que le mouvement de l'air soit exactement parallèle à l'axe, et il y a nécessairement une transition entre l'état de l'air extérieur et celui de l'air intérieur.

Deux méthodes ont été employées pour éliminer l'influence de cette perturbation. — La première, employée par M. Zamminer, consiste à mesurer, à l'aide d'un piston mobile, la distance de deux nœuds successifs, pour un harmonique déterminé, et à en déduire la valeur de la longueur d'ondulation. — La seconde, employée par Wertheim, consiste à déterminer directement l'influence de la perturbation elle-même, en opérant comme il suit.

Sur une embouchure donnée, on fixe successivement plusieurs tuyaux ouverts, de même diamètre, mais de longueurs différentes :

si les perturbations produites à l'embouchure et à l'extrémité ouverte des divers tuyaux sont indépendantes de leur longueur, on pourra, au lieu d'admettre pour chacun d'eux, dans le cas du son fondamental, la formule générale

$$l=\frac{\lambda}{2},$$

poser

$$l+\alpha+\beta=\frac{\lambda}{2}=\frac{a}{2N},$$
$$l'+\alpha+\beta=\frac{\lambda'}{2}=\frac{a}{2N'},$$
$$l''+\alpha+\beta=\frac{\lambda''}{2}=\frac{a}{2N''},$$
$$\ldots\ldots\ldots\ldots\ldots\ldots,$$

d'où l'on conclura

$$N(l+\alpha+\beta)=N'(l'+\alpha+\beta)=N''(l''+\alpha+\beta)=\ldots,$$

et chacune de ces équations devra donner la même valeur pour $\alpha+\beta$. L'expérience confirme cette hypothèse. — Des expériences analogues, exécutées sur des tuyaux fermés, à fond très-résistant, font connaître la perturbation α due à l'embouchure seule. — On trouve d'ailleurs que α et β sont toujours des quantités positives, égales à des fractions assez petites de $\frac{\lambda}{4}$, mais d'autant plus grandes que le diamètre du tuyau est plus grand.

Les détails qui précèdent suffisent pour faire concevoir la possibilité d'obtenir une mesure exacte de la vitesse du son au moyen des résultats de ces expériences : il convient de réduire autant que possible la valeur des corrections, en opérant sur des tuyaux de petit diamètre. — Le calcul des anciennes expériences de Dulong fournit les valeurs suivantes pour les vitesses du son dans divers gaz :

Vitesse du son dans	l'air	332m
———	l'oxygène	317
———	l'hydrogène	1269
———	l'oxyde de carbone	337
———	l'acide carbonique	262
———	le protoxyde d'azote	262
———	le gaz oléfiant	314

335. **Conséquences relatives au rapport des deux chaleurs spécifiques des gaz, et aux quantités de chaleur qui correspondent à de petites variations de volume.** — Les vitesses du son dans les gaz simples étant, à deux ou trois mètres près, en raison inverse des racines carrées des densités, on a conclu de ces expériences que, *dans tous les gaz simples, le rapport des deux chaleurs spécifiques a sensiblement la même valeur*, et que cette valeur est d'environ 1,41. — Il convient, sans doute, de restreindre cet énoncé aux gaz qui sont très-éloignés de leur point de liquéfaction. — Pour les gaz composés, le rapport des deux chaleurs spécifiques a des valeurs différentes.

Si maintenant on calcule, pour un gaz quelconque, au moyen de la valeur de la vitesse du son fournie par les expériences que l'on vient d'indiquer, la valeur de la chaleur spécifique à volume constant c, on trouve toujours un résultat qui satisfait approximativement à la relation

$$C - c = \frac{1}{E}\alpha p_0 v_0,$$

qui est une conséquence nécessaire de la théorie mécanique de la chaleur, pour les gaz où le travail intérieur est nul [1].

Si maintenant on désigne par D_0 la densité du gaz, on peut mettre la formule précédente sous la forme

$$(C - c) D_0 = \frac{1}{E}\alpha p_0.$$

Or CD_0 représente la quantité de chaleur absorbée par l'unité de volume du gaz, lorsque sa température s'élève d'un degré sous pression constante, et cD_0 est la quantité de chaleur absorbée lorsque la température s'élève d'un degré sous volume constant; donc $(C - c) D_0$ est la quantité de chaleur absorbée par l'unité de volume du gaz lorsqu'elle se dilate, sans variation de température, d'une quantité égale à la dilatation correspondante à un échauffement d'un degré. La formule exprime donc un théorème que l'on peut énoncer ainsi :

[1] Voir le cours de première année, tome Ier, p. 223.

De petites dilatations absorbent des quantités égales de chaleur dans tous les gaz permanents, pris sous la même pression.

Cet énoncé est d'ailleurs évidemment applicable aux quantités de chaleur dégagées par de petites compressions.

Dulong avait déduit de ses expériences cette conséquence importante, longtemps avant qu'on eût commencé à soupçonner le principe de l'équivalence du travail mécanique et de la chaleur.

336. **Loi relative aux sons rendus par les tuyaux dont les diverses dimensions sont des grandeurs de même ordre.** — Les diverses lois qui ont été énoncées précédemment (332) ne sont applicables qu'aux tuyaux dont la longueur peut être regardée comme très-grande par rapport aux dimensions de la section. On doit à Savart plusieurs séries d'expériences sur l'influence de la forme ou des dimensions des tuyaux qui ne satisfont pas à cette condition. — Le résultat le plus important auquel aient conduit ces recherches est le suivant :

Pour des tuyaux de formes semblables et semblablement embouchés, les nombres de vibrations du son fondamental sont inversement proportionnels aux dimensions homologues.

Cette loi, qui a été établie expérimentalement par Savart en opérant sur des tuyaux de forme cubique, de forme cylindrique ou de forme sphérique, avait d'ailleurs été entrevue par le P. Mersenne : elle s'applique également bien aux tuyaux ouverts et aux tuyaux fermés.

337. **Tuyaux à anches.** — On désigne sous le nom général d'*anche* une lame élastique mise en vibration par le passage rapide d'un gaz, et placée d'ordinaire entre un tuyau *porte-vent* T (fig. 303 ou 304) et une sorte de cornet C s'ouvrant dans l'air extérieur, et appelé *cornet d'harmonie.*

L'*anche battante* est représentée à la partie supérieure de la figure 303; quand l'air n'arrive pas par le porte-vent, elle vient s'appliquer sur les bords d'une rigole demi-circulaire, fermée par une plaque horizontale à sa partie inférieure. L'air comprimé dans le porte-vent par la soufflerie ne peut s'échapper qu'en soulevant la lame élastique, qui est ensuite ramenée à sa position primitive par son élasticité même, et ainsi de suite. De là une série de vibrations, dont on règle la hauteur en augmentant ou diminuant la longueur de la *languette* : on emploie, pour cela, une *rasette* formée par un fil de fer courbé qui fait ressort et détermine la longueur de la partie vibrante de la lame. — Dans l'*anche libre* (fig. 304), la lame vibrante passe librement dans une ouverture par laquelle s'échappe l'air : elle oscille de part et d'autre du plan de cette ouverture, et donne des sons généralement moins stridents que l'anche battante.

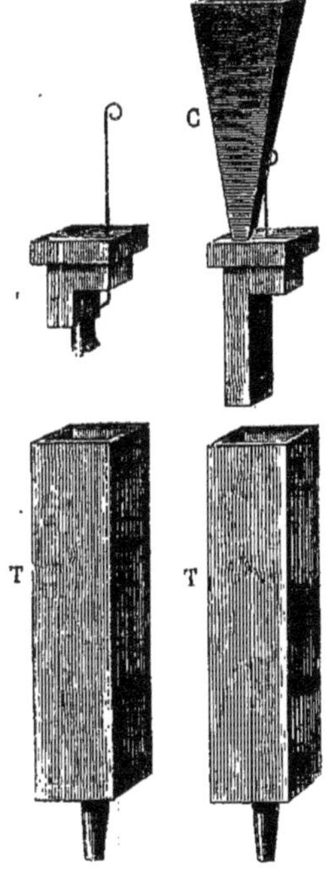

Fig. 303. Fig. 304.

Le son des tuyaux à anche résulte donc, comme celui de la sirène, des passages et des arrêts alternatifs éprouvés par l'air qui tend à s'échapper du porte-vent. L'air du cornet d'harmonie est également mis en vibration. Les dimensions du cornet ont pour effet de modifier la hauteur du son dans certaines limites, et surtout d'en adoucir singulièrement le timbre.

L'organe de la voix, chez l'homme, se rapproche probablement beaucoup d'un instrument à anche libre.

COMPRESSIBILITÉ DES LIQUIDES.

338. **Influence des variations de volume des vases, dans l'étude de la compressibilité des liquides.** — L'étude de la compressibilité des liquides présente toujours de grandes difficultés, à cause de la nécessité où l'on est de les placer dans des enveloppes solides, qui sont toujours modifiées par les pressions auxquelles on les soumet. — Les variations de volume de l'enveloppe interviennent d'ailleurs de deux manières différentes, selon que la pression s'exerce seulement à l'intérieur ou qu'elle agit simultanément à l'intérieur et à l'extérieur.

1° Si la pression s'exerce seulement à l'intérieur, l'enveloppe éprouve un accroissement de volume; alors la diminution apparente de volume du liquide est égale à la somme de la diminution de volume réelle du liquide et de l'accroissement de volume de la capacité interne de l'enveloppe. Cet accroissement est assez considérable dans les piézomètres en verre peu épais dont on se sert généralement, et qui se composent d'un réservoir R (fig. 305) surmonté d'un tube fin T dont la graduation indique les volumes apparents du liquide. — L'influence de l'accroissement de volume du vase deviendrait moindre si l'on donnait aux parois une épaisseur plus grande, mais elle ne deviendrait jamais assez petite pour être négligeable.

Fig. 305.

2° Si la pression agit à l'intérieur et à l'extérieur, le volume de la *matière du piézomètre*, sous l'influence d'une pression exercée sur la surface tant intérieure qu'extérieure, diminue évidemment d'une fraction qui peut être regardée, entre des limites plus ou moins étendues, comme proportionnelle à la pression. — Il est facile de voir que, si cette matière est bien homogène, la *capacité intérieure* dans laquelle le liquide est contenu diminue précisément de la même fraction de sa valeur initiale; car, toutes les droites que l'on peut concevoir à l'intérieur de la matière de l'enveloppe jouissant alors des mêmes propriétés physiques, leur longueur diminue dans le même rapport, en sorte que l'enveloppe demeure géométriquement semblable à elle-même, ce qui implique que la capacité intérieure diminue comme on vient de l'indiquer. — Dès lors, si l'on mesurait exactement la diminution d'une dimension linéaire de l'appareil, comme cette diminution est toujours une fraction très-petite, il suffirait de la tripler pour obtenir une valeur suffisamment exacte de la contraction de la capacité intérieure, et, en ajoutant le nombre ainsi obtenu à la compression apparente, on aurait la compression réelle. Mais ce procédé direct serait d'une application très-difficile et n'a jamais été employé.

Les méthodes indirectes par lesquelles on y a suppléé ont toujours été insuffisantes, soit parce qu'elles impliquaient des formules théoriques inexactes ou au moins douteuses, soit parce qu'on appliquait à une enveloppe donnée des coefficients déterminés sur des tiges de verre dont la constitution physique différait de celle de l'enveloppe, soit enfin par ces deux motifs à la fois. — On peut dire que la compressibilité absolue d'aucun liquide n'est connue exactement; on verra plus loin qu'il est seulement permis d'assigner deux limites, entre lesquelles est comprise la compressibilité de chacun des liquides qu'on a étudiés par la méthode de M. Regnault.

339. **Expériences propres à constater la compressibilité des liquides, sans la mesurer.** — On connaît l'expérience faite anciennement par les académiciens de Florence : deux boules A, B (fig. 306), réunies par un tube recourbé T et remplies d'eau, comme l'indique la figure, étaient plongées, l'une A dans l'eau bouillante, l'autre B dans de la neige; la vapeur d'eau produite du côté A venait exercer sa pression sur le liquide contenu du côté B. Le niveau *b* du liquide ne parut pas changer, d'où l'on conclut qu'il n'y avait pas diminution du volume de l'eau; mais on doit remarquer qu'il y avait nécessairement condensation de la vapeur d'eau à la surface *b*, en sorte que l'invariabilité même du niveau du liquide était réellement la preuve de la compressibilité de l'eau.

Une autre expérience, imaginée par Canton, peut être facilement répétée comme il suit : on construit un thermomètre à eau, avec les précautions nécessaires pour en expulser entièrement l'air; on le place sous le récipient de la machine pneumatique, et l'on observe le niveau du liquide. Lorsqu'on laisse rentrer l'air sous le récipient de la machine et qu'on brise en même temps la pointe du thermomètre, on voit le niveau du liquide descendre d'une petite quantité; comme d'ailleurs la pression atmosphérique agit à la fois à l'intérieur et à l'extérieur, la capacité interne de l'enveloppe a nécessairement diminué,

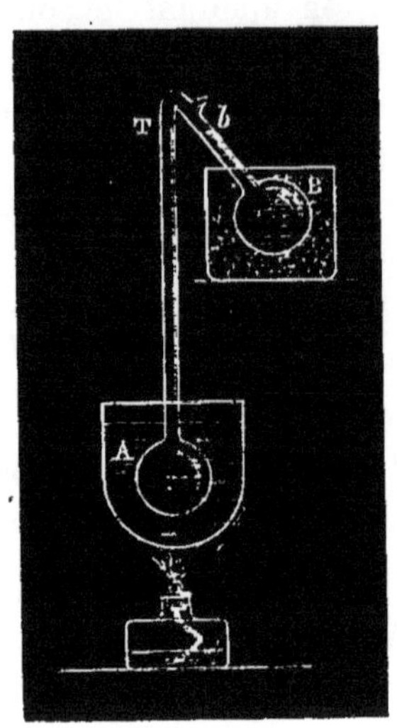

Fig. 306.

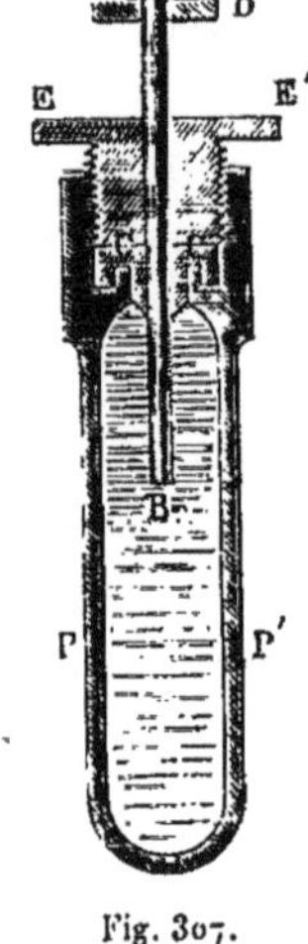

Fig. 307.

en sorte que l'abaissement du niveau démontre que le volume du liquide a diminué dans un plus grand rapport que cette capacité interne.

Enfin on doit à Perkins l'expérience suivante : un vase métallique de bronze PP' (fig. 307), offrant une résistance considérable et exactement plein d'eau, contenait une tige mince de métal, passant à frottement dur dans la boîte à cuir CC'; la boîte à cuir était d'ailleurs pressée elle-même par un boulon à vis EE'. L'appareil étant placé dans l'air, on avait assujetti à frottement doux, sur la tige AB, une petite rondelle de cuir D, qu'on avait fait glisser jusqu'à ce qu'elle vînt toucher le boulon fixe EE'. L'appareil fut alors descendu dans la mer, jusqu'à une profondeur d'environ 900 mètres, c'est-à-dire soumis à une pression d'environ 100 atmosphères. Au moment où on le ramena à la surface, on constata que la rondelle s'était relevée sur la tige, à $0^m,20$ environ de sa position primitive : la tige s'était donc enfoncée dans le vase d'une quantité parfaitement appréciable. — Malheureusement on n'a pas tenu compte, dans cette expérience, des variations de température éprouvées par le liquide.

340. **Expériences dans lesquelles on a tenté de mesurer la compressibilité des liquides.** — Dans la méthode employée par Œrsted, le liquide soumis à l'expérience est placé dans un *piézomètre* formé d'un réservoir de verre R, surmonté d'une tige graduée T (fig. 308). Ce liquide est limité à sa partie supérieure par

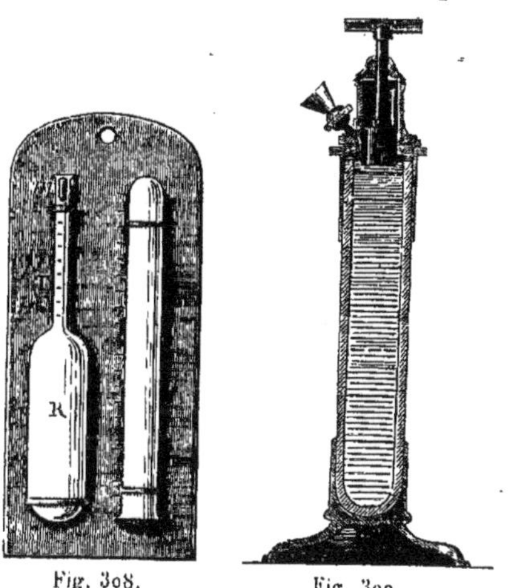

Fig. 308. Fig. 309.

une petite colonne de mercure *m*, ou mieux par une bulle d'air surmontée d'un index de sulfure de carbone. Sur la plaque métallique qui porte le piézomètre, et à côté de lui, est un tube gradué contenant une colonne d'air limitée, qui fonctionne comme un manomètre à air comprimé. La plaque qui porte ces deux appareils est introduite dans un grand cylindre de verre plein d'eau, représenté par la figure 309 à une échelle plus petite : on comprime le liquide contenu dans le cylindre, au moyen du piston et de la vis qui surmontent l'appareil. L'observation du piézomètre donne la variation de volume apparente du liquide qu'il contient; l'observation du manomètre donne la pression correspondante. — Œrsted supposait à tort que, la pression s'exerçant simultanément à l'extérieur et à l'intérieur du piézomètre, sa capacité intérieure demeurait invariable.

341. **Expériences de M. Regnault.** — La méthode employée par M. Regnault a pour but spécial de déterminer, sur l'enveloppe même qui sert aux expériences, les coefficients de compressibilité relatifs au verre, coefficients qui doivent intervenir dans le calcul des résultats.

Le réservoir du piézomètre C (fig. 310) peut communiquer par le tube S avec l'atmosphère, ou par le tube T avec un récipient contenant de l'air comprimé; la pression de cet air est d'ailleurs mesurée par un manomètre. — L'inspection seule de la figure permet de comprendre comment le jeu des robinets R, V, S, U permet de transmettre à volonté la pression de l'air du récipient, soit à l'intérieur du piézomètre, soit à l'extérieur, soit simultanément à l'intérieur et à l'extérieur.

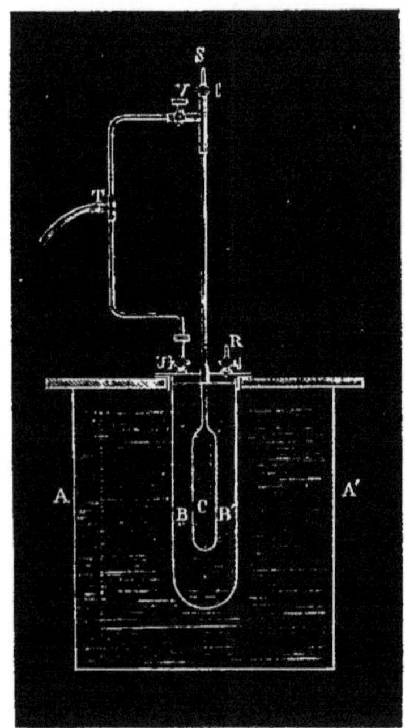

Fig. 310.

Soient V le nombre de divisions de la tige du piézomètre auquel est équivalente la capacité intérieure du réservoir, jusqu'à l'origine de la graduation; n_0 le nombre de divisions occupées par le liquide dans la tige, lorsque la pression atmosphérique agit à l'intérieur et à l'extérieur; n_1, n_2, n_3 les nombres de divisions occupées successivement par le liquide, d'abord lorsque les pressions intérieure et extérieure augmentent de P atmosphères, puis lorsque la pression extérieure seule éprouve cet accroissement, enfin lorsque la pression intérieure seule l'éprouve à son tour. Désignons par δ le coefficient de compressibilité du liquide, c'est-à-dire la fraction dont son volume diminue lorsque la pression augmente d'une atmosphère; par k le coefficient de compressibilité cubique de l'enveloppe, c'est-à-dire la fraction dont le volume de la matière de cette enveloppe et sa capacité interne diminuent lorsque la pression éprouve, tant à l'intérieur qu'à l'extérieur, un accroissement d'une atmosphère; par h la fraction dont la capacité interne diminue lorsque la pression extérieure seule s'accroît d'une atmosphère, et par l la fraction dont la capacité interne augmente lorsque la pression intérieure seule s'accroît d'une atmosphère. (Les coefficients h et l dépendent de l'épaisseur de l'enveloppe et de sa forme.) — En égalant, pour chacune des trois expériences, le volume du liquide à celui de la capacité de l'enveloppe, on a les trois équations

$$(V+n_0)(1-\delta P) = (V+n_1)(1-kP),$$
$$V+n_0 = (V+n_2)(1-hP),$$
$$(V+n_0)(1-\delta P) = (V+n_3)(1+lP).$$

D'ailleurs, on peut regarder comme évident que le coefficient k est égal à $h-l$, en sorte que la troisième expérience n'est, au fond, qu'une vérification des deux premières, destinée à s'assurer si les pressions exercées sur le verre n'en ont pas altéré la constitution physique[1].

[1] Si l'on augmente d'abord la pression extérieure de P atmosphères, la capacité interne de l'enveloppe diminue de la fraction hP; si l'on augmente alors la pression intérieure de P atmosphères, il en résulte une dilatation qu'on peut représenter par λP, et comme l'effet définitif de ces deux accroissements de pression est la contraction kP, i est clair que

$$k = h - \lambda.$$

Mais on peut prouver que λ ne diffère pas de l. En effet, lP exprime l'effet produit par un accroissement P de la pression intérieure, lorsque la pression extérieure est d'une atmosphère; λP exprime l'effet produit par ce même accroissement, lorsque la pression extérieure est de $(P+1)$ atmosphères. — Or, admettre que les compressions et dilatations sont proportionnelles aux accroissements de pression, c'est admettre implicitement que, entre les limites où cette proportionnalité a lieu, l'effet d'un accroissement de pression est indépendant de la pression actuellement exercée. Il résulte de là que

$$\lambda = l,$$

et par suite

$$k = h - l.$$

Il suffit donc d'avoir égard aux deux premières équations. — Or ces deux équations peuvent se mettre sous la forme

$$\delta P = \frac{n_0 - n_1}{V + n_0} + kP - kP \frac{n_0 - n_1}{V + n_0},$$

$$hP = \frac{n_2 - n_0}{V + n_0} - hP \frac{n_2 - n_0}{V + n_0},$$

ou par approximation, en ayant égard à la petitesse des variations de volume correspondantes aux diverses expériences,

$$\delta P = \frac{n_0 - n_1}{V + n_0} + kP,$$

$$hP = \frac{n_2 - n_0}{V + n_0}.$$

Il suit de là que l'on a

$$\delta > \frac{1}{P} \frac{n_0 - n_1}{V + n_0};$$

et, comme k est plus petit que h, on voit que l'on a, au contraire,

$$\delta < \frac{1}{P} \left(\frac{n_0 - n_1}{V + n_0} + \frac{n_2 - n_0}{V + n_0} \right)$$

ou bien

$$\delta < \frac{1}{P} \frac{n_2 - n_1}{V + n_0}.$$

On obtient donc ainsi deux limites, entre lesquelles est nécessairement comprise la quantité cherchée δ. Pour déterminer la valeur précise de cette quantité, il faudrait qu'une théorie justifiée par l'expérience établît une relation entre k et h, et c'est ce qui n'a encore été fait avec certitude pour aucun corps. — La quantité $\frac{1}{P} \frac{n_0 - n_1}{V + n_0}$ est ce qu'on appelle la *compressibilité apparente*.

M. Regnault a étudié la compressibilité de l'eau dans des piézomètres en cuivre rouge, en laiton et en verre; il a obtenu, pour les compressibilités apparentes, les nombres suivants :

Piézomètre en cuivre rouge...........	0,0000463g
——— en laiton................	0,00004685
——— en verre................	0,0000443o

La *compressibilité réelle* étant plus grande que la compressibilité apparente, on peut conclure de là, avec certitude, qu'elle est supérieure au plus grand de ces trois nombres, c'est-à-dire à

0,0000 4685.

— On pourrait, en ajoutant les valeurs de h aux valeurs précédentes de la compressibilité apparente, obtenir des nombres auxquels la compressibilité réelle serait certainement inférieure; mais la faible épaisseur des parois, dans les piézomètres employés par M. Regnault, a rendu h tellement grand, que cette détermination de la limite supérieure de la compressibilité serait sans intérêt. — On indiquera plus loin comment il est possible de calculer une limite supérieure plus approchée.

M. Regnault a trouvé, de la même manière, pour la compressibilité apparente du mercure dans une enveloppe de verre, le nombre

0,00000123 [1].

[1] Les valeurs des compressibilités absolues qui se trouvent rapportées dans divers traités de physique, comme résultant des expériences de M. Regnault ou de ses élèves, ont été calculées en admettant, entre les coefficients k et h, des relations déduites d'une théorie qu'on sait aujourd'hui être inexacte. (Voir, à la fin de l'Acoustique, la note complémentaire B, sur la compressibilité des liquides.)

PROPAGATION ET PRODUCTION
DU MOUVEMENT VIBRATOIRE DANS LES LIQUIDES.

342. **Valeur théorique de la vitesse de propagation du son dans les liquides.** — En partant, comme précédemment (321), de ce principe que la vitesse du son a est égale à la racine carrée du rapport de l'accroissement absolu de la pression à l'accroissement absolu de la densité, on est conduit à la formule

$$a=\sqrt{\frac{gm\mathrm{H}}{\mathrm{D}\varepsilon}},$$

dans laquelle g désigne l'intensité de la pesanteur, m est la densité du mercure, D la densité du liquide, H est une hauteur barométrique arbitraire, et ε désigne la diminution de volume qui correspond à l'accroissement de pression mesuré par cette hauteur.

Les effets calorifiques de la compression d'un liquide étant d'ailleurs à peine sensibles, il n'y a pas lieu de tenir compte de la chaleur dégagée ou absorbée dans les mouvements vibratoires.

343. **Détermination expérimentale de la vitesse de propagation du son dans l'eau. — Expériences de M. Colladon.** — M. Colladon a mesuré, en 1827, par des expériences faites avec Sturm, sur le lac de Genève, la vitesse de propagation du son dans l'eau. La figure 311 représente la disposition adoptée dans ces expériences : une cloche C, plongeant dans l'eau du lac, était ébranlée par le choc d'un battant B, qui était mis en mouvement par un levier extérieur L; le levier était d'ailleurs disposé de façon que, à l'instant où se produisait le choc du battant sur la cloche, une mèche M fixée au levier vînt enflammer un petit tas de poudre P, placé à l'avant du bateau qui portait le système. A une grande distance, une sorte de cornet acoustique OM, dont le pavillon M était fermé par une membrane tendue, permettait à un obser-

vateur, dont l'oreille était placée en O, d'entendre le son de la cloche transmis par le liquide.

D'après ces expériences, la vitesse de transmission du son dans l'eau serait représentée par 1435 mètres, à la température de

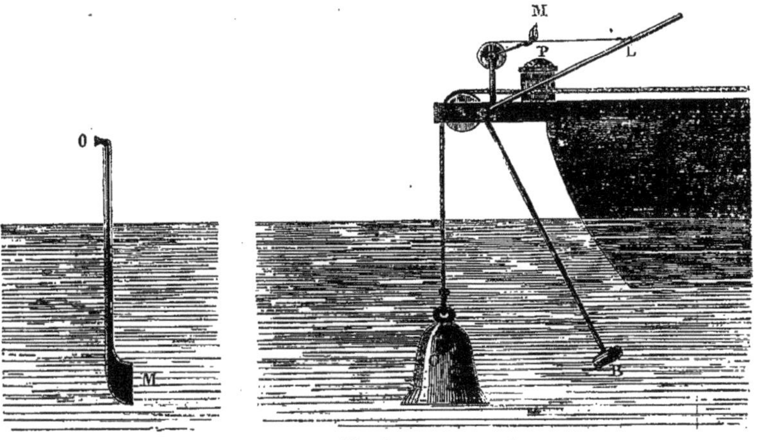

Fig. 311.

8 degrés. — La compressibilité de l'eau n'étant pas exactement connue, on ne peut comparer cette valeur à la valeur théorique que l'on vient d'indiquer (342).

344. **Production du son par les liquides. — Expériences de Cagniard de Latour et expériences de Wertheim.** — Cagniard de Latour a montré qu'on peut faire rendre des sons à une sirène complétement plongée dans l'eau, en amenant dans la caisse de l'instrument un courant d'eau plus ou moins rapide : cette expérience prouve que les liquides sont aptes, comme les gaz, à produire et à propager les sons.

Les expériences de Wertheim sur les vibrations produites par des tuyaux sonores entièrement plongés dans l'eau ont permis de calculer la vitesse du son dans ce liquide, par une méthode analogue à celle qui a été indiquée pour les gaz. — Un tuyau ouvert T (fig. 312), à embouchure de flûte, est placé au milieu d'un réservoir métallique MN qui contient de l'eau. Ce tuyau est mis en communication à sa partie inférieure, par l'intermédiaire du tube FC, avec une sphère métallique contenant également de l'eau, et communiquant par le robinet r avec un réservoir à air comprimé. Enfin la série de tubes BDE, dans laquelle est interposée la pompe fou-

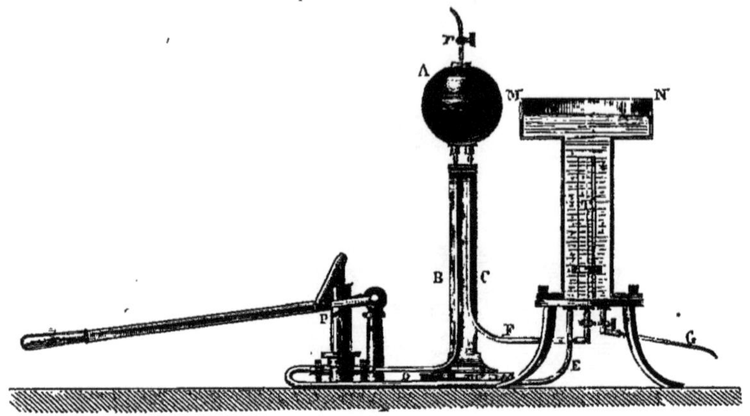

Fig. 312.

lante P, met en communication la même sphère A avec l'eau du réservoir MN. Cette pompe permet donc de déterminer un courant d'eau continu, qui est chassé de la boule A dans le tuyau sonore par le tube CF, passe dans le réservoir MN, et revient à la boule par le tube EDB.

Ces expériences conduisent à des lois semblables à celles qu'avaient fournies les expériences analogues, faites sur les colonnes gazeuzes : elles conduisent également à admettre des perturbations analogues à celles qui ont été signalées plus haut (334), aux deux extrémités du tuyau sonore [(1)]. Ces perturbations ont été déterminées directement, par Wertheim, à l'aide de la méthode dont on a indiqué le principe, et il a pu alors calculer la valeur de la vitesse du son, déduite des nombres de vibrations fournis par les expériences. — La valeur qui résulte de ce calcul est supérieure de plus d'un sixième à celles que fournissent les expériences directes. Cette différence constitue

(1) Les tuyaux fermés ne peuvent être employés dans ces expériences, parce qu'il est impossible de donner à la paroi qui en forme le fond une résistance suffisante : cette paroi ne peut plus être considérée comme inébranlable, sous l'influence des vibrations du liquide.

une difficulté dont l'interprétation théorique n'est pas complétement connue.

345. **Réfraction du son à la surface de séparation d'un liquide et d'un gaz.** — La réfraction qu'éprouve le son en passant d'un liquide dans un gaz, ou réciproquement, peut être démontrée sans peine par l'expérience qui consiste à concentrer les ondes sonores au moyen d'une lentille biconcave pleine d'eau.

On remarquera, en outre, que les ondes produites dans l'eau peuvent toujours se transmettre de ce liquide à l'air : au contraire, les ondes produites dans l'air et arrivant à la surface de l'eau éprouvent la *réflexion totale* lorsque l'angle d'incidence est tel que son sinus soit plus grand que le rapport de la vitesse du son dans l'air à la vitesse du son dans l'eau (1).

Enfin, dans le petit nombre des expériences qui ont été faites sur ce sujet, on a toujours constaté que les sons transmis des gaz aux liquides sont remarquables par leur faible intensité : c'est un résultat qu'il était facile de prévoir.

(1) L'interprétation de cette loi, qui est analogue à celle que suivent les ondes lumineuses dans les circonstances semblables, sera donnée plus loin.

ÉLASTICITÉ DES CORPS SOLIDES.

346. **Caractères distinctifs de l'état fluide et de l'état solide.** — L'*état fluide*, défini souvent d'une manière plus ou moins vague et généralement insuffisante, peut être considéré comme *l'état d'un corps dans lequel l'équilibre ne peut exister que si les pressions sont partout normales aux éléments sur lesquels elles s'exercent.* — Cet énoncé revient évidemment à considérer l'état fluide comme celui d'un corps dans lequel la résistance au glissement est nulle. De cette définition il est d'ailleurs facile de déduire la démonstration des deux principes fondamentaux de l'hydrostatique, le principe de l'*égalité de pression en tous sens*, et le principe de l'*égale transmission des pressions* (1).

Dès lors, l'étude de l'élasticité des fluides se réduit à l'étude de leur compressibilité, et l'on a vu que cette étude, très-peu avancée pour les liquides, a été au contraire poussée assez loin pour les gaz. En effet on a déterminé, pour quelques gaz, l'influence que la température elle-même exerce sur la relation qui existe entre la pression et la densité (2).

L'*état solide*, au contraire, peut être considéré comme *l'état d'un corps dans lequel l'équilibre peut exister, quoique les pressions soient obliques aux éléments sur lesquels elles s'exercent.* — On voit, dès lors, que les pressions sur les divers éléments peuvent avoir des composantes tangentielles, équilibrées par la résistance au glissement : l'énoncé qui précède n'est donc qu'une expression plus précise de

(1) Voyez le *Cours de Mécanique* de Sturm, 2e édition, tome II, pages 281 et suivantes.

(2) L'étude complète de l'élasticité ne peut être conçue sans une étude complète des effets de la chaleur sur les corps, et réciproquement, car il est bien évident que l'état d'un corps dépend à la fois des forces qui agissent sur lui et de la condition interne (relative probablement aux mouvements des molécules) que l'expression numérique de la température sert à définir. — Or, pour les liquides, de même que pour les solides, une telle étude est à peine commencée. On ne connaît guère les effets de la chaleur que sous des pressions voisines de la prssion atmosphérique; on ne connaît les effets des forces mécaniques qu'à des températures voisines de zéro.

cette propriété, par laquelle on définit les corps solides dans l'enseignement élémentaire, d'avoir une forme et un arrangement moléculaire déterminés [1].

347. **Caractères particuliers que présente l'étude de l'élasticité dans les corps solides.** — De la constitution spéciale des corps solides il résulte que l'étude de l'élasticité doit présenter, dans ces corps, une complication toute particulière. Il n'est plus nécessaire, pour qu'il y ait équilibre dans un corps solide, qu'il y ait uniformité, soit dans les pressions intérieures, soit dans les pressions extérieures; de sorte qu'on peut, par exemple, atteindre à un état d'équilibre, pour un cylindre, en le pressant seulement sur ses deux bases; ou pour un ressort hélicoïde, en exerçant seulement des pressions sur ses deux extrémités, etc. Il semble, dès lors, que le nombre des expériences à faire sur ces corps soit illimité.

Une analyse exacte des conditions dans lesquelles peut se trouver placé un corps solide a montré qu'il suffirait d'exécuter, sur chaque corps, un nombre limité d'expériences déterminant des constantes caractéristiques, pour réduire à de simples problèmes de Mécanique toutes les questions relatives à l'élasticité. — Cette analyse et le développement des questions qu'elle conduit à poser constituent la *théorie mathématique* de l'élasticité. Par elle-même, cette théorie ne peut fournir la solution complète d'aucune question; mais elle indique, d'une manière précise, les éléments que cette solution doit emprunter à l'expérience.

On se bornera, dans ce cours, à exposer les résultats fournis par l'expérience dans quelques cas très-simples, indépendamment de toute théorie, et à indiquer, d'une manière très-sommaire, les conséquences les plus générales de l'analyse théorique dont on vient de faire connaître le but et la portée.

Il est essentiel de faire remarquer d'abord combien sont grandes les forces qu'il faut appliquer aux corps solides en général, pour

(1) Tous les degrés intermédiaires existent, entre la fluidité parfaite, qui n'appartient peut-être qu'aux gaz, et l'état des corps tels que le verre, le marbre, les métaux, etc., auxquels l'usage a réservé le nom de corps solides. Les corps qui établissent la transition sont désignés, suivant les cas, par les expressions mal définies de *liquides visqueux*, de *matières pâteuses*, de *matières molles*, etc.

produire une déformation appréciable; cette grandeur est telle, que, dans la plupart des cas, on peut regarder comme négligeable la pression atmosphérique qui agit sur la surface des corps à l'origine des expériences.

348. **Compressibilité cubique.** — Aucune expérience directe n'a été tentée jusqu'ici sur la compressibilité cubique des corps solides. — On ne conçoit guère d'autre disposition expérimentale que celle qui consisterait à comprimer uniformément la surface d'un solide, par l'intermédiaire d'un liquide ou d'un gaz, et à mesurer la contraction de ses dimensions linéaires. Il est à peine nécessaire de faire remarquer combien il serait difficile de réaliser une pareille expérience, dans des conditions telles que les résultats obtenus fussent vraiment significatifs.

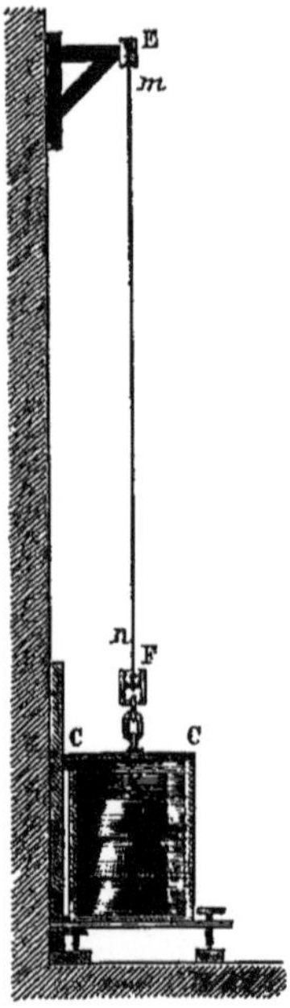

Fig. 313.

349. **Étude expérimentale des allongements produits sur les fils par la traction.** — L'appareil représenté par la figure 313 a été employé pour étudier les lois de l'allongement qu'éprouvent les fils métalliques, sous l'influence de tractions considérables. Le fil soumis à l'expérience est placé verticalement, et assujetti à sa partie supérieure dans un étau E fixé à un mur solide : il est serré à sa partie inférieure dans un étau semblable F, qui supporte une caisse CC, reposant d'abord sur le sol par des vis calantes. C'est dans cette caisse que sont placés les poids P qui formeront la charge destinée à allonger le fil. — En donnant à cette charge diverses valeurs, on mesure au cathétomètre les distances de deux points de repère *m*, *n*, placés sur le fil, au voisinage de ses extrémités. Pour assurer l'exactitude des résultats, on aura soin, avant chaque expérience, de descendre d'abord les vis calantes de manière qu'elles reposent sur le sol, et qu'elles soutiennent la caisse au moment où l'on y place les poids : puis, la charge étant réglée, on fera tourner ces vis de manière à les éloigner lentement du sol et à laisser agir la

charge sans donner de secousse au fil. — On devra, en outre, tenir compte seulement des observations dans lesquelles la charge aura été supérieure à celle qui est nécessaire pour redresser le fil : on sera d'ailleurs certain qu'on a atteint la valeur de la charge qui redresse complétement le fil, lorsque des valeurs plus grandes de la charge elle-même produiront, entre les deux points de repère, des accroissements de distance variant d'une manière régulière.

D'après les résultats fournis par ces expériences, l'allongement éprouvé par une tige métallique bien tendue est : 1° *proportionnel à la longueur*[1]; 2° *inversement proportionnel à la section;* 3° *proportionnel à la charge;* 4° *variable d'un solide à un autre.*

Ces diverses lois expérimentales sont évidemment comprises dans la formule générale

$$\lambda = \frac{1}{M} \cdot \frac{Pl}{s},$$

dans laquelle l est la longueur du fil, s sa section; M est un coefficient particulier, caractéristique de la matière même du fil et de son état physique; P est une surcharge déterminée; λ est l'allongement correspondant.

Le coefficient M a reçu le nom de *coefficient d'élasticité de traction*, ou de *module d'élasticité*. — Si l'on veut donner une interprétation à cette quantité numérique, on voit qu'en faisant $s = 1$ et $\lambda = l$ dans la formule qui précède, on obtient pour le poids P la valeur particulière $P = M$. On voit donc que le coefficient d'élasticité peut être considéré comme exprimant le poids qui serait capable de doubler la longueur d'une tige de même nature et ayant pour section l'unité, si les lois de l'allongement restaient les mêmes jusqu'à cette limite : cette dernière hypothèse est certainement tout à fait en dehors de la réalité.

350. **Valeurs des coefficients d'élasticité de traction.** — Si l'on prend pour unité de longueur le mètre, pour unité de section le millimètre carré, pour unité de poids le kilogramme, les

[1] Cette loi peut être regardée comme évidente *a priori* pour un fil homogène, et la vérification expérimentale qu'on en peut faire n'est en réalité qu'un moyen de s'assurer de cette homogénéité.

coefficients d'élasticité des principaux métaux ont, d'après Wertheim, les valeurs suivantes, pour des températures comprises entre 15 et 20 degrés :

Plomb	1727	à	1803
Or	5584	à	8131
Argent	7140	à	7357
Zinc	8734	à	9021
Palladium	9789	à	11759
Cuivre	10519	à	12449
Platine	15518	à	17044
Acier	17278	à	19561
Fer	18613	à	20869

Les variations considérables que l'on observe dans les valeurs du coefficient d'élasticité d'un même métal dépendent principalement de la manière dont il a été travaillé, et du recuit auquel il a pu être soumis.

Entre 15 degrés au-dessous de zéro et 200 degrés, l'expérience a montré que le coefficient d'élasticité des métaux recuits *augmente à mesure que la température s'élève.*

351. **Limite d'élasticité.** — Lorsque la charge employée avec un fil déterminé dépasse une certaine limite, variable d'ailleurs d'un fil à un autre, il se produit un allongement permanent, c'est-à-dire que ce fil ne reprend plus sa longueur primitive quand on vient ensuite à supprimer la charge : on dit alors qu'on a dépassé la *limite d'élasticité.* — Les lois exprimées par la formule qui précède sont d'ailleurs encore applicables au fil ainsi modifié, pourvu que l'on désigne par λ l'excès de l'allongement temporaire sur l'allongement permanent.

Le temps pendant lequel la traction se continue exerce, sur la production de l'allongement permanent, une influence remarquable. — M. Vicat a observé, sur des fils de fer, un allongement progressif pendant près de trois ans; Wertheim, à l'aide de mesures très-précises, a pu faire des observations analogues sur la plupart des métaux, en laissant agir la charge pendant quelques jours. — Il est probable qu'il n'existe pas, à proprement parler, pour les métaux, de limite d'élasticité, et que les plus faibles charges produiraient un allongement permanent, si on les laissait agir assez longtemps.

Enfin un accroissement suffisant de la charge a pour conséquence la rupture. — Il n'existe pas de relation générale entre la résistance à la rupture et le coefficient d'élasticité. L'expérience montre d'ailleurs que la rupture peut être produite par l'action prolongée d'une charge que le métal était d'abord capable de soutenir.

On peut remarquer que le phénomène de la rupture accuse un défaut d'homogénéité dans la structure moléculaire : un fil parfaitement homogène devrait se réduire en poudre, au lieu de se séparer en deux fragments. — Cette simple observation suffit pour expliquer l'extrême variabilité de résistance à la rupture que présentent souvent divers échantillons d'un même métal.

352. **Contraction transversale accompagnant l'allongement produit par la traction.** — Lorsqu'on opère sur les matières très-extensibles, telles que le caoutchouc, on observe, sans aucune difficulté, qu'un allongement produit par la traction est accompagné d'une contraction transversale. — Sur les autres corps solides, on a pu constater le même phénomène de deux manières différentes.

1° *Méthode de Cagniard de Latour.* — Dans l'intérieur d'un tube cylindrique plein de liquide AB (fig. 314), on place le fil à étudier; on le scelle dans le fond M du tube, et on fait agir sur lui une traction, par l'intermédiaire d'un poids P et d'un système de poulies S, S', disposées à la partie supérieure. L'abaissement du niveau A du liquide dans le tube indique que le volume de la portion immergée du fil a diminué, et, par conséquent, que le diamètre transversal s'est contracté. — On doit à Cagniard de Latour une série de mesures destinées à évaluer numériquement les divers éléments du phénomène : les conditions mêmes dans lesquelles il se produit rendent à peu près impossible toute détermination précise.

2° *Méthode de M. Regnault, appliquée par Wertheim.* — Un cylindre creux PQ (fig. 315), formé par un tube métallique, par exemple, et rempli d'eau, est soumis à une traction longitudinale; pour cela, il est assujetti à ses extrémités dans des pièces métalliques *a*, *b*, qui sont destinées, l'une à appliquer la charge, l'autre à permettre de fixer le système dans l'appareil de suspension. On mesure l'allongement du cylindre, par la méthode indiquée plus haut (349); quant

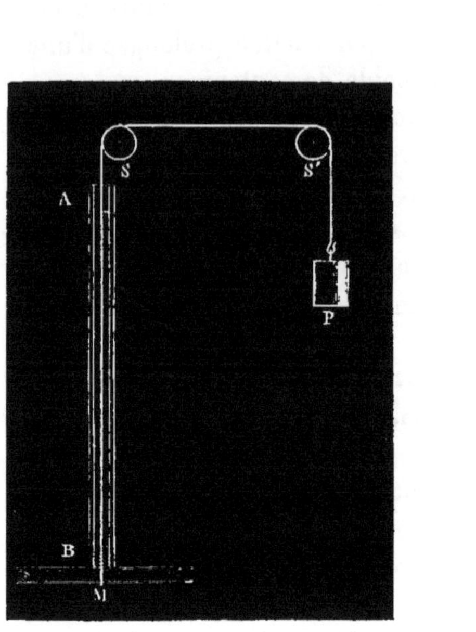

Fig. 314.

Fig. 315.

à l'abaissement du niveau de l'eau, pour plus d'exactitude on l'observe dans un tube de verre capillaire *t* qui surmonte le cylindre. La seconde mesure fait connaître la variation du volume intérieur, et, en la combinant avec la mesure de l'allongement, il est facile de calculer le changement du diamètre transversal interne; ce changement est toujours une contraction.

On a prétendu que le rapport de la contraction transversale à l'allongement avait la même valeur dans tous les corps : cette assertion, très-improbable *a priori*, n'est pas justifiée par les expériences connues.

353. **Compression longitudinale.** — L'étude expérimentale de la compression longitudinale qui se produit dans les corps

solides, quand on les soumet à une pression dans le sens de leur plus grande dimension, présente des difficultés particulières : il est en effet presque impossible d'éviter la flexion qui résulte alors nécessairement du moindre défaut de symétrie ou d'homogénéité dans le corps. — La proportionnalité de l'allongement à la charge, qui s'observe dans les expériences de traction, entre certaines limites, autorise à admettre que, entre ces mêmes limites, le raccourcissement produit par la compression est égal et de signe contraire à l'allongement produit par une égale traction.

354. **Flexion.** — Pour ce qui concerne la flexion, on se bornera à l'indication sommaire de deux cas très-simples : l'étude détaillée du phénomène constitue un des chapitres principaux de la Mécanique.

1° *Verge encastrée par une de ses extrémités.* — On dit qu'une verge est *encastrée* par une de ses extrémités, lorsque cette extrémité est assujettie de telle manière que la direction du premier élément libre de la verge soit invariable. — Si l'on assujettit de cette manière une verge AB (fig. 316), à son extrémité A, de fa-

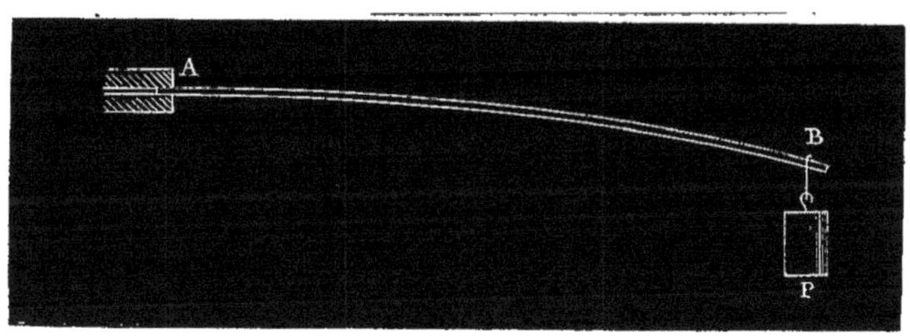

Fig. 316.

çon que le premier élément qui suit le point A soit maintenu invariablement dans une position horizontale, et qu'on applique à l'autre extrémité B un poids P, l'expérience montre que le déplacement de l'extrémité libre est *proportionnel à la charge* et *proportionnel au cube de la longueur*. — Si la section de la verge est rectangulaire, le déplacement est *en raison inverse du produit de la section par le carré de l'épaisseur*.

2° *Verge reposant sur deux appuis voisins de ses extrémités.* — Si l'on place une verge sur deux arêtes vives, situées dans un même plan horizontal, de manière que les points d'appui A et A' (fig. 317)

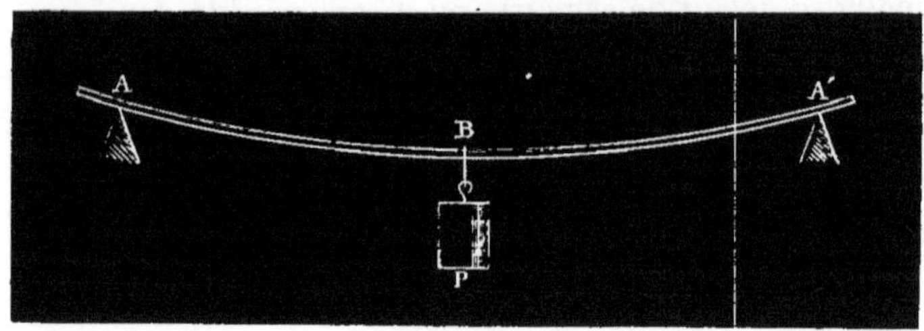

Fig. 317.

soient voisins de ses extrémités, et si l'on applique en son milieu B un poids P, l'expérience montre que la flèche de flexion varie *suivant les mêmes lois* que le déplacement de l'extrémité libre dans le cas précédent : pour les mêmes valeurs de la charge, de la longueur et de la section, la valeur numérique de la longueur de la flèche est différente.

Lorsqu'une verge n'est soumise qu'à des forces perpendiculaires à son axe, qui l'infléchissent très-peu, on peut admettre que les molécules qui se trouvaient, à l'état naturel, contenues dans une même section perpendiculaire à l'axe, y demeurent contenues après la flexion. Il suit de là que toutes les droites qui étaient primitivement parallèles à l'axe présentent le même système de courbure, et, comme d'ailleurs l'action de forces perpendiculaires à l'axe ne saurait produire un allongement ou un raccourcissement, il est nécessaire que la longueur moyenne de ces diverses droites soit la même avant et après la flexion. Parmi les filets moléculaires dont on peut concevoir que la verge est formée, il y en a donc qui augmentent de longueur et d'autres qui diminuent : c'est la tendance de tous ces filets à reprendre leur longueur primitive qui est la cause de la résistance à la flexion. — Cette remarque a permis à Euler de déduire les lois de la flexion de celles de l'allongement, antérieurement à toute expérience.

Les lois qu'on vient d'indiquer montrent que, à mesure que la section des verges diminue, la résistance à la flexion diminue aussi; on comprend donc que, par une réduction indéfinie de ses dimensions transversales, toute verge tend à se transformer en un fil ou en une corde parfaitement flexible, qui n'a de forme déterminée qu'autant que des tensions égales et opposées agissent sur ses extrémités. — Le problème de l'équilibre d'une corde flexible appartient à l'étude de la Mécanique; les lois des vibrations qu'elle exécute quand on l'écarte de cette position d'équilibre seront étudiées plus loin.

355. **Torsion. — Expériences de Coulomb.** — L'étude des lois de la torsion a été faite d'abord par Coulomb : les expériences ont été exécutées spécialement sur des *fils* métalliques, par la *méthode des oscillations*.

Fig. 318.

Un fil AB (fig. 318), fixé par son extrémité supérieure A, soutient une sphère métallique C, dont le poids est très-considérable par rapport à celui du fil; à cette sphère est fixée une aiguille horizontale M, mobile sur un cadran divisé MN. — Après avoir laissé le fil prendre une position d'équilibre, on déplace l'extrémité libre de l'aiguille, de manière à lui faire décrire un arc plus ou moins considérable sur le cercle. Le fil est ainsi tordu d'un angle connu, et l'on abandonne alors l'extrémité de l'aiguille à elle-même : elle exécute, autour de sa position d'équilibre, des oscillations dont on observe la durée.

L'expérience montre que la durée des oscillations est indépendante de leur amplitude, et cela entre des limites très-étendues. On en conclut que la force de torsion est, à chaque instant, *proportionnelle à l'angle de torsion*, de même que, dans les oscillations infiniment petites et isochrones d'un pendule, la composante efficace de l'action de la pesanteur est, à chaque instant, proportionnelle à l'angle d'écart. — Dès lors, si l'on désigne par T la durée d'une oscillation, par F le moment du couple de torsion, par M le moment d'inertie du système oscillant, qui se réduit sensiblement à celui de la sphère C, la formule

$$T = \pi\sqrt{\frac{M}{F}}$$

permet de calculer F.

En faisant varier les dimensions et la nature du fil, on reconnaît que le moment du couple de torsion varie *en raison inverse de la longueur du fil*, et *proportionnellement à la quatrième puissance de son diamètre*. Il augmente en même temps que le coefficient d'élasticité, sans lui être proportionnel.

356. **Expériences de Wertheim.** — On doit à Savart d'abord, et à Wertheim ensuite, plusieurs séries d'expériences dans

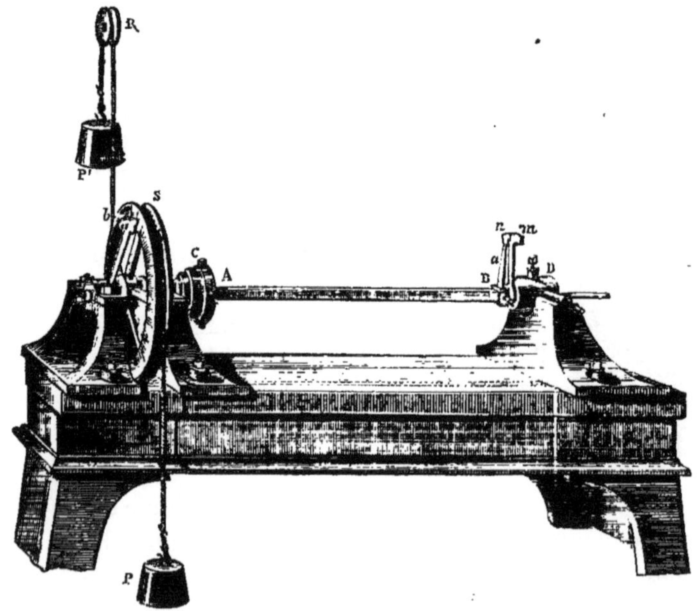

Fig. 319.

lesquelles on s'est proposé de vérifier les lois de la torsion, dans le cas des verges ayant une section transversale un peu grande, par l'observation directe des valeurs du couple de torsion.

Dans l'appareil de Wertheim (fig. 319), les deux extrémités A et B de la verge sont encastrées dans des pièces métalliques C, D : l'une de ces pièces D est solidement fixée dans un étau massif, l'autre C est rendue solidaire de l'axe d'une roue S : cette roue est sollicitée à tourner par l'action de deux poids égaux P, P′, qui agissent en sens contraire aux extrémités d'un même diamètre, par l'intermédiaire de deux cordes dont l'une passe sur une poulie R. L'aiguille *a*, qui est fixée sur la verge et dont l'extrémité se trouve sur le cadran fixe *mn*, sert à constater que l'extrémité B n'éprouve réellement aucun déplacement, pendant que l'effort de torsion a lieu. Une alidade, qui est munie d'un vernier et fixée invariablement au bâti qui supporte l'appareil, sert, avec la division de la roue S, à mesurer l'angle dont a tourné l'extrémité A.

Des expériences exécutées avec cet appareil il résulte que les lois indiquées par Coulomb, pour les fils métalliques, sont applicables aux verges solides ayant une section transversale beaucoup plus grande. — Wertheim a vérifié, en effet, que le moment du couple de torsion, mesuré directement, est proportionnel à l'angle de torsion, qu'il est inversement proportionnel à la longueur de la verge, et proportionnel au carré de la section.

357. **Considérations générales. — Coefficients fondamentaux de la théorie de l'élasticité.** — Soit un parallélipipède rectangle (fig. 320) soumis d'abord, sur ses deux bases ABDC, EFHG, à l'action de pressions normales, égales et opposées. Il résulte des lois de l'allongement que les arêtes parallèles à AE se raccourciront, tandis que les arêtes perpendiculaires s'allongeront, et que les changements relatifs de longueur seront proportionnels au quotient de la pression normale par l'aire de ABCD, c'est-à-dire à la pression exercée sur l'unité de surface des bases.

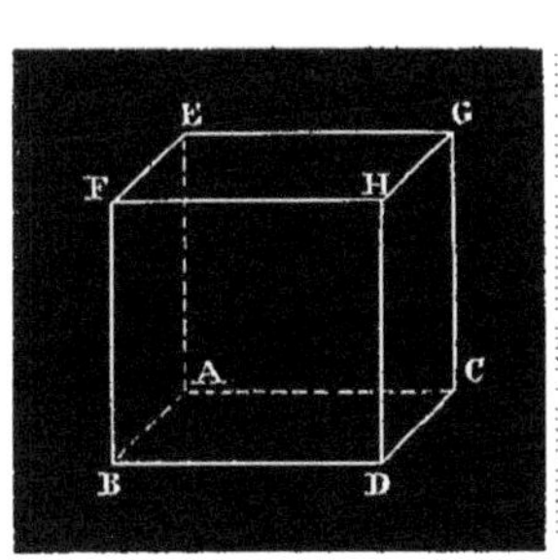

Fig. 320.

En appelant α le raccourcissement relatif de l'arête AE, β l'allongement relatif des arêtes AB et AC, et en désignant par P la pression exercée sur l'unité de surface, on aura

$$\alpha = mP,$$
$$\beta = nP,$$

m et n étant des coefficients dont l'expérience seule peut donner la valeur.

De même, si l'on conçoit qu'une pression Q agisse sur l'unité de surface de chacune des faces ABFE, CDHG, l'arête AC éprouvera un raccourcissement α', et les arêtes AB, AE un allongement β', et l'on aura

$$\alpha' = mQ,$$
$$\beta' = nQ.$$

Si une pression R agit sur l'unité de surface de chacune des faces ACGE, BDHF, l'arête AB éprouvera un raccourcissement α'', les arêtes AE, AC un allongement β'', et l'on aura

$$\alpha'' = mR,$$
$$\beta'' = nR.$$

Enfin, si les trois couples de pressions P, Q, R agissent simultanément, leurs effets se superposeront [1], et, en appelant ε, ε', ε'' les variations relatives de longueur des trois arêtes AE, AC, AB, on aura

$$\varepsilon = \alpha - (\beta' + \beta''),$$
$$\varepsilon' = \alpha' - (\beta + \beta''),$$
$$\varepsilon'' = \alpha'' - (\beta + \beta'),$$

c'est-à-dire

$$\varepsilon = mP - n(Q + R),$$
$$\varepsilon' = mQ - n(P + R),$$
$$\varepsilon'' = mR - n(P + Q).$$

[1] Dans les limites entre lesquelles les changements de dimensions sont proportionnels aux pressions ou aux tractions, il est clair que l'effet d'une pression ou d'une traction est indépendant de l'existence d'une traction ou d'une pression antérieure. C'est ce qu'on exprime en disant que les effets de plusieurs pressions ou de plusieurs tractions se superposent.

Il est facile d'en conclure que

$$P = H\varepsilon + K(\varepsilon' + \varepsilon''),$$
$$Q = H\varepsilon' + K(\varepsilon + \varepsilon''),$$
$$R = H\varepsilon'' + K(\varepsilon + \varepsilon'),$$

en faisant $H = \frac{m-n}{m(m-n)-2n^2}$, $K = \frac{n}{m(m-n)-2n^2}$. — Donc les pressions exercées sur les bases du parallélipipède, et par suite les *réactions élastiques* du parallélipipède lui-même, sont exprimables en fonction linéaire des variations relatives de longueur des arêtes, au moyen de deux coefficients constants.

Ces deux coefficients H et K sont les éléments fondamentaux de la théorie de l'élasticité. L'expérience seule peut les déterminer, directement ou indirectement; mais, une fois qu'elle les a déterminés, toutes les questions relatives aux petites déformations produites par l'action d'un système de forces quelconques se réduisent à de simples problèmes de Mécanique rationnelle, et n'offrent plus que des difficultés de calcul (1). En effet, l'analyse exacte des conditions de l'équilibre intérieur d'un corps solide élastique démontre qu'en chaque point de ce corps il existe trois directions rectangulaires, variables d'ailleurs d'un point à l'autre, telles que les éléments perpendiculaires à ces directions supportent des pressions ou des tractions normales. Un parallélipipède infiniment petit, ayant ses arêtes parallèles à ces trois directions, se trouve dans les conditions du parallélipipède qu'on vient de considérer plus haut, et il suffit d'exprimer, d'une manière générale, les relations qui existent entre les pressions qu'il supporte et les changements de longueur de ses dimensions infiniment petites, pour obtenir les équations différentielles du problème considéré.

La détermination des coefficients H et K n'a encore été faite avec exactitude pour aucun corps (2). — C'est pour cette raison qu'il est

(1) La solution de ces divers problèmes est aujourd'hui restreinte entre les limites où s'observe la proportionnalité des déformations élastiques aux forces qui les produisent. En dehors de ces limites, il serait nécessaire de connaître la loi suivant laquelle les coefficients H et K varient avec la pression.

(2) Les formules qui expriment, en fonction des changements de dimensions ou *dilata-*

impossible de déterminer rigoureusement la correction qu'il faudrait ajouter aux compressibilités apparentes des liquides, mesurées par M. Regnault, pour en déduire les compressibilités absolues.

tions linéaires, les forces qui agissent sur l'unité de surface des faces d'un parallélipipède rectangle, peuvent s'écrire

$$\begin{aligned} P &= (H-K)\varepsilon + K(\varepsilon+\varepsilon'+\varepsilon''), \\ Q &= (H-K)\varepsilon' + K(\varepsilon+\varepsilon'+\varepsilon''), \\ R &= (H-K)\varepsilon'' + K(\varepsilon+\varepsilon'+\varepsilon''). \end{aligned}$$

On convient, en général, de prendre positivement les valeurs de ε, ε', ε'' lorsqu'elles représentent des accroissements de longueur, et les forces P, Q, R lorsqu'elles représentent des *tractions* et non des pressions. — En appelant θ la variation relative du volume ou *dilatation cubique* du parallélipipède, on a, en raison de la petitesse des déformations élastiques,

$$\theta = \varepsilon + \varepsilon' + \varepsilon'',$$

de sorte qu'en posant $K=\lambda$, $H-K=2\mu$, pour se conformer aux notations des leçons classiques de M. Lamé sur l'élasticité, on a

$$\begin{aligned} P &= \lambda\theta + 2\mu\varepsilon, \\ Q &= \lambda\theta + 2\mu\varepsilon', \\ R &= \lambda\theta + 2\mu\varepsilon''. \end{aligned}$$

Chacune des tractions ou des pressions est donc la somme d'un terme proportionnel à la dilatation cubique et d'un terme proportionnel à la dilatation linéaire parallèle à la pression considérée.

Un parallélipipède liquide ne pourrait être en équilibre que si les pressions exercées sur ses six faces étaient égales; et l'on sait, en outre, que l'accroissement de densité ou l'accroissement négatif de volume du liquide serait proportionnel à la pression. On aurait donc

$$P = Q = R = \lambda\theta.$$

Par conséquent, il est possible de comprendre dans une même théorie générale les solides et les liquides, en admettant que, pour cette dernière classe de corps, le coefficient 2μ se réduit à zéro. Il suit de là que, si dans certains corps le coefficient 2μ est très-petit sans être nul, ces corps, qui seront en réalité des solides, se rapprocheront des liquides par l'ensemble de leurs propriétés. — De tels corps existent : ce sont ceux que l'on désigne, dans le langage ordinaire, par les expressions vagues de *matières pâteuses*, *matières molles*, ou même de *liquides visqueux*. On peut même dire que la nature réalise tous les degrés intermédiaires entre des solides tels que le verre ou le marbre et un liquide tel que l'eau. — Il est donc impossible que les coefficients λ et μ aient l'un avec l'autre quelque relation générale, indépendante de la nature des corps; les recherches expérimentales entreprises à diverses époques, pour déterminer une telle relation, ne pouvaient donner et n'ont effectivement donné aucun résultat.

PROPAGATION ET PRODUCTION DU SON DANS LES SOLIDES.

PROPAGATION DU SON DANS LES SOLIDES.

358. **Propagation du son dans une tige de petit diamètre, ébranlée parallèlement à sa longueur. — Formule de Laplace.** — En considérant une tige solide, d'un diamètre très-petit par rapport à sa longueur, Laplace a pu calculer la vitesse de propagation d'un ébranlement imprimé à l'un de ses points dans une direction parallèle à sa longueur.

En désignant par g l'accélération due à la pesanteur, par ε l'allongement éprouvé par une tige de même nature et de longueur égale à l'unité, sous l'influence d'une traction égale à son poids, il a trouvé que la vitesse de propagation a de l'ébranlement, dans le sens de la longueur, doit être

$$a = \sqrt{\frac{g}{\varepsilon}}.$$

Si l'on représente par E le coefficient d'élasticité du corps solide considéré, par D son poids spécifique, et si l'on remplace l'allongement ε par sa valeur en fonction du coefficient E, déduite de la formule donnée précédemment (349), on met cette expression sous une autre forme, savoir

$$a = \sqrt{\frac{gE}{D}},$$

formule que l'on peut chercher à vérifier par l'expérience[1].

[1] Lorsque, pour mettre cette formule en nombres, on calcule E en appliquant à une expérience d'allongement la formule

$$\lambda = \frac{1}{E}\frac{Pl}{s},$$

il est essentiel de prendre des unités de longueur et de surface corrélatives. Il faut bien se garder, par exemple, de prendre le mètre pour unité de longueur, et le millimètre carré pour unité de section, comme on l'a fait dans le tableau des coefficients d'élasticité qui a été donné plus haut (350).

359. **Expériences relatives à la vitesse du son dans les tiges solides d'une grande longueur.** — Il est manifeste que la détermination directe de la vitesse de propagation du son, dans des tiges solides d'une faible section et d'une grande longueur, doit offrir des difficultés pratiques considérables : aussi les essais tentés jusqu'à ce jour dans cette direction présentent-ils une imperfection extrême.

Biot a cherché à déterminer la vitesse de propagation du son dans la fonte, en observant la propagation d'un ébranlement communiqué à l'une des extrémités d'une conduite de tuyaux destinée aux eaux d'Arcueil. La longueur parcourue était seulement de 951 mètres, et la durée de la propagation dans toute cette longueur était inférieure à trois dixièmes de seconde : les moindres erreurs avaient donc une influence considérable. Il faut remarquer, en outre, qu'il n'y avait pas continuité absolue entre tous les tuyaux consécutifs.

Wertheim et Bréguet reprirent la même question pour le fer, en opérant sur une ligne de fils télégraphiques tendue entre Asnières et Puteaux. La longueur parcourue excédait 4 kilomètres, et la durée de propagation était supérieure à une seconde; mais la continuité du corps solide n'était pas mieux assurée. Il s'est présenté d'ailleurs quelques particularités inexplicables, qui ne permettent pas d'avoir confiance dans les résultats obtenus : on a constaté, par exemple, que le son était complétement intercepté par un tunnel dont les fils ne touchaient pas les parois, c'est-à-dire, en réalité, par le mont Valérien. Il est donc probable que, ce que les observateurs entendaient réellement dans leurs expériences, c'était le son transmis par le sol dans lequel s'enfonçaient les poteaux du télégraphe.

360. **Propagation du son dans une masse solide indéfinie.** — Lorsqu'on étudie théoriquement la propagation d'un ébranlement dans une masse solide indéfinie, on trouve qu'il doit se former deux ondes distinctes, l'une à vibrations normales à sa surface ou *vibrations longitudinales*, l'autre à *vibrations transversales.*

Si l'on désigne par 2θ le rapport qui existe entre la contraction transversale relative et l'allongement relatif, dans une tige soumise à une traction longitudinale, le calcul donne, pour la vitesse de l'onde à vibrations longitudinales, la valeur

$$b = \sqrt{\frac{gE}{D}\,\frac{1-\theta}{2\theta(1+\theta)}}.$$

Quant à la vitesse de l'onde à vibrations longitudinales, on trouve

$$c = \sqrt{\frac{gE}{D}\,\frac{1-2\theta}{4\theta(1+\theta)}}.$$

Aucune expérience directe n'a vérifié ces résultats de la théorie. — On doit seulement à Wertheim cette remarque, que les phénomènes des tremblements de terre semblent accuser effectivement la production de deux ondes.

PRODUCTION DU SON PAR LES CORPS SOLIDES.

361. **Vibrations longitudinales des solides ayant de petites dimensions transversales (verges ou cordes.)** — La propagation et la combinaison des ébranlements produits dans une *verge* solide, parallèlement à sa plus grande dimension, doivent s'effectuer comme dans un tuyau de petit diamètre. De là résulte que les lois relatives aux divers sons qui peuvent s'y produire par les vibrations longitudinales doivent être analogues aux lois des tuyaux sonores (332). — Pour déterminer la position des *nœuds fixes*, on cherchera la position des points de la verge que l'on peut toucher sans que le mouvement vibratoire soit altéré.

Trois cas sont à distinguer, selon la manière dont la verge vibrante est assujettie.

1° *Verge libre à ses deux extrémités.* — L'expérience montre, comme la théorie le faisait prévoir, que les lois sont celles des tuyaux ouverts aux deux bouts. — Pour faire vibrer une verge en laissant ses deux extrémités libres, on la saisira, dans chaque cas, par un point situé de façon qu'il doive correspondre à un nœud, pour l'harmonique que l'on veut produire.

2° *Verge libre à une extrémité, fixée à l'autre.* — Les lois sont celles des tuyaux ouverts à un bout et fermés à l'autre.

3° *Verge ou corde fixée à ses deux bouts.* — La série des sons est la même que celle d'une verge libre à ses deux extrémités, mais les nœuds et les ventres occupent des positions inverses. — On voit en effet, *a priori*, que l'on peut, en admettant d'abord que le milieu de la verge corresponde à un ventre, regarder les deux moitiés de cette verge comme constituant deux verges fixées à un bout, libres à l'autre, et assemblées de façon que leurs mouvements aient toujours lieu dans le même sens : on est ainsi conduit à la série des sons

$$1 \quad 3 \quad 5 \quad 7 \ldots$$

Mais on peut aussi, en admettant que le milieu de la verge corresponde à un nœud, regarder ses deux moitiés comme constituant deux verges fixées aux deux bouts, et assemblées de manière que leurs vibrations aient toujours lieu en sens contraire, ce qui donne la série des sons

$$2 \quad 4 \quad 6 \quad 8 \ldots$$

L'ensemble de ces deux séries donne la suite entière des nombres naturels, comme pour une verge dont les deux extrémités sont libres.

Dans ces divers cas, on constate toujours que, pourvu que la longueur soit assez grande par rapport aux dimensions transversales, la valeur absolue des dimensions transversales elles-mêmes n'a pas d'influence.

Enfin, lorsqu'on opère sur une *corde* et qu'on fait varier la grandeur du poids par lequel il est toujours indispensable de la tendre, on constate également que la valeur de ce poids est sans influence sur les vibrations longitudinales.

Ces diverses lois, dont il suffira d'avoir donné ici l'énoncé, ont été établies par Chladni.

362. **Mesure de la vitesse du son dans les solides et du coefficient d'élasticité, au moyen des vibrations longitudinales.** — Les rapprochements que les lois précédentes établissent, entre les vibrations longitudinales des verges ou des cordes et celles des tuyaux sonores, fournissent immédiatement une méthode de dé-

termination de la vitesse du son dans les corps solides, et permettent, par suite, de calculer également le coefficient d'élasticité.

Le tableau ci-dessous contient les résultats obtenus par Wertheim, en appliquant aux vibrations longitudinales des verges des formules semblables à celles qui ont servi pour déterminer la vitesse du son dans les gaz au moyen des tuyaux sonores. — Toutes ces vitesses sont évaluées *en prenant pour unité la vitesse du son dans l'air*.

Plomb	3,974 à 4,120 [1]
Or	5,603 à 6,424
Étain	7,338 à 7,480
Platine	7,823 à 8,467
Argent	7,903 à 8,057
Zinc	9,863 à 11,007
Laiton	10,224
Cuivre	11,167
Acier	14,961 à 15,108
Fer	15,108
Cristal	11,890 à 12,220
Verre	14,956 à 16,759
Bois de chêne	9,902 à 12,820
Bois de sapin	12,490 à 17,260

Les coefficients d'élasticité qui ont été déduits de ces expériences par Wertheim sont généralement un peu supérieurs à ceux que donnent les expériences de traction (350). — Ces différences peuvent être dues d'abord à une certaine influence des effets calorifiques produits par la compression ou par la dilatation. Mais il faut remarquer, en outre, que lorsqu'on soumet une tige solide à l'action d'un poids, comme on le fait dans les expériences de traction, l'allongement maximum de cette tige ne se produit qu'au bout d'un certain temps, et l'on ne procède aux mesures que lorsque l'état définitif paraît obtenu. Il est clair que l'allongement ainsi mesuré doit être supérieur à celui que produirait la même force, si son action ne s'exerçait que pendant un temps très-court : or c'est précisément

(1) Les variations que présente la vitesse du son dans un même corps tiennent en général aux différences qu'il peut offrir dans son état physique. En général, la vitesse du son est moindre dans les métaux recuits que dans les métaux écrouis.

pendant un temps très-court que doit s'exercer, dans le mouvement vibratoire, l'action des forces produites par les condensations et les dilatations successives. On conçoit donc que le coefficient d'élasticité obtenu par la traction, c'est-à-dire le rapport de la force à l'allongement que donnent les expériences directes, doive être moindre que le rapport qu'il faudrait employer pour calculer la vitesse théorique de propagation.

363. **Vibrations tournantes des verges et des cordes.** — Les lois des vibrations tournantes, découvertes également par Chladni, sont les mêmes que celles des vibrations transversales.

Toutes choses égales d'ailleurs, le son fondamental des vibrations tournantes est seulement plus grave que celui des vibrations longitudinales; le rapport du nombre de vibrations de l'un au nombre de vibrations de l'autre dépend de la nature de la verge et de la forme de sa section.

364. **Vibrations transversales.** — Pour l'étude des vibrations transversales, il devient nécessaire de considérer séparément les cordes et les verges.

Les *cordes* se distinguent des verges en ce que, si l'on fait abstraction de l'action exercée sur elles par l'effet de la pesanteur, action toujours très-faible, on peut les regarder comme n'ayant de figure déterminée qu'autant qu'elles sont tendues, en une ligne sensiblement droite, par deux forces égales agissant en sens contraire sur leurs extrémités. Les *verges élastiques*, au contraire, reviennent d'elles-mêmes à leur figure initiale toutes les fois qu'elles en sont écartées.

Cette distinction n'a cependant rien d'absolu, car il n'existe pas de corde parfaitement flexible, et, d'un autre côté, on peut toujours ajouter à l'effet propre de l'élasticité d'une verge celui d'une tension extérieure agissant sur ses extrémités. On peut remarquer d'ailleurs que, en réduisant suffisamment la section d'une verge donnée, on peut toujours lui donner une flexibilité telle, que ses propriétés ne diffèrent pas sensiblement de celles d'une corde idéale; inversement, si l'on augmente suffisamment les dimensions transversales du corps le plus flexible, on peut toujours rendre les effets de son élasticité comparables à ceux de sa tension. — Enfin, à dimensions égales, les cordes doivent être considérées comme ayant des propriétés plus ou moins voisines de celles des verges, selon l'élasticité de la matière qui les constitue : c'est ainsi, par exemple, que les cordes métalliques sont toujours, toutes choses égales d'ailleurs, beaucoup plus semblables à de véritables verges que les cordes de nature organique.

L'étude des vibrations transversales des verges proprement dites, qui contribue à faire connaître la résistance que ces corps opposent à l'action de forces tendant à les déformer, importe à la théorie générale de l'élasticité, au même titre que l'étude des vibrations longitudinales et des vibrations tournantes. — L'étude des vibrations transversales des cordes n'intéresse que l'acoustique pure; elle fait connaître les lois du mouvement vibratoire auquel il convient de comparer les autres.

On exposera d'abord les résultats relatifs aux vibrations transversales des cordes.

365. **Vibrations transversales des cordes.** — Le nombre de vibrations qui correspond au son fondamental d'une corde qui vibre transversalement est *proportionnel à la racine carrée du poids tenseur;* il est *en raison inverse de la longueur, de la racine carrée de la section, et de la racine carrée de la densité.*

Il est facile de voir que les lois indiquées par cet énoncé sont comprises dans la formule suivante, donnée par Taylor,

$$N = \frac{1}{2}\sqrt{\frac{gP}{pl}},$$

formule dans laquelle N est le nombre de vibrations du son fondamental, g est l'intensité de la pesanteur, P est le poids tenseur, p est le poids de la corde elle-même, et l est sa longueur[1].

Ces lois ne se vérifient exactement que pour des cordes satisfaisant à la définition qui en a été donnée plus haut (364), c'est-à-dire ayant à la fois un diamètre très-petit et une longueur suffisamment grande. — Il faut, en outre, que les deux extrémités soient fixées

(1) En effet, si l'on désigne par σ la section de la corde, par δ sa densité, et si l'on

de manière à rendre impossible toute communication du mouvement vibratoire de la corde à ses supports. C'est cette dernière condition qu'on a spécialement cherché à réaliser dans la construction de l'instrument connu sous le nom de *sonomètre*, à l'aide duquel on étudie en général les vibrations transversales des cordes.

La corde soumise à l'expérience, retenue à l'une de ses extrémités par une cheville *p* (fig. 321), vient s'appuyer sur deux chevalets *bd*, *ac*, qui limitent la partie vibrante, et, après avoir passé sur une

Fig. 321.

poulie, elle reçoit à son autre extrémité un poids tenseur P. Les chevalets reposent sur une caisse en bois de sapin, destinée à renforcer les sons. — Pour vérifier, par exemple, l'influence de la grandeur des *poids tenseurs*, on charge cette corde d'un certain poids P et on la fait vibrer; au moyen de la clef A, on règle la tension de la corde *cd*, qui est fixée parallèlement à la première, de manière à la mettre à l'unisson. On remplace alors le poids P

remarque que son poids n'est autre chose que le produit de son volume σl par son poids spécifique δg, la formule de Taylor devient

$$N = \frac{1}{2l}\sqrt{\frac{P}{\sigma\delta}}$$

et, sous cette forme, on voit immédiatement qu'elle est l'expression analytique des lois énoncées plus haut.

Enfin, si l'on veut introduire dans la formule, au lieu de la section σ de la corde, le rayon r de cette section supposée circulaire, on remplacera σ par πr^2, ce qui donnera

$$N = \frac{1}{2rl}\sqrt{\frac{P}{\pi\delta}}.$$

Il est essentiel de remarquer que, dans la formule de Taylor telle qu'on vient de la donner, N exprime le nombre des *vibrations complètes* ou *oscillations doubles*, tel qu'il a été défini plus haut (306). É. F.

par un autre poids P', et, en comparant le nouveau son rendu à celui de la corde *cd*, on constate que les nombres de vibrations sont entre eux comme les racines carrées des poids P et P'.

Pour vérifier la loi des *longueurs*, on laisse invariable le poids tenseur P de la première corde, et l'on fait varier seulement la longueur de la partie vibrante, en déplaçant le chevalet mobile *m* : on compare le son obtenu à celui de la seconde corde, et l'on en déduit le rapport des nombres de vibrations. — Il est aisé de concevoir comment on peut vérifier de même la loi des *sections* et la loi des *densités*.

Le sonomètre fournit encore le moyen de déterminer facilement la loi des *harmoniques* que peut rendre une même corde, sous une tension constante. — On trouve ainsi que les harmoniques successifs correspondent à des nombres de vibrations qui sont entre eux comme la suite des nombres entiers 1, 2, 3,....

Pour déterminer, par l'expérience, la situation des *nœuds fixes* qui se produisent lorsqu'on fait rendre à une corde l'un de ses harmoniques, il suffit de distribuer dans toute sa longueur, de distance en distance, de petits chevrons de papier. Ils sont immédiatement renversés dans les points de la corde qui participent aux vibrations transversales : ils restent au contraire immobiles dans les points qui correspondent à des nœuds. — L'expérience ainsi faite montre que, en rendant les harmoniques de rang 2, 3, 4,..., la corde se divise en 2, 3, 4,... parties égales, séparées les unes des autres par des nœuds fixes.

366. **Relation entre les vibrations transversales et les vibrations longitudinales d'une même corde.** — Lorsque l'on compare, au nombre des vibrations transversales N donné par la formule de Taylor, le nombre des vibrations longitudinales N' de la même corde, rendant le son fondamental dans les deux cas, on est conduit à la relation

$$\frac{N}{N'} = \frac{\sqrt{\frac{gP}{pl}}}{\frac{1}{l}\sqrt{\frac{gE}{D}}},$$

dans laquelle D désigne le poids spécifique de la corde. Or, si l'on remarque que le poids spécifique de la corde est égal à son poids p divisé par son volume σl, et qu'on remplace alors D par $\frac{p}{\sigma l}$, la relation devient

$$\frac{N}{N'}=\frac{\sqrt{\frac{gP}{pl}}}{\sqrt{\frac{gE\sigma}{pl}}}$$

ou enfin

$$\frac{N}{N'}=\sqrt{\frac{P}{E\sigma}}.$$

Mais, si l'on représente par λ l'allongement qu'éprouve cette même corde sous une charge égale à P, on a, d'après ce qui a été vu précédemment (349), $\lambda=\frac{1}{E}\cdot\frac{Pl}{\sigma}$, c'est-à-dire $E=\frac{Pl}{\sigma\lambda}$; en remplaçant E par cette valeur, il vient définitivement

$$\frac{N}{N'}=\sqrt{\frac{\lambda}{l}}.$$

La quantité λ étant toujours petite par rapport à l, on voit que le son fondamental correspondant à la vibration transversale est toujours, pour une même corde, beaucoup moins élevé que le son fondamental correspondant à la vibration longitudinale.

367. **Vibrations transversales des verges.** — Les lois des vibrations longitudinales ont pu être déduites immédiatement des lois de la propagation et de la réflexion d'un ébranlement longitudinal. — Il en est autrement des lois des vibrations transversales ou des vibrations tournantes. La théorie de ces phénomènes est fondée sur des considérations du genre de celles qui ont été indiquées plus haut, à propos de la flexion.

Les lois des vibrations transversales des verges ont été d'abord établies théoriquement par Euler. Elles ont été ensuite vérifiées expérimentalement par Chladni, Strehlke, et plus récemment par M. Lissajous.

Chacune des deux extrémités de la verge peut être placée dans trois conditions différentes :

1° On dit qu'une extrémité d'une verge est *encastrée*, lorsque cette extrémité est fixée de telle manière qu'elle ne puisse se déplacer, et qu'en outre, dans toute flexion, l'axe de la verge demeure, à cette extrémité, tangent à sa direction primitive. — On voit donc que, si l'on représente par y le déplacement du point dont la distance à l'extrémité encastrée est x, ce mode de fixation est défini analytiquement par ces deux conditions que, pour $x = 0$, on ait à la fois

$$y = 0$$

et

$$\frac{dy}{dx} = 0.$$

On réalise ces conditions en serrant très-fortement l'extrémité de la verge dans un étau.

2° On dit qu'une extrémité d'une verge est *appuyée*, lorsque cette extrémité est assujettie de telle manière qu'elle ne puisse se déplacer, et que cependant l'axe de la verge puisse faire, à cette extrémité, un angle quelconque avec sa direction primitive. — Ce mode d'assujettissement exige donc que, pour $x = 0$, on ait encore

$$y = 0;$$

la première dérivée $\frac{dy}{dx}$ peut avoir une valeur quelconque, mais on démontre que l'on doit avoir

$$\frac{d^2y}{dx^2} = 0.$$

Cette condition est d'ailleurs extrêmement difficile à réaliser d'une manière satisfaisante.

3° Lorsqu'une extrémité d'une verge vibrant transversalement est entièrement *libre*, on démontre que, pendant la vibration, cette extrémité est assujettie à ces deux conditions que, pour $x = 0$, on ait à la fois

$$\frac{d^2y}{dx^2} = 0$$

et

$$\frac{d^3y}{dx^3} = 0.$$

Chacune des trois conditions qui précèdent pouvant se trouver réalisée pour l'une ou pour l'autre des extrémités d'une verge, on voit qu'il y a lieu de considérer en définitive, pour une verge vibrant transversalement, six modes d'assujettissement distincts :

1° Verge *encastrée* à une extrémité... *encastrée* à l'autre.
2° ——————————... *appuyée* à l'autre.
3° ——————————... *libre* à l'autre.
4° Verge *appuyée* à une extrémité... *appuyée* à l'autre.
5° ——————————... *libre* à l'autre.
6° Verge *libre* à une extrémité... *libre* à l'autre.

Les figures 322 représentent les formes que prend la verge, quand elle rend le son fondamental, dans chacun des modes d'assu-

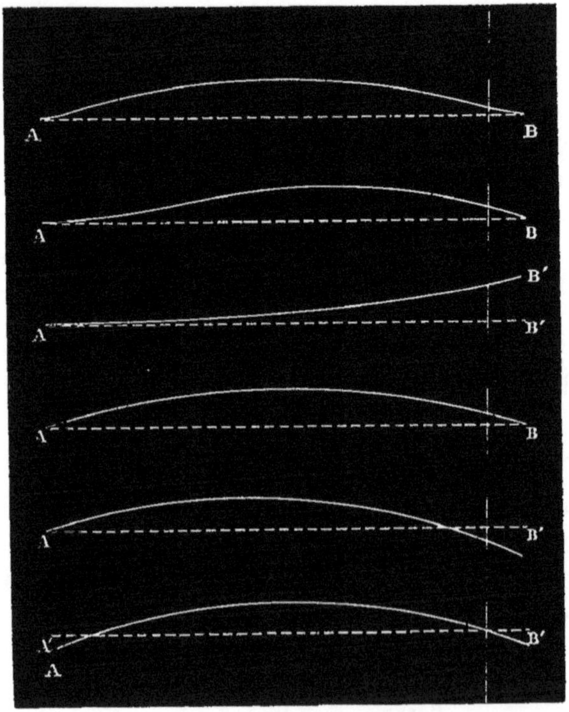

Fig. 322.

jettissement que l'on vient d'indiquer. Les lignes ponctuées indiquent la direction de son axe dans l'état de repos.

Lorsqu'on veut étudier la position des nœuds, pour les vibrations correspondantes aux divers harmoniques, on saupoudre de sable la face supérieure de la verge : on voit ce sable se rassembler, dès que la verge est mise en vibration, sur les points qui correspondent à des nœuds. — On remarque en particulier que, dans le quatrième cas, celui où la verge est appuyée par ses deux extrémités, les nœuds sont tous équidistants entre eux : les nombres de vibrations qui correspondent aux divers harmoniques sont en raison inverse des carrés des longueurs des parties vibrantes. — Dans les autres cas, les parties vibrantes dans lesquelles la verge se divise, en produisant un harmonique d'un ordre élevé, sont sensiblement égales entre elles, à l'exception des deux parties les plus voisines des extrémités : les nombres de vibrations qui correspondent aux divers harmoniques sont, comme l'a montré M. Lissajous, sensiblement en raison inverse des carrés des longueurs des parties vibrantes éloignées des extrémités.

Dans chacun de ces six modes d'assujettissement, le son fondamental rendu par une même verge et ses rapports avec les harmoniques successifs ont des valeurs particulières. Mais si l'on considère des verges diverses ayant leurs extrémités *dans les mêmes conditions*, et produisant chacune le son fondamental, ou un harmonique de même ordre, on peut démontrer par l'expérience les lois suivantes, qui sont d'ailleurs conformes à la théorie :

1° Le nombre des vibrations est *en raison inverse du carré de la longueur*.

2° Dans les verges de section circulaire, le nombre des vibrations est *proportionnel au diamètre*.

3° Dans les verges de section rectangulaire, le nombre des vibrations est *proportionnel à l'épaisseur*, c'est-à-dire à la dimension parallèle aux vibrations; il est *indépendant de la largeur*, c'est-à-dire de la dimension de la section perpendiculaire à la précédente. — Lorsque la largeur est considérable relativement à l'épaisseur, les verges reçoivent habituellement le nom de *lames*, mais cette différence d'appellation n'implique aucune différence de propriétés.

4° Le nombre des vibrations est *proportionnel à la racine carrée du quotient du coefficient d'élasticité par la densité*.

La théorie et l'expérience montrent qu'il n'y a pas de différence essentielle entre une verge courbe et une verge droite, en sorte que les lois précédentes sont également applicables aux *diapasons*, avec la forme qu'on leur donne ordinairement. — On trouve encore d'autres applications des vibrations transversales des verges dans le violon de fer, dans le claquebois, et dans l'harmonica à lames de verre.

368. **Vibrations transversales des plaques.** — Pour étudier la forme des figures nodales que détermine le mouvement vibratoire dans les plaques, lorsqu'on fait varier la position des points par lesquels elles sont assujetties et celle des points par lesquels on les attaque, Chladni a encore employé le sable. — Voici quelques-unes des lois générales auxquelles conduisent ces expériences :

Pour des plaques homogènes de même forme et de même nature, les nombres de vibrations des sons qui correspondent à une même figure nodale sont *en raison inverse de la surface* et *en raison directe de l'épaisseur*. — Il suit de là que, si deux plaques sont des prismes géométriquement semblables, les nombres de vibrations sont *en raison inverse des dimensions homologues*.

Dans les plaques *circulaires*, les figures nodales sont des assemblages de diamètres et de cercles.

Dans les plaques *carrées*, les lignes nodales, qui ont des formes très-variées, peuvent se ramener approximativement à des combinaisons de droites parallèles aux côtés, et de droites parallèles aux diagonales.

Les vibrations des timbres et des cloches sont soumises à des lois identiques à celles des plaques(1).

369. **Vibrations des membranes.** — La difficulté de communiquer à une membrane une tension uniforme et connue empêche qu'on puisse soumettre à une étude expérimentale bien rigoureuse les vibrations qui peuvent s'y produire. — L'expérience apprend cependant que les harmoniques d'une même membrane forment,

(1) Voir, à la fin de l'*Acoustique*, la note complémentaire C, relative à une loi générale des mouvements vibratoires.

On voit donc que l'intervalle d'un maximum au minimum qui le suit immédiatement est égal à $\frac{1}{2}\frac{TT'}{T-T'}$. — Cette succession de *maxima* et de *minima* alternatifs et équidistants constitue le phénomène des battements.

Les époques absolues des maxima et des minima dépendent des valeurs de θ et de θ', et, par suite, de la situation de l'observateur par rapport aux deux corps sonores; mais l'intervalle de deux maxima ou de deux minima consécutifs, $\frac{TT'}{T-T'}$, est indépendant de la position de l'observateur. — Donc, de quelque façon que l'on soit placé, on doit toujours percevoir, dans l'unité de temps, un nombre de battements égal à $\frac{T-T'}{TT'}$ ou $\frac{1}{T'}-\frac{1}{T}$. Mais, d'autre part, $\frac{1}{T}$ et $\frac{1}{T'}$ ne sont autre chose que les nombres de vibrations N et N' des deux sons dans l'unité de temps. Donc *le nombre des battements perçus en une seconde est égal à la différence absolue des nombres de vibrations complètes des deux sons qui les produisent*[1].

Le phénomène des battements peut s'observer en faisant résonner à la fois deux corps sonores quelconques dont les nombres de vibrations soient entre eux dans un rapport voisin de l'unité ; par exemple, en faisant parler simultanément deux tuyaux de grande longueur, présentant entre les sons qu'ils produisent une différence d'un ton ou d'un demi-ton.

Lorsque les battements produits par deux sons se succèdent à des intervalles de temps très-rapprochés, l'oreille devient impuissante à les distinguer; elle ne perçoit plus qu'un *son résultant*, dont la hauteur est donnée précisément par le nombre des battements produits en une seconde. — Ce phénomène paraît avoir été remarqué pour la première fois par le musicien Tartini.

(1) Il n'est pas nécessaire à l'exactitude des raisonnements que les mouvements vibratoires combinés soient des mouvements semblables à ceux d'un pendule. Il suffit que chaque vibration complète soit la succession de deux oscillations égales et opposées.

On peut remarquer également que, si les nombres de vibrations des deux sons qui produisent les battements sont de la forme kN et k (N + 1), le nombre entier k est à la fois la différence et le plus grand commun diviseur des deux nombres. Cette remarque, inexactement généralisée, a conduit plusieurs auteurs à un énoncé tout à fait erroné de la loi des battements. (Voyez, à la fin de l'*Acoustique*, la note complémentaire E, sur l'évaluation numérique des sons par les battements.)

373. **Représentation graphique du phénomène des battements, au moyen du phonautographe.** — On peut rendre sensible à l'œil l'état vibratoire de l'air, dans les circonstances

Fig. 324.

où il se produit des battements ou un son résultant; au moyen du phonautographe de Scott (fig. 324).

L'appareil se compose d'un paraboloïde de révolution A, dont la surface intérieure réfléchit en son foyer les ondulations sonores qui viennent la rencontrer parallèlement à son axe ; une membrane MM', tendue en ce foyer, vibre sous l'influence de ces ondulations, et un

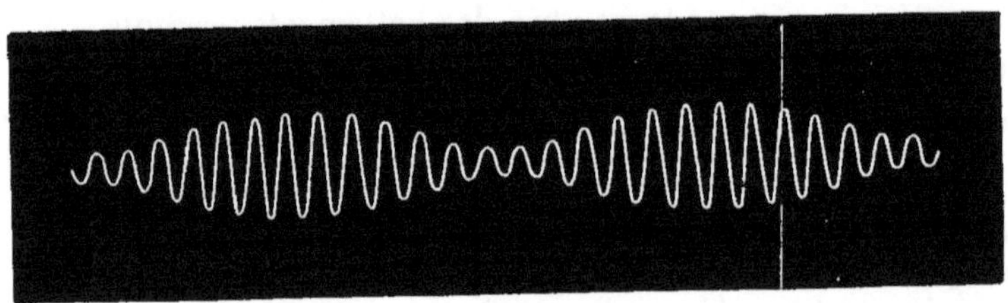

Fig. 325.

stylet très-léger, fixé à la membrane, trace sur un cylindre tournant C une courbe ondulée, représentative de l'état vibratoire de l'air. Comme une membrane ne peut réellement vibrer qu'à l'unisson de certains sons déterminés, il est nécessaire, dans chaque expérience, de modifier un peu les conditions dans lesquelles elle se trouve; on y parvient au moyen d'une pièce métallique disposée de manière à pouvoir être appuyée à volonté sur divers points de la membrane. — Lorsqu'on entend des battements, les sinuosités de la courbe ondulée, en s'accusant plus ou moins, rendent manifestes les renforcements et les affaiblissements alternatifs du mouvement vibratoire (fig. 325).

374. **Coexistence de plusieurs mouvements dans un même corps sonore.** — Tout corps sonore étant apte à produire une série déterminée de sons, il résulte du principe général de la superposition des petits mouvements qu'un même corps peut exécuter une infinité de mouvements complexes, formés chacun par la superposition de divers mouvements simples. — Si le nombre des mouvements simultanés qui composent un mouvement complexe n'est pas trop considérable, l'oreille peut les distinguer les uns des autres.

On peut citer, comme exemples de ce phénomène général :

La production *simultanée* du son fondamental et des premiers harmoniques par un même corps : par un tuyau sonore, par une corde vibrante, par un diapason, un timbre, etc.

L'existence simultanée du mouvement transversal et du mouvement longitudinal dans une corde ou une verge. — Il est à peu près impossible de faire vibrer longitudinalement une verge de quelque longueur, sans donner en même temps naissance à celui des harmoniques transversaux qui est le plus voisin du son longitudinal.

La coexistence, dans une verge de section rectangulaire, de deux mouvements parallèles aux deux dimensions transversales. — Ce dernier cas présente assez d'intérêt pour mériter qu'on en fasse une étude particulière.

375. **Coexistence de deux mouvements perpendiculaires entre eux, dans une verge de section rectangulaire.** — 1° Si l'on considère d'abord le cas où *la verge est bien homogène et de section carrée,* les deux mouvements vibratoires sont exactement de même période T; alors, les projections d'une molé-

cule quelconque de la verge sur deux axes rectangulaires, menés par la position d'équilibre de cette molécule parallèlement aux deux plans de vibration, peuvent se représenter par

$$\xi = a \cos 2\pi \frac{t}{T},$$

$$\eta = b \cos 2\pi \left(\frac{t}{T} + \theta\right),$$

ce qu'on peut écrire

$$\frac{\xi}{a} = \cos 2\pi \frac{t}{T},$$

$$\frac{\eta}{b} = \cos 2\pi \frac{t}{T} \cos 2\pi\theta - \sin 2\pi \frac{t}{T} \sin 2\pi\theta.$$

On tire de là

$$\frac{\xi}{a} \cos 2\pi\theta - \frac{\eta}{b} = \sin 2\pi\theta \sin 2\pi \frac{t}{T}$$

et

$$\frac{\xi}{a} \sin 2\pi\theta = \sin 2\pi\theta \cos 2\pi \frac{t}{T};$$

par suite, en élevant au carré ces deux dernières équations et les ajoutant membre à membre,

$$\frac{\xi^2}{a^2} + \frac{\eta^2}{b^2} - \frac{2\eta\xi}{ab} \cos 2\pi\theta = \sin^2 2\pi\theta.$$

Donc, en général, un point quelconque d'une verge homogène, de section carrée, décrit une *ellipse*.

Si, en particulier, la différence de phase θ des deux mouvements rectangulaires est telle que l'on ait $\cos 2\pi\theta = 1$, cette ellipse se réduit à une *droite* ayant pour équation

$$\frac{\xi}{a} - \frac{\eta}{b} = 0.$$

Si la différence est telle que l'on ait $\cos 2\pi\theta = -1$, l'ellipse se réduit à une autre *droite* ayant pour équation

$$\frac{\xi}{a} + \frac{\eta}{b} = 0.$$

Si la différence de phase est telle que l'on ait $\cos 2\pi\theta = 0$, l'équation précédente devient

$$\frac{\xi^2}{a^2} + \frac{\eta^2}{b^2} = 1,$$

c'est-à-dire qu'elle représente une *ellipse ayant ses axes parallèles aux plans des deux vibrations élémentaires.*

Enfin si, avec la condition précédente, on a aussi $a = b$, l'équation devient

$$\xi^2 + \eta^2 = a^2,$$

c'est-à-dire que l'ellipse devient un *cercle.*

2° Lorsque *la section de la verge n'est pas exactement carrée,* ou lorsque, par suite d'une inégalité de structure, *la résistance à la flexion n'est pas la même dans les deux plans parallèles aux côtés de la section,* les durées des deux vibrations élémentaires ne sont plus les mêmes. — Mais, au lieu de supposer que les deux mouvements vibratoires aient des périodes différentes, il est aisé de montrer, comme on l'a déjà fait pour une question analogue (372), qu'il est permis de les considérer comme ayant la même période et *une différence de phase variable avec le temps.* Tout se passe donc comme si, dans le premier cas que l'on vient de considérer, on supposait que θ fût variable avec le temps; chaque molécule vibrante décrit donc une *ellipse,* dans laquelle l'excentricité et la position de la ligne des absides varient sans cesse, la somme des carrés des longueurs des axes demeurant constante.

3° Lorsque *les deux dimensions transversales de la verge sont entre elles dans un rapport simple* $\frac{m}{n}$, les expressions des projections d'une molécule vibrante sur les deux axes menés par sa position d'équilibre deviennent

$$\xi = a \cos 2\pi \frac{t}{T},$$

$$\eta = b \cos 2\pi \left(\frac{t}{\frac{m}{n} T} + \theta \right);$$

chaque point de la verge décrit donc une courbe représentée par l'équation qu'on obtient en éliminant t entre ces deux équations. —

La forme de cette courbe dépend, pour une même verge, de la valeur particulière qu'on donne à la quantité θ.

4° Enfin, lorsque *le rapport des deux dimensions de la verge diffère peu du rapport simple* $\frac{m}{n}$, le mouvement d'une molécule peut se représenter en admettant que, dans l'équation de la courbe fournie par l'élimination de t entre les deux équations précédentes, la quantité θ soit variable avec le temps[1].

Pour observer les diverses formes de la courbe décrite dans ces différents cas, il suffit d'attacher, en l'un des points d'une verge élastique fixée par une de ses extrémités, une sorte de perle brillante formée par une petite sphère de verre pleine de mercure; en faisant réfléchir sur cette perle la lumière du soleil ou d'une source lumineuse quelconque, on distingue, sous la forme d'une courbe continue, la succession des positions qu'elle prend pendant le mouvement vibratoire. — C'est l'instrument imaginé par M. Wheatstone, et désigné sous le nom de *kaléidophone*.

376. **Étude optique des mouvements vibratoires. — Expériences de M. Lissajous.** — Soit un faisceau lumineux, rendu convergent par une lentille à long foyer, et réfléchi, avant d'atteindre son point de convergence, sur un petit miroir attaché à un corps sonore quelconque; supposons, en outre, que les vibrations de ce corps soient parallèles au plan de réflexion. Si l'on fait vibrer le corps sonore, le point de concours du faisceau lumineux oscillera, sans sortir du plan de réflexion ; il décrira donc une petite ligne droite, de longueur proportionnelle à l'amplitude des vibrations.

Supposons maintenant que le faisceau lumineux soit encore réfléchi, avant d'atteindre son point de convergence, par un miroir immobile, et que le plan de cette seconde réflexion soit perpendiculaire au plan de la première : lorsqu'on mettra en vibration le corps sonore qui porte le premier miroir, le point de concours du faisceau décrira alors une droite égale et parallèle à la précédente. — Si maintenant le second miroir est lui-même porté par un corps

(1) Voir, à la fin de l'*Acoustique*, la note complémentaire F, sur la composition des mouvements vibratoires rectangulaires.

sonore dont les vibrations soient parallèles au plan de la seconde réflexion, le point de concours du faisceau lumineux exécutera simultanément deux systèmes de vibrations perpendiculaires l'un sur l'autre. Les périodes des deux vibrations élémentaires du point lumineux seront les mêmes que les périodes des deux vibrations sonores correspondantes, et il y aura proportionnalité entre les amplitudes. On pourra donc reproduire de la sorte, sur un écran, toutes les courbes qu'on a définies dans le paragraphe précédent [1].

Il suit de là que, si les deux corps sonores exécutent des vibrations dont les périodes aient entre elles un rapport simple déterminé, le point lumineux décrira indéfiniment l'une des courbes qui ont été indiquées. — En particulier, si les deux corps sont exactement à l'unisson, le point lumineux décrira une droite ou une ellipse immobile, suivant la valeur que présentera le retard ou l'avance d'une des vibrations sur l'autre. — Si l'unisson, ou en général le rapport simple des deux mouvements vibratoires, est altéré d'une très-petite quantité, on en sera averti par le changement de forme et le déplacement graduels de la courbe décrite. — On a donc, dans ce phénomène, un moyen très-sensible de vérifier l'accord de deux corps sonores quelconques.

[1] On pourra faire les mêmes observations sur un faisceau divergent. L'œil, armé d'un verre, s'il est nécessaire, n'aura qu'à regarder l'image réfléchie du point d'où le faisceau est émané.

NOTES COMPLÉMENTAIRES

RELATIVES À DIVERSES QUESTIONS D'ACOUSTIQUE.

NOTE A.

SUR LES EFFETS DES RÉFLEXIONS MULTIPLES DU SON DANS UN TUYAU.

Lorsqu'il se produit, à l'une des extrémités d'un tuyau, un mouvement vibratoire continu, il y a, au bout d'un certain temps, et en chaque point du tuyau, superposition d'une multitude d'ondes qui ont été successivement réfléchies à chacune des extrémités; les intensités de ces ondes successives doivent d'ailleurs être considérées comme décroissantes, à mesure que le nombre des réflexions qu'elles ont éprouvées est plus considérable.

Admettons que, dans la réflexion de chaque onde sur une extrémité *ouverte*, la vitesse et la condensation soient multipliées respectivement par des facteurs constants m et n, le facteur m différant peu de $+1$, et le facteur n différant peu de -1. Admettons de même que, dans la réflexion sur une extrémité *fermée*, ces mêmes grandeurs soient multipliées par d'autres facteurs constants m' et n', respectivement peu différents de -1 et de $+1$ [1].

Si l'on considère, en particulier, un tuyau *ouvert à ses deux extrémités*, et si l'on désigne par R son embouchure et par S l'extrémité opposée, les ondes dont les mouvements se combineront. à l'ins-

[1] Cette hypothèse est la plus simple et la plus probable qu'on puisse faire, dès qu'on a égard à la transmission du son dans l'atmosphère extérieure, qui est si évidemment incompatible avec l'égalité absolue des vibrations incidentes et des vibrations réfléchies. Il est vrai qu'en augmentant suffisamment la résistance du fond d'un tuyau on peut faire en sorte que les valeurs absolues de m' et de n' soient aussi voisines de l'unité qu'on le voudra; mais il n'en est pas ainsi des valeurs de m et de n, qui paraissent toujours sensiblement inférieures à l'unité, quel que soit le diamètre du tuyau.

tant t, en un point du tuyau situé à une distance x de l'embouchure, comprendront :

1° Une onde directe, dont la vitesse de vibration sera

$$v_0 = A \sin 2\pi\left(\frac{t}{T} - \frac{x}{\lambda}\right);$$

2° Une onde réfléchie en S, dont la vitesse de vibration sera

$$v_1 = mA \sin 2\pi\left(\frac{t}{T} - \frac{2l - x}{\lambda}\right);$$

3° Une onde réfléchie successivement en S et en R, dont la vitesse de vibration sera

$$v_2 = m^2 A \sin 2\pi\left(\frac{t}{T} - \frac{2l + x}{\lambda}\right);$$

4° Une onde réfléchie successivement en S, R et S, dont la vitesse de vibration sera

$$v_3 = m^3 A \sin 2\pi\left(\frac{t}{T} - \frac{4l - x}{\lambda}\right);$$

5° Une onde réfléchie successivement en S, R, S et R, dont la vitesse de vibration sera

$$v_4 = m^4 A \sin 2\pi\left(\frac{t}{T} - \frac{4l + x}{\lambda}\right),$$

etc., etc.

En raison de la rapidité avec laquelle le son se propage, le nombre des ondes réfléchies est bientôt très-grand, et comme le coefficient m^p, qui entre dans l'expression de la vitesse de l'onde qui a subi p réflexions, décroît en progression géométrique d'une onde à l'autre, la vitesse résultante au bout d'un temps assez court ne diffère pas sensiblement de la somme de la série

$$V = v_0 + v_1 + v_2 + v_3 + \ldots,$$

cette série étant prolongée indéfiniment.

Pour trouver cette somme, on remarque d'abord que la série V est la somme de deux autres, savoir :

$$A \sin 2\pi\left(\frac{t}{T} - \frac{x}{\lambda}\right) + m^2 A \sin 2\pi\left(\frac{t}{T} - \frac{2l + x}{\lambda}\right)$$
$$+ m^4 A \sin 2\pi\left(\frac{t}{T} - \frac{4l + x}{\lambda}\right) + \ldots$$

et

$$mA \sin 2\pi\left(\frac{t}{T}-\frac{2l-x}{\lambda}\right)+m^3 A \sin 2\pi\left(\frac{t}{T}-\frac{4l-x}{\lambda}\right)+\ldots.$$

Or, si l'on pose

$$2\pi\left(\frac{t}{T}-\frac{x}{\lambda}\right)=y,\quad 2\pi\left(\frac{t}{T}+\frac{x}{\lambda}\right)=z,\quad 4\pi\frac{l}{\lambda}=s,$$

ces deux séries parallèles peuvent s'écrire, au moyen des exponentielles imaginaires, sous la forme

$$\frac{A}{2\sqrt{-1}}\Big[e^{y\sqrt{-1}}+m^2 e^{(y-s)\sqrt{-1}}+m^4 e^{(y-2s)\sqrt{-1}}+\ldots$$
$$-e^{-y\sqrt{-1}}-m^2 e^{-(y-s)\sqrt{-1}}-m^4 e^{-(y-2s)\sqrt{-1}}-\ldots\Big]$$

et

$$\frac{mA}{2\sqrt{-1}}\Big[e^{(z-s)\sqrt{-1}}+m^2 e^{(z-2s)\sqrt{-1}}+m^4 e^{(z-3s)\sqrt{-1}}+\ldots$$
$$-e^{-(z-s)\sqrt{-1}}-m^2 e^{-(z-2s)\sqrt{-1}}-m^4 e^{-(z-3s)\sqrt{-1}}-\ldots\Big].$$

Si l'on prend p termes dans chacune des deux lignes dont se compose chaque série, les formules de sommation des progressions géométriques réelles ou imaginaires conduisent aux expressions

$$\frac{A}{2\sqrt{-1}}\left[\frac{e^{y\sqrt{-1}}-m^{2p}e^{(y-ps)\sqrt{-1}}}{1-m^2e^{-s\sqrt{-1}}}-\frac{e^{-y\sqrt{-1}}-m^{2p}e^{-(y-ps)\sqrt{-1}}}{1-m^2e^{s\sqrt{-1}}}\right]$$

et

$$\frac{mA}{2\sqrt{-1}}\left[\frac{e^{(z-s)\sqrt{-1}}-m^{2p}e^{[z-(p+1)s]\sqrt{-1}}}{1-m^2e^{-s\sqrt{-1}}}-\frac{e^{-(z-s)\sqrt{-1}}-m^{2p}e^{-[z-(p+1)s]\sqrt{-1}}}{1-m^2e^{s\sqrt{-1}}}\right],$$

qui peuvent s'écrire, en effectuant les opérations,

$$\frac{A}{2\sqrt{-1}}\,\frac{\left\{\begin{array}{l}e^{y\sqrt{-1}}-e^{-y\sqrt{-1}}-m^2\left[e^{(y+s)\sqrt{-1}}-e^{-(y+s)\sqrt{-1}}\right]\\ \quad -m^{2p}\left[e^{(y-ps)\sqrt{-1}}-e^{-(y-ps)\sqrt{-1}}\right]\\ \quad +m^{2p+2}\left\{e^{[y-(p-1)s]\sqrt{-1}}-e^{-[y-(p-1)s]\sqrt{-1}}\right\}\end{array}\right\}}{1+m^4-m^2\left(e^{s\sqrt{-1}}+e^{-s\sqrt{-1}}\right)}$$

et

$$\frac{mA}{2\sqrt{-1}}\,\frac{\left\{\begin{array}{l} e^{(z-s)\sqrt{-1}}-e^{-(z-s)\sqrt{-1}}-m^2\left(e^{z\sqrt{-1}}-e^{-z\sqrt{-1}}\right)\\ \quad -m^{2p}\left\{e^{[z-(p+1)s]\sqrt{-1}}-e^{-[z-(p+1)s]\sqrt{-1}}\right\}\\ \quad +m^{2p+2}\left[e^{(z-ps)\sqrt{-1}}-e^{-(z-ps)\sqrt{-1}}\right]\end{array}\right\}}{1+m^4-m^2\left(e^{s\sqrt{-1}}+e^{-s\sqrt{-1}}\right)}.$$

En revenant aux lignes trigonométriques, on obtient

$$A\,\frac{\sin y-m^2\sin(y+s)-m^{2p}\sin(y-ps)+m^{2p+2}\sin[y-(p-1)s]}{1+m^4-2m^2\cos s}$$

et

$$mA\,\frac{\sin(z-s)-m^2\sin z-m^{2p}\sin[z-(p+1)s]+m^{2p+2}\sin(z-ps)}{1+m^4-2m^2\cos s},$$

et comme m^{2p} et m^{2p+2} décroissent au-dessous de toute limite, à mesure que p augmente, il est clair que la somme de la série V, indéfiniment prolongée, se réduit à

$$V=A\,\frac{\sin y+m\sin(z-s)-m^2\sin(y+s)-m^3\sin z}{1+m^4-2m^2\cos s}$$

ou, en remplaçant maintenant y, z et s par leurs valeurs,

$$V=A\,\frac{\left[\begin{array}{l}\sin 2\pi\left(\frac{t}{T}-\frac{x}{\lambda}\right)+m\sin 2\pi\left(\frac{t}{T}-\frac{2l-x}{\lambda}\right)\\ \quad -m^2\sin 2\pi\left(\frac{t}{T}+\frac{2l-x}{\lambda}\right)-m^3\sin 2\pi\left(\frac{t}{T}+\frac{x}{\lambda}\right)\end{array}\right]}{1+m^4-2m^2\cos 4\pi\frac{l}{\lambda}}.$$

En développant les fonctions trigonométriques, cette expression devient

$$\begin{array}{l} V=\dfrac{A}{1+m^4-2m^2\cos 4\pi\frac{l}{\lambda}}\\ \quad\times\Big[\Big(\cos 2\pi\frac{x}{\lambda}+m\cos 2\pi\frac{2l-x}{\lambda}-m^2\cos 2\pi\frac{2l-x}{\lambda}\\ \qquad\qquad -m^3\cos 2\pi\frac{x}{\lambda}\Big)\sin 2\pi\frac{t}{T}\\ \qquad -\Big(\sin 2\pi\frac{x}{\lambda}+m\sin 2\pi\frac{2l-x}{\lambda}+m^2\sin 2\pi\frac{2l-x}{\lambda}\\ \qquad\qquad +m^3\sin 2\pi\frac{x}{\lambda}\Big)\cos 2\pi\frac{t}{T}\Big].\end{array}$$

Mais, en général, si l'on pose $\operatorname{tang} 2\pi\theta = \frac{N}{M}$, on a

$$M \sin 2\pi \frac{t}{T} - N \cos 2\pi \frac{t}{T} = \sqrt{M^2 + N^2} \sin 2\pi \left(\frac{t}{T} - \theta\right).$$

Donc, en posant

$$\operatorname{tang} 2\pi\theta = \frac{(1 + m^3) \sin 2\pi \frac{x}{\lambda} + m(1+m) \sin 2\pi \frac{2l - x}{\lambda}}{(1 - m^3) \cos 2\pi \frac{x}{\lambda} + m(1-m) \cos 2\pi \frac{2l - x}{\lambda}},$$

on obtient, après des transformations faciles à effectuer,

$$V = A \sqrt{\frac{1 + m^2 + 2m \cos 4\pi \frac{l - x}{\lambda}}{1 + m^4 - 2m^2 \cos 4\pi \frac{l}{\lambda}}} \sin 2\pi \left(\frac{t}{T} - \theta\right).$$

Aux deux extrémités du tuyau, c'est-à-dire pour $x = 0$ et pour $x = l$, les valeurs respectives du coefficient constant qui entre dans la valeur de V^2 se réduisent à

$$A^2 \frac{1 + m^2 + 2m \cos 4\pi \frac{l}{\lambda}}{1 + m^4 - 2m^2 \cos 4\pi \frac{l}{\lambda}}$$

et à

$$A^2 \frac{(1 + m^2)^2}{1 + m^4 - 2m^2 \cos 4\pi \frac{l}{\lambda}};$$

et il est facile de voir que ces expressions sont l'une et l'autre *maxima* toutes les fois que

$$\cos 4\pi \frac{l}{\lambda} = 1,$$

c'est-à-dire toutes les fois que

$$l = n \frac{\lambda}{2}.$$

D'ailleurs, c'est presque uniquement par les extrémités que le mouvement vibratoire de l'air contenu dans un tuyau ouvert, à parois suffisamment résistantes, se communique à l'atmosphère extérieure. Les sons d'intensité maxima sont donc précisément ceux qui satisfont à la condition qui rend maxima l'intensité du mouvement vibratoire aux deux extrémités.

Des calculs semblables pourraient être appliqués aux *tuyaux fermés*. — Ils conduiraient encore à une conclusion conforme aux lois de Bernoulli.

NOTE B.

SUR LA COMPRESSIBILITÉ DES LIQUIDES.

Les compressibilités *absolues* des liquides qu'on trouve dans les Mémoires de M. Regnault ou de ses élèves, et qui ont passé de là dans plusieurs Traités de physique, ont été calculées en admettant, entre les coefficients h et k qui ont été définis plus haut (341), des relations déterminées : ces relations elles-mêmes avaient été déduites par M. Lamé d'une ancienne théorie de l'élasticité, dans laquelle on faisait usage des formules générales qui ont été données en note à la page 81, en supposant, dans ces formules,

$$\lambda = \mu.$$

Il résultait de la même théorie que, lorsqu'un cylindre est soumis à une traction dans le sens de son axe, la contraction linéaire transversale doit être le quart de l'allongement suivant l'axe.

Wertheim a fait voir que, dans le cas du verre et des principaux métaux, la contraction transversale est inférieure à cette valeur, et on en a conclu que, au moins pour cette classe de corps, on doit avoir

$$\lambda > \mu.$$

Si l'on examine l'influence que l'hypothèse inexacte $\lambda = \mu$ a dû exercer sur les formules de calcul adoptées de confiance par M. Regnault, on reconnaît que ces formules conduisent à attribuer à k une valeur trop grande, h étant donné immédiatement par l'expérience. Par conséquent, les valeurs de δ, ou de la compressibilité absolue, ont été estimées trop haut et ne peuvent être considérées que comme des limites supérieures.

Or, on trouve dans le Mémoire de M. Regnault trois valeurs distinctes de la compressibilité absolue de l'eau, savoir :

Dans les expériences faites avec un piézomètre de cuivre rouge. .	0,00004771
——— laiton.	0,00004829
——— verre.	0,00004668

La valeur de la compressibilité absolue de l'eau est donc inférieure à 0,00004668. D'autre part, on a vu plus haut qu'elle doit être supérieure à 0,00004685. La conclusion à tirer de ces résultats, en apparence contradictoires, c'est qu'on ne peut pas compter sur l'exactitude du troisième chiffre significatif des nombres précédents, et qu'on doit regarder la compressibilité de l'eau comme comprise entre 0,000046 et 0,000047. — Si l'on admet qu'elle soit égale à 0,0000465, on en conclut pour la vitesse de propagation du son dans l'eau, à la température de 8 degrés, la valeur 1460 mètres par seconde. L'expérience directe avait donné, comme on l'a vu, la valeur 1435 mètres par seconde : la différence qui existe entre ces deux résultats est entièrement explicable par l'incertitude de la vraie valeur de la compressibilité.

NOTE C.

SUR UNE LOI GÉNÉRALE DES MOUVEMENTS VIBRATOIRES.

Savart a découvert que des tuyaux de formes semblables, semblablement embouchés, rendent des sons dont les nombres de vibrations sont inversement proportionnels aux dimensions homologues. La même loi s'applique à tous les mouvements vibratoires considérés en acoustique.

Ainsi, par exemple, le rapport des nombres de vibrations transversales N et N' de deux cordes rendant chacune le son fondamental est donné, d'après la formule de Taylor (365), par la relation

$$\frac{N}{N'}=\sqrt{\frac{P}{P'}\frac{p'l'}{pl}};$$

or, si l'on désigne par σ et σ' les sections des deux cordes, par ρ

et δ' les densités des matières qui les constituent, cette relation peut s'écrire

$$\frac{N}{N'}=\sqrt{\frac{\left(\frac{P}{\sigma}\right)}{\left(\frac{P'}{\sigma'}\right)}\cdot\frac{l'^2}{l^2}\cdot\frac{\delta'}{\delta}}.$$

Si maintenant on suppose que les cordes soient des cylindres de même nature, géométriquement semblables, et que les tensions *rapportées à l'unité de section* soient égales, ce rapport se réduit simplement au rapport inverse des longueurs

$$\frac{N}{N'}=\frac{l'}{l}.$$

Si deux verges de section rectangulaire et de même nature vibrent parallèlement à la même dimension, et dans des conditions identiques quant à leurs extrémités, le rapport de leurs nombres de vibrations (367) est donné par la relation

$$\frac{N}{N'}=\frac{e}{e'}\frac{l'^2}{l^2};$$

si l'on suppose que ces deux verges soient géométriquement semblables, c'est-à-dire qu'elles aient des dimensions transversales proportionnelles à leurs longueurs, la valeur du second membre se réduit encore au rapport inverse des dimensions homologues.

Si deux plaques sont des prismes semblables, leurs surfaces sont proportionnelles aux carrés de leurs épaisseurs, et le rapport de leurs nombres de vibrations se présente encore sous la même forme.

Cauchy a fait voir que la loi est tout à fait générale [1] : ce n'est qu'une conséquence très-simple de la forme linéaire des équations du mouvement vibratoire des corps élastiques, et des équations par lesquelles on représente les conditions relatives aux limites de ces corps.

[1] *Mémoires de l'Académie des sciences*, t. IX, p. 118.

NOTE D.

SUR LE RENFORCEMENT DES SONS.

Soit un point mobile, sollicité par une force dirigée vers un centre fixe et proportionnelle à la distance. — Si la vitesse initiale est nulle, ou passe par le centre fixe, le mouvement du point aura lieu sur la droite qui passe par la position initiale et par le centre fixe, et sera déterminé par l'équation différentielle

$$\frac{d^2u}{dt^2}+n^2u=0,$$

dont l'intégrale est

$$u=A\cos n(t+\theta),$$

les constantes A et θ dépendant de l'état initial. Donc, dans ce cas, le mouvement sera périodique, et la durée de la période sera

$$T=\frac{2\pi}{n}$$

Faisons arriver sur ce même point, supposé en repos, une série d'ondes sonores périodiques, dont la période diffère de T et puisse se représenter par $\frac{2\pi}{m}$. Sous l'impulsion de ces ondes, le point mobile se mettra en mouvement, et on pourra le regarder comme sollicité par une force qui sera, à chaque instant, proportionnelle à l'excès algébrique de la vitesse de vibration des ondes sur sa vitesse propre. L'équation différentielle de son mouvement sera donc de la forme

$$\frac{d^2u}{dt^2}+n^2u+2k\left[\frac{du}{dt}-\sin m(t+\theta)\right]=0,$$

si l'on admet que les vibrations sonores soient elles-mêmes représentées par une formule trigonométrique simple. La constante k est nécessairement positive.

Pour l'intégration, on considérera d'abord l'équation plus simple

$$\frac{d^2u}{dt^2}+n^2u+2k\frac{du}{dt}=0,$$

dont l'intégrale générale est

$$u=Ae^{-(k-\upsilon)t}+Be^{-(k+\upsilon)t},$$

en désignant par v le nombre, réel ou imaginaire, dont le carré est égal à $k^2 - n^2$. On trouvera ensuite, par la méthode de la variation des constantes arbitraires, que l'intégrale de l'équation du mouvement se déduit de la précédente en y faisant

$$A = M + \frac{k}{v}\frac{e^{(k-v)t}[(k-v)\sin m(t+\theta) - m\cos m(t+\theta)]}{m^2+(k-v)^2},$$

$$B = N - \frac{k}{v}\frac{e^{(k+v)t}[(k+v)\sin m(t+\theta) - m\cos m(t+\theta)]}{m^2+(k+v)^2},$$

M et N étant deux constantes arbitraires qui doivent se déterminer par la considération de l'état initial. Cette substitution donne, en ayant égard à la relation $v^2 = k^2 - n^2$,

$$u = Me^{-(k-v)t} + Ne^{-(k+v)t} - 2k\frac{(m^2-n^2)\sin m(t+\theta) + 2mk\cos m(t+\theta)}{(m^2-n^2+2k^2)^2 - 4k^2(k^2-n^2)},$$

ou, en faisant $\frac{2mk}{m^2-n^2} = \operatorname{tang} m\varphi$,

$$u = Me^{-(k-v)t} + Ne^{-(k+v)t} - \frac{2k\sin m(t+\theta+\varphi)}{\sqrt{(m^2-n^2)^2+4m^2k^2}};$$

et il ne reste plus, pour obtenir les valeurs de M et de N, qu'à remarquer que, pour $t = 0$, on a à la fois $u = 0$ et $\frac{du}{dt} = 0$.

Si v est réel, on voit que le déplacement u ne diffère d'un déplacement périodique, isochrone avec les ondes sonores incidentes, que d'une quantité qui décroît indéfiniment à mesure que t augmente. En effet, la réalité de v implique que v soit plus petit que k, et, par conséquent, que les deux facteurs $-(k-v)$ et $-(k+v)$ soient tous les deux négatifs.

Si v est imaginaire, les constantes M et N doivent être imaginaires elles-mêmes : en tenant compte de cette condition, on obtient

$$u = e^{-kt}(P\cos\rho t + Q\sin\rho t) - \frac{2k\sin m(t+\theta+\varphi)}{\sqrt{(m^2-n^2)^2+4m^2k^2}},$$

en faisant $\rho^2 = n^2 - k^2$, et en prenant pour P et Q deux constantes réelles qui, pour $t = 0$, réduisent à zéro la valeur précédente de u, ainsi que celle de $\frac{du}{dt}$ qui s'en déduit. Le déplacement u est alors la somme de deux déplacements périodiques, dont l'un est isochrone avec les ondes sonores incidentes, et dont l'autre a pour période $\frac{2\pi}{\rho}$, c'est-à-dire une durée toujours supérieure à la période propre $\frac{2\pi}{n}$ du point mobile. L'intensité du second mouvement décroît indéfiniment à mesure que t augmente, et, au bout d'un temps suffisamment long, le premier seul est sensible.

Ainsi, dans tous les cas, l'état final du point mobile est un mouvement périodique, *de même période que celui des ondes sonores incidentes.* Mais l'intensité de ce mouvement, pour une valeur donnée de m, dépend de la valeur de n et atteint son maximum pour $n=m$. c'est-à-dire quand la période des vibrations du point mobile, supposé libre, est identique à la période des vibrations incidentes.

Ces calculs donnent l'explication du phénomène général de la communication du mouvement vibratoire d'un corps sonore à un autre. — Chaque molécule du corps primitivement immobile peut être assimilée au point mobile qu'on vient de considérer. Par suite de ses liaisons avec les molécules du corps sonore, toutes les fois qu'on l'écarte de sa position d'équilibre, elle est sollicitée à y revenir par une force proportionnelle à l'écart. Si la force qui la met en mouvement est l'impulsion périodique d'une série d'ondes émanées d'un deuxième corps sonore, on pourra répéter tout ce qui vient d'être dit d'un point libre, et on arrivera aux mêmes conclusions. — Un système d'ondes sonores persistantes finit donc toujours par communiquer un mouvement *de même période* aux corps élastiques qu'il rencontre; mais l'intensité de ce mouvement est maxima dans ceux des corps qui, en vertu de leur élasticité ou de leur tension, peuvent exécuter des vibrations isochrones avec les vibrations incidentes [1].

[1] Si l'on voulait envisager la question à un autre point de vue, et chercher quelle est, pour un corps donné, l'onde sonore qui détermine le mouvement le plus intense, il faudrait comparer, non plus les déplacements, qui ne sont proportionnels aux intensités que pour des sons de même période, mais les forces vives, c'est-à-dire les carrés des vitesses finales de vibration. — On aurait donc à chercher la valeur de m qui rend maximum le coefficient indépendant du temps qui entre dans l'expression de $\left(\frac{du}{dt}\right)^2$, savoir

$$\frac{4k^2 m^2}{(m^2-n^2)^2+4k^2 m^2}.$$

On trouverait ainsi de nouveau la condition $m^2=n^2$.

NOTE E.

SUR L'ÉVALUATION NUMÉRIQUE DES SONS PAR LES BATTEMENTS.

Sauveur a fait remarquer que, si l'on connaît à la fois l'intervalle de deux sons et le nombre de leurs battements dans l'unité de temps, il est facile d'en déduire les nombres absolus de leurs vibrations dans le même temps. — En effet, si l'on désigne par x et y ces nombres absolus, par $\frac{m}{n}$ la valeur numérique de l'intervalle des deux sons et par b le nombre des battements, on a

$$\frac{x}{y}=\frac{m}{n}, \qquad x-y=b.$$

Mais les évaluations ainsi obtenues n'offrent aucune exactitude; car, pour obtenir des battements distincts les uns des autres, il faut donner au rapport $\frac{m}{n}$ une valeur assez peu différente de l'unité, et l'oreille la plus exercée n'apprécie qu'avec une précision médiocre les intervalles de ce genre.

Scheibler a proposé une tout autre méthode, pour faire servir les battements à la même détermination. — Soit une série d'instruments, de diapasons par exemple, tellement construits que le deuxième, entendu avec le premier, donne naissance à quatre battements par seconde; qu'il en soit de même du troisième, entendu avec le deuxième; du quatrième, entendu avec le troisième, etc., les nombres de vibrations de ces divers instruments seront, si l'on appelle x le nombre de vibrations du premier.

$$\begin{array}{l} x, \\ x+4, \\ x+8, \\ x+12, \\ \ldots\ldots \end{array}$$

La série étant suffisamment prolongée, on trouvera toujours deux termes, $x+4p$ et $x+4(p+1)$, qui comprendront entre eux l'octave du premier son, de telle façon qu'on ait

$$2x > x + 4p$$

et

$$2x < x + 4(p+1).$$

Le nombre x sera ainsi déterminé avec une erreur inférieure à quatre vibrations. — On peut obtenir une précision plus grande en construisant un diapason qui donne exactement l'octave du son x, et déterminant le nombre des battements qu'il produit lorsqu'on le fait entendre avec le son $x+4p$. — La sensibilité d'une oreille un peu exercée dans l'appréciation de l'intervalle d'octave permet d'obtenir ainsi des résultats d'une grande exactitude.

La méthode est pratiquement inapplicable à l'étude d'une série de sons, mais elle peut servir à évaluer le nombre absolu des vibrations d'un son déterminé, auquel on rapporte tous les autres.

NOTE F.

SUR LA COMPOSITION DES MOUVEMENTS VIBRATOIRES RECTANGULAIRES.

M. Lissajous a donné un moyen simple de construire et de se représenter toutes les courbes qui résultent de la superposition de deux mouvements vibratoires rectangulaires, de périodes inégales.

Mettons les équations de ces deux mouvements sous les formes

$$x = a \cos t$$

et

$$y = b \cos m(t+\theta).$$

ce qui est toujours possible, pour des mouvements de la nature de ceux que nous avons considérés jusqu'ici, en prenant une unité de temps convenable. — Construisons, en prenant pour abscisses les valeurs du temps et pour ordonnées les valeurs du déplacement, la courbe MN (fig. 326), représentée par la seconde de ces équations. Prenons ensuite un cylindre droit à base circulaire (fig. 326 *bis*), de diamètre égal à $2a$, et enroulons, sur une circonférence FG parallèle aux bases de ce cylindre, la ligne droite AX qui a servi d'axe des abscisses pour construire la courbe MN, de manière que le point A soit placé sur le point F. La courbe MN engendrera ainsi

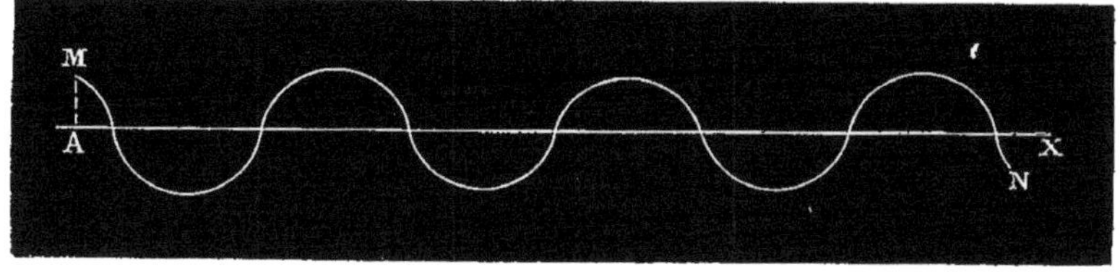

Fig. 326.

une courbe dont on se représente facilement les sinuosités de part et d'autre de la circonférence FHG. Soient P un point quelconque

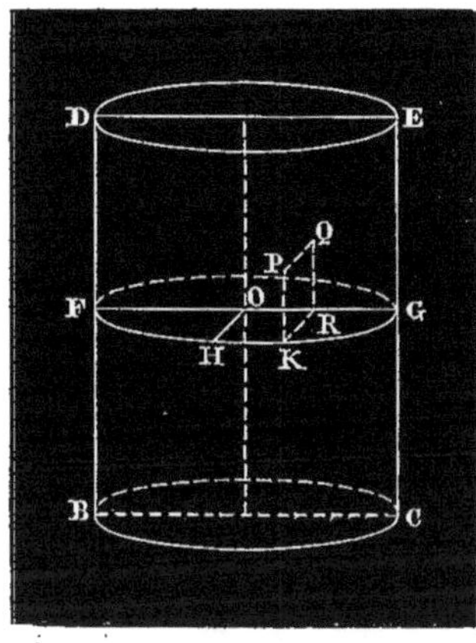

Fig. 326 *bis*.

de cette courbe, Q sa projection orthogonale sur un plan BCDE, mené par l'axe du cylindre et par le point F. Les coordonnées du point Q, par rapport à deux axes rectangulaires dont l'un est l'axe du cylindre et l'autre le diamètre FG du cercle FHG, seront OR et RQ. Mais OR est, dans le cercle de rayon a, le cosinus de l'arc FK, égal à t par définition; RQ est égal à KP, c'est-à-dire à l'ordonnée y déterminée par la seconde des équations précédentes; on a donc

$$\begin{aligned} OR &= a \cos t, \\ RQ &= b \cos m(t+\theta). \end{aligned}$$

Donc le lieu des points Q, dans le plan BCDE, sera précisément la courbe cherchée. — On voit enfin que cette courbe représente l'aspect sous lequel un observateur, placé à une très-grande distance sur la direction du rayon OH perpendiculaire à FG, apercevrait la courbe MN qui est enroulée sur le cylindre.

Concevons maintenant que, l'observateur demeurant sur le prolongement de OH, on fasse tourner la courbe MN tout entière, d'un angle déterminé, autour de l'axe du cylindre. L'ordonnée correspondante au point F changera de valeur, et ce qui apparaîtra alors à l'observateur, ce sera la nouvelle courbe résultant d'un changement déterminé de la valeur de θ. — Mais on peut obtenir le même résultat, soit en faisant tourner la courbe MN d'un certain angle, soit en faisant tourner du même angle, en sens contraire, le rayon OH sur le prolongement duquel on suppose que l'observateur est placé. Il suffira donc d'enrouler sur le cylindre, une fois pour toutes, la courbe correspondante à la valeur $\theta = 0$, et de supposer qu'un observateur très-éloigné contemple cette courbe en faisant le tour du cylindre; les divers aspects sous lesquels il l'apercevra successivement seront les formes diverses que peut prendre la courbe engendrée par la combinaison des deux mouvements rectangulaires.

Les courbes qui se trouvent dans chacune des rangées horizontales de la figure 327 présentent des exemples des transformations

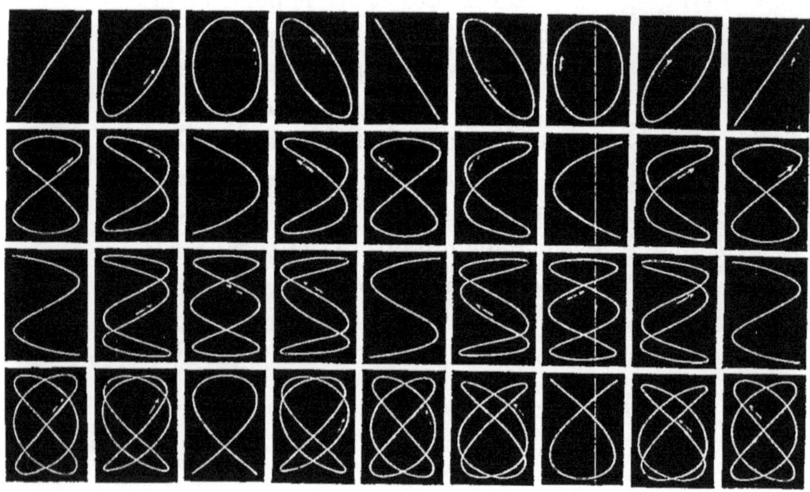

Fig. 327.

successives qui résultent de la combinaison de deux mouvements rectangulaires, quand on fait varier successivement la différence de phase de ces deux mouvements. — La première ligne horizontale est relative au cas où les deux mouvements ont même période; la seconde, au cas où le rapport des périodes est $\frac{1}{2}$; la troisième, au cas où ce rapport est $\frac{1}{3}$; la quatrième, au cas où il est égal à $\frac{2}{3}$.

OPTIQUE.

PROPAGATION RECTILIGNE DE LA LUMIÈRE.

377. **Définitions.** — L'*optique* est la partie de la science qui traite des conditions dans lesquelles les corps sont aptes à produire en nous les sensations lumineuses. — Quant à ces sensations elles-mêmes, elles ne peuvent pas plus être définies que les sensations acoustiques ou calorifiques.

Les corps qui peuvent impressionner notre œil se distinguent en corps *lumineux* par eux-mêmes, et corps *visibles par éclairement.*

378. **Propagation rectiligne de la lumière.** — Lorsque l'œil et les corps qui l'environnent sont placés dans un même milieu homogène et transparent, l'un quelconque de ces corps est visible en totalité si les droites menées de ses divers points à l'ouverture de la pupille sont tout entières contenues dans ce milieu. Un corps est totalement ou partiellement invisible lorsque toutes ces droites, ou quelques-unes d'entre elles, rencontrent certains corps appelés *opaques.*

Les conditions nécessaires pour qu'un corps non lumineux par lui-même, placé dans le même milieu homogène et transparent qu'une source de lumière, soit éclairé par elle, sont exactement semblables. Un point déterminé du corps reçoit la lumière d'un point déterminé de la source, si la droite menée entre ces deux points est tout entière contenue dans le milieu qui les sépare : il cesse d'être éclairé par ce point de la source, si la droite que l'on vient de définir rencontre un corps opaque.

L'expression de ces faits expérimentaux est ce qu'on appelle la loi de la *propagation rectiligne* de la lumière; le développement des conséquences qu'on en déduit constitue la *théorie géométrique des ombres*. — Quant à la constatation expérimentale des résultats divers auxquels conduit cette théorie, on remarquera que, dès que la source lumineuse a des dimensions sensibles, comme c'est le cas ordinaire, l'existence de la *pénombre* rend impossible toute vérification précise de la loi de propagation rectiligne. L'expérience vulgaire suffit d'ailleurs à prouver que cette loi est l'expression approchée de la réalité [1].

379. **Chambre obscure.** — Lorsqu'on pratique, dans l'une des parois MN d'un espace complétement clos, une petite ouverture *mn* (fig. 328), il résulte de ce qui précède qu'un point lumineux A,

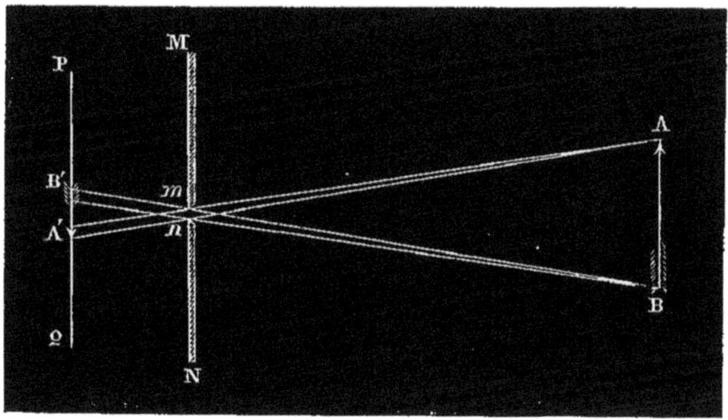

Fig. 328.

placé en dehors de cet espace, éclaire les points situés dans un cône ayant pour sommet le point A et pour base la petite ouverture. — Si donc on considère un objet extérieur AB, lumineux ou éclairé, et un écran PQ placé dans la *chambre obscure* derrière l'ouverture, chaque point de AB donne naissance sur l'écran à une petite surface éclairée, limitée par l'intersection de l'écran avec le cône qui a pour sommet ce point et pour base la petite ouverture. L'ensemble de ces petites surfaces donne naissance à une image grossière A'B' des objets extérieurs; l'inspection de la figure 328 fait comprendre que cette image est renversée.

[1] On étudiera plus loin des phénomènes qui montrent qu'elle n'en est pas l'expression rigoureusement exacte.

380. **Vitesse de la lumière.** — L'observation attentive de certains phénomènes astronomiques a montré que l'éclairement d'un corps commence, en réalité, quelque temps après qu'il est sorti de l'ombre portée par un corps opaque : de même, l'éclairement finit quelque temps après qu'il est entré dans cette ombre.

Des procédés expérimentaux très-délicats ont permis de constater et même de mesurer la durée de ce temps, soit par l'observation de ces phénomènes astronomiques, soit par des expériences de laboratoire. — On a reconnu qu'elle est proportionnelle à la distance qui sépare le corps éclairé du corps opaque, et on a appelé *vitesse de la lumière* le quotient constant de cette distance par la durée dont il s'agit.

La valeur la plus probable de cette vitesse, lorsqu'on prend la seconde pour unité de temps, est de 300 000 kilomètres environ. C'est dire qu'on peut se dispenser d'y avoir égard, dans toutes les expériences qui n'ont pas pour but spécial la mesure des plus petits intervalles de temps.

381. **Conclusions générales.** — D'après les faits qui précèdent, il est impossible d'attribuer la lumière à l'action d'une force qui se ferait sentir instantanément à toute distance : les physiciens l'ont considérée, tantôt comme produite par l'émission de molécules matérielles, animées d'une vitesse finie, tantôt comme consistant en une modification de l'état des corps, modification qui se propagerait graduellement autour des corps lumineux ou éclairés. — La première hypothèse, celle de l'*émission*, est aujourd'hui à peu près abandonnée; la seconde, celle des *ondulations*, paraît seule admissible.

Les lignes suivant lesquelles se propage la lumière reçoivent le nom de *rayons lumineux;* les lois précédentes permettent de les regarder comme rectilignes dans un milieu homogène. — Ces rayons ne sont point de pures abstractions géométriques; car, lorsque certaines conditions sont satisfaites, nous verrons qu'on doit leur attribuer des propriétés physiques déterminées.

PHOTOMÉTRIE.

382. **Comparaison des intensités lumineuses.** — L'œil distingue, dans ses sensations, la *couleur* et l'*intensité*. — Bien qu'on puisse reconnaître des différences d'intensité entre des couleurs diverses, le jugement qu'on porte sur les intensités des sources lumineuses que l'on compare n'offre une certaine précision que si leur couleur est la même. Enfin, même dans ce cas, l'œil n'apprécie bien que l'*égalité d'intensité;* il ne peut fournir directement aucune notion d'un rapport numérique entre des intensités différentes.

Lorsque deux sources de lumière de mêmes dimensions éclairent séparément deux surfaces de même nature, placées dans les mêmes conditions de distance et d'inclinaison par rapport aux sources et à l'œil, et que les impressions produites sur l'œil par les deux surfaces éclairées sont égales, on doit considérer les deux sources comme identiques. — Si deux, trois, quatre sources identiques et identiquement placées éclairent *simultanément* une surface donnée, on est convenu de dire que l'éclairement est doublé, triplé, quadruplé, ou que la surface reçoit une quantité double, triple, quadruple de lumière. Il n'est d'ailleurs pas certain que ces nombres expriment l'accroissement d'énergie de la sensation proprement dite.

383. **Loi du cosinus.** — On constate, par l'expérience, qu'un corps lumineux de forme quelconque, dont tous les éléments superficiels offrent les mêmes conditions physiques, produit exactement la même sensation qu'un plan lumineux, lorsque sa distance à l'œil est assez grande pour que les droites menées de ses divers points à l'ouverture de la pupille soient sensiblement parallèles. Par conséquent, les éléments que découpent, sur la surface de ce corps, divers cylindres ayant pour base l'ouverture de la pupille, envoient à l'œil des quantités égales de lumière. Comme d'ailleurs les étendues de ces éléments sont inversement proportionnelles, pour chacun d'eux, au cosinus de l'angle formé par la normale à l'élément avec les arêtes du cylindre, il en résulte que *la quantité de lumière envoyée par un élément lumineux donné, dans diverses directions, est proportionnelle au cosinus de l'inclinaison.*

Il est d'ailleurs évident que la quantité de lumière envoyée par un élément lumineux, sur une surface placée très-loin par rapport aux dimensions de l'élément lui-même, est proportionnelle au cosinus de l'angle formé par la normale à la surface avec la direction des rayons lumineux.

384. **Loi du carré des distances.** — L'expérience montre que l'éclairement produit par une source lumineuse, sur une surface de nature déterminée et sous une inclinaison déterminée, est égal à l'éclairement que produisent, sur une surface de même nature et sous la même inclinaison, quatre sources identiques placées à une distance double; il est encore égal à l'éclairement produit par neuf sources identiques placées à une distance triple, et ainsi de suite. On en conclut que les éclairements produits par l'une de ces sources, à différentes distances de la surface éclairée, sont *en raison inverse des carrés des distances.*

Il est d'ailleurs facile de démontrer *a priori* qu'il en doit être ainsi, soit dans la théorie de l'émission, soit dans la théorie des ondulations. — En effet, suivant qu'on accepte l'une ou l'autre de ces deux théories, il faut admettre, ou bien que la source lumineuse émet autour d'elle, dans un temps déterminé, une certaine quantité de molécules matérielles, ou bien qu'elle produit dans le milieu qui l'environne un mouvement correspondant à une certaine quantité de force vive. On doit admettre aussi que l'éclairement d'une surface de grandeur déterminée est proportionnel à la quantité de molécules matérielles ou à la quantité de mouvement qu'elle reçoit dans un temps déterminé, par exemple dans l'unité de temps. Or si l'on décrit, autour de la source comme centre, une sphère de rayon D, la surface de cette sphère $4\pi D^2$ recevra, dans l'unité de temps, toutes les molécules émises dans l'unité de temps par la source, ou toutes les quantités de forces vives produites dans l'unité de temps par cette même source. De même, une sphère de rayon D', décrite autour de la même source, recevrait la même quantité de molécules matérielles, ou la même quantité de forces vives, sur une surface $4\pi D'^2$. Dès lors, comme les quantités de molécules matérielles ou les quantités de forces vives reçues *dans une même étendue* de chacune de ces deux surfaces sont inversement proportionnelles aux surfaces totales, ces mêmes quantités doivent être dans le rapport $\frac{D'^2}{D^2}$, c'est-à-dire que les éclairements doivent être en raison inverse des carrés des distances.

385. **Éclat intrinsèque et éclat total d'une source lumineuse. — Objet de la photométrie.** — Des deux lois précédentes on déduit facilement une expression simple de la quantité de lumière envoyée par une surface à une autre, lorsque la distance de ces deux surfaces est très-grande par rapport aux dimensions de chacune d'elles.

Soient S la projection de la surface lumineuse sur un plan perpendiculaire à la direction des rayons lumineux, S′ la projection de la surface éclairée sur le même plan, D la distance des deux surfaces; enfin, soit E un coefficient particulier, qui caractérise la source lumineuse considérée, et que nous nommerons *éclat intrinsèque* de la source. — On peut représenter la quantité totale de lumière Q, envoyée d'une surface à l'autre, par

$$Q = \frac{ESS'}{D^2}.$$

Si, dans cette expression, on fait $S' = 1$, c'est-à-dire si l'on considère la quantité de lumière Q_1 envoyée par la source sur une surface dont la projection sur la direction des rayons est égale à l'unité, on obtient ce qu'on nomme l'*éclat total de la source à la distance* D : il a pour expression

$$Q_1 = \frac{ES}{D^2}.$$

Enfin, on peut remarquer que $\frac{S}{D^2}$ exprime la surface découpée, dans une sphère de rayon égal à l'unité, par un cône ayant son sommet sur la surface éclairée et circonscrit à la source, c'est-à-dire la surface apparente de la source, vue de la surface éclairée; par suite, si l'on fait $\frac{S}{D^2} = 1$ dans la valeur précédente de Q_1, on obtiendra une valeur qu'on peut appeler l'*éclat total de la source par unité de surface apparente* : cette quantité n'est autre que le coefficient même qui représente l'*éclat intrinsèque* de la source[1].

L'objet de la *photométrie* est de comparer tantôt les éclats totaux, tantôt les éclats intrinsèques. Le principe de toutes les méthodes est toujours de ramener cette comparaison à l'appréciation de l'égalité d'éclairement de deux surfaces voisines.

Pour comparer l'éclat total d'une source à celui d'une autre, on réduit dans un rapport connu la *quantité de lumière* envoyée par l'une des deux sources, jusqu'à ce que la comparaison des deux éclairements conduise à en constater l'égalité. L'exposition des procédés de ce genre ne pourra être faite qu'après une étude approfondie des propriétés de la lumière. — Les procédés qui servent à la comparaison des éclats intrinsèques peuvent au contraire être exposés dès maintenant.

386. **Méthode générale de comparaison des éclats intrinsèques de deux sources lumineuses.** — Pour comparer les éclats intrinsèques de deux sources, on fait tomber séparément les rayons émis par l'une et par l'autre sur deux surfaces identiques, sous une inclinaison sensiblement normale; on fait alors varier la distance de l'une d'elles à la surface qu'elle éclaire, jusqu'à ce que les deux éclairements paraissent égaux : on a alors

$$\frac{ES}{D^2} = \frac{E_1 S_1}{D_1^2} \text{ [2]},$$

formule d'où l'on déduit le rapport des éclats intrinsèques.

Pour que cette méthode conduise à des résultats exacts, il faut :

[1] Lorsque la distance de la surface lumineuse à la surface éclairée n'est pas très-grande par rapport aux dimensions de ces surfaces, l'expression

$$E \frac{d^2S\, d^2S' \cos i \cos i'}{D^2}$$

représente toujours l'éclairement produit sur un élément différentiel de la surface S' par un élément différentiel de la surface S. L'éclairement total de l'élément d^2S' s'obtient par une intégration : il peut être variable d'un élément à l'autre.

[2] Dans la pratique, on n'a souvent intérêt à connaître que le rapport des expressions ES et E_1S_1, qu'on appelle quelquefois les *éclats totaux à l'unité de distance*. — Cette dénomination n'est exacte qu'autant qu'on suppose l'unité de distance très-grande par rapport aux dimensions de la surface éclairante et de la surface éclairée.

1° qu'il y ait identité physique absolue entre les deux surfaces dont on compare l'éclairement; 2° que ces deux surfaces soient en contact immédiat l'une avec l'autre, afin que la comparaison ne présente pour l'œil aucune incertitude.

387. **Photomètre de Foucault.** — Les deux conditions que l'on vient d'énoncer ont été réalisées surtout dans le photomètre qui a été construit par Foucault pour la Compagnie parisienne d'éclairage par le gaz : ce photomètre est aujourd'hui universellement adopté dans l'industrie.

Les deux sources que l'on compare A, B (fig. 329) agissent séparément sur deux parties différentes d'une lame de porcelaine verticale PQ, assez mince pour être translucide[1]. L'écran opaque vertical RS, qui sépare l'un de l'autre les deux éclairements, peut à volonté être approché ou éloigné de la lame PQ; on lui donne une position telle, que les plans verticaux menés par AM et BN, qui limitent les régions éclairées séparément par les sources A et B,

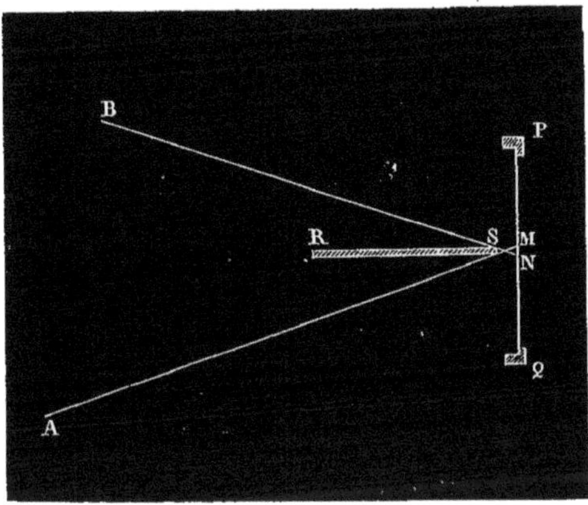

Fig. 329.

[1] On emploie quelquefois aussi des lames de gélatine, ou des lames de verre recouvertes d'un dépôt uniforme et adhérent de grains de fécule ou d'autres matières. Le papier huilé, le verre dépoli, les membranes organiques, dont on s'est souvent servi, sont en général dépourvus de l'homogénéité désirable. — On peut corriger les défauts d'homogénéité, pourvu qu'ils ne soient pas trop considérables, en changeant de côté les deux sources lumineuses et prenant la moyenne des résultats fournis par les deux expériences.

viennent se couper sur la lame de porcelaine : les deux régions PM, QN, éclairées chacune par l'une des deux sources, sont alors séparées par une bande plus éclairée MN, qu'on peut rendre aussi étroite que l'on veut.

388. **Photomètre de Rumford.** — Le photomètre de Rumford, bien antérieur à celui de Foucault, est loin de présenter la même précision.

Entre les deux sources que l'on compare, A, B (fig. 330), et un écran translucide PQ, on place un cylindre opaque vertical C; on

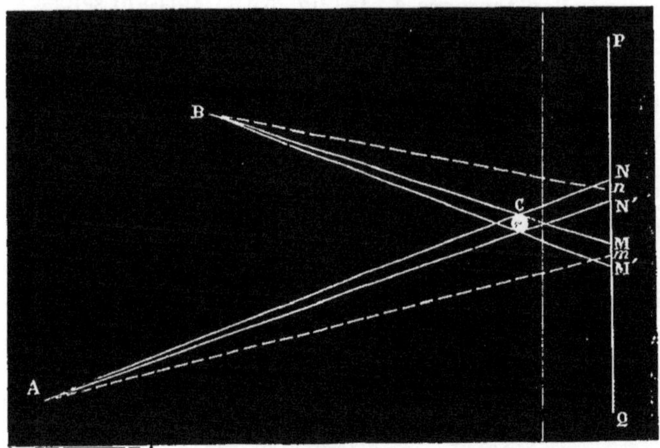

Fig. 330.

fait varier la distance de l'une des sources à l'écran jusqu'à ce que les deux ombres portées MM', NN' paraissent de même valeur. — Lorsque cette égalité est obtenue, il est évident que l'ombre NN', relative à la source A, reçoit de la source B autant de lumière que l'ombre MM', relative à la source B, en reçoit de la source A. On peut donc, en appelant D et D_1 les distances Am et Bn, poser encore l'équation $\frac{ES}{D^2} = \frac{E_1S_1}{D_1^2}$, d'où l'on déduira le rapport des éclats intrinsèques.

RÉFLEXION DE LA LUMIÈRE.

---

389. **Lois de la réflexion.** — La réflexion d'un rayon lumineux sur une surface polie est assujettie aux deux lois élémentaires suivantes :

1° Le rayon réfléchi reste dans le plan normal d'incidence.

2° L'angle de réflexion, c'est-à-dire l'angle formé par le rayon réfléchi avec la normale, est égal à l'angle d'incidence, c'est-à-dire à l'angle formé par le rayon incident avec la normale.

Pour vérifier approximativement ces lois, on peut joindre par des droites les divers points d'une source lumineuse aux divers points d'une surface réfléchissante, et construire, en appliquant les lois elles-mêmes, les rayons réfléchis correspondants à ces rayons incidents; on constate alors que les points de l'espace rencontrés par les droites que l'on a obtenues, comme représentant les directions des rayons réfléchis, sont tous éclairés et sont seuls éclairés par la lumière que renvoie la surface. — Il faut remarquer d'ailleurs que, les sources lumineuses employées ayant en général des dimensions sensibles, il se produit toujours, dans ces expériences, des effets comparables à ceux de la pénombre, ce qui ne permet pas de donner à cette vérification plus d'exactitude qu'à celle des lois de la propagation rectiligne.

On vérifie au contraire très-exactement les lois de la réflexion en comparant la distance zénithale d'un astre, mesurée directement, avec la distance zénithale que l'on déduit de l'observation de son image vue par réflexion à la surface d'un bain de mercure. — 1° Un théodolite étant installé de manière que son axe soit bien vertical, on vise d'abord une étoile; on fait ensuite tourner le limbe de 180 degrés autour de l'axe de l'instrument, et l'on vise de nouveau la même étoile; le déplacement angulaire qu'il faut donner à la lunette est (abstraction faite de l'effet du mouvement diurne que les formules de l'astronomie sphérique permettent de corriger) le double de la distance zénithale. — 2° Avec le même instrument, on vise successivement l'étoile S (fig. 331) et l'image de cette étoile réfléchie par un bain de mercure. L'angle SRI que comprennent entre

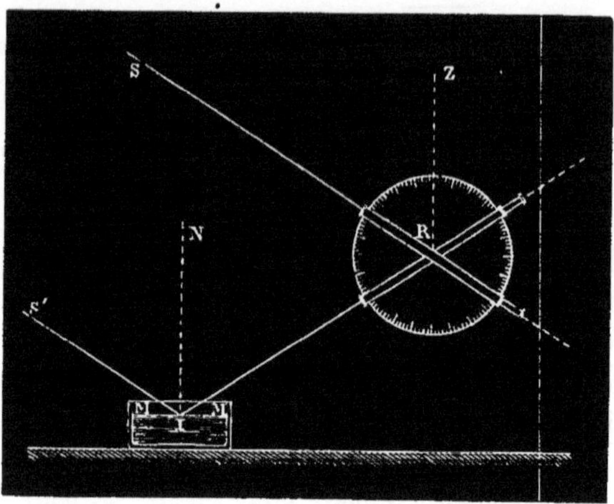

Fig. 331.

elles ces deux directions est, en vertu du parallélisme des droites S'I et SR, supplémentaire de l'angle S'IR, qui est lui-même le double de l'angle d'incidence, c'est-à-dire le double de la distance zénithale. — L'égalité des deux valeurs de la distance zénithale qui sont fournies par ces déterminations conduit à la vérification cherchée.

RÉFLEXION PAR LES SURFACES PLANES.

390. **Application des lois de la réflexion aux phénomènes offerts par les miroirs plans.** — Les lois de la réflexion permettent de prévoir, à l'aide de constructions géométriques, les divers phénomènes offerts par les miroirs plans. — Il suffira d'énoncer ici les principaux résultats auxquels on parvient ainsi, les figures qui indiquent le principe de chacune des constructions géométriques correspondantes étant trop simples pour exiger de plus amples développements.

1° Un point lumineux A (fig. 332), placé devant un miroir plan MN, fournit une *image virtuelle* A', symétrique de A; c'est-à-dire que les rayons réfléchis qui sont émanés de A se comportent comme s'ils émanaient du point A', symétrique de A par rapport au miroir.

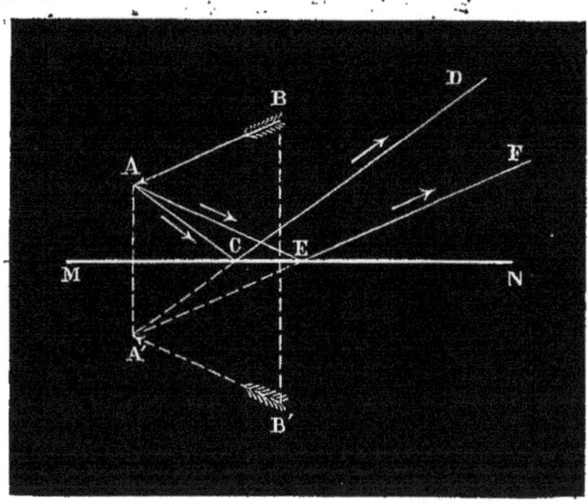

Fig. 332.

— Un objet lumineux AB fournit une image A'B', symétrique de AB par rapport au miroir.

2° Lorsqu'un point lumineux P est vu par réflexion dans deux miroirs parallèles MM', NN' (fig. 333), la distance des deux images

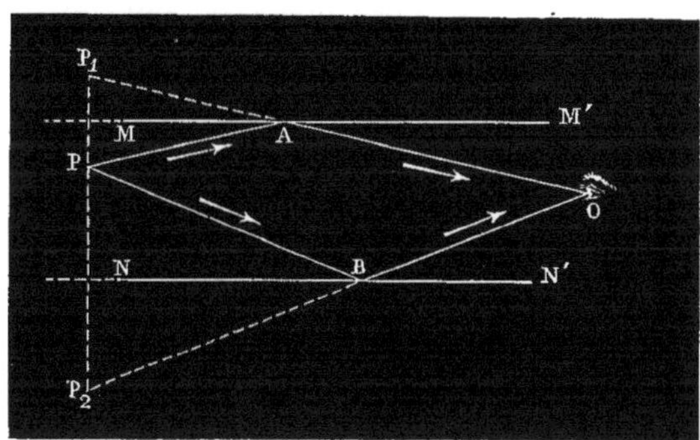

Fig. 333.

P_1, P_2, formées chacune par une seule réflexion sur l'un ou sur l'autre des miroirs, est égale au double de la distance des deux miroirs eux-mêmes.

Ce résultat, également applicable au cas où le point lumineux est situé dans l'espace compris entre les plans des deux surfaces réfléchissantes, comme dans la figure 333, et au cas où il est situé en dehors de cet espace, comme dans la figure 334, permet de vérifier par l'expérience le parallélisme des deux faces d'une lame transparente. Il suffit, pour cela, de faire reposer la lame sur trois pointes mousses, et d'observer les deux images d'une même étoile, fournies chacune par une réflexion sur l'une des deux faces : l'objet lumineux étant ici à une distance infinie, les deux images doivent rester toujours confondues en une seule, lorsqu'on fait tourner la lame dans son plan, en la faisant glisser doucement sur les pointes qui la supportent. — Si la lame était opaque, en sorte qu'on ne pût voir que l'image formée par sa face supérieure, on pourrait encore vérifier le parallélisme des deux faces en constatant que cette image unique reste immobile pendant la rotation.

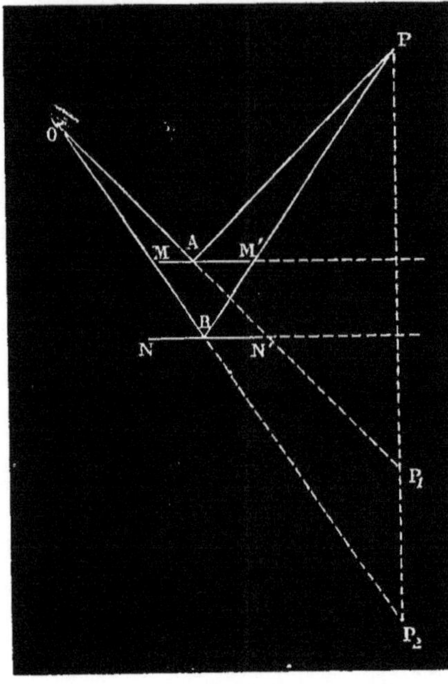

Fig. 334.

3° Un point lumineux, placé entre deux miroirs parallèles, fournit deux séries indéfinies d'images, situées chacune derrière l'un des deux miroirs.

4° Lorsqu'un point lumineux est placé entre deux miroirs faisant entre eux un certain angle, l'œil aperçoit, par les réflexions successives sur les deux surfaces, un nombre d'images qui dépend de l'angle des miroirs. — Désignons par ω l'angle MAN formé par les deux miroirs (fig. 335) : soit S un point lumineux, et désignons l'angle NAS par α. La figure montre comment on peut construire géométriquement l'image S', formée par une seule réflexion sur le miroir AM; l'image S'', formée par une première réflexion sur AM, suivie d'une seconde réflexion sur AN; l'image S''', formée par une première réflexion sur AM, suivie d'une seconde réflexion sur AN, et d'une troisième réflexion sur AM, etc. On obtiendrait de la même manière la série d'images correspondantes aux rayons dont la première réflexion

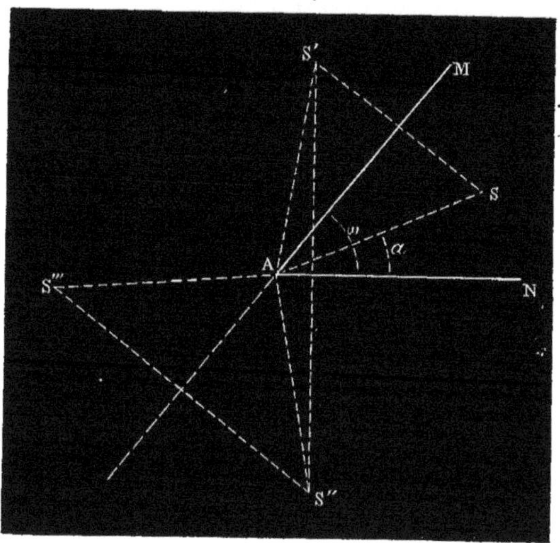

Fig. 335.

aurait eu lieu sur le miroir AN. — Or, si l'on évalue, en fonction de ω et de a, les angles tels que NAS′, NAS″, etc., qui sont formés par la ligne AN et les droites menées aux diverses images, on verra que ces angles repassent périodiquement par les mêmes valeurs, si ω est une partie aliquote de la circonférence ou un nombre commensurable de parties aliquotes de la circonférence; il en résulte que, dans ce cas, le nombre des images est limité et facile à déterminer *a priori*. — Si l'on considère, en particulier, le cas où $\omega = 60$ degrés, on verra que le nombre des images est égal à cinq : si donc l'œil est placé de façon à voir en même temps l'objet lui-même et les cinq images, il aura en réalité six fois la sensation de cet objet. — C'est le principe du *kaléidoscope*.

5° Si un miroir M reçoit un rayon lumineux SI (fig. 336) dans une direction constante, et si le miroir tourne d'un angle α autour d'un axe passant par le point I, le déplacement angulaire RIR′ du rayon lumineux réfléchi est égal à 2α. — Ce principe a été appliqué à la mesure de la durée de certains phénomènes lumineux, quand cette durée est très-courte. Ainsi, en recevant sur un miroir animé d'un mouvement de rotation rapide la lumière d'une étincelle élec-

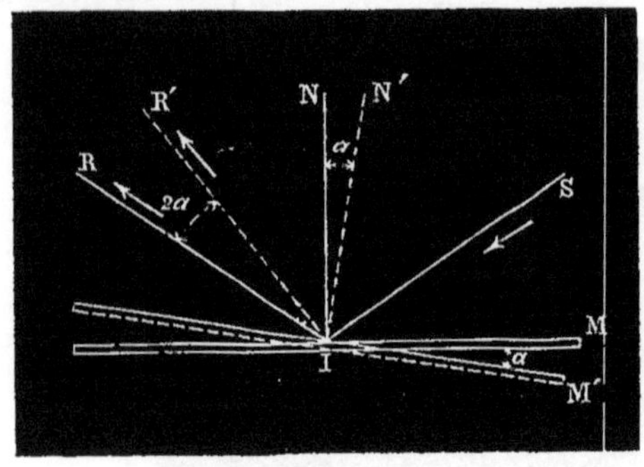

Fig 336.

trique, on obtient comme image une bande lumineuse : la longueur de cette bande permet de calculer la durée de l'étincelle, pourvu que l'on connaisse la vitesse de rotation du miroir.

391. **Mesure des angles dièdres des cristaux.** — C'est encore sur les lois de la réflexion qu'est fondé l'usage des *goniomètres*, qui servent à mesurer les angles dièdres que forment entre elles les faces réfléchissantes des cristaux. — On indiquera simplement ici l'usage du goniomètre de Wollaston : le principe des autres goniomètres est d'ailleurs absolument semblable.

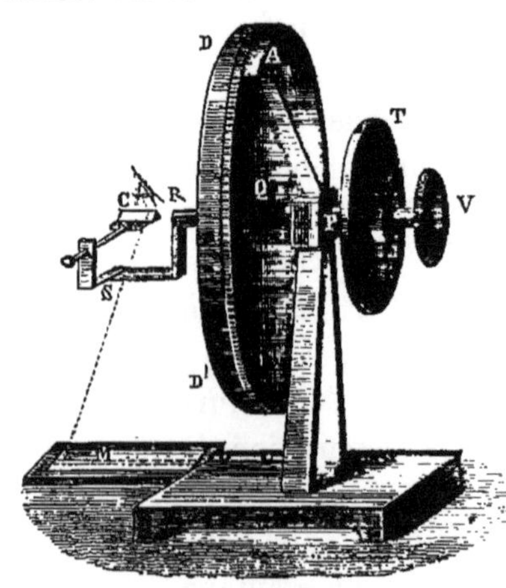

Fig. 337.

Le cristal est placé (fig. 337) en C, sur un support articulé S, à l'extrémité de la tige VR qui est munie en V d'un bouton fileté. La tige VR est environnée d'une sorte de manchon métallique PQ, dans lequel elle peut tourner à frottement doux, et qui porte perpendiculairement à son axe un disque circulaire DD', gradué sur sa tranche; à l'autre extrémité de ce manchon est un petit disque fileté T, qui permet de faire tourner le manchon lui-même autour de son axe; une alidade fixe A, munie d'un vernier, mesure les angles dont a tourné le disque gradué DD'. Lorsqu'on agit sur le disque T, on entraîne à la fois le manchon PQ et la tige VR qu'il contient; lorsqu'on agit sur la tête V, on fait simplement tourner la tige VR dans le manchon, qui demeure immobile. — M est une glace noire auxiliaire, dont on va indiquer l'usage.

On dispose d'abord l'appareil de manière que le limbe gradué soit perpendiculaire à une arête horizontale d'un édifice éloigné, et que le miroir M soit parallèle à cette même arête : le parallélisme du miroir se reconnaît au parallélisme de l'image et de l'objet. Cet objet et son image constituent alors deux mires horizontales, parallèles et très-éloignées du goniomètre. — Le cristal étant fixé avec de la cire à l'extrémité du support articulé S, on lui donne, par tâtonnements, une position telle, qu'il soit possible, en faisant tourner la tige VR, de faire coïncider l'image de la mire, donnée par le miroir M, avec l'image produite par une des faces de l'angle dièdre; on est alors certain que cette face de l'angle dièdre est parallèle à la mire, et par suite perpendiculaire au limbe gradué; on opère de même relativement à la seconde face du dièdre, et, par des tâtonnements, on parvient à rendre les deux faces simultanément parallèles à la mire.

Pour mesurer l'angle de ces deux faces, on fait tourner le limbe, à l'aide du disque T, de manière à établir successivement la coïncidence entre les images de la mire produites par les deux faces et l'image réfléchie par le miroir M. Les figures 338 et 339 font comprendre comment on peut observer cette coïncidence, en plaçant l'œil de manière à recevoir les deux systèmes de rayons par deux moitiés différentes de la pupille OO'. Elles montrent, en outre, que l'angle dont le limbe doit tourner entre les deux observations est le supplément de l'angle cherché ACB. — En effet, la direction des rayons incidents est sensiblement la même dans les deux observations, parce qu'ils sont assujettis à passer constamment par une mire très-éloignée M et par un cristal de très-petites dimensions. Il en est de même, pour une raison semblable, des rayons réfléchis, lorsque la coïncidence des images est établie. Il est donc nécessaire que les deux faces réfléchissantes occupent suc-

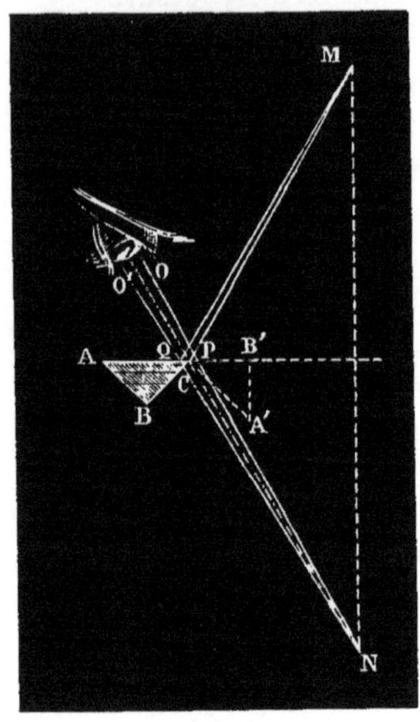

Fig. 338.

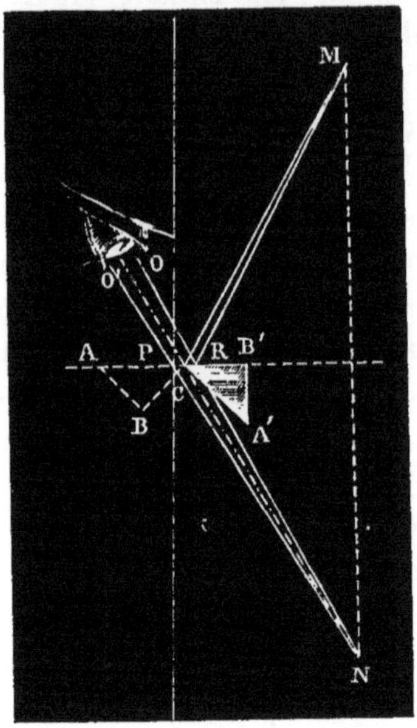

Fig. 339.

cessivement la même position, et par conséquent que le cristal tourne d'un angle égal au supplément de l'angle de ses deux faces.

RÉFLEXION PAR LES SURFACES COURBES.

392. **Réflexion des rayons émanés d'un point lumineux, par les miroirs courbes de formes quelconques.** — Lorsqu'un miroir courbe de forme quelconque reçoit les rayons émanés d'un point lumineux, trois cas se peuvent présenter, selon la forme particulière du miroir et la position du point par rapport à lui :

1° Les rayons émanés du point lumineux prennent, après la réflexion, des directions telles, qu'ils vont tous se couper en un même point appelé *foyer conjugué réel.* — Il est évident, d'après les lois de la réflexion, que si le point lumineux venait occuper la position primitive du foyer, le nouveau foyer prendrait la place du point lumineux primitif.

2° Les rayons réfléchis ne se coupent pas, mais leurs prolongements se rencontrent derrière la surface du miroir, en un point appelé *foyer virtuel*.

3° Il n'y a pas de foyer réel ou virtuel, mais les rayons réfléchis ou leurs prolongements déterminent, par leurs intersections successives, une surface à laquelle ils sont tous tangents et qui prend le nom de *surface caustique*.

Les deux premiers cas sont des cas exceptionnels. — Un ellipsoïde de révolution fait converger en l'un de ses foyers les rayons lumineux émanés d'un point placé en son autre foyer; en particulier, un paraboloïde de révolution concentre en son foyer les rayons incidents parallèles à son axe. De même, les rayons partis du foyer d'un hyperboloïde de révolution à deux nappes sont réfléchis dans des directions telles, que leurs prolongements aillent se couper en l'autre foyer. — Mais, en dehors de ces deux conditions, il n'y a jamais, à parler rigoureusement, de foyer lumineux : on peut toujours constater l'existence d'une caustique, en étudiant la marche des rayons réfléchis. Lorsque la lumière a une intensité suffisante, l'accumulation des rayons étant plus grande au voisinage de la surface à

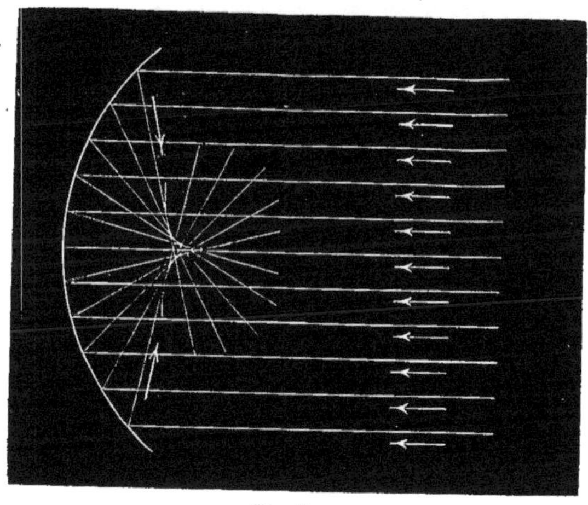

Fig. 340.

laquelle ils sont tangents qu'en toute autre région de l'espace, l'illumination des poussières suspendues dans l'air suffit pour manifester la forme de la surface caustique. On peut aussi couper la surface par un écran blanc et observer la forme de l'intersection. — La figure 340 représente, par exemple, l'intersection de la surface caustique d'un miroir cylindrique par un plan perpendiculaire à l'axe, le point lumineux étant supposé à une distance infinie[1].

Cependant, lorsque le miroir est une portion de surface sphérique *correspondante à un angle au centre peu considérable*, on peut, avec une approximation assez grande, le considérer comme donnant naissance à des foyers réels ou virtuels, et, par suite, à des images; c'est ce que l'on va maintenant démontrer.

393. **Miroirs sphériques concaves.** — Soit P (fig. 341) un point lumineux, placé sur l'axe d'un miroir sphérique concave de petite ouverture angulaire; soit MM′ l'intersection de ce miroir par

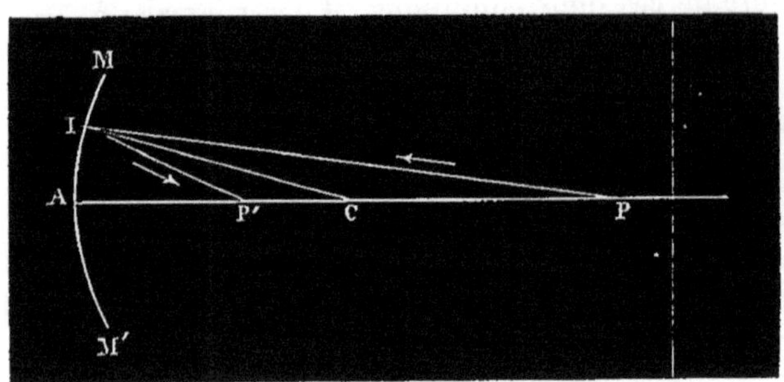

Fig. 341.

un plan passant par cet axe, plan qui n'est autre que celui de la figure; soient PI un rayon lumineux incident, contenu dans ce même plan, CI le rayon du miroir qui est la normale au point I, IP′ le rayon lumineux réfléchi. La droite CI étant bissectrice de l'angle en I, le triangle PIP′ donne

$$\frac{CP'}{CP} = \frac{IP'}{IP};$$

[1] Les propositions contenues dans ce paragraphe seront démontrées plus loin d'une manière générale, lorsqu'on traitera de la réfraction.

et comme, en vertu de la petite ouverture angulaire du miroir, les longueurs IP′ et IP diffèrent peu de AP′ et de AP, on a sensiblement

$$\frac{CP'}{CP}=\frac{AP'}{AP},$$

c'est-à-dire, en posant $AP=p$, $AP'=p'$, $AC=R$,

$$\frac{R-p'}{p-R}=\frac{p'}{p},$$

d'où l'on tire

$$(1)\qquad \frac{1}{p'}+\frac{1}{p}=\frac{2}{R}.$$

Donc, pour un même miroir, la position du point P′ ne dépend que de la position du point lumineux P; elle est indépendante de la position du point d'incidence I sur le miroir. En d'autres termes, tous les rayons émanés de P vont sensiblement se réunir en un point unique P′, qui peut recevoir le nom de *foyer conjugué* du point P, à cause de la symétrie de l'équation précédente par rapport à p et p'.

Si, dans la formule (1), on fait $p=\infty$, c'est-à-dire si l'on suppose que les rayons lumineux incidents soient parallèles à l'axe du miroir, on en déduit la valeur particulière $p'=\frac{R}{2}$. Donc, dans ce cas, les rayons réfléchis vont passer par un point situé à égale distance du centre et de la surface réfléchissante; ce point prend le nom de *foyer principal*. — Si l'on désigne par f la distance du foyer principal à la surface réfléchissante, la formule devient

$$\frac{1}{p'}+\frac{1}{p}=\frac{1}{f}.$$

La discussion de cette formule conduit immédiatement aux résultats contenus dans le tableau suivant :

$p>2f$	$p'<2f$ mais $>f$ ..	(foyer réel).
$p=2f$	$p'=2f$	»
$p<2f$ mais $>f$ ...	$p'>2f$	»
$p=f$	$p'=\infty$	(foyer réel à l'infini).
$p<f$	$p'<0$	(foyer virtuel).
$p=0$	$p'=0$	»
$p<0$	$p'>0$ mais $<f$ ..	(foyer réel).

Le résultat contenu dans la dernière ligne de ce tableau peut s'énoncer en disant que si l'on fait tomber, sur un miroir sphérique concave, un faisceau de rayons lumineux qui convergent vers un point situé derrière le miroir, point que l'on peut appeler *point lumineux virtuel,* les rayons réfléchis vont converger vers un *foyer réel,* situé entre la surface réfléchissante et le foyer principal.

394. **Miroirs sphériques convexes.** — La formule (1), établie plus haut pour les miroirs concaves, convient également aux miroirs convexes, à la condition de regarder comme négatif le rayon R, qui est dirigé vers le côté opposé à celui d'où vient la lumière. Si l'on met en évidence le signe négatif de R, on obtient

$$\frac{1}{p'}+\frac{1}{p}=-\frac{2}{R}.$$

En faisant dans cette formule $p=\infty$, on a $p'=-\frac{R}{2}$, c'est-à-dire que le foyer principal est ici *virtuel :* en désignant par $-f$ la distance de ce foyer à la surface du miroir, on obtient la formule analogue à celle des miroirs concaves

$$\frac{1}{p'}+\frac{1}{p}=-\frac{1}{f}.$$

La discussion de cette formule conduit aux résultats suivants :

$p>0$	$p'<0$ mais $>-f$. .	(foyer virtuel).
$p=0$.	$p'=0$.	(foyer virtuel).
$p<0$ mais $>-f$. . .	$p'>0$.	(foyer réel).
$p=-f$.	$p'=\infty$.	(foyer réel à l'infini).
$p<-f$.	$p'<0$.	(foyer virtuel).

395. **Cas où le point lumineux est situé hors de l'axe du miroir, à une petite distance.** — Dans ce qui précède, on a toujours considéré le point lumineux comme situé sur l'axe du miroir : si l'on prend maintenant un point Q (fig. 342), situé hors de l'axe, mais de façon que la ligne CQ ne fasse avec l'axe qu'un petit angle, on peut évidemment étendre à cette ligne, pour les rayons émanés de ses divers points, tout ce qui a été dit précédem-

ment de l'axe AP lui-même pour les rayons émanés des points de cet axe. Les droites telles que CQ prennent le nom d'*axes secondaires.* —

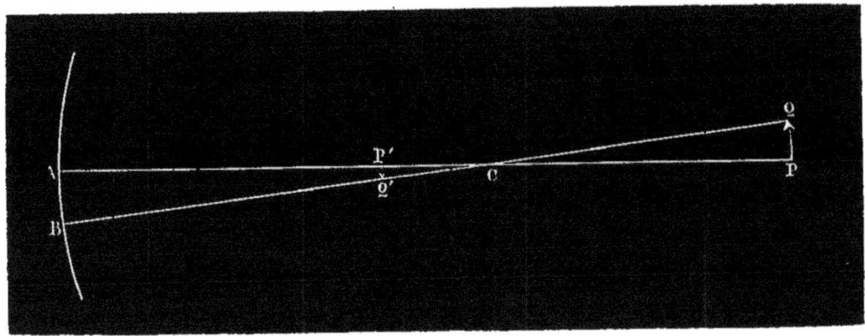

Fig. 342.

Dès lors, pour tous les points lumineux dont les axes secondaires ne s'écarteront pas trop de l'axe AP du miroir, la formule (1) fera connaître la position du foyer.

De là résulte qu'un objet lumineux ayant la forme d'un petit arc de cercle terminé à l'axe, tel que PQ (fig. 342), a pour image un autre petit arc de cercle P'Q', également terminé à l'axe. Les deux arcs peuvent d'ailleurs être regardés comme se confondant sensiblement avec les tangentes en P et P' : on peut donc dire qu'une petite droite perpendiculaire à l'axe principal d'un miroir sphérique a pour image une droite également perpendiculaire à cet axe, ce qui suffit pour permettre de déterminer l'image d'un objet quelconque, pourvu que ses divers points aient des axes secondaires peu inclinés sur l'axe principal.

Quant à la grandeur de l'image par rapport à l'objet, on la déterminera en éliminant p' entre les deux équations

$$\frac{P'Q'}{PQ} = \frac{2f - p'}{p - 2f},$$

$$\frac{1}{p'} + \frac{1}{p} = \frac{1}{f}.$$

Dans la position particulière de l'objet qui est représentée par la figure 342, l'image est *renversée* par rapport à l'objet : il en est ainsi toutes les fois que p et p' sont de même signe. — Au contraire, l'image est *droite* par rapport à l'objet lorsque p et p' sont de signes contraires.

396. **Aberration longitudinale et aberration latérale.** — On appelle *aberration longitudinale* la distance du foyer des rayons qui tombent sur le bord du miroir, ou *rayons marginaux,* au foyer des rayons qui tombent au voisinage du sommet A, ou *rayons centraux :* le foyer des rayons centraux est d'ailleurs, comme on voit, celui que détermine la théorie précédente.

On appelle *aberration latérale* le rayon du cercle déterminé par l'intersection du cône des rayons marginaux réfléchis, avec un plan mené par le foyer des rayons centraux, perpendiculairement à l'axe du miroir.

Les valeurs de chacune de ces aberrations dépendent de la position du point qui émet les rayons lumineux : les deux valeurs particulières qui sont relatives au cas où les rayons incidents sont parallèles à l'axe du miroir prennent le nom d'*aberrations principales.* — Il est facile d'en obtenir l'expression, en fonction de l'ouverture du miroir.

Soient α la demi-ouverture angulaire ACM du miroir (fig. 343), F le foyer principal des rayons centraux, F_1 le foyer des rayons

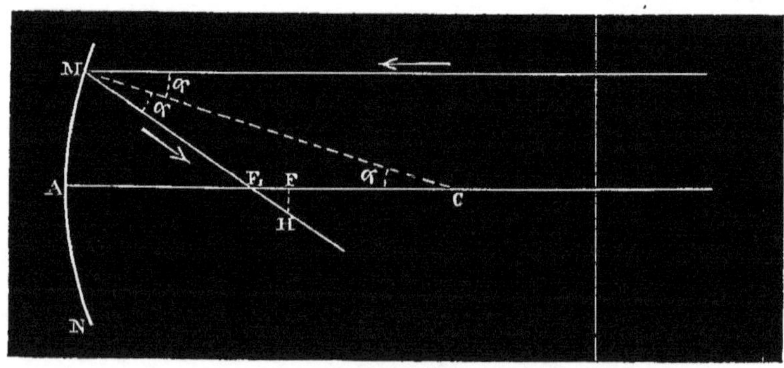

Fig. 343.

marginaux parallèles à l'axe. Le triangle CF_1M étant isocèle, on a

$$CF_1 = \frac{\left(\frac{R}{2}\right)}{\cos\alpha} \quad \text{ou} \quad CF_1 = \frac{f}{\cos\alpha},$$

d'où l'on tire la valeur de l'*aberration longitudinale principale*,

$$FF_1 = f\frac{1-\cos\alpha}{\cos\alpha}.$$

D'autre part, l'*aberration latérale principale* FH s'obtient en multipliant FF_1 par la tangente de l'angle FF_1H, ou par tang 2α, ce qui donne

$$FH = f\frac{1-\cos\alpha}{\cos\alpha}\,\text{tang}\,2\alpha.$$

397. **Mesure du rayon de courbure d'un miroir sphérique.** — Les résultats qui précèdent fournissent une méthode simple pour déterminer, par l'expérience, le rayon de courbure d'un miroir sphérique quelconque, et par suite le foyer principal des rayons centraux.

1° Pour un miroir sphérique *concave*, on oriente ce miroir de façon que son axe principal soit dirigé vers le soleil, et l'on détermine par tâtonnements quelle est la position qu'il faut donner à un petit écran pour que les rayons réfléchis, en venant le rencontrer, produisent l'image circulaire la plus petite et la plus brillante. Cette image est celle du soleil; elle peut être considérée comme formée par des rayons qui, à l'incidence, étaient parallèles entre eux. On mesure alors la distance de la position actuelle de l'écran au sommet du miroir : cette distance est sensiblement égale à la distance focale principale des rayons centraux. En prenant le double de cette distance, on obtient le rayon de courbure du miroir.

2° Pour un miroir sphérique *convexe*, on dirige encore l'axe de ce miroir vers le soleil et l'on place en avant de la surface réfléchissante un écran opaque HK, percé de deux petites ouvertures P, P′ (fig. 344) : ces deux ouvertures laissent passer deux faisceaux cylindriques de rayons solaires, PM, P′M′, qui tombent sur le miroir et produisent deux faisceaux réfléchis, M*m*, M′*m*′. Ces deux derniers faisceaux viennent former sur l'écran HK deux petites surfaces éclairées, *m*, *m*′ : on écarte ou l'on rapproche l'écran du miroir, jusqu'à ce que la distance des centres de ces petites surfaces soit double de la distance des centres des deux ouvertures P et P′.

Lorsque ce résultat est atteint, on voit, sur la figure, que l'on a sensiblement

$$FA = F'A = f,$$

pourvu que la distance PP' soit peu considérable. — Il suffit donc de mesurer la distance F'A de l'écran au miroir, pour avoir la distance focale principale. En prenant le double de cette distance, on obtient le rayon de courbure.

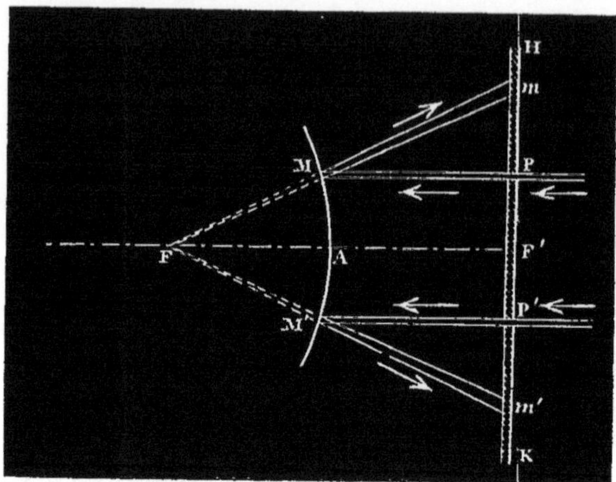

Fig. 344.

RÉFRACTION DE LA LUMIÈRE.

398. **Phénomène de la réfraction.** — On désigne sous le nom de *réfraction* le changement de direction qu'éprouvent, en général, les rayons lumineux en passant d'un milieu dans un autre.

Ce changement de direction peut être constaté par l'observation vulgaire du déplacement que paraissent éprouver, pour l'œil placé dans l'air, les objets placés dans l'eau. — C'est ainsi qu'un bâton, dont une partie est plongée obliquement dans l'eau, paraît brisé au niveau de la surface du liquide. C'est ainsi encore que le fond d'un vase contenant un liquide transparent paraît relevé.

399. **Lois de Descartes.** — La réfraction par les corps transparents autres que les substances cristallisées est assujettie aux deux lois suivantes, qui sont connues sous le nom de *lois de Descartes* :

1° Le rayon incident et le rayon réfracté sont contenus dans un même plan, normal à la surface réfringente.

2° Le rapport du sinus de l'angle d'incidence au sinus de l'angle de réfraction est constant. — La valeur de ce rapport est l'*indice de réfraction* du milieu dans lequel pénètre la lumière, par rapport au milieu d'où elle sort : selon que l'indice est plus grand ou plus petit que l'unité, le second milieu est dit *plus réfringent* ou *moins réfringent* que le premier.

400. **Principe des procédés employés pour vérifier les lois de la réfraction.** — Les procédés qui ont été employés pour vérifier les lois de la réfraction sont assez nombreux. Ils offrent ce caractère commun, qu'on s'est proposé de mesurer la déviation de rayons qui passent de l'air dans un milieu transparent, et repassent ensuite de ce milieu dans l'air; mais, pour se rendre indépendant de l'une des deux réfractions, on a fait en sorte que l'un des deux changements de milieu s'effectuât sous l'incidence normale,

c'est-à-dire sans déviation. On n'a alors à mesurer que la déviation produite à l'autre changement de milieu.

401. *Procédé d'Al-Hazen.* — Un cercle métallique MN (fig. 345), portant deux alidades mobiles OA, OB, munies de pinnules, est plongé dans un vase plein d'eau : la surface PQ du liquide passe par le centre O du cercle. On cherche à donner aux deux alidades des positions telles, qu'un rayon solaire transmis par les pinnules de la première alidade OA soit, après réfraction, transmis par les pinnules de la seconde OB. — Dans chaque système de positions, on mesure les angles VOA, V'OB, formés par la verticale VV' et chacune des deux alidades, et l'on vérifie que le rapport des sinus de ces deux angles est constant.

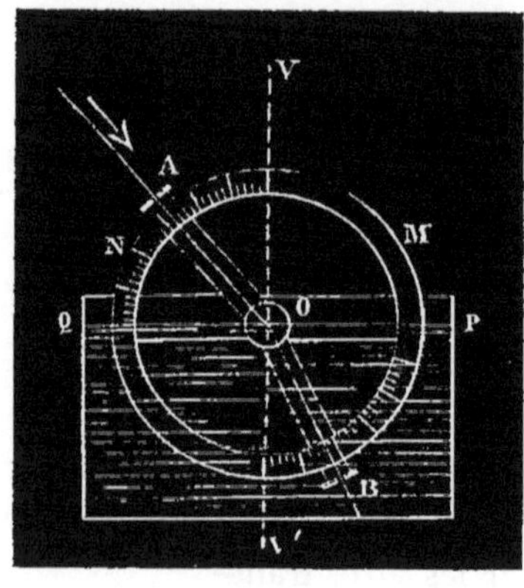

Fig. 345.

402. *Procédé de Képler.* — On expose aux rayons du soleil une paroi verticale opaque MNPQ (fig. 346), et l'on applique sur cette

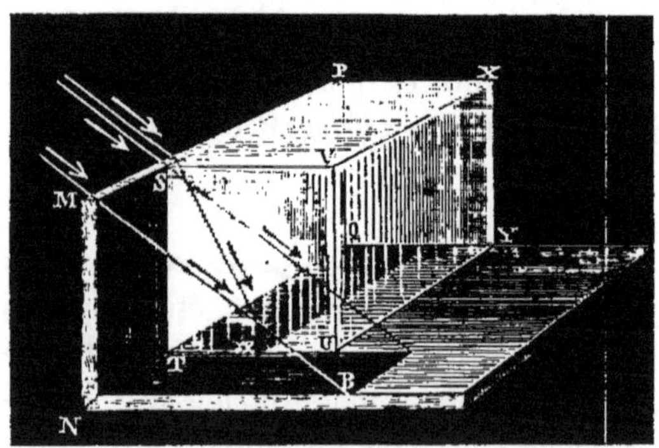

Fig. 346.

paroi, dans une partie de sa longueur et du côté opposé au soleil, un parallélipipède de verre XYUVST, qui a même hauteur. On obtient ainsi, sur le plan horizontal qui supporte le prisme de verre, deux ombres portées par la paroi verticale. Ces deux ombres ont des largeurs différentes : l'une, limitée par les rayons qui ont traversé le prisme de verre, a pour largeur TZ; l'autre, limitée par les rayons qui n'ont pas traversé le verre, a pour largeur NB. Il est facile de voir que la mesure de ces deux largeurs suffit pour qu'on puisse calculer le rapport du sinus de l'angle d'incidence au sinus de l'angle de réfraction dans le verre, pour les rayons qui rasent l'arête supérieure de la paroi MP.

403. *Procédé de Descartes.* — Un faisceau lumineux très-délié, transmis par deux ouvertures étroites M, N, situées à la même distance du plan PQ (fig. 347), arrive normalement sur la première surface d'un prisme de verre ABC, de façon qu'il pénètre dans le

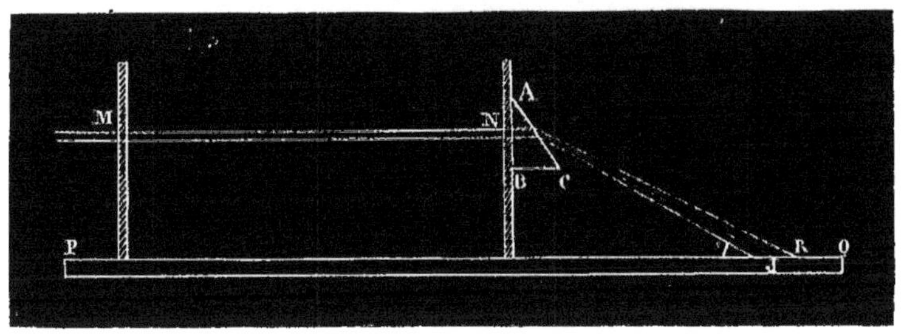

Fig. 347.

verre sans déviation : il éprouve au contraire, en repassant du verre dans l'air, une déviation qui le ramène vers le plan PQ, et il vient former sur ce plan une petite surface éclairée VR. — Cette expérience peut évidemment fournir les mesures nécessaires à la détermination de l'angle d'incidence et de l'angle de réfraction, pour le passage au travers de la face AC du prisme.

404. *Procédé de Newton.* — Un faisceau délié de rayons solaires SI (fig. 348) tombe sur la surface d'un vase rectangulaire contenant de l'eau H. Ce vase est fixé à l'extrémité d'une règle AB, mobile autour d'un axe O qui est situé à la partie supérieure de la colonne verticale C : un quart de cercle MN permet de mesurer les angles

que fait la règle AB avec la verticale. — On fait tourner la règle autour de son axe jusqu'à ce que la partie moyenne EJ du faisceau lumineux émergent lui soit parallèle : dans cette position, ce faisceau est perpendiculaire à la face d'émergence PQ, en sorte que les rayons lumineux n'éprouvent de déviation qu'au point I. Une lecture sur le quart de cercle MN fournit la valeur de l'angle de réfraction; quant à la valeur de l'angle d'incidence, elle peut être obtenue en répétant la même expérience après avoir supprimé le liquide.

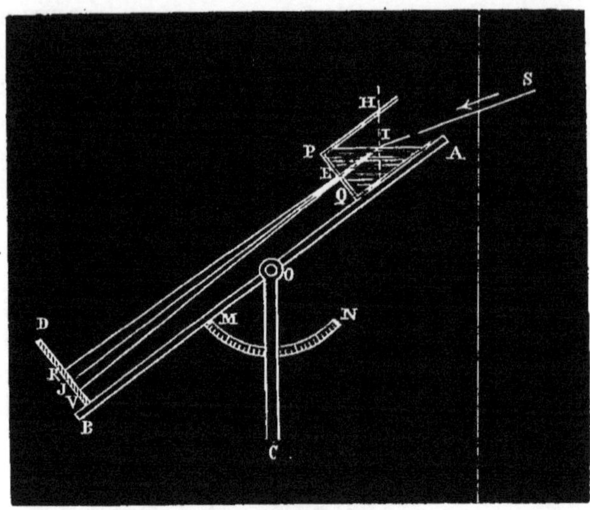

Fig. 348.

405. *Remarque générale sur les procédés précédents.* — Les divers appareils dont on vient d'indiquer rapidement la construction sont trop imparfaits pour donner des mesures précises; mais, d'après la nature même du phénomène, il n'y a pas lieu de chercher à leur donner une précision plus grande. — Dans toutes ces expériences, la réfraction d'un faisceau lumineux de lumière blanche est accompagnée d'une dilatation du faisceau émergent, dont les diverses parties se colorent de différentes couleurs. Donc, à chaque rayon incident, tel que MN (fig. 347) ou SI (fig. 348), correspondent plusieurs rayons réfractés, produisant sur l'écran les couleurs diverses

dû spectre, depuis le violet V jusqu'au rouge R : le jaune J forme à peu près la partie moyenne.

Ce phénomène, désigné sous le nom de *dispersion*, sera étudié plus loin. On verra alors comment on peut démontrer, par des expériences susceptibles d'une grande précision, que chacun des rayons de diverses couleurs suit les lois de Descartes, et que chacun d'eux possède un indice de réfraction spécial pour une substance déterminée.

406. **Réfraction par une lame à faces parallèles. — Principe du retour inverse des rayons lumineux.** — L'observation montre que la position apparente d'un objet très-éloigné, d'une étoile par exemple, n'est pas changée lorsqu'on place sur le

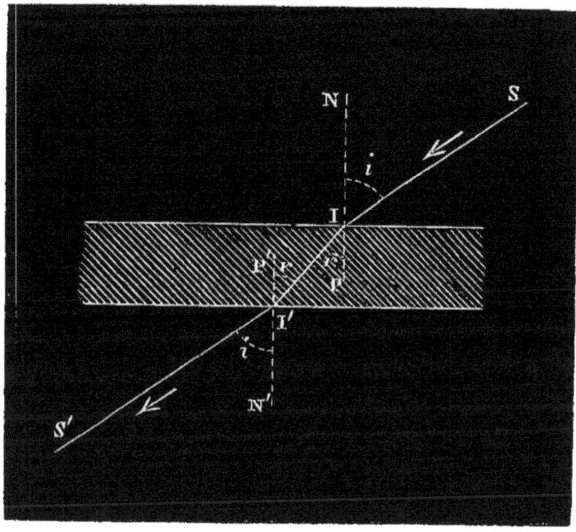

Fig. 349.

trajet des rayons lumineux une lame de verre à faces parallèles : on en conclut que chaque rayon émergent, tel que I'S' (fig. 349), est parallèle au rayon incident SI dont il provient. L'angle d'incidence NIS est donc égal à l'angle d'émergence N'I'S' : si l'on représente par i la valeur commune de ces deux angles, par r la valeur commune des deux angles PII' et P'I'I, par n l'indice de réfraction du verre par rapport à l'air, et par n' l'indice de l'air par rapport au verre, la première réfraction donne

$$\sin i = n \sin r;$$

la seconde réfraction donne

$$\sin r = n' \sin i.$$

De ces deux équations on tire

$$n' = \frac{1}{n},$$

c'est-à-dire que *l'indice de réfraction de l'air par rapport au verre est l'inverse de l'indice du verre par rapport à l'air.*

Ce résultat n'est d'ailleurs qu'un cas particulier d'une loi générale qui est connue sous le nom de *principe du retour inverse des rayons.* — Cette loi, applicable à tous les phénomènes optiques, peut s'énoncer de la manière suivante : *si, en traversant successivement certains milieux, un rayon de lumière suit une route déterminée, il suivra exactement la même route lorsqu'il se propagera en sens inverse.*

407. **Réfraction par plusieurs lames parallèles consécutives.** — Le parallélisme des rayons émergents et des rayons incidents, que l'on vient de signaler dans le cas où la lumière traverse une lame à faces parallèles; a lieu encore lorsque la lumière traverse un nombre quelconque de lames parallèles consécutives.

Dans le cas particulier où l'on considère deux lames parallèles successives, ce résultat expérimental conduit à un principe qu'il est essentiel de signaler. — Soient n et n' les indices de réfraction de chacune des deux lames A, A' (fig. 350) par rapport à l'air, et soit μ l'indice de réfraction de la première lame A par rapport à la seconde A'. Les trois réfractions successives du rayon SI donnent les relations

$$\sin i = n \sin r,$$
$$\sin r' = \mu \sin r,$$
$$\sin i = n' \sin r'.$$

De ces trois équations on tire

$$\mu = \frac{n}{n'}.$$

En général, l'indice de réfraction d'une substance A, par rapport à une autre A′, est égal au quotient de l'indice de la première par

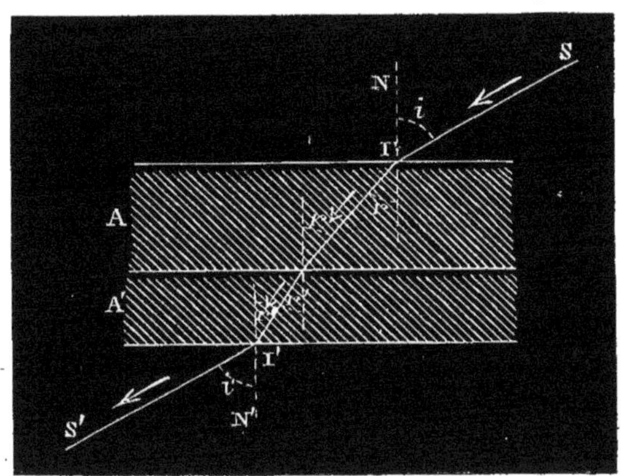

Fig. 350.

l'indice de la seconde, ces deux derniers indices étant pris par rapport à un même milieu quelconque.

L'indice de réfraction d'une substance par rapport au vide prend le nom d'*indice absolu* de cette substance : l'expérience montre que, pour les corps solides ou liquides, il diffère peu de l'indice par rapport à l'air.

408. **Réfraction par un prisme.** — Dans l'étude des phénomènes lumineux, on désigne sous le nom de *prisme* une masse d'une substance réfringente quelconque, présentant un angle dièdre dont les deux faces sont rencontrées par les rayons lumineux.

Lorsque la lumière traverse les deux faces d'un prisme, on observe que les rayons émergents éprouvent, par rapport aux rayons incidents, une déviation vers la *base du prisme,* c'est-à-dire vers la région de l'espace où est dirigée l'ouverture de l'angle dièdre.

Si l'on se borne au cas où le rayon incident est contenu dans une *section principale* du prisme, c'est-à-dire dans un plan perpendiculaire à l'arête de l'angle dièdre, il résulte de la première loi de Descartes que le rayon lumineux doit rester dans ce plan pendant tout son trajet. En figurant alors la marche successive d'un pareil rayon lumineux SI au travers d'un prisme A (fig. 351), on obtient immédiatement les relations

$$\sin i = n \sin r,$$
$$\sin i' = n \sin r',$$
$$r + r' = A,$$
$$i + i' = D + A.$$

Ces quatre équations, contenant six angles et l'indice de réfraction n, permettent de déterminer, par exemple, la valeur de l'indice de réfraction n, lorsqu'on connaît trois des six angles. — Ainsi,

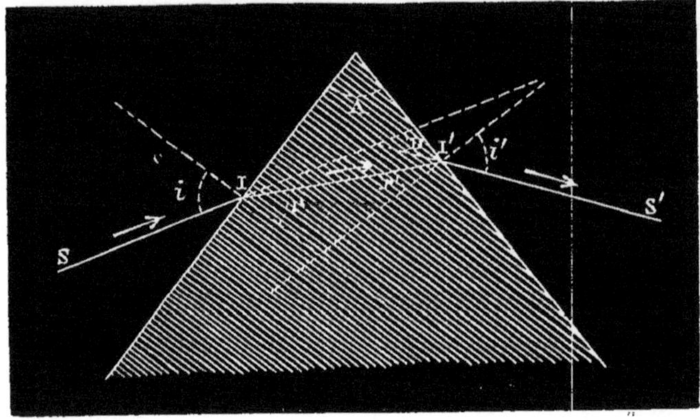

Fig. 351.

pour déterminer l'indice de réfraction d'une substance, on pourrait employer une méthode générale consistant à mesurer, par exemple, l'angle réfringent A d'un prisme qui serait formé de cette substance, l'angle d'incidence i d'un rayon lumineux sur l'une des faces de cet angle, et la déviation D éprouvée par ce même rayon lumineux dans son passage au travers du prisme considéré.

Mais, en vertu du principe du retour inverse des rayons lumineux, la déviation produite serait la même si l'on donnait à l'angle d'incidence la valeur i' : on voit donc que, si l'on fait varier l'incidence d'une manière continue, la déviation doit reprendre la même valeur pour deux valeurs différentes de l'angle d'incidence; par suite, la déviation D doit passer par un maximum ou par un minimum, lequel doit précisément correspondre à une valeur de i telle que l'on ait $i' = i$. — Pour vérifier analytiquement qu'il en est ainsi, il suffit d'égaler à zéro la dérivée de D par rapport à i, ce qui donne, en vertu de la dernière équation,

$$1 + \frac{di'}{di} = 0.$$

D'autre part, des deux premières équations on tire

$$di = \frac{n \cos r}{\cos i} dr,$$

$$di' = \frac{n \cos r'}{\cos i'} dr';$$

enfin la troisième équation donne

$$dr = - dr'.$$

La condition précédente se réduit donc à

$$\frac{\cos r}{\cos i} = \frac{\cos r'}{\cos i'},$$

c'est-à-dire, en définitive,

$$i = i'$$

ou

$$i = \frac{D + A}{2}.$$

Le calcul de la seconde dérivée de D par rapport à i montre d'ailleurs que, pour cette valeur de i, la déviation D est un *minimum* si l'indice de réfraction n du prisme par rapport au milieu extérieur est plus grand que l'unité, comme c'est le cas le plus ordinaire; et un *maximum*, si cet indice de réfraction est plus petit que l'unité. Ces résultats sont confirmés par l'expérience.

L'égalité $i = i'$ entraîne $r = r'$: donc, dans ce cas, le rayon II' réfracté à l'intérieur du prisme est également incliné sur les deux faces, c'est-à-dire normal au plan bissecteur de l'angle réfringent. — Quant aux relations précédentes, elles se réduisent alors aux trois suivantes :

$$\sin i = n \sin r,$$

$$r = \frac{A}{2},$$

$$i = \frac{D + A}{2};$$

ces trois équations ne contiennent plus que quatre angles et l'indice de réfraction n. De là résulte que, en plaçant l'angle réfringent dans cette position particulière, on n'a plus à déterminer expérimentalement que deux angles, A et D par exemple, pour en pouvoir déduire la valeur de l'indice de réfraction n.

409. **Réflexion totale.** — Lorsque des rayons lumineux se présentent pour passer d'un milieu plus réfringent dans un milieu moins réfringent, l'indice de réfraction n est une quantité plus petite que l'unité; par suite, la formule $\sin r = \frac{\sin i}{n}$ conduirait, pour toute valeur de l'incidence telle que $\sin i$ fût plus grand que n, à une valeur de $\sin r$ supérieure à l'unité : l'expérience montre qu'il y a alors *réflexion totale,* c'est-à-dire que tout rayon lumineux pour lequel on a $\sin i > n$ reste dans le premier milieu, et suit, par rapport à la surface de séparation, les lois de la réflexion.

Si, par exemple, un point lumineux O (fig. 352) est placé dans un milieu plus réfringent que le milieu extérieur, et si la surface

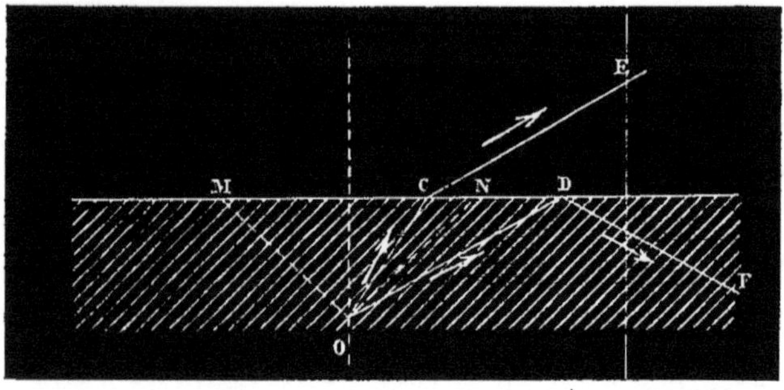

Fig. 352.

de séparation des deux milieux est plane, les seuls rayons émanés de O qui puissent émerger sont ceux qui sont émis dans l'intérieur d'un cône circulaire droit MON, ayant son axe perpendiculaire à la surface de séparation, et pour angle générateur celui dont le sinus est égal à n : cet angle est ce qu'on nomme l'*angle limite.* Tout rayon tel que OD, qui est émis à l'extérieur du cône MON, éprouve la réflexion totale suivant DF. — Réciproquement, si l'œil est placé en O, il voit tous les objets extérieurs dans le cône MON : en dehors de ce cône, il ne reçoit de lumière que celle qui lui est envoyée par des objets contenus dans le même milieu réfringent.

On peut observer, par exemple, le phénomène de la réflexion totale, au moyen d'un prisme de verre rectangulaire BAC, sur la face hypoténuse duquel tombent des rayons lumineux diversement inclinés. Les faisceaux tels que SI (fig. 353), dont l'incidence est suffisamment petite, traversent le prisme : les faisceaux tels que S'I', dont l'incidence est supérieure à la valeur de l'angle limite du verre par rapport à l'air, sont réfléchis totalement et peuvent être reçus dans l'œil placé au-dessus de BC.

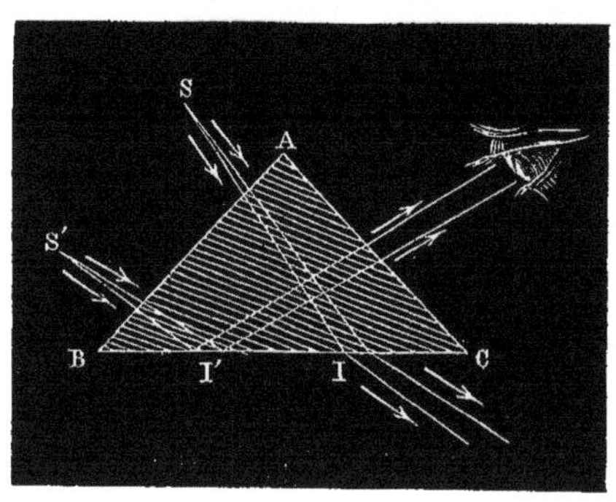

Fig. 353.

C'est à la réflexion totale qu'on doit attribuer le phénomène bien connu que l'on désigne sous le nom de *mirage* : ce phénomène, décrit dans tous les ouvrages élémentaires, se produit toutes les fois qu'une cause quelconque fait varier rapidement et d'une manière continue la densité et le pouvoir réfringent des couches successives de l'atmosphère.

RÉFRACTION PAR LES SURFACES COURBES.

410. **Réfraction par une surface sphérique.** — Pour étudier la réfraction éprouvée par les rayons émanés d'un point lumineux, quand ils passent du milieu qui contient ce point dans un autre milieu séparé du premier par une surface sphérique, on raisonnera sur le cas particulier où la concavité de la surface de séparation est tournée du côté du point lumineux lui-même. Les conséquences auxquelles on arrivera seront générales, à la condition de faire les mêmes conventions que dans l'étude des miroirs sphériques, relativement aux signes du rayon de courbure R, de la distance p de la surface au point lumineux, et de la distance p' de cette surface au point d'intersection des rayons réfractés avec l'axe.

Soient MN la surface réfringente (fig. 354), C son centre de courbure, P un point lumineux situé sur l'axe AC, PH un rayon

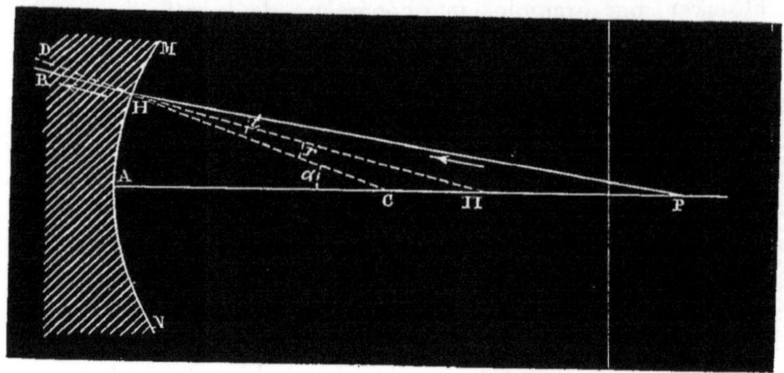

Fig. 354.

émis par ce point, HR le rayon réfracté, et Π le point où le prolongement de ce rayon rencontre l'axe. Désignons par R le rayon de courbure, par p et ϖ les distances AP et AΠ. On a

$$\text{surf. CHP} = \frac{1}{2}\text{R.HP} \sin i,$$

$$\text{surf. CH}\Pi = \frac{1}{2}\text{R.H}\Pi \sin r.$$

D'autre part, ces deux triangles ayant même hauteur sont entre eux comme leurs bases CP et CΠ, c'est-à-dire comme $p - \text{R}$ et $\varpi - \text{R}$,

$$\frac{p-\text{R}}{\varpi-\text{R}} = \frac{\text{HP} \sin i}{\text{H}\Pi \sin r},$$

ou bien

$$\frac{p-\text{R}}{\varpi-\text{R}} = \frac{\text{HP}}{\text{H}\Pi} n.$$

Or, si la surface réfringente n'a qu'une très-petite étendue angulaire, le rapport $\frac{\text{HP}}{\text{H}\Pi}$ ne diffère pas sensiblement du rapport $\frac{\text{AP}}{\text{A}\Pi}$, ou de $\frac{p}{\varpi}$; on peut donc écrire

$$\frac{p-\text{R}}{\varpi-\text{R}} = n\frac{p}{\varpi},$$

d'où l'on tire

$$\frac{n}{\varpi} - \frac{1}{p} = (n-1)\frac{1}{\text{R}},$$

formule qui peut être discutée de la même manière que celle des miroirs. Comme la formule des miroirs, elle conduit à reconnaître l'existence de foyers réels ou de foyers virtuels, selon les cas; elle permet aussi d'obtenir l'expression de l'aberration longitudinale et de l'aberration latérale, pour les rayons marginaux, quand on connaît l'ouverture angulaire de la surface réfringente.

411. **Réfraction par une lentille.** — On donne le nom de *lentille sphérique* à une masse réfringente comprise entre deux surfaces sphériques ayant chacune une très-petite ouverture angulaire et centrées sur le même axe. — On considérera seulement ici le cas où l'épaisseur de la lentille est négligeable.

Soient MN (fig. 355) la première surface sphérique, dont le rayon est R et dont le centre est en C; M'N' la seconde surface, dont le rayon est R' et dont le centre est en C'; soit P le point lumineux,

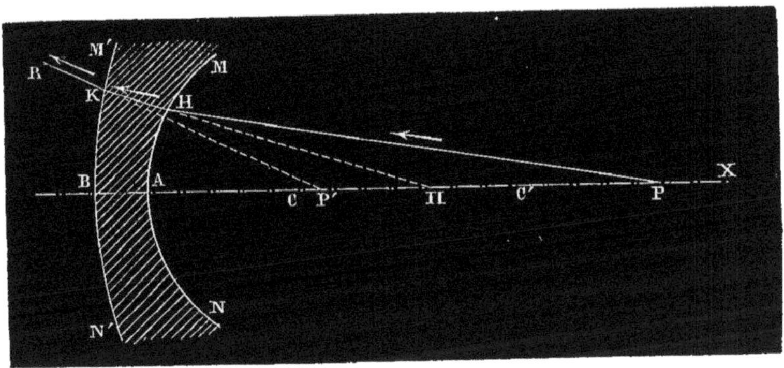

Fig. 355.

situé sur l'axe, à une distance p de la lentille. Par suite de la réfraction due à la première surface, les rayons tels que PH, qui sont émis par le point P, prennent une direction HK telle, que le prolongement du rayon réfracté aille passer par un point Π, dont la distance à la lentille est donnée par la formule

$$(1)\qquad \frac{n}{\varpi} - \frac{1}{p} = (n-1)\frac{1}{R}.$$

D'autre part, les rayons qui rencontrent la seconde surface M'N' peuvent être considérés comme émanés du point Π; les prolongements des rayons réfractés vont donc rencontrer l'axe en un point P' dont la distance p' à la lentille est définie, en considérant l'épaisseur AB comme négligeable, par l'équation analogue

$$\frac{1}{n}\frac{1}{p'}-\frac{1}{\varpi}=\left(\frac{1}{n}-1\right)\frac{1}{R'},$$

équation qui peut s'écrire

$$(2)\qquad \frac{1}{p'}-\frac{n}{\varpi}=-(n-1)\frac{1}{R'}.$$

En ajoutant ces équations (1) et (2) membre à membre, on obtient la formule générale des lentilles

$$\frac{1}{p'}-\frac{1}{p}=(n-1)\left(\frac{1}{R}-\frac{1}{R'}\right).$$

On appelle *foyer principal*, comme pour les miroirs, le point de concours des rayons réfractés qui correspondent à des rayons incidents parallèles à l'axe. La distance focale principale s'obtient donc en faisant $p=\infty$ dans la formule qui précède, et en cherchant la valeur correspondante de p'. Si l'on désigne par f cette distance, on trouve

$$\frac{1}{f}=(n-1)\left(\frac{1}{R}-\frac{1}{R'}\right).$$

412. **Des diverses espèces de lentilles.** — Les lentilles sont dites *convergentes*, lorsque le foyer principal est situé du côté opposé à celui d'où viennent les rayons parallèles à l'axe, c'est-à-dire lorsque f est négatif. — Elles sont dites *divergentes*, lorsque le foyer principal est situé du côté même d'où viennent les rayons, c'est-à-dire lorsque f est positif.

Si l'on considère le cas où la matière qui forme les lentilles a un indice de réfraction plus grand que l'unité, ce qui est d'ailleurs le cas ordinaire, l'expérience et la théorie montrent que les lentilles convergentes sont celles dont la section, faite par un plan passant par l'axe, a l'une des formes C_1, C_2, C_3 (fig. 356) : on comprend ces trois formes sous le nom général de *lentilles à bords minces*.

Les lentilles divergentes ont l'une des formes D_1, D_2, D_3, qui sont comprises sous le nom de *lentilles à bords épais*.

Au contraire, lorsque la matière qui forme les lentilles a, par rapport au milieu extérieur, un indice de réfraction plus petit que

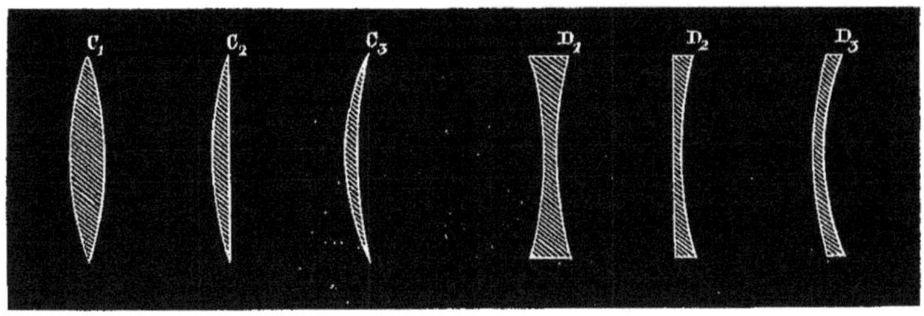

Fig. 356.

l'unité, les lentilles à bords minces sont divergentes et les lentilles à bords épais sont convergentes.

413. **Lentilles convergentes.** — Les lentilles convergentes étant caractérisées par une valeur négative de la distance focale principale, si l'on met en évidence le signe de f dans la formule générale, on obtient la formule particulière aux lentilles convergentes

$$\frac{1}{p'} - \frac{1}{p} = -\frac{1}{f}.$$

La discussion de cette formule conduit, pour les positions relatives du point lumineux et du foyer qui lui correspond, aux résultats qui sont contenus dans le tableau suivant :

$p = \infty$	$p' = -f$	(foyer réel).
$p > 2f$	$-p' < 2f$ mais $> f$..	(foyer réel).
$p = 2f$	$p' = -2f$	(foyer réel).
$p < 2f$ mais $> f$..	$-p' > 2f$	(foyer réel).
$p = f$	$p' = -\infty$	(foyer réel, à l'infini).
$p > f$	$p' > 0$	(foyer virtuel).
$p = 0$	$p' = 0$	(foyer virtuel).
$p < 0$	$-p' < f$	(foyer réel).

414. **Lentilles divergentes.** — Les lentilles divergentes étant caractérisées par une valeur positive de la distance focale principale, la formule qui convient à ces lentilles n'est autre que l'équation

$$\frac{1}{p'} - \frac{1}{p} = \frac{1}{f},$$

dans laquelle on doit supposer que le signe de la quantité f est mis en évidence.

La discussion de cette formule conduit aux résultats contenus dans le tableau suivant :

$p = \infty$	$p' = f$	(foyer virtuel).
$p > 0$	$p' > 0$ mais $< f$...	(foyer virtuel).
$p = 0$	$p' = 0$	(foyer virtuel).
$p < 0$ mais $> -f$	$p' < 0$	(foyer réel).
$p = -f$	$p' = -\infty$	(foyer réel, à l'infini).
$p < -f$	$p' > 0$	(foyer virtuel).

415. **Effets des lentilles sur les rayons émanés d'un point situé hors de l'axe.** — Si, par un point Q (fig. 357) situé hors de l'axe, mais très-voisin de l'axe, et par le centre C de la

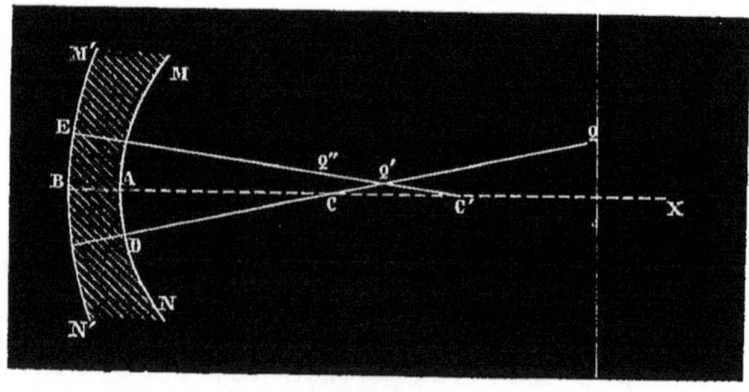

Fig. 357.

première surface réfringente, on mène une droite QD, et qu'on la regarde comme un *axe secondaire* relatif au point Q, on voit que les prolongements des rayons réfractés par la première surface MN doivent aller se couper en un point Q′ de cet axe secondaire. — Par une raison semblable, les prolongements des rayons réfractés par la seconde surface iront se rencontrer en un point Q″, situé sur la droite C′E qui joint le point Q′ au centre de courbure C′ de la deuxième surface.

L'existence d'un foyer se trouve ainsi démontrée, et, pour en déterminer la situation avec le degré d'approximation que comporte une théorie où l'on néglige les aberrations et l'influence de l'épaisseur, il suffit de chercher le point d'intersection de deux rayons quelconques.

416. **Centre optique.** — Soit, sur l'axe d'une lentille, un point O (fig. 358) tel, que ses distances aux centres de courbure des deux surfaces soient dans le même rapport que les rayons AC, A′C′. Il est

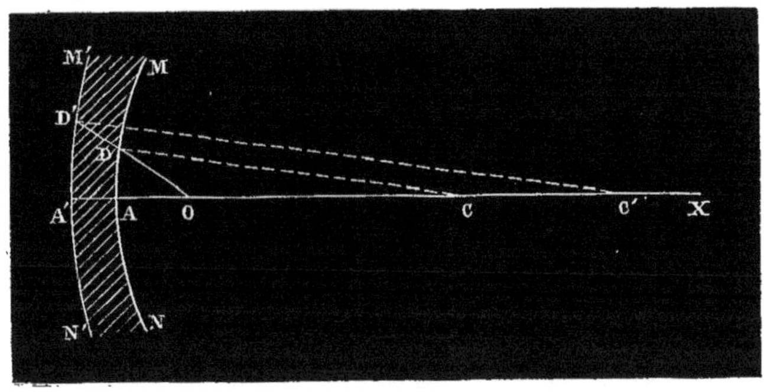

Fig. 358.

facile de démontrer qu'une droite quelconque OD′, passant par ce point, fait des angles égaux avec les normales menées aux deux surfaces réfringentes par les points D et D′, où elle les rencontre [1]. Il en résulte que, si DD′ est la direction que suit à l'intérieur de la lentille un rayon réfracté, le rayon incident et le rayon émergent seront parallèles.

[1] En effet, si l'on menait la normale C′D′, et si par le point C on menait une parallèle à cette droite jusqu'à la rencontre de la surface MN en un point D_1, on aurait, en joignant ensuite ce point D_1 au point C, un triangle CD_1O qui serait semblable à C′D′O comme ayant un angle égal compris entre côtés proportionnels; donc les angles en O de ces deux triangles seraient égaux, et par suite les trois points O, D_1, D′ seraient en ligne droite.

En général, toutes les fois que le rayon incident a une direction telle, que le rayon réfracté ou son prolongement passe par le point O, ce rayon sort de la lentille parallèlement à sa direction primitive et peut recevoir le nom de *rayon sans déviation*. — Le point O lui-même se nomme *centre optique*.

417. Détermination du foyer correspondant à un point lumineux voisin de l'axe. — Il est maintenant facile de déterminer, d'une manière approchée, la position du foyer correspondant à un point lumineux voisin de l'axe, en choisissant, pour l'un des deux rayons dont on cherche l'intersection, le rayon sans déviation qui est émis par ce point; l'autre rayon pourra être un rayon quelconque, compris dans le plan qui passe par le point lumineux et par l'axe.

Soit O (fig. 359) le centre optique d'une lentille divergente concave-convexe, comme celles que représentent les figures 357 et 358,

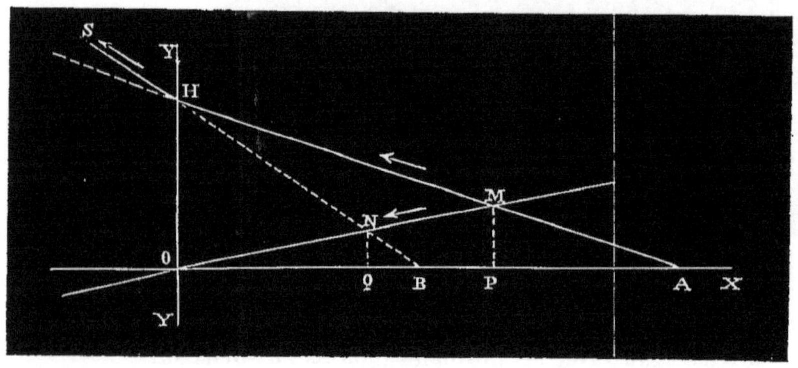

Fig. 359

et dont on supposera l'épaisseur négligeable; soient OX son axe, M un point lumineux voisin de l'axe; la droite MO, qui joint le point lumineux au centre optique, peut être confondue avec le rayon sans déviation, puisqu'on suppose l'épaisseur de la lentille négligeable[1]; il suffira donc de chercher l'intersection de cette droite avec le rayon réfracté provenant d'un rayon incident quelconque MH, contenu

[1] Soient C et C' (fig. 360) les centres de courbure des deux surfaces réfringentes (ces surfaces elles-mêmes n'ont pas été représentées ici, afin de simplifier la figure); A et A'

dans le plan de la figure. Prenons pour axes coordonnés l'axe OX de la lentille et la perpendiculaire OY menée par le centre optique O,

les deux sommets, O le centre optique; MI le rayon incident qui donne un rayon émergent I'M' parallèle à sa direction : ce rayon peut être considéré comme émané du point I, aussi bien que du point M. Comme le rayon réfracté dans l'intérieur de la lentille est

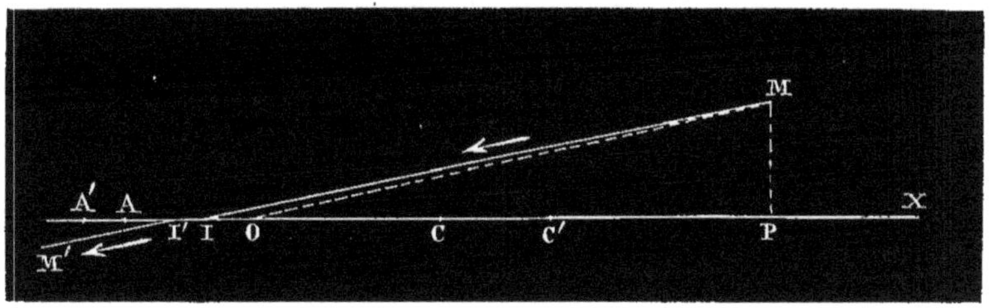

Fig. 360.

dirigé de manière que son prolongement aille passer par le point O, on peut regarder O comme le foyer de I, relativement à la première surface réfringente; par suite, en représentant la longueur AI par a, et AO par d, on a (411)

$$\frac{n}{d}-\frac{1}{a}=\frac{n-1}{R},$$

d'où l'on tire

$$a=\frac{Rd}{nR-(n-1)d}.$$

Par une raison semblable, on peut regarder le point I', où le rayon émergent parallèle à MI rencontre l'axe, comme le foyer de O relativement à la seconde surface de la lentille; c'est-à-dire que, en représentant A'I' par a', et AA' par e, on a

$$\frac{1}{a'}-\frac{n}{d+e}=-\frac{n-1}{R'},$$

d'où l'on tire

$$a'=\frac{R'(d+e)}{nR'-(n-1)(d+e)}.$$

Or, le centre optique étant déterminé par la condition $\frac{OC}{CA}=\frac{OC'}{C'A'}$, c'est-à-dire

$$\frac{R-d}{R}=\frac{R'-(d+e)}{R'},$$

on a

$$d=\frac{eR}{R'-R},$$

$$d+e=\frac{eR'}{R'-R}.$$

Or, les quantités d et $d+e$, et par suite a et a', sont du même ordre de grandeur que

dans le plan qui vient d'être défini. Représentons OP par p, et PM par h; l'équation du rayon sans déviation MO est alors

$$y=\frac{h}{p}x.$$

Soit A le point où le rayon MH (ou son prolongement) rencontre l'axe de la lentille; représentons OA par a : ce rayon coupe l'axe des y à une hauteur OH, égale à

$$\frac{ah}{a-p}.$$

Mais, l'épaisseur de la lentille étant négligeable, le point H ne diffère que très-peu du point d'incidence du rayon que l'on considère, ou du point d'émergence du rayon correspondant. Le rayon émergent passe donc par le point H; sa direction passe aussi par le point B, foyer conjugué de A, puisqu'on peut considérer indifféremment le rayon incident comme venant de M ou de A. Soit HS ce rayon émergent : son équation est, en représentant la longueur OB par b,

$$\frac{y}{x-b}=-\frac{ah}{(a-p)b}.$$

D'ailleurs, en désignant par f la distance focale principale de cette lentille, la quantité b est liée à a par la relation

$$\frac{1}{b}-\frac{1}{a}=\frac{1}{f}.$$

Il en résulte que l'abscisse QO du point d'intersection cherché N est donnée par l'équation

$$\frac{h}{p}x+\frac{ah}{b(a-p)}(x-b)=0.$$

En supprimant le facteur commun h, chassant les dénominateurs,

l'épaisseur e, c'est-à-dire très-petites. Les cinq points O, A, A', I, I' sont donc très-voisins les uns des autres, et la direction de MO prolongée ne diffère pas sensiblement de celle du véritable rayon sans déviation M'I'. Il n'y a d'exception que si R' — R est très-petit par rapport à R et à R'; mais, dans ce cas, la lentille ne diffère que très-peu d'une lame sphérique très-mince à faces parallèles, dont l'effet sur les rayons lumineux est tout à fait inappréciable.

et divisant tous les termes par $abpx$, on met aisément cette équation sous la forme

$$\frac{1}{x}-\frac{1}{p}=\frac{1}{b}-\frac{1}{a},$$

d'où l'on tire enfin

$$\frac{1}{x}-\frac{1}{p}=\frac{1}{f}.$$

Le point N est donc complétement déterminé.

418. **Images des objets dont les points sont peu distants de l'axe.** — L'équation qui vient d'être obtenue en dernier lieu montre que l'abscisse x du foyer N (fig. 359) dépend uniquement de l'abscisse p du point lumineux. De là il résulte que les images de tous les points d'une petite droite MP, perpendiculaire à l'axe de la lentille, sont sur une autre droite NQ également perpendiculaire à l'axe, passant par le foyer conjugué du point P et se terminant à l'axe secondaire passant par le point M. — De là la construction de l'image d'un objet quelconque, pourvu que tous les points de cet objet soient peu distants de l'axe de la lentille.

De ce qui précède il résulte encore que, pour une dimension linéaire déterminée de l'objet, située à une distance p du centre optique, l'image offre une dimension linéaire correspondante qui est située à une distance p' du centre optique, et dont la grandeur est à la première dans le rapport $\frac{p'}{p}$.

Enfin, si p' est de même signe que p, l'image, se trouvant du même côté du centre optique que l'objet, est *droite* par rapport à l'objet; si p' a un signe contraire à celui de p, l'image, étant du côté opposé à l'objet par rapport au centre optique, est *renversée* par rapport à l'objet. — Ainsi, si l'on convient, pour la généralité de l'énoncé, d'appeler *objet virtuel* un système de points lumineux virtuels peu éloignés de la lentille, on peut dire que :

L'image virtuelle d'un objet réel........... L'image réelle d'un objet virtuel...........	est droite.
L'image réelle d'un objet réel............. L'image virtuelle d'un objet virtuel.........	est renversée.

On voit enfin que la discussion des valeurs de p', faite plus haut (413 et 414), comprend implicitement toute la discussion relative aux grandeurs et aux situations des images des lentilles. — Le cas particulier où $p = 2f$, la lentille étant convergente (413), mérite d'être remarqué : on a alors $p' = -2f$; il en résulte que l'image est réelle, renversée et égale en grandeur à l'objet.

419. **Mesure des distances focales principales des lentilles.** — 1° Pour les lentilles *convergentes*, lorsqu'on veut mesurer expérimentalement la distance focale principale, on peut se borner à mesurer la distance de la lentille à la petite image dans laquelle elle concentre les rayons solaires. — Mais on peut aussi faire usage de la propriété qu'on vient d'indiquer en dernier lieu, et chercher la position qu'il faut donner à un objet pour que son image lui soit égale : la distance de l'objet à la lentille est alors le double de la distance focale principale.

Un appareil construit par M. Silbermann (fig. 361) permet d'obtenir une assez grande précision dans l'application de ce procédé.

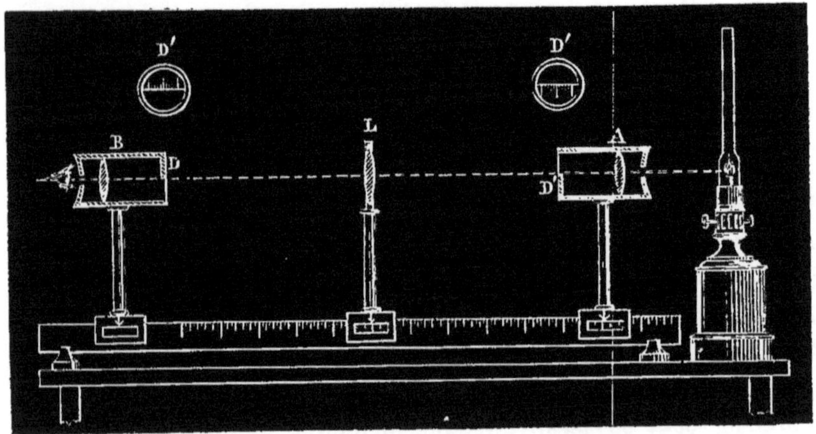

Fig. 361.

La lentille soumise à l'expérience étant placée en L au milieu d'une règle divisée, on pose, de part et d'autre du support qui la porte, d'autres supports auxquels sont fixées de petites lames translucides ayant la forme de deux demi-cercles inversement placés : l'un de ces demi-cercles est éclairé par une lampe dont la lumière est concentrée sur lui par une lentille A; on regarde l'autre à travers la loupe B. Une vis à double crémaillère, qui n'est pas visible dans la figure ci-contre, fait mouvoir simultanément ces deux supports, de manière qu'ils occupent toujours des positions symétriques par rapport à L. — Pour mesurer la distance focale principale d'une lentille, on fait varier la distance commune des plaques D et D′ à la lentille, jusqu'à ce que l'image renversée des traits de la plaque D′ vienne se placer exactement sur les traits de la plaque D. La distance LD, que la règle permet de mesurer exactement, est alors le double de la distance focale principale.

2° Pour les lentilles *divergentes* MN (fig. 362), on peut faire arriver en deux points différents deux faisceaux lumineux étroits AA′, BB′,

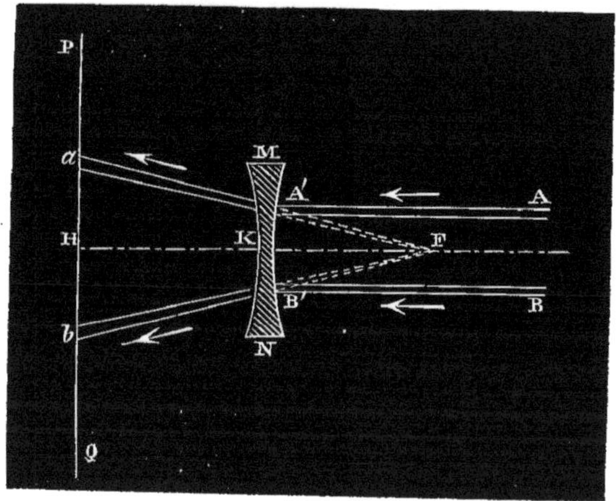

Fig. 362.

parallèles à l'axe, et chercher la distance à laquelle il faut placer un écran PQ pour que l'intervalle des points *a*, *b*, où les faisceaux réfractés le rencontrent, soit double de l'intervalle des points d'incidence A′, B′ sur la lentille. La figure montre que cette distance HK est alors égale à la distance focale principale KF[1].

(1) Il est aisé de voir qu'une méthode semblable peut être appliquée à la détermination de la distance focale principale des lentilles convergentes.

420. Aberration des lentilles. — Lentilles à échelons. — Lorsque l'étendue angulaire des surfaces réfringentes des lentilles n'est pas négligeable, les rayons marginaux émanés d'un point lumineux font leur foyer en un point sensiblement différent du foyer des rayons centraux. La figure 363 montre que, pour une lentille conver-

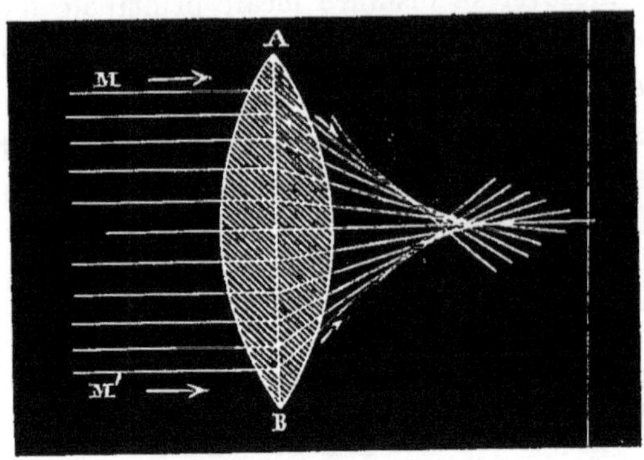

Fig. 363.

gente, le foyer des rayons marginaux parallèles à l'axe est plus rapproché de la lentille que le foyer des rayons centraux [1]. — On peut considérer d'ailleurs ici, comme pour les miroirs, deux espèces d'*aberrations* qui seront définies exactement de la même manière.

Réciproquement, lorsqu'on emploie des lentilles convergentes dont les surfaces réfringentes ont une étendue angulaire assez considérable, il est impossible de donner à un point lumineux une position telle, que les rayons réfractés par la lentille en sortent tous parallèlement à l'axe. — On doit à Fresnel un système de lentilles, dites *lentilles à échelons,* qui permettent de recueillir la lumière émise par une source dans un espace d'une étendue angulaire très-grande. et d'obtenir à l'émergence des rayons sensiblement parallèles.

Une lentille à échelons se compose, en général, comme l'indique la figure 364, d'une lentille plan-convexe L, dont le foyer principal est en F, par exemple, et qui n'a qu'une ouverture angulaire assez petite : cette lentille est environnée d'une série d'anneaux *aa'*, *bb'*, *cc'*, *dd'*, dont les surfaces convexes sont calculées de façon

[1] Voir, pour le tracé des rayons lumineux réfractés, la note de la page 209.

que le foyer principal de chaque anneau se trouve au point F. Il en résulte que les rayons émanés d'une source lumineuse placée en F, et tombant sur toute la surface lenticulaire, donnent nais-

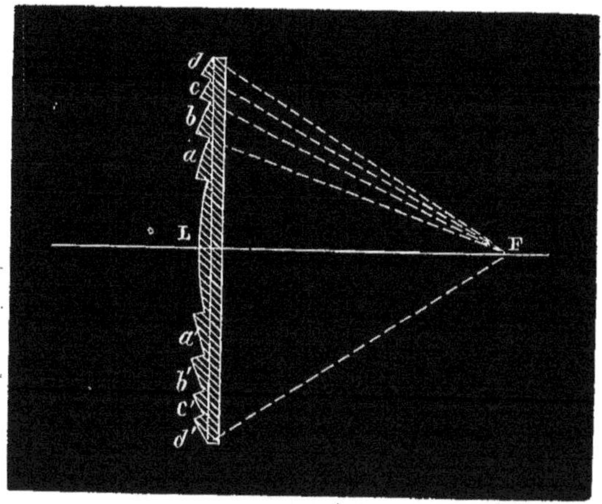

Fig. 364.

sance à un faisceau émergent qui est sensiblement parallèle à l'axe, et dont l'intensité reste sensiblement constante jusqu'à des distances très-considérables : c'est là la question qu'il s'agissait de résoudre pour l'éclairage des phares, et c'est cette solution qui est aujourd'hui universellement utilisée.

THÉORIE GÉNÉRALE DES CAUSTIQUES.

421. **Lemme préliminaire.** — Soit un faisceau de rayons lumineux CA, DB (fig. 365), parallèles entre eux et conséquemment normaux à un plan donné AM : supposons que ces rayons tombent sur un plan réfringent AB. Les rayons réfractés AE, BF constituant encore un faisceau parallèle, on peut les considérer comme nor-

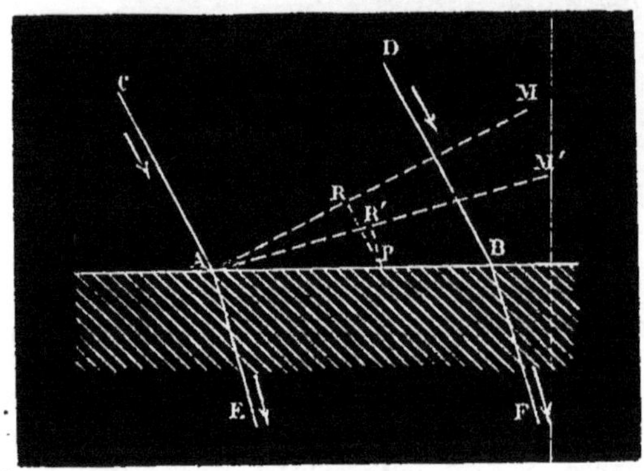

Fig. 365.

maux à un troisième plan AM', mené par l'intersection A des deux premiers. D'un point P de la surface réfringente, abaissons les perpendiculaires PR et PR' sur les deux plans AM et AM'. Le plan mené par ces deux perpendiculaires sera perpendiculaire à l'intersection commune A, et, si on le prend pour plan de la figure, il suffit de considérer les triangles APR et APR' pour apercevoir qu'on a la relation

$$\frac{PR'}{PR} = \frac{\sin PAR'}{\sin PAR} = \frac{1}{n},$$

n étant l'indice de réfraction. Mais si, du point P comme centre, on décrit des sphères avec les rayons PR et PR', elles seront tangentes aux plans AM et AM' en R et en R'. Par conséquent, si de tous les points du plan réfringent on décrit d'abord des sphères tangentes au plan AM, puis d'autres sphères dont les rayons soient respectivement égaux à ceux des précédents divisés par l'indice de réfraction, ces dernières sphères auront pour plan tangent commun, ou pour enveloppe, du côté de AM, un plan normal aux rayons réfractés. On peut donc énoncer le lemme suivant :

Si un faisceau de rayons normaux à un plan donné est réfracté par une surface plane, et qu'autour de chacun des points du plan réfringent comme centre on décrive d'abord une sphère tangente au plan normal sur les rayons incidents, puis une sphère dont le rayon soit à celui de la précédente comme l'unité est à l'indice de réfraction, l'enveloppe de toutes les sphères du second système, du côté du plan normal aux rayons incidents, *sera un plan normal à la direction des rayons réfractés.*

422. **Théorème fondamental de la théorie de la réfraction et de la réflexion.** (**Théorème de Gergonne.**) — Soient maintenant (fig. 366) des rayons normaux à une surface quel-

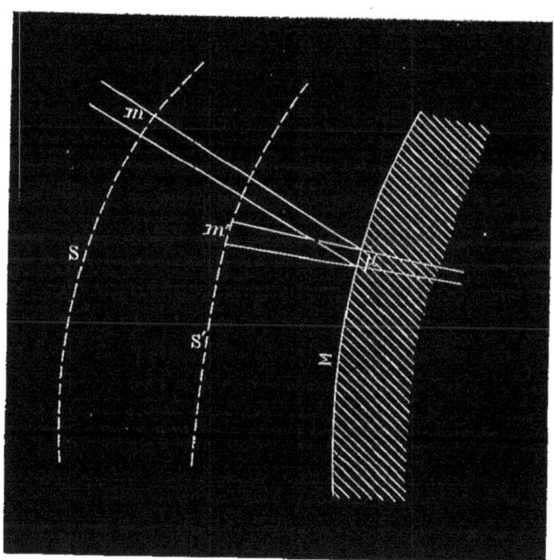

Fig. 366.

conque S, qui rencontrent une surface réfringente quelconque Σ. Prenons sur la surface S un élément *m* infiniment petit, et considérons le faisceau mince qui lui est normal : ce faisceau découpera sur Σ un élément μ ; et comme, en vertu de leurs dimensions infiniment petites, on peut confondre ces éléments avec les plans tangents, le lemme précédent sera applicable. Donc, en décrivant autour des points de l'élément μ, comme centres, des sphères tangentes à l'élément m, et ensuite d'autres sphères dont les rayons soient égaux à ceux des précédentes, divisés par l'indice de réfraction, on déterminera, par les intersections successives de ces dernières sphères, un élément plan m' normal aux rayons réfractés par l'élément μ. La même construction, répétée pour tous les éléments de la surface Σ, engendrera une infinité d'éléments tels que m', dont l'ensemble constituera une surface S' normale aux rayons réfractés. De là le théorème général suivant :

Des rayons normaux à une surface quelconque étant réfractés par une surface quelconque, on obtient une surface normale aux rayons réfractés en construisant autour de chaque point de la surface réfringente, considéré comme centre, d'abord une sphère tangente à la surface normale sur les rayons incidents, puis une sphère dont le rayon soit égal à celui de la sphère précédente divisé par l'indice de réfraction, et en cherchant la portion de la surface enveloppe des sphères du second système qui est située du même côté de la surface réfringente que la surface normale aux rayons incidents [1].

Il n'est pas inutile de faire remarquer que, si l'on connaît une surface normale aux rayons réfractés, on en peut obtenir une infinité d'autres, en portant des longueurs égales sur les rayons réfractés eux-mêmes, à partir des points où leurs directions rencontrent cette surface.

Les sphères du premier système ont pour enveloppe, d'un côté de la surface réfringente, la surface normale aux rayons incidents. Mais elles ont encore une autre enveloppe, de l'autre côté de la surface réfringente, et il est facile de démontrer que cette deuxième enveloppe est normale aux rayons *réfléchis*. — On peut donc réunir dans un énoncé unique les deux théorèmes relatifs à la réfraction et

[1] Ce théorème, qui comprend et résume toute la théorie de la réfraction, a été démontré analytiquement, pour la première fois, par Gergonne; mais il a été le résultat définitif d'un ensemble étendu de recherches, dû tant à Gergonne qu'à Malus et à MM. Charles Dupin et Sturm. La démonstration géométrique qu'on vient de lire est empruntée à un professeur belge, M. Timmermans.

à la réflexion, en considérant la réflexion comme une réfraction dont l'indice serait égal à -1.

423. **Conséquences du théorème précédent.** — D'importantes conséquences se déduisent du théorème qui précède :

1° Des rayons primitivement normaux à une surface (et par conséquent des rayons émanés d'un point unique, qu'on peut toujours regarder comme normaux à une sphère) sont encore normaux à une surface, après un nombre quelconque de réflexions ou de réfractions. — Le calcul nécessaire à la détermination de cette dernière surface n'exige que des différentiations et des éliminations.

2° Étant données les surfaces auxquelles les rayons lumineux sont normaux, avant et après un système quelconque de réfractions et de réflexions, on peut toujours trouver une surface réfringente (ou réfléchissante) unique, d'indice de réfraction donné, qui produise le même effet que le système entier des réflexions et des réfractions. Il suffit de chercher une surface Σ telle, que deux sphères ayant leurs centres en un même point de cette surface et tangentes respectivement aux surfaces S et S′ aient leurs rayons dans le rapport de l'indice de réfraction à l'unité.

3° Après un nombre quelconque de réfractions et de réflexions, les rayons émanés d'un point forment deux systèmes de surfaces développables, qui se coupent à angle droit. L'ensemble des arêtes de rebroussement de toutes les surfaces développables d'un système est une nappe de la surface caustique. Cette surface est donc, en général, à deux nappes. — Lorsque les surfaces réfringentes sont toutes de révolution autour d'une droite passant par le point lumineux, l'une des nappes de la surface caustique se réduit à l'axe de révolution; l'autre est une surface de révolution autour de cet axe.

4° *Tous les rayons qui constituent un faisceau réfracté (ou réfléchi) infiniment délié vont rencontrer deux droites infiniment petites, contenues dans deux plans rectangulaires.* (Théorème de Sturm.)

Ce dernier théorème, dont la démonstration analytique et la vérification expérimentale sont dues à Sturm, peut se déduire aisément du théorème fondamental de Gergonne. — Soit ACBD (fig. 367) une portion de surface infiniment petite, à laquelle sont normaux les rayons lumineux d'un faisceau infiniment étroit. Par le centre

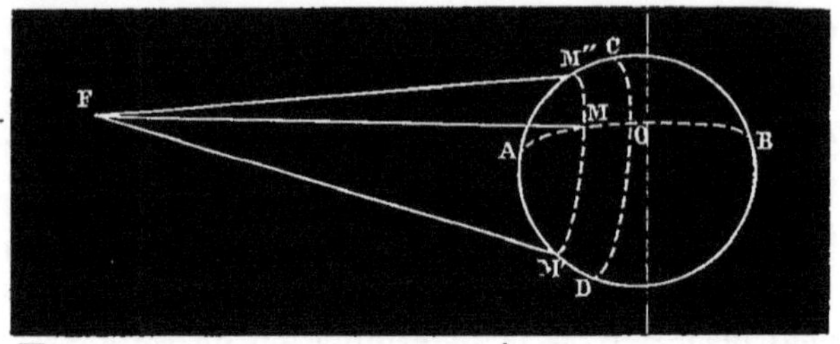

Fig. 367.

de gravité, ou par un point quelconque O de cette surface, menons les deux lignes de courbure orthogonales AB, CD; par un point M de la ligne AB menons la ligne de courbure M′MM″ perpendiculaire sur AB. On pourra, en négligeant des infiniment petits d'ordres supérieurs, considérer toutes les normales à la surface, menées par les divers points de M′MM″, comme rencontrant en un même point F la normale menée par le point M. On en dira autant de toutes les normales menées par les points d'une autre ligne de courbure perpendiculaire sur AB, et l'on établira ainsi que tous les rayons vont rencontrer le lieu des points F, c'est-à-dire une droite infiniment petite, contenue dans la surface développable qui a pour génératrices les normales menées par les divers points de AB. — On établira de même que ces normales vont rencontrer une autre droite infiniment petite contenue dans une surface développable, orthogonale sur la précédente, puisqu'elle a pour génératrices les normales menées par les divers points de CD. D'ailleurs, deux surfaces développables orthogonales et infiniment petites se réduisent à deux plans rectangulaires.

424. **Images par réfraction ou par réflexion.** — Le théorème de Sturm montre qu'il n'y a pas, à proprement parler, dans le cas général, d'images par réfraction ou par réflexion. — Cependant, lorsque l'intervalle des deux droites focales est une petite fraction de la distance qui sépare chacune d'elles du diaphragme par lequel le faisceau est limité, les droites focales sont très-petites toutes

les deux, et le faisceau réfracté est très-resserré sur lui-même, dans la région intermédiaire à ces deux droites, et même un peu au delà, des deux côtés. Il y a donc un espace de quelque étendue dans lequel il est possible d'obtenir sur un écran une image passable d'un objet lumineux.

Si cet objet est une droite parallèle à l'une des lignes focales, l'image offrira la plus grande netteté possible, lorsqu'on la recevra sur un écran passant par cette ligne focale.

Dans le cas général, le maximum de netteté aura lieu lorsque l'intersection du faisceau par l'écran différera le moins possible d'un cercle.

Enfin, si les deux droites focales se coupent, tous les rayons réfractés doivent passer par le point d'intersection, qui mérite alors complétement le nom de *foyer*.

425. **Application à la théorie de la vision au travers d'un milieu réfringent terminé par une surface plane.** — Les considérations qui précèdent s'appliquent évidemment aux images virtuelles, aussi bien qu'aux images réelles, et font disparaître les difficultés qu'on rencontre dans la théorie ordinaire de la vision au travers d'un ou plusieurs milieux réfringents.

En effet, lorsqu'on veut déterminer ce qu'on appelle le foyer virtuel d'un point lumineux par rapport à un plan réfringent, en cherchant le point d'intersection des prolongements de deux rayons réfractés infiniment voisins, nous allons montrer qu'on trouve pour ce foyer deux positions très-différentes, suivant qu'on emploie, pour le déterminer, des rayons voisins également inclinés sur la normale à la surface réfringente, ou des rayons voisins contenus dans un même plan normal à cette surface.

1° Soit un point lumineux S (fig. 368), placé dans l'eau, par exemple, et émettant des rayons qui tendent à passer dans l'air extérieur; nous ne considérerons d'ailleurs que les rayons dont l'incidence est telle qu'ils puissent émerger. Il est évident que tous les rayons incidents partis de S, dans des directions également inclinées sur la normale SN, tels que S*b*, SI, S*a*, prennent, après la réfraction, des directions telles que leurs prolongements aillent se couper en un même point F, situé sur cette normale : on a alors, en désignant par i l'angle formé par l'un des rayons émergents et la nor-

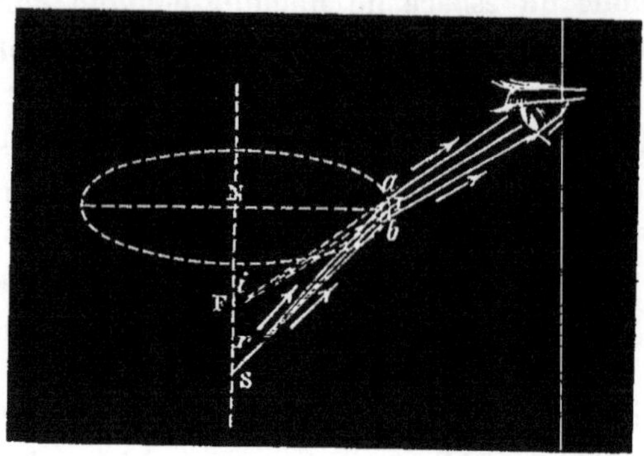

Fig 368.

male, et par r l'angle formé par l'un des rayons incidents et la normale,

$$IN = IF \sin i = IS \sin r,$$

d'où l'on tire, en désignant par n l'indice de réfraction de l'eau,

$$(1) \qquad IF = IS \frac{1}{n};$$

on a d'ailleurs, en même temps,

$$\frac{FN}{SN} = \frac{\cot i}{\cot r},$$

ce qui donne

$$(2) \qquad FN = SN \frac{\cot i}{\cot r},$$

et ces relations (1) et (2) déterminent la position du point F.

2° Si maintenant, pour le même point lumineux S, on considère le point d'intersection P des prolongements des rayons réfractés qui correspondent à deux rayons incidents infiniment voisins SI, SI' (fig. 369), contenus dans un même plan normal à la surface réfringente, les deux triangles infinitésimaux SII', PII' donnent

$$\frac{II'}{IS} = \frac{dr}{\cos r},$$

$$\frac{II'}{IP} = \frac{di}{\cos i};$$

d'où l'on tire, en éliminant II' entre ces équations,

$$\text{IP} = \text{IS}\,\frac{\cos i}{\cos r}\,\frac{dr}{di},$$

ou enfin, en remarquant que la relation $\sin i = n \sin r$ donne, par différentiation, $\cos i\,di = n \cos r\,dr$,

$$\text{(1 bis)} \qquad \text{IP} = \text{IS}\,\frac{1}{n}\cdot\frac{\cos^2 i}{\cos^2 r};$$

on a d'ailleurs, en même temps,

$$\frac{\text{PH}}{\text{SN}} = \frac{\text{IP}\cos i}{\text{IS}\cos r},$$

ce qui donne

$$\text{(2 bis)} \qquad \text{PH} = \text{SN}\,\frac{1}{n}\,\frac{\cos^3 i}{\cos^3 r},$$

et ces relations (1 *bis*) et (2 *bis*) déterminent la position du point P, absolument différente, comme on voit, de celle du point F (fig. 368).

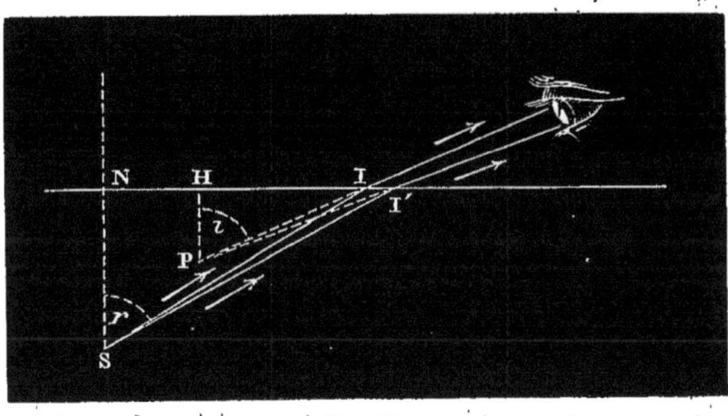

Fig. 369.

— Il semble d'ailleurs qu'il n'y ait pas de raison d'adopter l'une des solutions plutôt que l'autre.

Mais, en réalité, les points F et P ne sont pas des foyers ; ils définissent les positions des deux droites focales, relatives au faisceau étroit que limite l'ouverture de la pupille. — En effet, en considérant les rayons de ce faisceau comme distribués suivant des surfaces coniques, ayant S pour sommet et SN pour axe, on voit qu'après la réfraction les sommets des cônes réfractés sont distribués suivant une petite longueur de la normale NS, au voisinage de F. De même, en prenant les rayons situés dans divers plans normaux, on obtient pour le point P une série de positions distribuées sur une petite droite perpendiculaire au plan normal moyen. Il n'y a donc pas de foyer véritable, mais un simple étranglement du faisceau réfracté, entre les points P et F et dans leur voisinage; par conséquent, l'œil ne peut apercevoir qu'une image très-imparfaite d'un objet situé derrière le plan réfringent.

Cependant, si l'objet est un fil de petit diamètre, normal au plan réfringent, l'ensemble des droites focales situées sur la normale pourra être considéré comme une image nette, excepté aux extrémités. — Au contraire, si l'objet est un fil de petit diamètre, perpendiculaire au plan moyen de réfraction, c'est l'ensemble des droites focales horizontales qui constituera une image nette, sauf aux extrémités.

Enfin, si l'incidence est voisine de l'incidence normale, $\frac{\cos i}{\cos r}$ ne différant pas sensiblement de l'unité, les droites focales seront très-près de se confondre, et on pourra, par approximation, admettre l'existence d'un véritable foyer et d'une véritable image virtuelle, quelle que soit la forme de l'objet.

426. **Vision au travers d'un prisme.** — La position des droites focales peut encore être déterminée facilement dans le cas d'un prisme, lorsque le plan moyen de réfraction est perpendiculaire à l'arête. — Cette détermination conduit d'ailleurs, comme on va le voir, à une conséquence importante lorsque, le prisme étant dans la position du minimum de déviation, le faisceau lumineux est très-voisin de l'arête réfringente.

Soient MIN (fig. 370) l'angle réfringent, S le point lumineux. Soit SI le rayon lumineux qui forme l'axe du faisceau incident que l'on considère : on supposera ce rayon contenu dans un plan perpendiculaire à l'arête réfringente, et tombant sur l'arête elle-même; soient alors IH le prolongement du rayon lumineux après la première réfraction, IK le prolongement du rayon lumineux après sa sortie du prisme. — Si l'on considère d'abord, avec le rayon SI, les rayons infiniment voisins qui sont contenus dans le même plan perpendiculaire à l'arête du prisme, ils seront réfractés par la première sur-

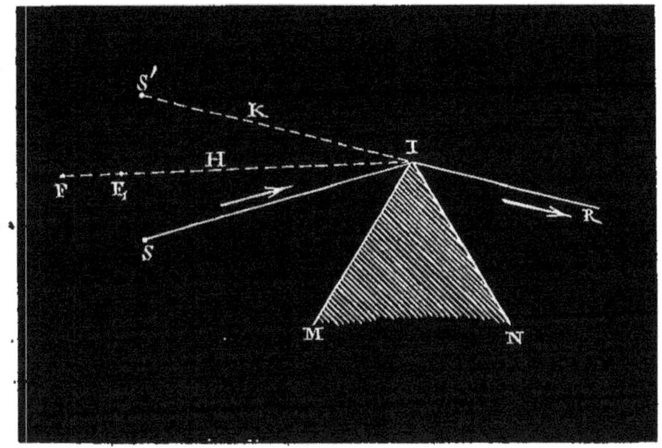

Fig. 370.

face de manière que leurs prolongements aillent se couper sur IH, en un point F défini par la condition

$$IF = IS \cdot n \cdot \frac{\cos^2 r}{\cos^2 i};$$

après la seconde réfraction, ces mêmes rayons auront des directions telles, que leurs prolongements aillent se couper sur IK, en un point S' défini par la condition

$$IS' = IF \cdot \frac{1}{n} \cdot \frac{\cos^2 i'}{\cos^2 r'}$$

ou bien

$$IS' = IS \cdot \frac{\cos^2 r \cos^2 i'}{\cos^2 r' \cos^2 i};$$

or, dans l'hypothèse du minimum de déviation, cette condition se réduit à $IS' = IS$; donc déjà l'une des droites focales passe par le point S', situé sur le prolongement du rayon émergent, à la même distance de l'arête réfringente que le point lumineux. Si l'on considère maintenant, avec le rayon SI, les rayons infiniment voisins qui sont contenus dans le plan mené par SI et par l'arête réfringente, on peut remarquer que ce plan se confond avec un élément de la surface conique qui aurait pour sommet le point S, pour axe la normale menée du point S à la surface MI et qui passerait par le point I. Les prolongements des rayons réfractés correspondants iront donc se couper sur IH en un point F_1 défini par la condition

$$IF_1 = IS \times n.$$

De même, après la seconde réfraction, ces rayons iront se couper sur IK en un point S'_1, qui serait défini par la condition

$$IS'_1 = \frac{IF_1}{n}$$

ou bien

$$IS'_1 = IS;$$

ainsi le point S′ et le point S'_1 se confondent, et les deux droites focales coïncident.

Donc, lorsque le prisme est, par rapport à l'axe du faisceau lumineux, dans la position du minimum de déviation, il donne une image virtuelle d'un objet, égale en grandeur à l'objet et située à la même distance de l'arête réfringente. Cette image se verrait nettement en mettant l'œil très-près de l'arête du prisme, si le phénomène de la dispersion n'existait pas.

DE L'ŒIL ET DE LA VISION.

427. **Des divers milieux réfringents de l'œil.** — La description complète de l'œil appartient à l'anatomie descriptive : on rappellera seulement ici la disposition relative des divers *milieux réfringents* qui concourent à la formation des images.

L'enveloppe externe de l'œil est formée, comme on sait, en avant par la *cornée transparente*, en arrière et latéralement par la sclérotique ou cornée opaque. La sclérotique est tapissée intérieurement par la choroïde, qui se réfléchit de manière à former les procès ciliaires ; ceux-ci maintiennent le *cristallin* dans une position perpendiculaire à l'axe horizontal du globe oculaire. En avant du cristallin, et immédiatement en contact avec lui et avec les procès ciliaires, est une cloison constituée par la membrane de l'iris, dans laquelle se trouve l'ouverture de la pupille.

L'*humeur aqueuse* remplit l'intervalle compris entre la cornée transparente et la membrane de l'iris, c'est-à-dire la cavité désignée sous le nom de chambre antérieure [1]. — Le *corps vitré* remplit la cavité contenue entre les procès ciliaires, le cristallin et le fond de l'œil.

Enfin la partie postérieure de cette cavité est tapissée par la membrane sensible qui a été désignée sous le nom de *rétine*, et qui n'est qu'un épanouissement du nerf optique auquel la sclérotique donne passage.

Les conditions desquelles dépend la formation des images, par cette succession de divers milieux, sont, d'une part, les rayons de courbure de leurs surfaces de séparation et les distances qui existent entre ces surfaces ; d'autre part, les indices de réfraction de ces milieux eux-mêmes.

(1) On a cru longtemps qu'il existe un espace entre l'iris et le cristallin : c'est ce qu'on avait nommé la chambre postérieure; elle communiquait avec la chambre antérieure par l'ouverture de la pupille. Il paraît aujourd'hui bien établi que l'iris est immédiatement appliqué sur le cristallin, et qu'il n'existe pas, en réalité, de chambre postérieure.

L'observation a fourni, pour l'œil de l'homme, les valeurs moyennes suivantes :

DIMENSIONS MOYENNES MESURÉES SUR L'OEIL DE L'HOMME.

Diamètre antéro-postérieur du globe oculaire	25 millimètres.
Distance de la cornée transparente au cristallin	3 ———
Épaisseur du cristallin	4 ———
Distance du cristallin au fond de l'œil	15 ———
Épaisseur de la rétine	$0^{mm},1$ à $0^{mm},2$
Rayon de courbure de la cornée transparente	8 millimètres.
Rayon de courbure de la première surface du cristallin	10 ———
Rayon de courbure de la seconde surface du cristallin[1]	6 ———

INDICES MOYENS DE RÉFRACTION.

Cornée transparente	1,3507
Humeur aqueuse	1,3420
Cristallin, couche externe	1,4053
Cristallin, couche moyenne	1,4294
Cristallin, noyau central	1,4541
Corps vitré	1,3485

428. **De la théorie physique de la vision.** — Les deux surfaces de la cornée étant partout sensiblement équidistantes, on peut négliger leur action sur les rayons lumineux et raisonner comme si ces rayons passaient immédiatement de l'air dans l'humeur aqueuse.

Un faisceau conique émané d'un point lumineux éprouve alors trois réfractions successives, en passant : 1° de l'air dans l'humeur aqueuse; 2° de l'humeur aqueuse dans le cristallin; 3° du cristallin dans le corps vitré. Il est facile de voir que ces réfractions tendent, toutes les trois, à le transformer en un faisceau convergent. En effet, les deux premières surfaces réfringentes sont convexes du côté d'où vient la lumière, qui est aussi le côté du milieu le moins réfringent; la troisième surface est concave du côté d'où vient la lumière, mais comme ce côté est celui du milieu le plus réfringent, cette troisième réfraction a encore pour effet d'augmenter la con-

[1] La forme de la cornée est à peu près sphérique. La forme réelle de la première surface du cristallin est celle d'un ellipsoïde de révolution ; la forme réelle de la seconde surface est celle d'un paraboloïde de révolution.

vergence déterminée par les deux premières [1]. — Il doit donc se former, au delà de ces trois surfaces, une image réelle et renversée des objets extérieurs, tant que la distance de ces objets à l'œil n'est pas inférieure à une limite déterminée.

Si cette image est dépourvue d'aberrations et se forme sur la rétine, les impressions produites par les rayons émanés des divers points d'un objet extérieur affectent des points différents de la surface nerveuse sensible, et, dès lors, elles peuvent être distinguées les unes des autres. Si l'on supposait, au contraire, que, l'appareil réfringent étant supprimé, la rétine fût directement exposée à l'action de la lumière, il ne pourrait y avoir qu'une sensation uniforme, résultant de la superposition de tous les faisceaux lumineux envoyés par les objets extérieurs, et tout à fait impropre à nous révéler l'existence distincte de ces objets et l'ordre dans lequel ils sont disposés. Si l'image se forme en avant ou en arrière de la rétine, ou si elle est affectée d'aberrations notables, les impressions diverses empiètent plus ou moins les unes sur les autres, et la séparation des sensations correspondantes est imparfaite. — On conçoit, par ces considérations succinctes, comment la possibilité de la vision est liée à la formation d'une image sur la rétine, et comment la netteté de la vision dépend de la netteté de cette image elle-même.

La *théorie physique* de la vision doit comprendre exclusivement l'examen de l'image réelle qui se forme dans l'œil et de l'appareil réfringent qui la produit. — Les phénomènes consécutifs appartiennent à la physiologie. L'étude de ces phénomènes, qui doit toujours finir par s'arrêter devant un fait primitif et inexplicable, savoir, la transformation de l'impression matérielle en sensation, ne donne guère de résultats qu'il importe au physicien de connaître. Il lui suffit de savoir que la nature des sensations visuelles ne dépend pas de l'agent qui les produit, mais uniquement des propriétés vitales du nerf optique : qu'une inflammation morbide de la rétine, un coup

[1] Le foyer principal d'une surface concave réfringente étant déterminé par l'équation $\frac{n}{\pi} = \frac{n-1}{R}$, si n est plus petit que l'unité, π est négatif, et par conséquent le foyer est réel. L'effet de la surface réfringente est donc de rendre convergent un faisceau parallèle.

sur l'œil, une opération chirurgicale sur le nerf optique déterminent la sensation des couleurs, tout aussi bien que la lumière, et n'en déterminent pas d'autre. De tous ces faits d'expérience on ne doit pas conclure que la nature de la sensation soit indépendante de la nature de la lumière, ce qui serait contradictoire à l'expérience, mais simplement que la dépendance des deux ordres de phénomènes ne peut être établie que d'une manière empirique, et que toute théorie *a priori* serait vaine en cette matière.

429. **Preuve expérimentale de la formation d'une image renversée sur la rétine et de l'existence d'un centre optique dans l'œil.** — La disposition suivante, qui est due à Volkmann, permet de démontrer que les objets placés devant l'œil, à une distance convenable, donnent sur la rétine une image réelle renversée, et que, dans le système réfringent complexe qui constitue l'œil, il se trouve un point qui jouit des propriétés du *centre optique* des lentilles.

On trace sur un carton plan une série de lignes droites AA′, BB′, CC′, qui se coupent en un même point I (fig. 371); aux points A,

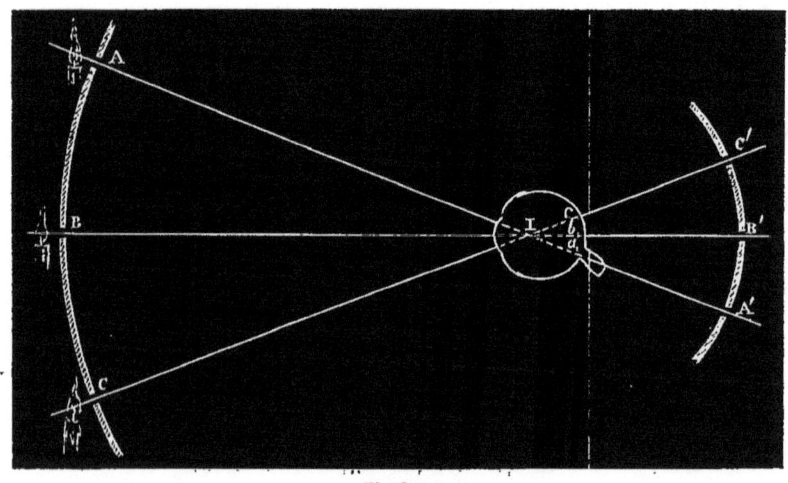

Fig. 371.

B, C, situés à la même distance du point d'intersection, on fixe des fentes verticales étroites, derrière lesquelles on place des lumières;

en A', B', C', de l'autre côté du point I, on fixe d'autres fentes verticales. On prend alors un œil de bœuf, que l'on a préparé de manière à bien l'isoler extérieurement à sa partie postérieure, et dont on a aminci la sclérotique de façon à la rendre transparente. On pose cet œil au-dessus du point I, de manière que la cornée soit tournée du côté des fentes lumineuses A, B, C, et on le déplace jusqu'à ce que les deux images *a*, *b* des fentes A et B, qui se forment sur la rétine et que l'on aperçoit au travers de la sclérotique amincie, soient bien en ligne droite avec les fentes elles-mêmes, pour un observateur placé successivement derrière les fentes A' et B'. Lorsque cette condition est satisfaite, il se trouve qu'elle l'est également pour toutes les autres fentes, telles que C, quel qu'en soit le nombre. Les droites qui joignent l'image d'un point lumineux sur la rétine à ce point lui-même se coupent donc toutes *en un même point*, c'est-à-dire que ce point se comporte, par rapport au système réfringent qui constitue l'œil, comme le centre optique par rapport à une lentille. Il en résulte que les grandeurs des images formées dans l'œil seront liées à celles des objets par les relations qui ont été établies pour les lentilles convergentes.

La position de ce point remarquable paraît être à l'intérieur du cristallin, à un ou deux dixièmes de millimètre de la seconde surface; il est donc situé à peu près à 15 millimètres en avant de la rétine, pour un œil moyen.

430. **Preuve expérimentale de la liaison qui existe entre la netteté de l'image et la netteté de la vision.** — Un grand nombre d'expériences démontrent le fait, qui a été admis plus haut (428), de la liaison qui existe entre la netteté de l'image et la netteté de la vision. On citera seulement ici l'expérience suivante, qui est due à Scheiner.

On place devant l'œil une carte percée de deux trous d'épingle, situés sur une même ligne verticale et séparés par un intervalle moindre que le diamètre de la pupille; on regarde au travers de ces ouvertures un objet délié très-voisin, tel que la pointe d'une aiguille placée horizontalement; on constate que l'objet apparaît double, si sa distance à l'œil est suffisamment petite; si l'on retire alors la carte, on ne voit plus que très-confusément l'objet, ou même on ne l'aperçoit plus du tout. — Si maintenant on replace la carte et qu'on éloigne successivement l'objet de l'œil, on constate que les deux images se rapprochent l'une de l'autre; lorsqu'elles arrivent à se confondre exactement, on reconnaît qu'on peut retirer la carte sans que les contours de l'objet perdent leur netteté.

La figure 372 fait immédiatement concevoir ces divers phénomènes. Lorsque la pointe de l'aiguille P est très-voisine de la carte, le foyer conjugué du point P par rapport à l'œil est situé en un point P',

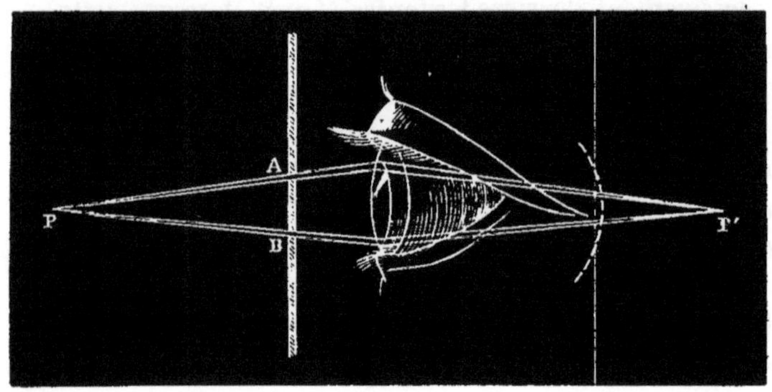

Fig. 372.

au delà de la rétine, dont la position est indiquée ici par un trait discontinu; par suite, les deux faisceaux étroits PA et PB qui passent par les trous de la carte viennent rencontrer la rétine en deux régions différentes et donnent naissance à deux impressions distinctes. Lorsqu'on retire la carte, la rétine est éclairée suivant la section du cône qui a pour sommet le point P', et il en résulte une impression confuse, qui peut n'avoir aucun rapport précis avec la forme de l'objet lui-même. Enfin, quand on éloigne progressivement le point P, le foyer conjugué P' se rapproche de la rétine, et les deux impressions se réduisent à une seule au moment où le point P' se trouve sur la rétine; on conçoit donc que, à cet instant, on puisse enlever la carte sans que la sensation cesse de rester parfaitement nette[1].

[1] Un myope observe une duplication de l'image aussi bien lorsque l'objet est trop éloigné de l'œil que lorsqu'il en est trop voisin.

431. **Restriction à la généralité absolue de la liaison précédente.** — La théorie de la liaison entre la netteté de l'image et la netteté de la vision, lorsqu'on la prend dans un sens absolu, semble indiquer que, si l'image d'un objet se forme exactement sur la rétine, l'œil doit toujours apercevoir jusqu'aux plus petits détails de cet objet. — Elle semble indiquer, d'autre part, que si l'image ne se forme pas rigoureusement sur la rétine, elle doit toujours offrir des contours plus ou moins confus.

Or l'expérience apprend, au contraire, que la *vision distincte*, c'est-à-dire la vision où les contours des objets sont nettement tranchés, n'a pas toujours pour conséquence la vision des derniers détails; c'est ainsi que nous voyons nettement le contour de la lune ou d'une chaîne de montagnes éloignée, sans pouvoir discerner les détails que présentent ces objets. — D'un autre côté, il est impossible que l'œil, comme tous les autres organes, ne tolère pas certaines déviations des conditions idéales qui sont nécessaires à l'exercice parfait de sa fonction propre.

La solution de ces deux difficultés doit être demandée à l'expérience : elle repose sur le fait fondamental suivant.

432. **Un objet n'est sensible à la vue que si les dimensions de son image sur la rétine excèdent une limite déterminée.** — Les expériences de Volkmann, sur des cheveux placés devant un fond blanc ou sur des fils d'araignée placés devant un fond noir, montrent que l'impression produite par ces objets est insensible : il est impossible de les distinguer du fond sur lequel ils se projettent, lorsque les plans menés par leurs bords et le centre optique de l'œil ne forment pas un angle supérieur à une limite déterminée. Pour les vues ordinaires, cette limite est d'environ 15 secondes ; pour certains yeux, elle s'abaisse à 10 secondes ; pour d'autres, elle s'élève à 20 secondes. La largeur correspondante de l'image formée sur la rétine est d'environ $\frac{1}{800}$ de millimètre [1].

[1] Ces nombres ne conviennent qu'à la partie centrale de la rétine ; la sensibilité d'appréciation des parties périphériques est beaucoup moindre. Ils dépendent aussi de l'intensité lumineuse ; ils diminuent beaucoup lorsqu'on opère, non plus sur un fil d'araignée tendu devant un fond noir, mais sur un fil de platine porté à l'incandescence.

Ce phénomène offre une analogie manifeste avec une loi générale de la sensibilité tactile, qui a été démontrée par M. Ernest Weber. Le sens du toucher ne peut apprécier l'intervalle de deux points qu'autant que cet intervalle est supérieur à une certaine limite. C'est ainsi, par exemple, qu'en appuyant simultanément les deux pointes d'un compas sur la main on ne perçoit deux impressions distinctes que si la distance de ces deux pointes entre elles n'est pas trop faible. — La limite de distance à partir de laquelle l'intervalle qui sépare les deux impressions devient perceptible est d'ailleurs variable pour les diverses régions du corps. Elle n'est que de 2 à 4 millimètres sur la face palmaire des doigts; elle est d'environ 30 millimètres sur le dos de la main; enfin elle atteint 55 à 65 millimètres sur la peau qui couvre la colonne vertébrale.

L'anatomiste doit chercher à expliquer, par la structure de la rétine et par les dimensions de ses derniers éléments organisés, le fait qui est énoncé au commencement de ce paragraphe, et qui est fondamental pour toute cette partie de la théorie de la vision. Le physicien peut se borner à en déduire les conséquences suivantes :

1° La netteté de la vision n'a aucun rapport avec la visibilité des détails plus ou moins délicats; à netteté égale, les dimensions absolues du plus petit détail visible varient en raison inverse de la distance des objets à l'œil.

2° Toute déviation des conditions idéales de la vision parfaite, qui ne donne pas à l'image d'un point lumineux des dimensions égales à celles de la plus petite image perceptible, est tolérée par l'œil et n'altère pas la netteté de la vision. Il résulte en effet de ces déviations que le contour de l'image d'un objet est bordé d'une zone à teintes dégradées, qui a précisément pour largeur le diamètre du cercle d'aberration d'un point lumineux unique; si cette largeur n'atteint pas la limite nécessaire à la perception des images rétiniennes, la zone à teintes dégradées est pour l'œil comme si elle n'existait pas.

433. **Des diverses espèces de vues.** — On peut distinguer quatre espèces de vues, différant entre elles par les limites des distances auxquelles elles distinguent les objets.

1° *Vue normale.* — Un œil normal voit distinctement les objets situés à une distance très-grande, comme la lune, les montagnes ou les édifices éloignés : les contours de tous ces objets lui apparaissent nettement tranchés, sans que les détails en soient sensibles. Il voit encore distinctement, et sans avoir conscience d'un effort sensible, des objets situés à une distance beaucoup moins considérable. Enfin, il voit également d'une manière distincte, mais avec la conscience d'un effort intérieur, les objets très-voisins, jusqu'à une distance *minima* qui est d'environ 15 centimètres en moyenne. — Au-dessous de cette dernière limite, toute vision distincte est impossible.

2°. *Vue presbyte.* — L'œil presbyte ne diffère de l'œil normal que par la grandeur de la limite inférieure de la vision distincte. Il voit encore distinctement les objets situés à une distance très-grande, mais la vue ne reste distincte que jusqu'à une distance notablement supérieure à 15 centimètres[1].

3° *Vue myope.* — L'œil myope ne voit distinctement qu'entre deux limites *finies*, variables d'un individu à l'autre ; la limite inférieure est généralement moins éloignée que pour l'œil normal ; la limite supérieure, excepté dans des cas très-rares, n'atteint pas 6 à 8 mètres, et n'est souvent que de quelques centimètres[2].

4° *Vue hypermétrope.* — L'œil hypermétrope est caractérisé par la faculté de faire converger exactement sur la rétine des faisceaux déjà convergents. — Il arrive quelquefois qu'il peut également faire converger sur la rétine des faisceaux parallèles ou faiblement divergents; il voit alors distinctement les objets situés à une grande distance. D'autres fois, il ne peut faire converger sur la rétine que des faisceaux déjà convergents, et ne voit alors nettement à aucune distance.

(1) Au point de vue physique, il n'y a aucune différence essentielle entre l'œil presbyte et l'œil normal; au point de vue pratique, il y en a une fort importante, lorsque la distance minima de la vision distincte excède beaucoup 15 centimètres.

(2) En raison de la petite distance de la rétine au centre optique de l'œil, si l'appareil réfringent est constitué de manière à donner sur la rétine l'image des objets éloignés de 6 à 8 mètres, il donne également, sur la même surface, une image presque aussi nette des objets les plus éloignés. L'œil ne peut donc plus alors, à proprement parler, passer pour myope.

434. **Accommodation de l'œil pour la vision à diverses distances.** — De l'ensemble des faits qui précèdent il résulte qu'il y a pour l'œil, en général, non pas une distance unique de vision distincte, mais une infinité de distances, comprises entre deux limites déterminées[1].

On a quelquefois expliqué cette remarquable propriété de l'organe de la vue, en l'assimilant simplement à une lentille de très-court foyer. En effet, dans la formule des lentilles convergentes,

$$\frac{1}{p'} - \frac{1}{p} = -\frac{1}{f};$$

on peut alors considérer p comme représentant la distance des objets au centre optique de l'œil, et p' comme représentant la distance du centre optique à l'image. Cette formule donne

$$p' = -\frac{fp}{p-f}.$$

Or, si l'on suppose que f soit très-petit, cette valeur de p' peut être considérée comme sensiblement égale à f, en valeur absolue, tant que la distance p est égale à un multiple considérable de f. Cette considération fait bien comprendre comment l'œil peut voir distinctement à une distance infinie, et voir encore distinctement à une distance de 10 mètres; mais elle n'explique pas comment la vision peut être distincte à la fois pour une distance de 10 mètres et pour une distance de 15 centimètres[2].

(1) Il est question, dans certains traités de physique, d'une distance unique de la vision distincte, qu'on dit être en moyenne de 30 centimètres. Ce n'est guère autre chose que la distance à laquelle il est commode de lire un livre imprimé avec des caractères de dimensions moyennes : il est à peine besoin d'ajouter qu'une distance ainsi définie n'a aucune importance au point de vue scientifique.

(2) On peut supposer les milieux réfringents de l'œil remplacés par une lentille sans épaisseur, ayant son centre optique au centre optique de l'œil et son foyer principal sur la rétine, c'est-à-dire à 15 millimètres de distance environ. La formule des lentilles donne alors, en supposant p égal à 10 mètres,

$$p' = 15^{mm},023;$$

et en supposant p égal à 15 centimètres,

$$p' = 16^{mm},666.$$

Sturm avait essayé de donner une base plus solide à la théorie qui nie l'existence d'une accommodation de l'œil, en tenant compte de la figure réelle des surfaces réfrin-

D'ailleurs, la conscience de l'effort intérieur qu'il faut faire pour voir nettement à de petites distances, et l'influence que les habitudes exercent sur la portée de la vue, prouvent surabondamment que l'œil s'accommode d'une façon particulière à la vision des objets rapprochés. — Quant au mécanisme de l'accommodation, il ne peut consister que dans un changement de courbure des surfaces réfringentes ou dans un déplacement du cristallin. Des expériences directes de Cramer et de M. Helmholtz ont résolu la question d'une manière décisive.

Le chirurgien français Sanson a, le premier, observé les trois images d'un corps lumineux qui se forment par la réflexion des rayons sur la surface de la cornée et sur les deux surfaces du cristallin : il a fait servir cette observation au diagnostic des cataractes. Or les positions de ces trois images sont déterminées, pour un état particulier de l'œil, par la situation relative des trois surfaces réfléchissantes et par leur courbure : il doit donc suffire, pour être témoin des modifications qui peuvent se produire dans un œil, par le fait même de l'accommodation, d'observer les changements de grandeur et de position qu'éprouvent ces images lorsque cet œil regarde tour à tour un objet très-éloigné et un objet très-voisin. — On dispose l'expérience à peu près comme le représente la figure 373. Un tube T, noirci intérieurement, est appliqué sur l'œil O de la personne qui se soumet à l'expérience, de manière à faire tomber obliquement sur lui les rayons d'une bougie voisine B, en écartant toute lumière étrangère; les rayons réfléchis sont reçus dans l'œil A de l'observateur,

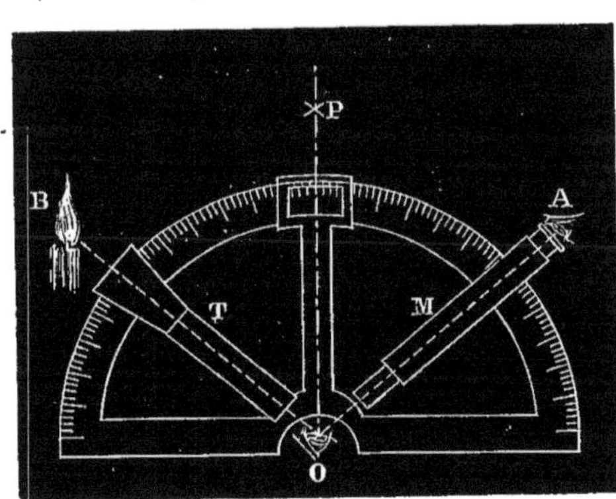

Fig. 373.

gentes de l'œil, figure qui n'est pas sphérique, et de la forme qui en résulte pour le faisceau réfracté. Mais, lorsqu'on fait le calcul exactement, on voit que cette considération laisse subsister la nécessité d'une accommodation pour les petites distances.

armé d'un microscope M faiblement grossissant. Lorsque l'œil O est dans son état naturel, les trois images de la bougie présentent une situation déterminée. Si alors l'œil O vient à regarder un réticule P placé très-près de lui, l'image donnée par la cornée ne se déplace pas; mais l'image donnée par la première surface du cristallin éprouve un déplacement considérable, accusant un notable accroissement de courbure de cette surface; enfin l'image donnée par la deuxième surface éprouve un très-faible déplacement, accusant une petite diminution de courbure. La masse même du cristallin ne paraît pas avancer ou reculer d'une quantité appréciable.

L'agent de ces déformations n'est pas encore connu d'une manière absolument certaine. Il suffit d'ailleurs à l'objet de ce cours de faire remarquer que le cristallin est en contact, par sa périphérie, avec les procès ciliaires, par sa surface antérieure avec la membrane de l'iris, et que ces deux organes contiennent des fibres musculaires, animées par des filets nerveux que l'on sait être soumis à l'empire de la volonté.

435. **Du rôle de diverses parties accessoires de l'organe de la vue.** — Les notions précédentes suffisent pour faire concevoir la formation des images sur la rétine, dans les diverses circonstances : aux parties essentielles de l'organe de la vue sont adjointes diverses parties accessoires qui sont destinées à rendre la vision plus parfaite, et dont le rôle peut être indiqué en quelques mots.

L'ouverture de la *pupille,* pratiquée dans la membrane de l'iris, a pour objet de limiter la largeur du faisceau lumineux admis dans l'œil, et de diminuer ainsi les aberrations de sphéricité. — Sous l'action d'une vive lumière, il se produit d'ailleurs une contraction involontaire de la pupille, et, par suite, une élimination plus parfaite des aberrations : c'est précisément dans ces circonstances que l'influence des aberrations serait le plus nuisible à la netteté de la vision.

La *choroïde,* avec la matière pigmentaire noire qu'elle contient, sert à empêcher les rayons lumineux qui ont frappé la rétine de se réfléchir sur la paroi du globe oculaire, et d'apporter ainsi un trouble dans la vision, en venant rencontrer la membrane sensible en plusieurs points. — Dans l'infirmité qui est connue sous le nom d'*albinisme,* la choroïde n'ayant pas une teinte suffisamment foncée, la vision n'est possible que si la lumière arrivant dans l'œil offre très-peu d'intensité.

La succession des *diverses couches du cristallin,* douées de pouvoirs réfringents inégaux, a évidemment pour effet de rapprocher le foyer des rayons marginaux du foyer des rayons centraux.

436. **Difficulté apparente résultant de la situation renversée des images qui se forment sur la rétine.** — On a cru souvent rencontrer une difficulté à la théorie de la vision dans ce fait, que les images peintes sur la rétine sont renversées par rapport aux objets. Pour lever cette difficulté apparente, il suffit de remarquer que ces images ne doivent pas être assimilées à une sorte de tableau que contemplerait un observateur. En réalité, la formation des images sur la rétine n'est que la condition même de la vision, et c'est par suite d'une propriété spéciale de notre organisation que nous rapportons toute impression, produite sur un point de cette membrane sensible, à une région directement opposée.

Sans pouvoir expliquer cette propriété, on peut se convaincre de son existence par un grand nombre de faits fournis par l'observation. — C'est ainsi, par exemple, qu'une pression exercée sur la partie supérieure de l'œil fait apparaître un *phosphène* inférieur, et réciproquement; une pression sur l'angle externe fait apparaître un phosphène situé sur l'angle interne, etc. Il en est de même des apparences que détermine une lésion morbide de la choroïde ou de la rétine.

437. **Inégale sensibilité des diverses parties de la rétine. — Punctum cæcum.** — L'expérience montre que la sensibilité, et surtout la faculté de discerner deux impressions produites en des points très-rapprochés, est assez différente aux différents points de la rétine : elle est maxima au centre, c'est-à-dire au point où le prolongement de l'axe de l'œil vient rencontrer la rétine, et décroît rapidement à mesure qu'on s'éloigne de ce point.

En outre, la rétine présente un point absolument insensible, dans la région qui répond à l'origine du nerf optique. Ce point a reçu le nom de *punctum cæcum.* — Pour en constater l'existence, on dispose deux petits cercles blancs sur un fond noir, comme l'indique la figure 374. On ferme l'œil droit, par exemple, et l'on place l'œil gauche en face du cercle placé à droite; on fixe alors le regard sur

Fig. 374.

ce cercle, et l'on s'en éloigne ou l'on s'en rapproche graduellement; lorsque la distance de l'œil est un peu supérieure au quadruple de l'intervalle des deux cercles, le cercle de gauche disparaît.

438. **Persistance des impressions lumineuses sur la rétine.** — Les impressions lumineuses produites dans l'œil présentent toujours une durée appréciable, après que les rayons lumineux ont cessé d'arriver sur la rétine. L'expérience montre que cette durée est variable avec l'intensité de la lumière et avec la sensibilité propre de chaque œil. — Pour constater ce phénomène et en obtenir une mesure approximative, on emploie l'artifice suivant.

Un disque partagé en secteurs alternativement blancs et noirs (fig. 375) est animé d'un mouvement de rotation autour d'un axe passant par son centre et perpendiculaire à son plan. Ce disque étant éclairé par la lumière diffuse du jour, on constate qu'il suffit de lui imprimer une vitesse telle, qu'il s'écoule au plus un dixième de seconde pendant la substitution d'un secteur noir à un secteur blanc, pour que le disque paraisse d'une teinte grise uniforme : la durée de l'impression lumineuse produite par chaque point est donc, pour cette intensité de lumière et pour une vue ordinaire, d'environ un dixième de seconde.

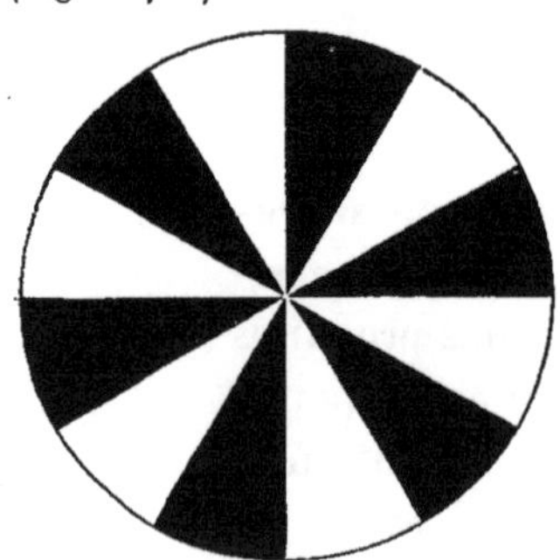

Fig. 375.

C'est de la persistance des impressions lumineuses sur la rétine que résulte la perception des courbes continues dans les expériences de M. Wheatstone (375) et dans celles de M. Lissajous (376).

C'est également sur ce phénomène qu'est fondé l'appareil connu sous le nom de *thaumatrope*. — Un carton circulaire, tournant autour de l'un de ses diamètres, porte sur l'une de ses faces un dessin incomplet, et sur l'autre face les parties qui manquent à ce dessin. Pendant la rotation, les impressions produites successivement par les deux faces se superposent, à cause de leur durée, et l'œil voit alors le dessin complet.

C'est encore sur le même principe qu'est fondé le *phénakisticope*. — Deux disques de carton sont montés sur un même axe horizontal (fig. 376). L'un A est un disque noir, percé d'un certain nombre de petites fenêtres au voisinage de son contour; l'autre B présente une suite de figures, en nombre égal au nombre des fenêtres de A et disposées en face d'elles. On place l'œil à la hauteur de l'une des fenêtres, et l'on imprime un mouvement de rotation rapide à l'axe qui porte les deux disques, en laissant l'œil immobile. Chaque fois que l'une des fenêtres passe devant l'œil, il reçoit, pendant un instant assez court, l'impression produite par l'image correspondante; à cette impression succèdent ensuite celles des autres figures, à mesure que le mouvement continue : de là résulte que, si les diverses figures représentent une série de transformations d'un même objet, comme les mouvements d'un danseur de corde ou ceux d'un cheval franchissant une barrière, on a l'illusion de ces mouvements eux-mêmes[1].

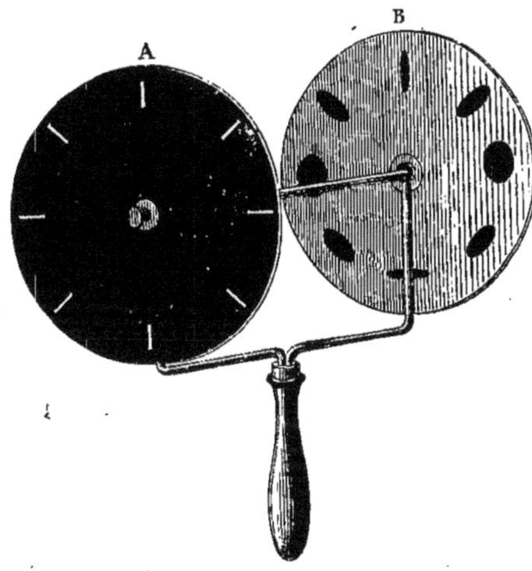

Fig. 376.

[1] La figure 376 représente les transformations d'un cercle qui s'aplatirait successivement dans le sens vertical et dans le sens horizontal, de manière à se changer en une

439. **Expérience de Faraday.** — La persistance des impressions lumineuses permet d'interpréter les particularités diverses d'une expérience remarquable qui est due à Faraday.

On a deux roues de même diamètre, présentant un même nombre de rayons et montées sur un même axe perpendiculaire à leur plan : lorsque ces deux roues tournent en sens contraire, avec des vitesses exactement égales, un observateur placé sur le prolongement de l'axe de rotation aperçoit une seule roue, ayant un nombre de rayons double de celui de chacune d'elles. — Pour se rendre compte de cette illusion, on peut concevoir d'abord qu'une barre brillante AB (fig. 377) tourne autour d'un axe passant par son milieu C, devant un fond obscur. Si le mouvement est suffisamment rapide, l'observateur placé sur le prolongement de l'axe de rotation croit voir un cercle présentant un éclairement assez faible, mais uniforme. — Si maintenant, autour du même axe, on fait tourner en même temps une autre barre A'B' (fig. 378) avec une vitesse égale et contraire, le cercle paraît deux fois plus éclairé, *excepté dans les points où les deux rayons se recouvrent mutuellement ;* car, pour ces points, la quantité de lumière envoyée à l'œil est la même, en un

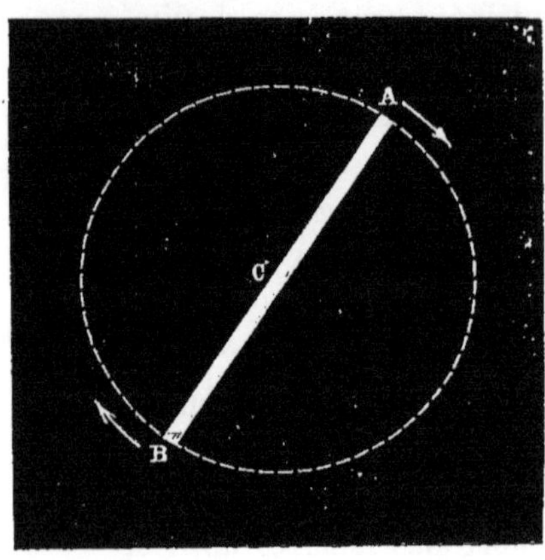

Fig. 377.

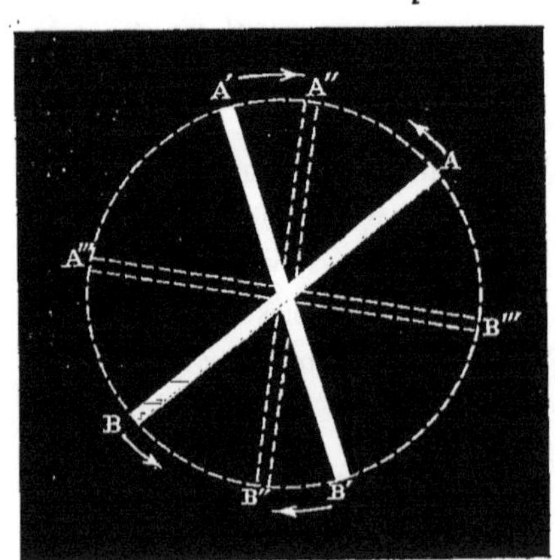

Fig. 378.

petite ligne horizontale et en une petite ligne verticale, en passant par les formes elliptiques intermédiaires.

temps donné, que s'il n'y avait qu'une seule barre tournante. Or, si les vitesses de rotation sont exactement égales, il y a, dans le cercle décrit par chacune des barres, deux bandes A″B″, A‴B‴, suivant lesquelles les deux barres arrivent toujours à se recouvrir; ces deux bandes sont d'ailleurs perpendiculaires entre elles. On voit donc alors, sur le fond circulaire relativement brillant, deux bandes immobiles qui sont relativement obscures et qui sont perpendiculaires l'une à l'autre. Ce raisonnement étant évidemment applicable à chacun des rayons des roues de l'expérience de Faraday, le résultat qu'on observe dans cette expérience est ainsi expliqué[1].

Si les vitesses de rotation des deux roues ne sont pas exactement égales, le système de secteurs que l'on aperçoit se déplace, en sens inverse du mouvement le plus rapide, avec une vitesse égale à la demi-différence des vitesses de rotation des deux systèmes.

440. **Irradiation.** — On a désigné sous le nom d'*irradiation*, dans les divers ouvrages de physique ou de physiologie, des phénomènes qui paraissent assez divers et qui doivent être rapportés à des causes différentes :

1° Lorsque l'œil n'est pas accommodé pour la distance qui le sépare d'un objet brillant placé devant un fond obscur, l'image de l'objet sur la rétine est dilatée; son diamètre apparent peut même être considérablement augmenté, pour un œil myope ou pour un œil hypermétrope.

2° L'expérience montre que, lorsqu'on regarde un objet brillant, on est porté à lui attribuer des dimensions plus grandes qu'à un objet obscur, bien que ces deux objets soient égaux et placés à la même distance : c'est là une erreur de jugement qui est rectifiée par la mesure directe du diamètre apparent.

3° On a prétendu qu'une impression produite en un point de la rétine s'étend d'elle-même aux points voisins, et qu'en conséquence le diamètre apparent d'un objet est d'autant plus grand que l'éclat

[1] Le phénomène peut également se produire avec deux séries de secteurs obscurs, mobiles au devant d'un fond brillant.

de cet objet est plus considérable. C'est dans ce sens que le mot *irradiation* a été employé par M. Plateau et par les auteurs qui ont rapporté les expériences de ce physicien. — Il est au moins douteux que ce phénomène existe : la propagation d'une impression, entre des fibres nerveuses contiguës, serait contraire aux lois générales de l'organisation. Les faits observés par M. Plateau paraissent pouvoir s'expliquer par une imperfection de l'accommodation de l'œil.

441. **Vision binoculaire.** — Pour que les impressions produites par un point lumineux sur les deux yeux se combinent en une seule, il faut : 1° que les deux axes visuels convergent vers ce point; 2° que les images produites sur les deux rétines occupent à leur surface des points *correspondants,* c'est-à-dire des points semblablement situés par rapport à l'axe visuel, et par rapport à l'axe vertical et à l'axe horizontal qu'on peut concevoir menés par le centre de l'œil.

En dehors de ces conditions, la vision est double. — Ainsi un objet situé dans le plan de symétrie du corps, au delà ou en deçà du point vers lequel convergent actuellement les axes visuels, paraît double. — Lorsque, par une pression exercée sur un œil, on dérange l'axe visuel de cet œil, tous les objets paraissent doubles. — Lorsque, dans les cas de strabisme très-marqués, les axes visuels sont devenus divergents ou convergents vers un point situé en deçà de la limite inférieure de la vision distincte, on s'habitue à ne plus faire attention qu'aux impressions produites sur l'un des yeux : c'est seulement alors que l'impression peut n'être pas doublée.

Lorsque les deux yeux sont dirigés vers un même point, le sentiment du degré de convergence des deux axes visuels permet d'estimer, au moins approximativement, la distance à laquelle ce point est placé.

Enfin, lorsqu'un corps solide à trois dimensions est situé à une distance qui n'est pas trop considérable, les images qu'il produit sur les deux rétines ne sont pas identiques; ce défaut d'identité est, comme l'a fait remarquer M. Wheatstone, la condition essentielle de la perception du relief. — C'est ce que montrent nettement les résultats obtenus à l'aide du stéréoscope.

442. **Stéréoscope.** — Les diverses espèces de stéréoscopes sont fondées sur ce principe que, si l'on place simultanément devant les deux yeux deux dessins différents, reproduisant précisément les deux images qui représenteraient un même objet en relief, tel qu'il serait vu par chacun d'eux ; si, en outre, par un artifice convenable, on donne aux rayons lumineux émis par ces dessins vers les deux yeux les mêmes directions que s'ils venaient de l'objet, alors on a la perception de l'objet en relief lui-même.

La figure 379 indique la disposition du *stéréoscope réflecteur* de M. Wheatstone : AB et A'B' sont des dessins placés parallèlement l'un

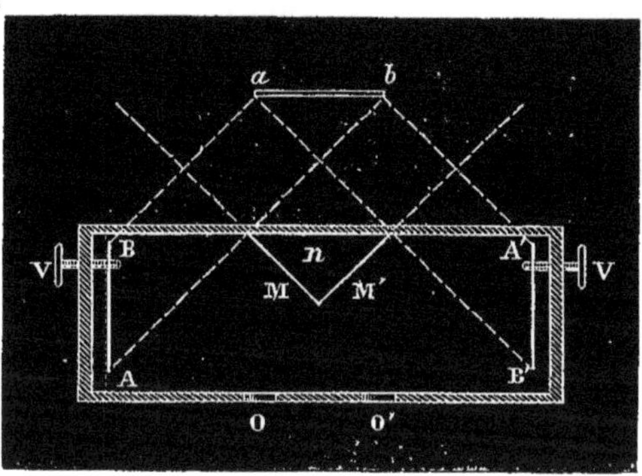

Fig. 379.

à l'autre sur des planchettes que l'on peut faire mouvoir à l'aide de vis, de manière à les rapprocher ou à les éloigner à volonté; M et M' sont deux miroirs plans, perpendiculaires entre eux ; O et O' sont des ouvertures auxquelles on place les deux yeux, en regardant dans les miroirs. Si les distances sont convenablement réglées, les images vues dans les deux miroirs se superposent en *ab*, et produisent l'impression du relief.

Le figure 380 représente une coupe du *stéréoscope réfracteur* de Brewster : AB et A'B' sont les deux dessins satisfaisant aux conditions indiquées: ils sont ici sur un même plan. Deux lentilles convergentes L et L' donnent, pour les yeux qui sont placés au delà, des images virtuelles situées à la distance de la vision distincte; deux prismes, placés en sens inverse derrière ces lentilles, dévient les

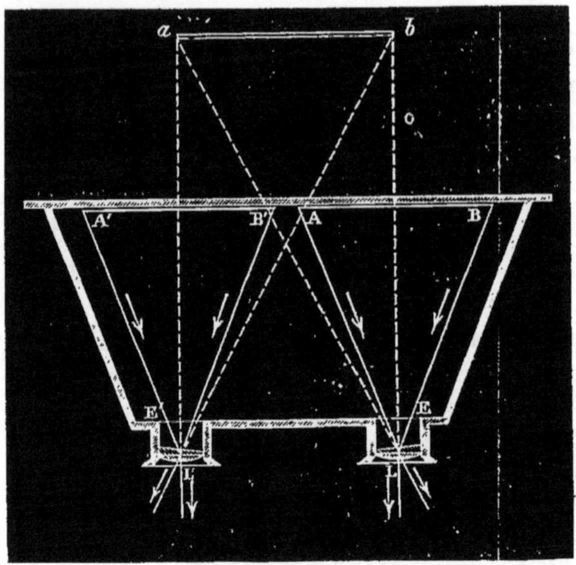

Fig. 386.

rayons incidents, de telle façon que les deux images virtuelles se superposent en *ab*.

On traitera plus loin de la vision des couleurs et du défaut d'achromatisme de l'œil.

INSTRUMENTS D'OPTIQUE.

443. On comprend sous la dénomination générale d'*instruments d'optique* des systèmes très-variés de surfaces réfringentes ou réfléchissantes, qui donnent une image des objets dans une situation ou avec des dimensions favorables à certaines observations spéciales.

Dans tous ceux de ces instruments qui sont fondés sur les lois de la réfraction, le phénomène de la dispersion intervient comme cause perturbatrice. On fera d'abord abstraction de cette particularité essentielle, pour y revenir plus tard, lorsqu'on aura exposé les lois de la décomposition et de la recomposition de la lumière.

INSTRUMENTS SANS OCULAIRE.

444. **Chambre claire.** — On appelle *chambre claire* tout système de surfaces réfléchissantes propre à donner des objets exté-

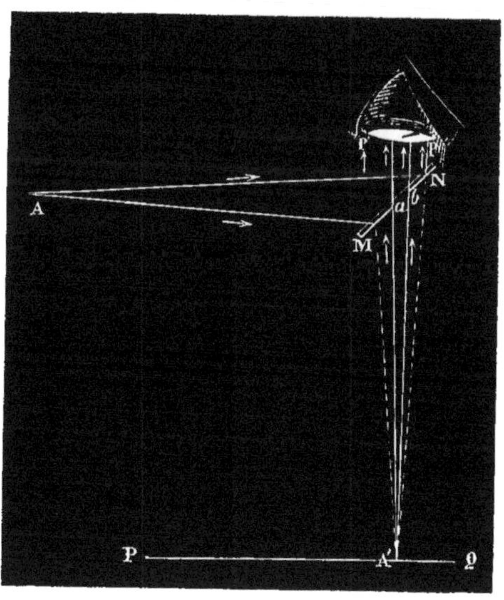

Fig. 381.

rieurs une image virtuelle que l'œil peut voir se projeter sur un papier, et dont il suffit de suivre les contours avec un crayon pour obtenir un dessin exact de ces objets.

La forme la plus simple que l'on emploie pour obtenir ce résultat consiste en une lame de verre MN (fig. 381), inclinée à 45 degrés sur l'horizon et étamée sur celle de ses faces qui regarde le sol; le tain en a été enlevé sur une petite partie *ab* de son étendue. L'œil étant placé à une petite distance au-dessus de *ab*, la pupille PP' reçoit à la fois les rayons venus de points tels que A et réfléchis sur le miroir, et les rayons venus de points tels que A', au travers de la solution de continuité du tain. Le point A lui paraît donc en A', et il peut voir en même temps la pointe d'un crayon, qui est réellement placée en A' : le crayon peut donc suivre les contours de l'image virtuelle des objets voisins de A, image qui est ici projetée sur une feuille de papier placée en PQ. — Il faut remarquer cependant que, si l'objet qu'on se propose de copier n'est pas à la même distance du miroir que le papier sur lequel se meut le crayon, l'œil ne peut voir à la fois distinctement le crayon et l'image de cet objet. On fait disparaître cette difficulté, soit en plaçant du côté des objets une lentille divergente qui rapproche leur image virtuelle du miroir, soit en plaçant du côté du dessin une lentille convergente qui éloigne l'image virtuelle du crayon.

La *chambre claire de Wollaston* (fig. 382) se compose d'un prisme quadrangulaire de verre, dont deux faces, KM, KN, sont perpendiculaires entre elles, les deux autres faces MH, HN faisant entre elles un angle de 135 degrés. Les rayons venus des points éloignés tels que A sont d'abord reçus sur une lentille divergente Z, qui donne une image virtuelle *a* de ces points, plus près de l'appareil que ne sont les points eux-mêmes; au sortir de cette lentille, les rayons pénètrent dans le prisme presque normalement à la face d'entrée, c'est-à-dire sans déviation sensible, et viennent éprouver deux réflexions totales successives, sur les faces NH et HM; la figure montre comment on peut construire les images virtuelles *a'*, *a''*, que ces deux réflexions substituent successivement à l'image *a*. Enfin, comme les rayons arrivent sur la surface KM du prisme dans une direction à peu près normale à cette face, ils n'éprouvent pas de nouvelle déviation, et produisent dans l'œil la perception d'une image virtuelle située en a''. L'œil étant placé de façon que la pupille reçoive à la fois ces rayons qui émergent du prisme et les rayons qui viennent

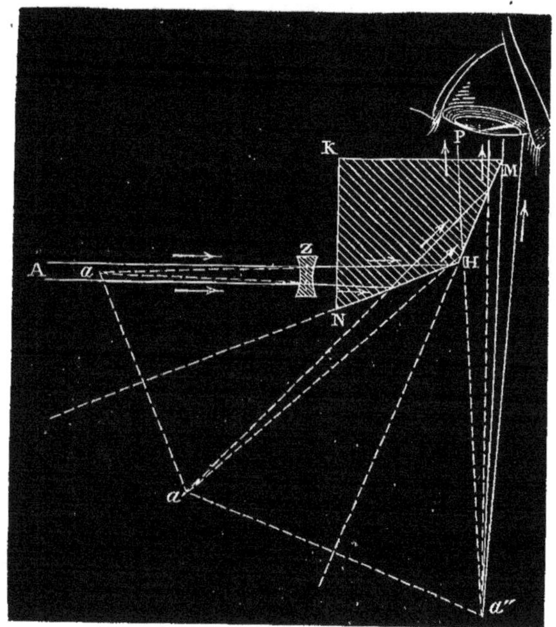

Fig. 382.

directement de la pointe du crayon située en a'', on peut diriger le crayon de manière à suivre les contours de l'image virtuelle.

445. **Chambre obscure.** — On nomme *chambre obscure* un espace limité par des parois opaques, et dans lequel pénètrent, au travers d'une lentille convergente, les rayons venus de l'extérieur : ces rayons produisent une image réelle et renversée des objets qui sont placés en face de la lentille.

La chambre noire employée pour la photographie (fig. 383) se compose d'une caisse rectangulaire, formée de deux pièces M, N qui peuvent glisser l'une dans l'autre. Dans la face antérieure de la première est fixé un système convergent, formé d'une ou de plusieurs lentilles L. Dans la face postérieure de la seconde est enchâssée une glace de verre dépoli *pq*, sur laquelle viennent se peindre les images *ab* des objets extérieurs tels que AB ; on règle la position de cette glace en faisant avancer ou reculer la pièce N dans la pièce M,

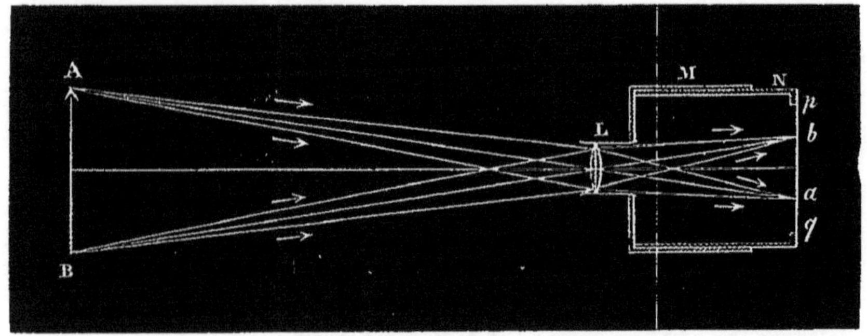

Fig. 383.

de manière que l'image offre une netteté parfaite. On enlève alors la glace dépolie, pour lui substituer une surface préparée avec une substance impressionnable, sur laquelle la lumière doit agir.

Dans le *mégascope,* la disposition est analogue ; seulement, les objets étant placés à une petite distance au delà du foyer de la lentille convergente, l'image réelle que l'on reçoit sur un écran, de l'autre côté de la lentille, est plus grande que l'objet lui-même. — Enfin, la *lanterne magique* n'est qu'un mégascope dans lequel les objets sont des dessins coloriés sur verre et fortement éclairés par transparence.

446. **Microscope solaire.** — Dans le microscope solaire, la pièce essentielle est une lentille convergente C, à très-court foyer (fig. 384), devant laquelle on place, à une distance un peu supérieure à sa distance focale, des objets très-petits et transparents, en AB : cette lentille donne une image réelle très-agrandie A'B' [1]. —

[1] Dans cette figure et dans toutes celles des appareils où interviennent des lentilles, on n'a pas indiqué les deux déviations éprouvées par chacun des rayons lumineux qui traversent la lentille, à l'entrée dans le milieu réfringent et à la sortie : on a simplifié le tracé en indiquant *une seule déviation,* celle qui aurait lieu si la lentille, conservant toujours la même puissance, était réduite à un plan réfringent passant par ses bords. La trace de ce plan sur le plan de la figure est représentée, dans toutes ces figures, par une ligne ponctuée qui partage en deux la lentille, et le long de laquelle sont indiquées les déviations des rayons réfractés. É. F.

A cause de cet agrandissement considérable, il est nécessaire d'éclairer très-fortement l'objet, afin d'obtenir dans l'image un éclat suffisant.

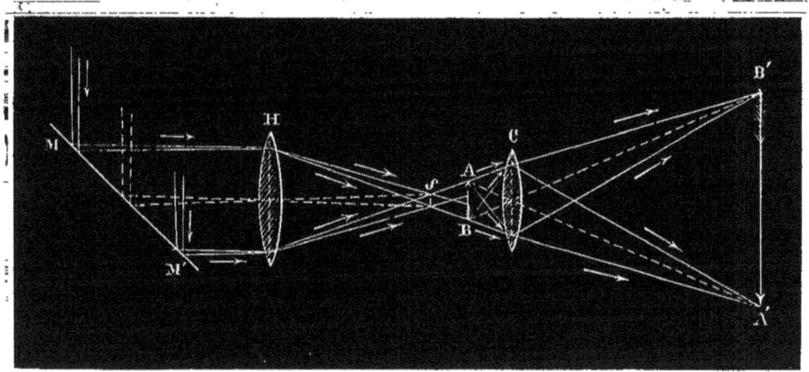

Fig. 384.

Cet éclairage est obtenu au moyen des rayons solaires, que l'on re-

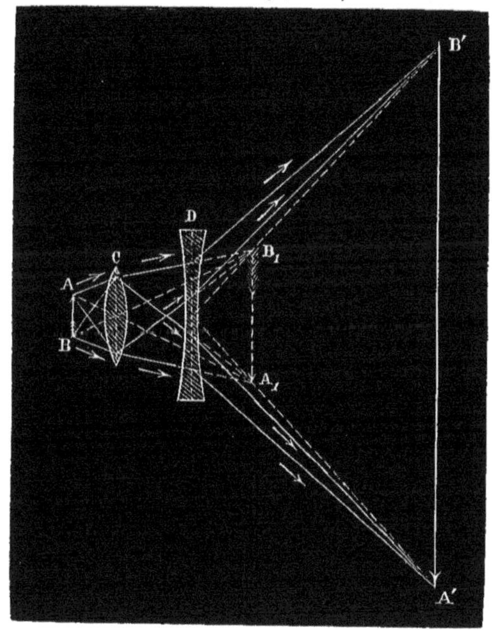

Fig. 385.

çoit sur un miroir MM' convenablement incliné, et que l'on concentre au moyen d'une ou plusieurs lentilles convergentes H : c'est l'appareil *illuminateur*. Le système convergent H rassemble les rayons solaires en *s*, de sorte que, si l'on interposait un écran en ce point, on aurait une image réelle du disque solaire; c'est un peu au delà du plan *s* que l'on place l'objet AB qu'il s'agit d'éclairer. Les rayons transmis ou diffusés par cet objet fournissent, au delà de la lentille C, une image réelle A'B', que l'on peut recevoir sur un écran blanc.

Pour augmenter le grossissement, sans être obligé d'employer des lentilles convergentes de trop court foyer, on fait souvent usage de la disposition représentée par la figure 385. Une lentille divergente D est placée au delà de la lentille convergente C; on obtient alors, non plus l'image réelle A_1B_1 que donnerait la lentille C, mais une autre image réelle A'B', qui est placée plus loin et dont les dimensions sont bien plus considérables.

A défaut de la lumière solaire, on peut employer, pour éclairer les objets, soit la lumière d'une lampe électrique, soit la lumière de Drummond, c'est-à-dire celle qui est produite par un bâton de chaux vive sur lequel on projette un dard de gaz à éclairage alimenté par de l'oxygène. L'appareil, dont le système grossissant est d'ailleurs exactement le même, prend alors le nom de *microscope électrique* ou de *microscope à gaz*.

447. **Ophthalmoscope.** — On peut comprendre parmi les instruments sans oculaire l'ingénieux appareil qui a été inventé par M. Helmholtz, et dont l'usage a fait faire, depuis dix ans, tant de progrès à la physiologie et à la pathologie de la vision.

Sous sa forme la plus simple, l'*ophthalmoscope* se réduit à un miroir métallique concave M (fig. 386), percé d'une petite ouverture à son sommet. L'observateur place ce miroir au devant de l'un de ses yeux O (fig. 387), la face réfléchissante tournée vers l'extérieur; il donne alors à cette face une direction telle qu'elle réfléchisse, sur l'ouverture pupillaire de l'œil O' qu'il soumet à son examen, les rayons d'une lampe L placée latéralement. Le trou pratiqué au sommet de M lui permet de regarder le fond de l'œil O' ainsi illuminé; au contraire, dans les conditions ordinaires, toutes les fois qu'une personne veut examiner l'intérieur de l'œil d'une autre, l'œil observé n'est éclairé que par la lumière qu'il peut recevoir de l'œil observateur, et tout examen est impossible. — Il est quelquefois

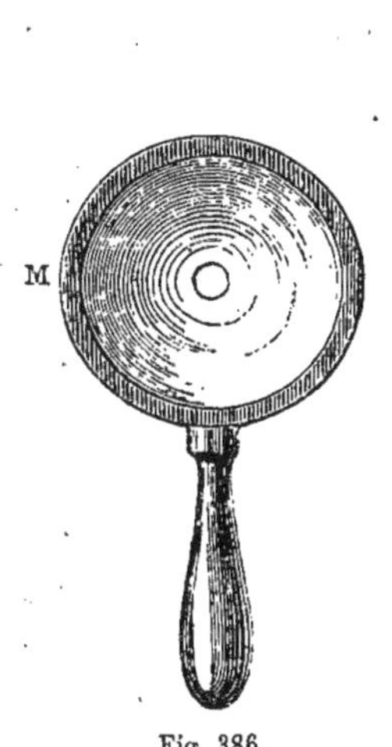

Fig. 386.

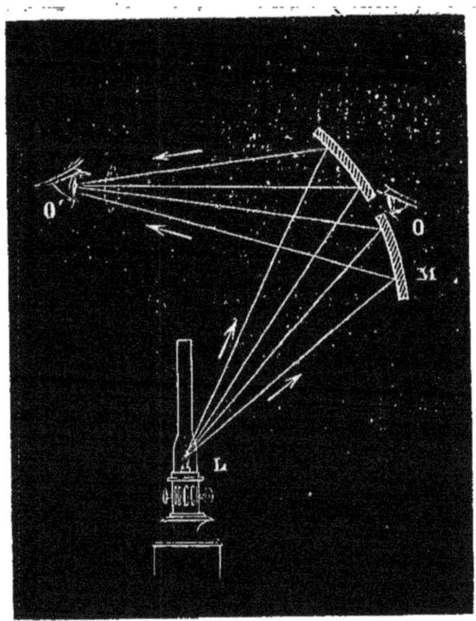

Fig. 387.

commode de regarder avec l'ophthalmoscope, non pas l'intérieur de l'œil lui-même, mais l'image réelle qu'en donne une lentille convergente qu'on tient à la main : c'est cette lentille qui est représentée en lignes ponctuées dans la figure ci-dessus.

INSTRUMENTS À OCULAIRES.

448. **Besicles.** — On appelle *besicles,* ou vulgairement *lunettes,* des lentilles divergentes ou convergentes, que l'on place devant les yeux myopes, presbytes ou hypermétropes, pour rendre les conditions de la vision aussi voisines que possible de celles de l'œil normal.

1° Considérons un œil myope, chez lequel la vision est distincte pour des distances inférieures à a et supérieures à b; et supposons que l'on place, en avant de cet œil, un verre *divergent* ayant pour distance focale la longueur a. Il résulte de ce qui a été dit précédemment que cet œil pourra voir distinctement tous les objets compris entre l'infini et une distance *d* déterminée par la formule

$$\frac{1}{b} - \frac{1}{d} = \frac{1}{a}.$$

Si la distance *d* est voisine de 15 centimètres, l'œil myope devient ainsi comparable à un œil normal; il deviendrait semblable à un œil presbyte, si *d* était beaucoup plus grand que 15 centimètres.

L'usage d'un verre dont la distance focale serait supérieure à *a* diminuerait simplement la myopie, sans la faire disparaître. — Un verre dont la distance focale serait moindre que *a* remplacerait la myopie par l'hypermétropie.

2° L'œil hypermétrope, dans son état naturel, fait converger sur la rétine des faisceaux qui, à l'incidence, sont convergents vers un point situé derrière l'œil à une distance déterminée; il peut, en outre, en s'accommodant, faire converger sur la rétine des rayons moins convergents et souvent même des rayons parallèles, ou divergents à partir d'un point éloigné de l'œil. On peut donc dire que l'une des limites de la vision distincte est, pour un œil hypermétrope, toujours négative, et que l'autre peut être négative, infinie ou positive. — L'usage d'un verre *convergent*, dont la distance focale est égale à la limite négative la plus petite en valeur absolue, permet de voir nettement les objets situés depuis l'infini jusqu'à une distance positive *d*, déterminée par l'équation

$$\frac{1}{b} - \frac{1}{d} = -\frac{1}{a}.$$

L'œil devient ainsi semblable à un œil normal ou à un œil presbyte.

Un verre convergent qui aurait une distance focale plus grande ne ferait que diminuer l'hypermétropie. — Un verre ayant une distance focale plus courte changerait l'hypermétropie en myopie.

3° Les presbytes dont la limite inférieure de vision distincte est trop éloignée de l'œil font usage de verres *convergents* : ces verres leur permettent de voir nettement les objets situés à une distance qui n'est définie par aucun caractère spécial, mais qu'on choisit ordinairement de 25 à 30 centimètres. Un presbyte peut alors ordinairement voir les objets situés entre cette distance inférieure et la distance focale principale de ses besicles. Sa vue prend donc le caractère de celle des myopes.

449. **Loupe ou microscope simple.** — On donne le nom de *loupe* à une lentille convergente, placée au devant de l'œil, et destinée à observer des objets situés au delà, à une distance moindre que sa distance focale.

Un objet AB (fig. 388) étant placé entre la lentille convergente C et son foyer principal F, les rayons émanés des divers points de cet

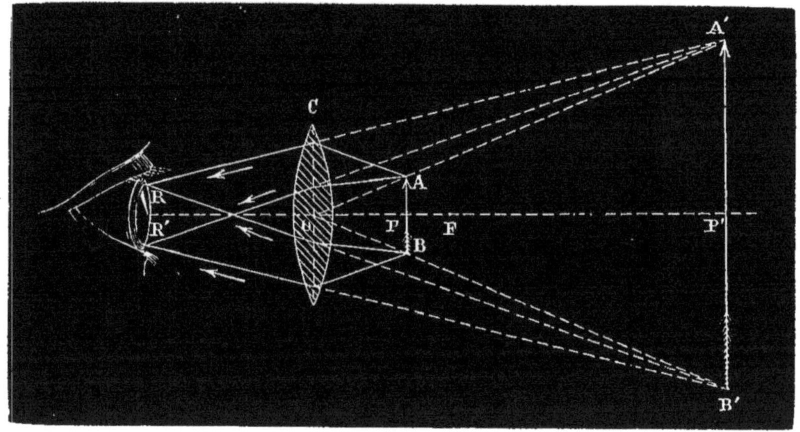

Fig. 388.

objet donnent à l'œil, en arrivant dans l'ouverture de la pupille RR', la perception d'une image virtuelle A'B', droite et plus grande que l'objet. — Si la distance de cette image à l'œil est comprise entre les limites de la vision distincte, la contemplation de l'image peut être substituée à la contemplation de l'objet; elle peut alors faire voir des détails qui seraient inappréciables à la vue simple.

450. **Grossissement de la loupe.** — On appelle, en général, *grossissement* d'un instrument d'optique le rapport entre le diamètre apparent de l'image et celui de l'objet, l'objet étant supposé placé dans les conditions ordinaires de la contemplation directe.

Or les objets qu'on examine à la loupe sont du nombre de ceux dont on peut faire varier à volonté la distance à l'œil. Aussi, lorsqu'on veut les regarder directement, on les place à une distance compatible avec la vision distincte, et généralement, afin d'en mieux voir les détails, à la limite inférieure de la vision distincte. Pour la même raison, quand on regarde ces objets à la loupe, on leur donne une position telle, que leur image soit éloignée de l'œil d'une quantité égale à cette limite inférieure.

L'image vue à la loupe étant ainsi à la même distance de l'œil que l'objet vu directement, le rapport de leurs diamètres apparents dans ces deux conditions est égal au rapport de leurs dimensions linéaires A'B', AB, ou au rapport $\frac{OP'}{OP}$. On a donc, en représentant la distance OP par p, et la distance OP' par p',

$$G = \frac{p'}{p};$$

en outre, en représentant par f la valeur absolue de la distance focale principale de la loupe, on a

$$\frac{1}{p'} - \frac{1}{p} = -\frac{1}{f}.$$

Mais, si l'on désigne par Δ la distance *minima* de la vision distincte, et par z la distance de l'œil à la loupe, on a

$$p' = \Delta - z.$$

En éliminant p' et p entre ces trois équations, il vient

$$G = 1 + \frac{\Delta - z}{f}.$$

Si z est peu considérable relativement à Δ, c'est-à-dire si l'œil est placé très-près de la loupe, cette expression se réduit à

$$G = 1 + \frac{\Delta}{f}.$$

Enfin, si f est également très-petit par rapport à Δ, c'est-à-dire si la loupe est à très-court foyer, on a sensiblement

$$G = \frac{\Delta}{f}.$$

Dans tous les cas, on voit que le grossissement augmente quand la distance focale de la loupe diminue, et quand la distance de la vue distincte augmente.

451. **Puissance de la loupe.** — Le grossissement n'est pas la quantité la plus propre à faire juger du degré d'utilité d'une loupe. Ce qui importe pour l'usage de cet instrument, c'est d'apercevoir dans l'objet qu'on étudie les plus petits détails possibles. Dès lors, une loupe sera d'autant plus avantageuse, pour un observateur déterminé, qu'elle lui fera voir sous un plus grand angle un objet de grandeur déterminée, quel que soit d'ailleurs l'angle sous lequel son œil aperçoit cet objet lorsqu'il le regarde sans loupe.

La *puissance* d'une loupe peut donc être définie par le diamètre apparent sous lequel elle fait voir le millimètre. Or, si l'on prend le millimètre pour unité de longueur, on voit qu'une longueur d'un millimètre, prise dans l'objet, acquiert dans l'image virtuelle une grandeur précisément égale à G, en sorte que son diamètre apparent peut se mesurer par l'expression $\frac{G}{\Delta}$. Donc l'expression de la puissance P de la loupe devient alors

$$P = \frac{1}{\Delta} + \frac{1 - \frac{z}{\Delta}}{f}.$$

Si l'on néglige z par rapport à Δ, cette expression se réduit à

$$P = \frac{1}{\Delta} + \frac{1}{f}.$$

On voit donc que les vues myopes sont les plus avantageuses pour les observations à la loupe. — L'avantage qu'elles ont sur les autres vues ne devient insensible que si f est très-petit, c'est-à-dire si la loupe est très-grossissante.

Il faut ajouter enfin qu'une vue myope n'est réellement bonne pour les observations à la loupe que si la myopie n'est pas trop forte; cela tient à ce que les cas de myopie extrême sont généralement accompagnés d'une diminution de la sensibilité de la rétine qui, habituée à contempler des objets très-rapprochés, devient moins propre à apercevoir des détails ayant un diamètre apparent très-petit.

452. **Clarté de la loupe.** — On entend, en général, par *clarté*, dans les instruments d'optique, le rapport entre les éclats intrinsèques de l'image et de l'objet. — Il est facile de voir que, pour la loupe, ce rapport a sensiblement pour valeur l'unité, quel que soit le grossissement.

En effet, ε étant toujours supposé négligeable, la surface de l'image est à celle de l'objet dans le rapport de Δ^2 à p^2. Mais, d'autre part, la quantité de lumière qui concourt à la formation de l'image, étant fournie par l'objet placé à la distance p, est aussi à la quantité de lumière qu'envoyait l'objet, placé à la distance Δ, dans le rapport de Δ^2 à p^2; en sorte que les éclats intrinsèques de l'image et de l'objet peuvent être considérés comme égaux.

Néanmoins, comme l'œil voit des détails d'autant plus petits que la lumière est plus vive, au moins jusqu'à la limite où commence l'éblouissement, il est toujours avantageux d'éclairer fortement les objets qu'on examine à la loupe. Cela est même tout à fait nécessaire si la loupe est à foyer très-court; car, l'objet devant être placé très-près de la loupe, et celle-ci très-près de l'œil, la tête de l'observateur arrête la plus grande partie des rayons lumineux qui lui parviendraient de ce côté.

453. **Champ de la loupe.** — Le *champ* de la loupe est l'espace angulaire que l'œil placé près de la loupe peut embrasser, sans que la vision soit altérée par les aberrations de sphéricité. — L'expérience prouve que le champ ne peut guère dépasser 9 à 10 degrés autour de l'axe principal.

454. **Loupes destinées aux forts grossissements : lentilles diaphragmées, loupes composées.** — Lorsqu'on veut accroître le grossissement de la loupe, on diminue la distance focale en donnant aux rayons de courbure des valeurs de plus en plus petites; mais alors on voit, par cela même, les aberrations augmenter rapidement. — Lorsque la loupe n'est pas très-grossissante, on applique simplement sur l'une de ses faces un diaphragme circulaire qui arrête les rayons marginaux; mais ce diaphragme a toujours l'inconvénient de diminuer le champ.

tournant l'une vers l'autre leurs faces courbes, comme l'indique la figure 390.

Lorsque ces lentilles ont même distance focale f et que l'intervalle qui les sépare D est égal aux deux tiers de cette distance focale, la loupe reçoit le nom d'*oculaire de Ramsden*. Le grossissement est alors

$$G = \frac{f + 4\Delta}{3f},$$

et, si f est petit par rapport à Δ, on a sensiblement

$$G = \frac{4}{3}\frac{\Delta}{f}.$$

Dans le *doublet de Wollaston*, les distances focales f, f' et la distance D sont réglées de manière qu'on ait $f' = 3f$ et $D = \frac{1}{2}f'$, et par suite le grossissement est

$$G = \frac{5}{6}\frac{\Delta}{f} - \frac{1}{2},$$

et, si f est petit par rapport à Δ, la valeur du grossissement est sensiblement

$$G = \frac{5}{6}\frac{\Delta}{f}.$$

Les deux lentilles d'un doublet sont ordinairement réunies par une monture à vis (fig. 391) qui permet de faire varier un peu la distance de l'une à l'autre. On règle ainsi la valeur de la distance D, de façon à obtenir l'ajustement le plus convenable pour les différentes vues.

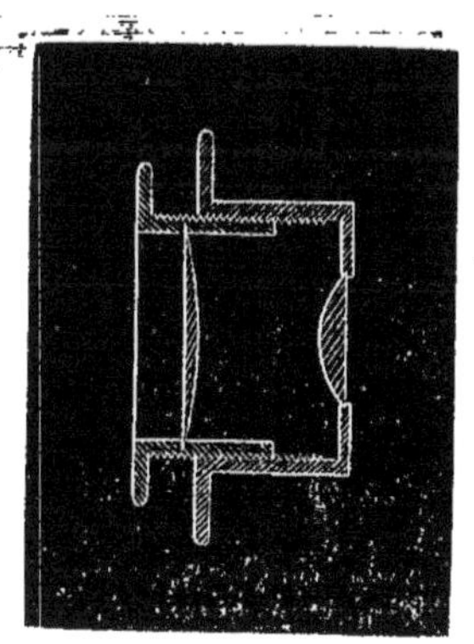

Fig 391.

On donne quelquefois le nom de *microscope simple* à une loupe montée sur un pied, auquel on joint un porte-objet et un appareil éclairant semblables à ceux qui seront décrits plus loin à l'occasion du microscope composé. — Cet appareil, dont le grossissement est ordinairement moindre que celui des microscopes composés, est souvent employé par les naturalistes pour la dissection des petits objets.

455. **Microscope composé.** — Le *microscope composé* comprend essentiellement : 1° un système convergent appelé *objectif*, et formé d'une ou plusieurs lentilles C (fig. 392), donnant une image réelle, agrandie et renversée $\alpha\beta$ de l'objet AB; 2° un second

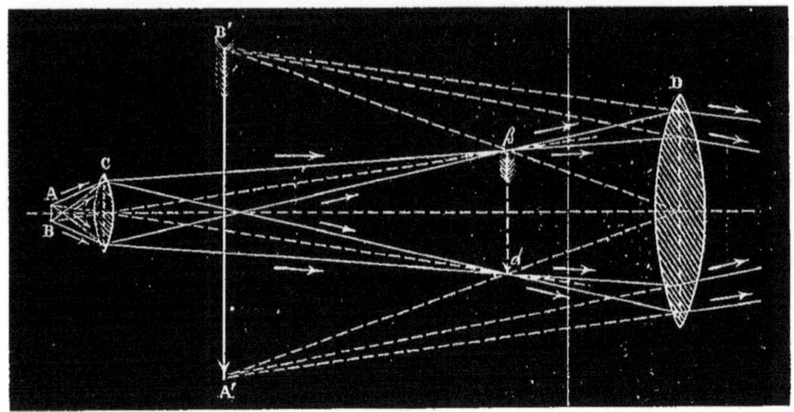

Fig. 392.

système convergent, appelé *oculaire*, et formé également d'une ou plusieurs lentilles D, qui fonctionne par rapport à cette image réelle comme une loupe, et la grossit encore en la reportant à la distance *minima* de la vision distincte en A'B'.

Si la distance de l'oculaire D à l'objectif C est variable, on pourra toujours amener l'oculaire dans une position telle, que l'image A'B' se forme à la distance de la vision distincte, quelle que soit la position de l'image réelle $\alpha\beta$, et, par suite, pour des positions très-diverses de l'objet AB par rapport à la lentille C. Mais il est visible que le grossissement, qui dépend du rapport de A'B' à AB, dépendra alors de la position de l'oculaire par rapport à l'objectif. — Si l'on veut que le grossissement demeure constant pour un même observateur, dans l'étude de divers objets, et en particulier dans l'examen des divers plans d'un objet transparent, il faut maintenir invariable la distance de l'oculaire à l'objectif, et faire varier alors la distance de l'objectif à l'objet. On satisfait à cette condition par la mobilité du tube qui porte les verres du microscope.

456. **Grossissement et puissance du microscope.** — On voit, par des considérations semblables à celles qui ont été développées à propos de la loupe, que le grossissement du microscope, c'est-à-dire le rapport des diamètres apparents de l'image et de l'objet placés à la distance *minima* de la vision distincte, est égal au rapport $\frac{A'B'}{AB}$ (fig. 392). — D'autre part, cette expression peut s'écrire $\frac{A'B'}{\alpha\beta}\times\frac{\alpha\beta}{AB}$; le second rapport est le grossissement de l'objectif, que l'on peut désigner par g; le premier est le grossissement de l'oculaire, qui, dans le cas où l'œil est placé très-près de la lentille, peut s'exprimer, comme on l'a vu (450), par $1+\frac{\Delta}{f}$. — Donc le grossissement G du microscope a pour expression approchée

$$G=g\left(1+\frac{\Delta}{f}\right).$$

On mesure ordinairement le grossissement du microscope par une expérience directe, au moyen d'une chambre claire adaptée contre l'oculaire; on fait en sorte qu'elle projette, sur une règle divisée placée à la distance de la vision distincte, en dehors de l'instrument, l'image virtuelle d'un micromètre tracé sur une lame de verre et installé sur le porte-objet.

Si l'on veut maintenant évaluer séparément le grossissement de l'objectif et celui de l'oculaire, on mesure directement le grossissement de l'objectif. Pour cela, on cherche quel est le nombre de divisions d'un micromètre placé sur le porte-objet, dont l'image réelle se projette sur un diaphragme de grandeur connue, placé dans le plan de cette image. — Le quotient du grossissement total par le grossissement de l'objectif fait connaître le grossissement de l'oculaire. — Il est utile de faire ces déterminations pour les divers objectifs et les divers oculaires que l'on peut monter sur le tube d'un même microscope.

L'avantage réel d'un microscope, comme celui d'une loupe, est moins bien représenté par son grossissement que par sa *puissance*, c'est-à-dire par le quotient du grossissement par la distance de la vue distincte (451).

457. **Emploi du diaphragme dans le microscope.** — Pour limiter le champ de l'instrument aux points dont les faisceaux lumineux arrivent à l'oculaire sous une faible obliquité, on emploie un diaphragme percé d'une ouverture centrale.

Ce diaphragme doit être placé exactement en MM' (fig. 393), dans le plan focal de l'image réelle donnée par l'objectif. — La fi-

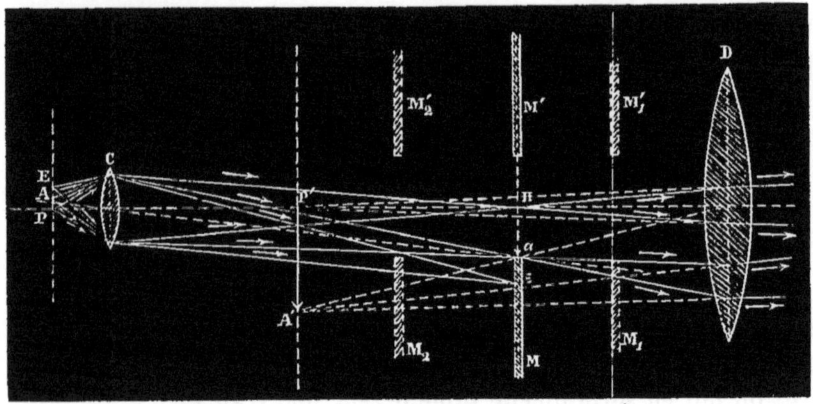

Fig. 393.

gure montre en effet que, dans cette position, l'ouverture laisse passer en entier le faisceau lumineux émis par les points tels que A sur l'objectif, et réunis par cette lentille au point α; tous les rayons de ce faisceau concourent donc à former l'image virtuelle A' de ce point, et il en est de même pour tous les points du champ. Au contraire, le diaphragme arrête complétement le faisceau émis par les points tels que E.

Si le diaphragme était placé plus près de l'oculaire, en $M_1M'_1$ par exemple, il ne laisserait passer qu'une partie du faisceau émis par un point tel que A, situé vers la limite du champ. — S'il était placé plus loin, en $M_2M'_2$, il laisserait passer en partie le faisceau émis par le point E, qui pourrait alors se trouver dans le champ, mais dont l'image ne serait formée que par un petit nombre de rayons. — Donc, dans les deux derniers cas, les bords du champ laisseraient à désirer à la fois pour la netteté et pour l'éclat.

458. **Pièces accessoires du microscope.** — Le grossisse-

ment du microscope ayant pour effet de diminuer beaucoup l'éclat intrinsèque de l'image, il est nécessaire d'y adjoindre un système éclairant, donnant à l'objet un éclat considérable. — Pour l'observation des objets transparents qui sont assujettis entre des lames de verre, on se sert d'un miroir concave M (fig. 394), qui est placé au-dessous du *porte-objet* A, et dont on règle l'inclinaison de manière à réfléchir dans le tube de l'instrument, au travers des objets, la lumière des nuées ou celle d'une lampe. — Pour éclairer les objets opaques, on emploie une lentille convergente, que l'on place au-dessus de la plaque porte-objet A, et que l'on oriente de manière à concentrer sur les objets la lumière qu'ils diffusent ensuite. — Le collier B, qui soutient le tube du microscope, est fixé à la colonne métallique creuse C : une vis V, placée dans l'axe de cette colonne, permet de la faire monter ou descendre, de manière à faire mouvoir le tube du microscope tout entier.

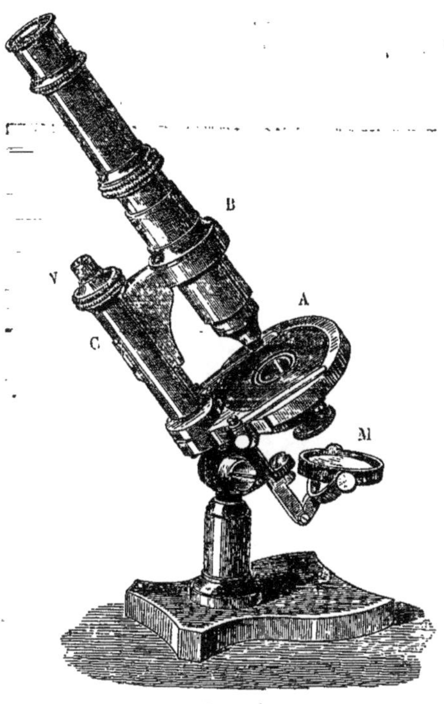

Fig. 394.

La constitution des oculaires va être indiquée, dans le paragraphe suivant, avec quelques détails. — Comme objectif, on emploie d'ordinaire, au lieu d'une lentille unique, un système de lentilles qui permet d'avoir un grossissement considérable avec de faibles aberrations de sphéricité.

459. **Divers systèmes oculaires employés dans les microscopes.** — L'oculaire du microscope est tantôt un oculaire de Ramsden, semblable à celui qui a été décrit plus haut (454), et

désigné alors sous le nom d'*oculaire positif;* tantôt un *oculaire négatif,* formé de deux verres dont le premier est placé entre l'objectif et l'image réelle que cet objectif tend à former.

La figure 395 indique la marche des rayons dans l'oculaire négatif. Les rayons rencontrent la première lentille C de l'oculaire

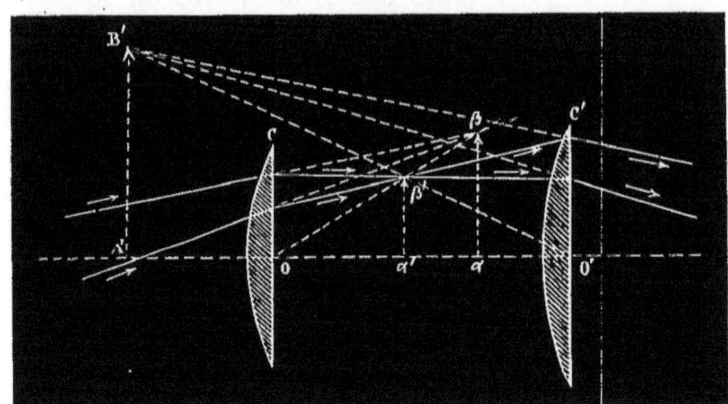

Fig 395.

avant d'avoir formé l'image réelle $\alpha\beta$ qui serait produite par l'objectif; cette image fonctionne alors, par rapport à la lentille C, comme un objet lumineux virtuel, et il se forme une image réelle $\alpha'\beta'$ entre l'image $\alpha\beta$ et la lentille C. C'est cette image réelle qu'on observe au travers de la seconde lentille O', et dont on voit l'image virtuelle à la distance de la vision distincte, en A'B'. — Si l'on désigne par p et ϖ les valeurs absolues des distances $O\alpha$ $O\alpha'$, par f la valeur absolue de la distance focale de la première lentille, il est facile de voir qu'on aura

$$(1)\qquad \frac{1}{p}-\frac{1}{\varpi}=-\frac{1}{f}.$$

De même, en appelant D la distance OO' des deux lentilles, et f' la valeur absolue de la distance focale de la seconde lentille, on aura le

$$(2)\qquad \frac{1}{\Delta}-\frac{1}{D-\varpi}=-\frac{1}{f'};$$

grossissement $\frac{A'B'}{\alpha\beta}$, qui peut s'écrire $\frac{A'B'}{\alpha'\beta'}\cdot\frac{\alpha'\beta'}{\alpha\beta}$, aura pour expression

$$G=\left(1+\frac{\Delta}{f'}\right)\left(1-\frac{\varpi}{f}\right).$$

En remplaçant ϖ par sa valeur tirée de l'équation (2), c'est-à-dire par $D - \frac{\Delta f'}{\Delta + f'}$, il vient définitivement

$$G = \left(1 + \frac{\Delta}{f'}\right)\left(1 + \frac{\Delta f'}{f(\Delta + f')} - \frac{D}{f}\right).$$

Il est digne de remarque que cette expression est identique à celle qu'on a trouvée dans le cas de l'oculaire positif (454).

L'oculaire négatif a été inventé par Huyghens, pour corriger, au moins en partie, l'effet nuisible de la dispersion. — Il est souvent construit de manière que l'on ait $f' = \frac{1}{3} f$ et $D = 2f'$; ce sont du moins les conditions qui ont paru les plus avantageuses à l'opticien anglais Dollond. La valeur du grossissement est alors

$$G = \frac{6\Delta + f}{3f};$$

et si f est petit par rapport à Δ, cette expression se réduit à

$$G = 2\frac{\Delta}{f}.$$

460. **Lunette astronomique.** — La lunette astronomique comprend essentiellement : 1° un objectif convergent, qui donne en son foyer principal une image renversée des objets très-éloignés[1];

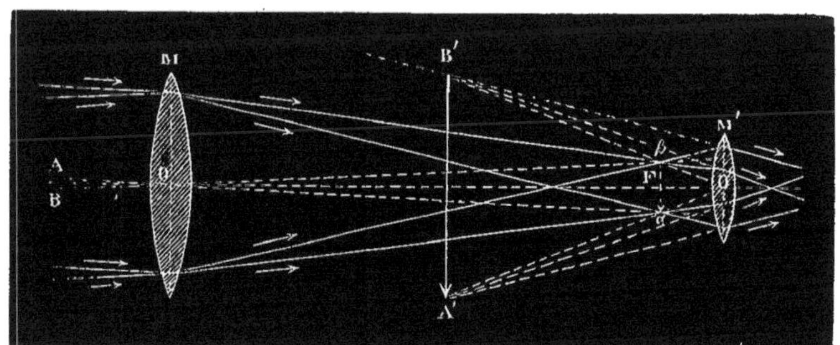

Fig. 396.

2° un oculaire convergent, au travers duquel l'œil regarde cette image, et qui la grossit sans la redresser.

(1) La lunette est souvent employée à observer des objets dont la distance, bien que su-

La figure 396 représente la marche des rayons au travers d'une lunette astronomique formée d'un objectif M et d'un oculaire simple M'; OA, OB sont les droites menées du centre de l'objectif aux extrémités de l'objet, qui n'a pu être indiqué sur la figure; les lignes pleines représentent les rayons qui sont émis par l'objet près des bords de l'objectif, et le trajet de ces rayons dans l'instrument : les lignes ponctuées sont des lignes de construction dont on verra facilement le rôle, avec un peu d'attention.

461. **Grossissement de la lunette astronomique.** — Le grossissement de la lunette astronomique est le rapport du diamètre apparent de l'image au diamètre apparent de l'objet. Il faut d'ailleurs remarquer que le diamètre apparent de l'objet ne peut varier ici au gré de l'observateur, puisque la distance de l'objet à l'œil est déterminée.

Or, si l'on néglige la distance de l'œil à l'oculaire, le rapport des diamètres apparents est égal à celui des angles A'O'B' et AOB, et par conséquent à celui des angles $\alpha O'\beta$ et $\alpha O\beta$, c'est-à-dire au rapport des angles sous lesquels l'image réelle $\alpha\beta$ est vue du centre optique de l'oculaire et du centre optique de l'objectif. Si ces angles sont peu considérables, leur rapport est sensiblement égal au rapport inverse des distances de $\alpha\beta$ à ces deux centres optiques, c'est-à-dire que l'on a

$$G = \frac{F}{\varphi},$$

F désignant la distance focale principale de l'objectif, et φ la distance qui doit exister entre l'image réelle et l'oculaire, pour que l'image virtuelle se forme à la distance de la vision distincte.

Pour un œil normal ou pour un œil myope, la distance φ est toujours plus petite que la distance focale principale f de l'oculaire, et par conséquent on a alors

$$G > \frac{F}{f}.$$

périeure à la distance ordinaire des objets microscopiques, n'est cependant pas très-grande : c'est le cas, par exemple, de la lunette du cathétomètre. L'instrument est alors intermédiaire entre un microscope proprement dit et une lunette appliquée à la vision des objets très-distants.

— Pour un œil hypermétrope, la distance φ peut être plus grande que f, et l'on aurait alors

$$G < \frac{F}{f}.$$

— Enfin l'expression

$$G = \frac{F}{f}$$

conviendrait au cas idéal où l'œil, en regardant dans une lunette, deviendrait *infiniment presbyte*, c'est-à-dire serait accommodé pour voir nettement les objets situés à l'infini.

Bien que cette dernière condition ne soit probablement jamais réalisée d'une manière rigoureuse, l'expression précédente sert à caractériser le pouvoir amplifiant d'une lunette, indépendamment de l'observateur, et la valeur du rapport $\frac{F}{f}$ est ordinairement considérée comme servant de mesure au grossissement de la lunette.

462. **Oculaires de la lunette astronomique.** — L'oculaire de la lunette devant toujours être placé, par rapport à l'image réelle formée au foyer de l'objectif, de manière que l'image virtuelle soit reportée à la distance de la vision distincte, il est indispensable qu'il soit assujetti dans un tube auxiliaire avec un *tirage* facultatif : chaque observateur peut alors lui donner une position convenable pour sa vue.

A l'oculaire simple on substitue ordinairement un oculaire double, positif ou négatif. — Dans ce cas, pour obtenir l'expression du grossissement, on peut remarquer que, si l'œil était accommodé de manière à voir nettement à la distance Δ, et s'il contemplait directement l'image réelle I, formée au foyer de l'objectif, il verrait cette image sous un angle ayant sensiblement pour mesure $\frac{I}{\Delta}$. Lorsqu'il la regarde à l'aide d'un oculaire dont le grossissement est g, il la voit sous l'angle $g\frac{I}{\Delta}$. — D'autre part, le diamètre apparent de l'objet est égal, comme il a été dit plus haut, au diamètre apparent de l'image vue du centre de l'objectif, c'est-à-dire à $\frac{I}{F}$; le grossissement G de la lunette est donc

$$G = \frac{g\frac{I}{\Delta}}{\left(\frac{I}{F}\right)}$$

ou bien

$$G = \frac{F}{\Delta}g.$$

Si Δ est suffisamment grand par rapport aux distances focales des deux verres de l'oculaire, on a, pour l'oculaire négatif comme pour l'oculaire positif (454 et 459),

$$g = \frac{\Delta}{f} + \frac{\Delta}{f'} - \frac{\Delta D}{ff'},$$

et par suite

$$G = \frac{F}{f} + \frac{F}{f'} - \frac{FD}{ff'}.$$

463. **Diaphragme de la lunette astronomique.** — On peut répéter ici, sur l'utilité d'un diaphragme et la position qu'il convient de lui donner, tout ce qui a été dit à l'occasion du microscope.

Le diaphragme est toujours porté par le tube de l'oculaire; il est placé en dehors de l'intervalle compris entre les deux lentilles ou dans cet intervalle lui-même, suivant que l'oculaire est positif ou négatif. Lorsque l'oculaire est positif, il est monté de façon qu'on puisse à volonté le rapprocher ou l'éloigner du diaphragme. Lorsque l'oculaire est négatif, c'est au contraire le diaphragme qu'on peut à volonté faire avancer ou reculer dans l'intervalle des deux verres. — Pour régler expérimentalement la position du diaphragme, on prend à part le tube oculaire, et l'on donne au diaphragme, dans ce tube, une position telle, que l'œil placé à l'oculaire en voie nettement le contour [1]. Lorsqu'on dirigera la lunette sur un objet éloigné, et qu'on fera mouvoir le tube oculaire jusqu'au point où la vision de cet objet deviendra parfaitement distincte, il est clair qu'on

[1] On peut se dispenser, pour effectuer ce réglage, d'enlever le tube oculaire de la lunette : il suffit de diriger l'instrument vers une surface lumineuse uniforme, présentant une grande étendue, comme la surface du ciel pendant le jour.

amènera ainsi le diaphragme dans le plan où se forme l'image réelle.

464. **Réticule de la lunette astronomique.** — Toutes les fois que la lunette doit servir à des mesures angulaires, le diaphragme porte un *réticule,* qui est généralement formé de deux fils très-fins se croisant à angle droit.

Si le point de croisement des deux fils est suffisamment voisin de l'axe commun des deux surfaces de la lentille objective, l'image d'un point lumineux ne pourra se former en ce point de croisement lui-même que si le point lumineux, le centre optique de l'objectif et le point de croisement se trouvent en ligne droite. — La ligne droite, qui est ainsi définie par le centre optique de l'objectif et par la croisée des fils du réticule, est l'*axe optique* de la lunette : c'est en amenant cette ligne à passer successivement par divers points qu'on peut mesurer les distances angulaires de ces points entre eux [1].

Il n'est pas toujours indispensable, mais il est toujours avantageux, que l'axe optique d'une lunette coïncide avec son axe géométrique. — Pour satisfaire à cette condition, on dirige la ligne de visée de la lunette vers un point très-éloigné. On fait tourner la lunette autour de son axe géométrique, et l'on constate si la ligne de visée passe toujours par ce même point; s'il n'en est pas ainsi, on déplace le réticule dans son plan, jusqu'à ce que cette condition soit rigoureusement satisfaite.

Pour les observations micrométriques, on fait usage de réticules à fils mobiles, qui présentent des systèmes de fils parallèles disposés de façon que l'on puisse mesurer les distances qui les séparent entre eux. — Le quotient de l'intervalle de deux fils parallèles par leur distance au centre optique de l'objectif est égal à la tangente de la distance angulaire des deux points dont les fils recouvrent les images, au moins lorsque cette distance est très-petite. — Un semblable réticule ne peut être employé qu'avec un oculaire positif; en

[1] Une lunette munie d'un réticule peut également servir à mesurer les distances absolues des points sur lesquels elle est successivement dirigée. Il suffit pour cela qu'elle soit disposée comme la lunette du cathétomètre (16) ou des instruments analogues.

effet, si l'on faisait usage d'un oculaire négatif, la distance du réticule à l'objectif serait variable d'un observateur à un autre.

Il est essentiel, dans tous les cas, de placer exactement le réticule dans le plan de l'image réelle. On reconnaît qu'il en est ainsi lorsque, en déplaçant l'œil à droite ou à gauche de l'oculaire, on ne constate aucune *parallaxe*. — Si un mouvement vers la droite porte les fils vers la gauche du tableau focal, c'est que le réticule est entre l'oculaire et l'image réelle; il est entre l'objectif et l'image réelle, si l'effet observé est inverse.

465. **Anneau oculaire de la lunette astronomique, grandeur de l'ouverture du diaphragme et valeur du champ.** — On donne le nom d'*anneau oculaire* à l'image de la surface de l'objectif formée par l'oculaire. — Lorsque l'oculaire est simple, cette image est évidemment réelle et extérieure à la lunette. Il en est encore de même lorsque l'oculaire est composé, puisque l'effet d'un oculaire composé est le même que celui d'un oculaire simple, de distance focale convenable, qui occuperait la position de son dernier verre.

Or, tout rayon qui pénètre dans la lunette va passer, après l'émergence, au point de l'anneau oculaire qui est l'image du point où ce rayon a rencontré l'objectif. On voit donc que, quand la lunette est dirigée vers une région du ciel, chaque point de l'anneau oculaire reçoit de la lumière de tous les points de l'espace dont les rayons traversent l'objectif et arrivent jusqu'à l'oculaire, c'est-à-dire de tous les points qui peuvent être vus à l'aide de la lunette, dans sa position actuelle. L'œil embrassera donc le champ entier de l'instrument, si le centre de la pupille coïncide avec le centre de l'anneau oculaire, ou s'il en est très-peu distant.

Le champ est évidemment l'angle du cône qui aurait pour sommet le centre optique de l'objectif, et pour base la circonférence du diaphragme, si tous les rayons des faisceaux réfractés qui ne sont pas arrêtés par le diaphragme vont rencontrer la surface de l'oculaire. — D'autre part, si la lunette est ajustée pour un œil infiniment presbyte, c'est-à-dire si la distance des lentilles est égale à $F+f$, il est facile de déterminer la grandeur de l'ouverture du diaphragme, de manière que le rayon extrême passant par un point N du bord de la portion libre de l'objectif MN (fig. 397) et par le point opposé B'

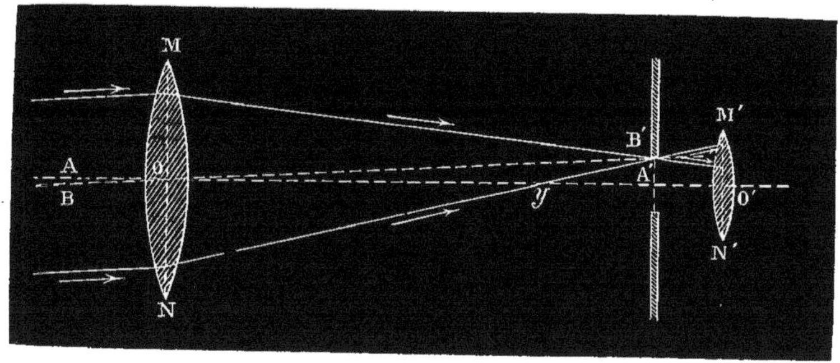

Fig. 397.

du bord du diaphragme aille rencontrer le bord de l'oculaire M'N' : il faudra pour cela que l'on ait

$$\frac{ON}{O'M'} = \frac{Oy}{O'y}$$

ou bien

$$\frac{ON}{ON + O'M'} = \frac{Oy}{OO'}.$$

Or, la distance OO' des deux lentilles n'est autre chose que $F + f$; donc, si l'on désigne par Ω le rayon de la portion libre de l'objectif, par ω celui de la portion libre de l'oculaire, la relation précédente devient

$$Oy = \frac{\Omega}{\Omega + \omega}(F + f).$$

On a d'ailleurs

$$\frac{Oy}{ON} = \frac{A'y}{A'B'}$$

et

$$A'y = F - Oy.$$

En éliminant Oy et $A'y$ entre les trois dernières relations, on obtient définitivement la valeur du rayon de l'ouverture du diaphragme

$$A'B' = \frac{F\omega - f\Omega}{F + f}.$$

Si maintenant on divise cette expression par F, on obtient la limite supérieure que ne peut dépasser la tangente du demi-angle au sommet du cône par lequel le champ est circonscrit, savoir :

$$\frac{F\omega - f\Omega}{F(F+f)},$$

ou, en divisant les deux termes de la fraction par Ff, et remarquant que le grossissement G est évalué par le rapport $\frac{F}{f}$,

$$\frac{\frac{\omega}{f} - \frac{\Omega}{F}}{G+1}.$$

On peut, sans erreur sensible, prendre le double de cette expression pour valeur de l'angle au sommet du cône qui limite le champ de l'instrument.

Enfin, quant à la grandeur de l'anneau oculaire, si l'on suppose toujours la lunette ajustée pour un œil infiniment presbyte, et si l'on désigne par a le demi-diamètre de cet anneau et par d la valeur absolue de sa distance au centre de l'oculaire, on a les relations

$$\frac{\Omega}{a} = \frac{F+f}{d},$$

$$\frac{1}{d} + \frac{1}{F+f} = \frac{1}{f}.$$

En éliminant d entre ces deux équations, il vient

$$\frac{\Omega}{a} = \frac{F}{f},$$

et l'on voit que le rapport du diamètre de l'objectif au diamètre de l'anneau oculaire est égal au grossissement de la lunette.

466. **Détermination expérimentale du grossissement au moyen de l'anneau oculaire. — Dynamètre de Ramsden.** — D'après ce que l'on vient de voir, il suffit, pour obtenir le grossissement d'une lunette astronomique, de mesurer avec autant d'exactitude que possible le diamètre de l'anneau oculaire et celui de l'objectif. C'est pour cet usage qu'est construit le *dynamètre* de Ramsden.

Une plaque translucide ab, montée dans un tube T (fig. 398), est placée au delà de l'oculaire, de manière que le cercle lumineux qui constitue l'image de l'objectif éclairé par la lumière diffuse vienne s'y peindre nettement : sur cette plaque a été marquée une division en demi-millimètres, qui permet de mesurer exactement le diamètre du cercle brillant. Pour rendre l'évaluation plus précise, on observe la plaque au moyen d'une loupe composée, montée dans un tube t qui entre dans le tube T et dont l'observateur règle le tirage d'après la portée de sa vue. — En appliquant sur la surface de l'objectif les deux pointes d'un compas, et en rapprochant ou éloignant les pointes l'une de l'autre, jusqu'à ce qu'on voie les images de leurs bords tomber exactement sur les extrémités d'un diamètre de l'anneau oculaire, on mesure le diamètre de la partie réellement efficace de l'objectif.

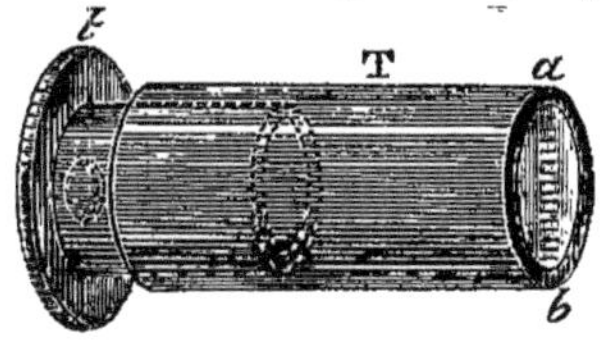

Fig. 398.

467. **Estimation de la clarté d'une lunette astronomique.** — En désignant par p le demi-diamètre de la pupille, par S la surface d'un objet éloigné, par I l'éclat intrinsèque de cet objet et par D sa distance, la quantité de lumière qu'il envoie directement dans l'œil peut s'exprimer (385) par

$$\frac{SI}{D^2}\pi p^2.$$

La quantité de lumière que ce même objet envoie sur l'objectif s'exprime de même par

$$\frac{SI}{D^2}\pi\Omega^2.$$

Donc, lorsque l'*ouverture de la pupille est supérieure à celle de l'anneau oculaire*, on peut dire que la quantité de lumière arrivant à l'œil est augmentée par la lunette dans un rapport égal à

$$\frac{\Omega^2}{p^2},$$

à la condition de considérer comme négligeable l'effet des absorptions qui sont dues aux verres de la lunette.

Si l'*ouverture de la pupille est plus petite que l'anneau oculaire*, la quantité de lumière qui pénètre dans l'œil, après le passage au travers de la lunette, est égale seulement à

$$\frac{SI}{D^2}\pi\Omega^2\frac{p^2}{a^2},$$

et le rapport de cette quantité à la quantité de lumière qui serait reçue directement par l'œil est

$$\frac{\Omega^2}{a^2}.$$

Quant à la *clarté* de l'image qui se forme dans l'œil placé à la lunette, il faut remarquer que l'image rétinienne, sur laquelle est distribuée la quantité de lumière qui arrive dans l'œil, a une surface proportionnelle au carré du grossissement linéaire : de sorte que l'intensité de cette image est à l'intensité de l'image de l'objet vu directement dans un rapport qui s'obtient en divisant les expressions précédentes par le carré du grossissement linéaire. Si l'on remarque d'ailleurs que le grossissement linéaire G est toujours égal à $\frac{\Omega}{a}$, on voit que, avec des grossissements très-forts, c'est-à-dire avec des grossissements donnant à a une valeur assez petite pour que le diamètre p de la pupille soit supérieur à celui de l'anneau oculaire, la clarté est *diminuée* dans le rapport

$$\frac{\left(\frac{\Omega^2}{p^2}\right)}{\left(\frac{\Omega^2}{a^2}\right)} \quad \text{ou} \quad \frac{a^2}{p^2}.$$

Pour des grossissements moindres, c'est-à-dire pour des grossissements donnant au diamètre de l'anneau oculaire une valeur a assez grande pour que le diamètre p de la pupille lui soit égal ou inférieur, le rapport des clartés de l'objet vu dans la lunette et à l'œil nu est

$$\frac{\left(\frac{\Omega}{a^2}\right)}{\left(\frac{\Omega}{a^2}\right)} \quad \text{ou} \quad 1,$$

en sorte qu'alors la clarté *n'est pas modifiée* par la lunette.

468. **Pouvoir éclairant de la lunette astronomique, dans le cas où le diamètre apparent des objets est très-petit.** — Les raisonnements précédents cessent d'être exacts lorsque le diamètre apparent des objets descend au-dessous d'une certaine limite, qu'on ne peut définir avec précision, mais dont il est facile de faire concevoir l'existence. — En effet, l'image d'un point lumineux sur la rétine n'est pas un point mathématique : c'est une surface d'étendue sensible, variable avec les aberrations propres à l'œil de l'observateur, et variable aussi avec les aberrations de la lunette, lorsque la vision s'opère à l'aide de cet instrument [1]. La surface de l'image d'un objet lumineux ne peut donc être regardée comme proportionnelle au carré du grossissement que si elle est suffisamment grande par rapport à ce qu'on peut appeler l'étendue du *cercle d'aberration;* si elle est du même ordre de grandeur que ce cercle, tout ce qu'on vient de dire se trouve en défaut.

Cependant on peut encore arriver à des conclusions précises, lorsque le diamètre apparent de l'objet est très-inférieur à la limite qu'on vient d'indiquer. — La distance des centres des cercles d'aberration correspondants à deux points quelconques de l'objet étant alors très-petite par rapport au diamètre d'un cercle d'aberration, la grandeur de l'image ne diffère pas sensiblement de celle d'un cercle d'aberration : par suite, elle est indépendante du diamètre apparent de l'objet, vu directement ou grossi par la lunette. Il résulte de là que l'intensité de l'image est proportionnelle au quotient de la quantité totale de lumière par la surface du cercle d'aberration. Par conséquent, si l'on appelle r le rayon du cercle d'aberration pour la vision directe, R le rayon du cercle d'aberration pour la vision à travers la lunette, le *pouvoir éclairant* de la lunette sera, dans le cas où p est plus grand que a,

$$\frac{\Omega^2}{p^2}\frac{r^2}{R^2};$$

dans le cas où p est égal ou supérieur à a, le pouvoir éclairant de la lunette sera

$$\frac{\Omega^2}{a^2}\frac{r^2}{R^2}.$$

[1] Indépendamment des aberrations de sphéricité ou de réfrangibilité, une propriété

Lorsque la lunette est bien construite, R est du même ordre de grandeur que r, et Ω est très-grand par rapport à p ou à a. Par conséquent, la visibilité des objets qui n'ont qu'un diamètre apparent insensible est augmentée. — Ce qui contribue d'ailleurs encore à rendre ces objets plus visibles, c'est que la clarté du fond sur lequel ils se projettent, fond que l'on peut regarder comme un objet de diamètre apparent égal au champ de la lunette, est diminuée dans le cas des forts grossissements, et demeure constante dans le cas des faibles grossissements. C'est ainsi qu'une lunette dont l'objectif a une grande surface permet de voir aisément, en plein jour, les étoiles qui ont un certain éclat.

469. **Lunette terrestre.** — La *lunette terrestre* diffère de la lunette astronomique en ce qu'elle présente, outre l'objectif et l'oculaire proprement dit, deux lentilles convergentes, destinées à produire le redressement de l'image virtuelle qui doit être contemplée par l'œil.

Ces deux lentilles L, L' (fig. 399) ont même distance focale principale : elles sont séparées par un intervalle quelconque. La

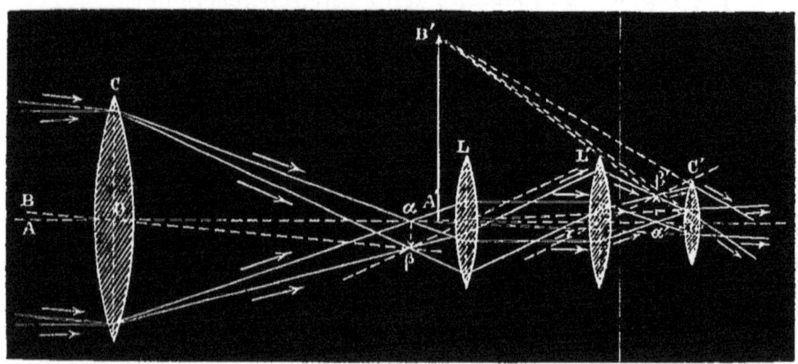

Fig. 399.

première L est placée au delà de l'image réelle $\alpha\beta$ qui est formée par l'objectif, et à une distance de cette image qui est égale à sa distance focale principale : la figure montre suffisamment qu'il

de la lumière, dont il sera question plus tard à l'occasion de la diffraction, donne toujours une étendue sensible à l'image d'un point lumineux.

se forme alors, au delà de la seconde lentille L′, une image réelle $\alpha'\beta'$ égale en grandeur à $\alpha\beta$, mais redressée. — La distance entre les deux images réelles $\alpha\beta$ et $\alpha'\beta'$ peut ainsi être rendue de très-peu supérieure au double de cette distance focale principale, tandis que, si l'on employait une lentille pour produire cet effet de redressement, la distance entre ces deux images serait au moins quadruple de la distance focale principale (1).

Les deux verres auxiliaires L, L′ sont montés dans le même tube que l'oculaire proprement dit C′, qui est ordinairement un oculaire composé, du genre des *oculaires négatifs;* la première lentille L n'a donc exactement la position qu'on vient d'indiquer que si l'œil de l'observateur est accommodé pour une distance infinie.

470. **Lunette de Galilée.** — La *lunette de Galilée* se distingue de celles que l'on vient d'étudier en ce que l'oculaire est formé d'une lentille divergente D (fig. 400), placée entre l'objectif C et l'image réelle $\alpha\beta$ que formerait l'objectif; il en résulte que cette image ne se forme pas, et que l'œil placé derrière l'oculaire voit une image virtuelle A′B′, agrandie et redressée par rapport à $\alpha\beta$.

Si l'on désigne par φ la distance $O'\alpha$ de l'oculaire à l'image réelle $\alpha\beta$ que formerait l'objectif, le grossissement est, pour les mêmes raisons que dans le cas de la lunette astronomique, égal à $\frac{F}{\varphi}$. —

(1) En effet, dans le cas des lentilles convergentes, la distance d'un objet à son image est

$$p - p' = p\left(1 + \frac{f}{p - f}\right)$$

ou

$$p - p' = \frac{p^2}{p - f};$$

si p est positif et plus grand que f, le minimum de cette expression est donné par la condition

$$2p(p - f) - p^2 = 0,$$

d'où l'on tire

$$p = 2f,$$

et, par suite, la distance d'un objet à son image, ou, dans le cas actuel, la distance de l'image $\alpha\beta$ à l'image $\alpha'\beta'$, a pour valeur minimum

$$p - p' = 4f.$$

Cette expression se réduit, comme dans la lunette astronomique, à la valeur $\frac{F}{f}$ lorsque l'œil est accommodé pour une distance infinie.

Mais la limite ainsi obtenue est une limite supérieure : en effet, si l'on désigne par Δ la distance de la vue distincte, et si l'on re-

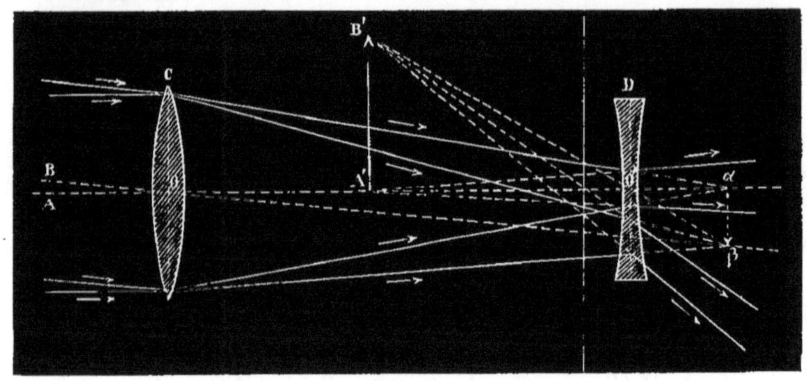

Fig. 400.

marque que l'image $\alpha\beta$ joue, par rapport à la lentille divergente, le rôle d'un objet virtuel, la formule des lentilles donne

$$\frac{1}{\Delta}+\frac{1}{\varphi}=\frac{1}{f},$$

d'où l'on tire

$$\varphi=\frac{\Delta f}{\Delta-f},$$

ce que l'on peut écrire

$$\varphi=f+\frac{f^2}{\Delta-f}.$$

On voit donc que φ est plus grand que f, et que, par suite, $\frac{F}{\varphi}$ est plus petit que $\frac{F}{f}$.

Cette formule montre, en outre, que φ augmente à mesure que Δ diminue, ou, en d'autres termes, qu'il faut d'autant plus rapprocher l'oculaire de l'objectif que la distance de la vision distincte est plus courte.

On peut appeler *anneau oculaire*, dans la lunette de Galilée comme dans la lunette astronomique, l'image de la surface de l'objectif donnée par l'oculaire; mais, cette image étant virtuelle, il n'y a plus de position pour l'œil qui garantisse la vision de tous les points dont les rayons arrivent à l'oculaire après avoir traversé l'objectif. — Le *champ* de la lunette est donc indéterminé, et dépend de l'ouverture de la pupille de l'observateur.

Les raisonnements qui ont été faits plus haut, à propos de la *clarté* dans la lunette astronomique, ne sont pas non plus applicables à la lunette de Galilée.

471. **Collimateur.** — Lorsqu'un objet est placé à une distance d'une lentille convergente égale à la distance focale principale, les cônes de rayons émanés de ses divers points se transforment, par la

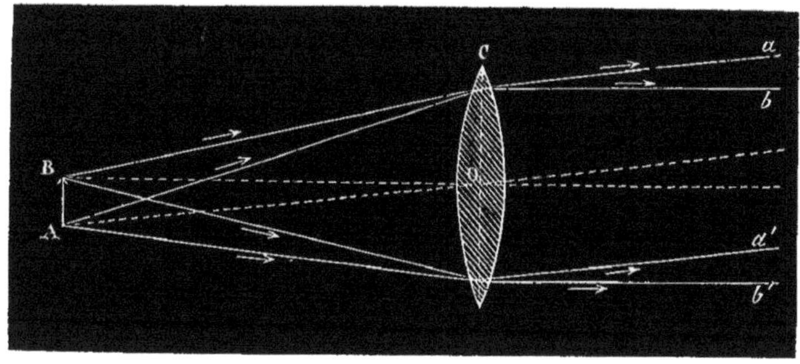

Fig. 401.

réfraction, en cylindres de rayons parallèles. — La figure 401 montre que ces divers rayons sortent alors de la lentille avec les mêmes directions que s'ils émanaient d'un objet infiniment éloigné, dont le diamètre apparent serait égal à l'angle AOB que sous-tend l'objet AB, vu du centre optique de la lentille.

Une lentille convergente ainsi installée prend le nom de *collimateur* : un pareil système peut, dans beaucoup de cas, être substitué avec avantage à une mire très-éloignée.

On place ordinairement au foyer du collimateur une fente lumineuse étroite, ou une croisée de fils portée par un oculaire positif. — Le collimateur devient, dans ce dernier cas, une véritable lunette. Pour le régler, il suffit de faire varier la distance de la fente ou de la croisée de fils à l'objectif, jusqu'à ce qu'on en voie une image nette dans une autre lunette, réglée sur des objets infiniment distants.

472. **Télescope de Herschel.** — Les instruments qui sont désignés sous le nom de *télescopes* diffèrent des lunettes en ce que la lentille objective est remplacée par un miroir concave. — Les divers télescopes se distinguent entre eux par la manière dont on ramène ensuite l'image réelle, formée par ce miroir, dans une position plus ou moins commode pour l'observation.

Dans le *télescope de Herschel*, le miroir réfléchissant MM′ (fig. 402), dont le centre est en C, est légèrement incliné sur l'axe du tube TT′ qui le porte, de manière que l'image d'un objet extérieur éloigné

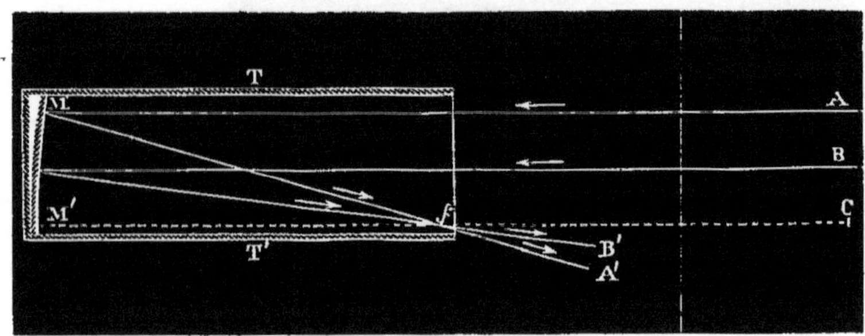

Fig. 402.

vienne se former au voisinage du foyer principal f du miroir, près du bord inférieur de l'ouverture du tube. — On observe cette image à l'aide d'un oculaire, et, si la surface du miroir est très-grande, la perte de lumière qui résulte de l'interposition de la tête de l'observateur, au-dessus du bord du tube, n'entraîne pas une trop grande diminution d'éclat.

473. **Télescope de Newton.** — Dans le *télescope de Newton*, le miroir concave MM′ (fig. 403) a son centre C sur l'axe du tube TT′ : les rayons lumineux qui viennent des objets sur lesquels est dirigé l'instrument, après s'être réfléchis sur ce miroir, viendraient former une image réelle $\alpha\beta$ dans le plan focal principal. Avant d'arriver à ce plan, ils sont réfléchis de nouveau par un miroir plan auxi-

liaire PQ incliné à 45 degrés sur l'axe du tube (ou, ce qui revient au même, par la face hypoténuse d'un prisme rectangle) : il se forme alors une image réelle $\alpha'\beta'$, symétrique de $\alpha\beta$ par rapport à

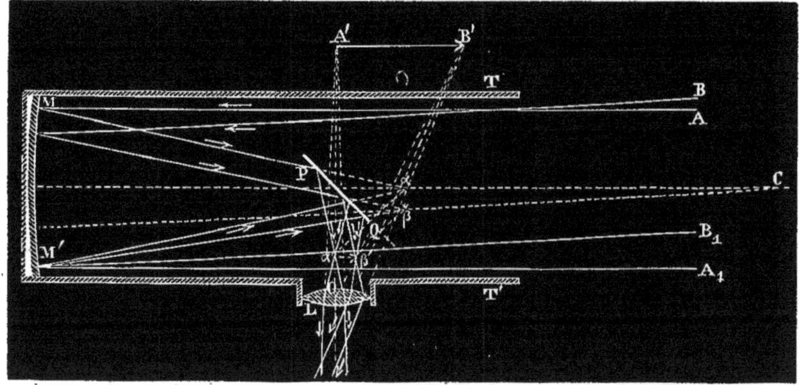

Fig. 403.

PQ. Cette image $\alpha'\beta'$ est observée au travers d'une loupe L (ou d'un microscope), en sorte que l'œil placé derrière cette loupe considère l'image virtuelle A'B', qui est plus grande que $\alpha'\beta'$.

474. **Télescope de Grégory.** — Dans le *télescope de Grégory* (fig. 404), un miroir concave MM', placé comme dans le télescope

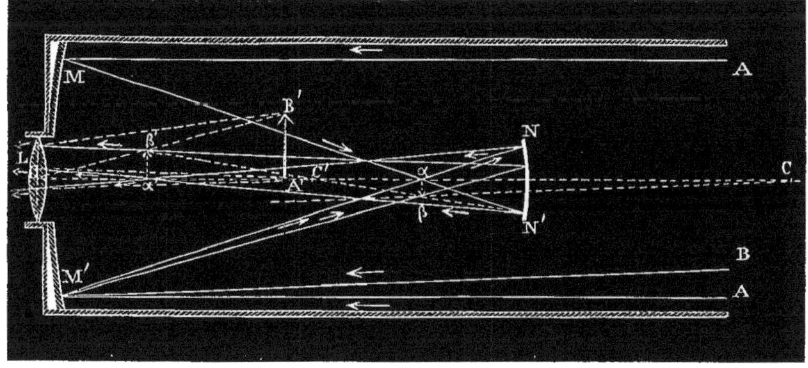

Fig. 404.

de Newton, vient former une image réelle et renversée $\alpha\beta$ dans son plan focal principal. Au delà de cette image réelle est placé un petit miroir concave NN′, ayant son centre C′ placé de telle manière que l'image $\alpha\beta$ soit entre le point C′ et le plan focal principal de ce même miroir : il se forme alors une autre image réelle $\alpha'\beta'$, renversée par rapport à $\alpha\beta$, et, par suite, droite par rapport à l'objet. L'image $\alpha'\beta'$ est vue au travers de la loupe L, de sorte que l'œil considère, en définitive, l'image virtuelle A′B′, qui est agrandie par rapport à $\alpha'\beta'$.

475. **Télescope de Cassegrain.** — Le *télescope de Cassegrain* (fig. 405) diffère du télescope de Grégory en ce que le petit miroir

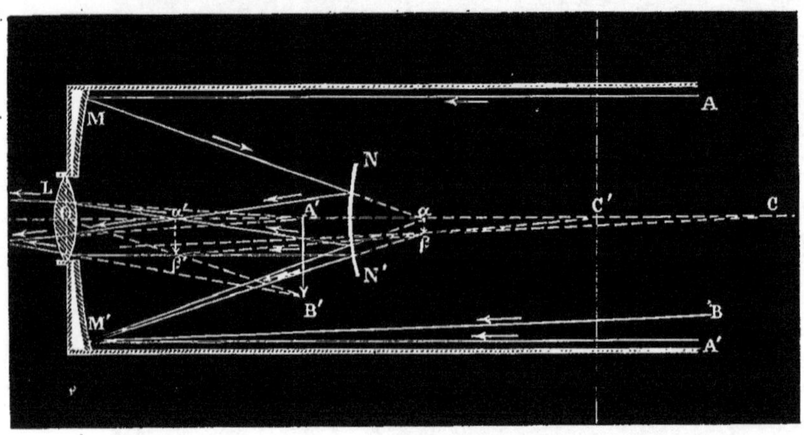

Fig. 405.

concave de celui-ci est remplacé par un petit miroir convexe, ce qui permet de diminuer la longueur totale de l'instrument. — La figure 405 indique d'ailleurs suffisamment la marche des rayons lumineux dans cet appareil. Le petit miroir concave NN′ étant placé entre le grand miroir MM′ et l'image réelle $\alpha\beta$ que donnerait ce miroir, cette image ne se forme pas : elle est remplacée par l'image réelle $\alpha'\beta'$, qui est vue à la loupe L. L'œil considère donc, en définitive, l'image virtuelle A′B′, plus grande que $\alpha'\beta'$.

Dans ce télescope, aussi bien que dans le télescope de Grégory, les aberrations du petit miroir auxiliaire NN′ s'ajoutent à celles du miroir principal et nuisent beaucoup à la netteté de la vision; aussi ces deux instruments sont-ils depuis longtemps abandonnés et n'ont-ils, en réalité, qu'une importance purement historique.

476. **Miroirs argentés de Foucault.** — Les miroirs de bronze, qui ont été longtemps les seuls employés pour la construction des télescopes, ont l'inconvénient d'être très-lourds, difficiles à travailler, et coûteux à réparer quand leur surface vient à se ternir. A ces miroirs Léon Foucault a substitué des miroirs de verre *argentés sur leur première surface*.

C'est particulièrement au télescope de Newton que les miroirs de Foucault ont été appliqués. On leur donne, non plus une forme sphérique, mais une forme exactement parabolique, au moyen de la série suivante d'opérations :

1° Le miroir reçoit d'abord approximativement la forme d'une surface sphérique concave, par les procédés ordinaires de la taille des lentilles, c'est-à-dire par un frottement prolongé sur une surface métallique convexe, couverte successivement d'un émeri de plus en plus fin, et finalement de colcothar.

2° On fait tomber, sur la surface ainsi préparée, un faisceau lumineux émané d'une source très-étroite, très-voisine du centre du miroir, mais située un peu en dehors de l'axe. Si le miroir était parfaitement sphérique, la totalité des rayons réfléchis irait former une très-petite image réelle, symétrique de la source par rapport à l'axe. Alors, en installant en ce point un écran opaque très-petit, et en plaçant l'œil derrière cet écran, aussi près de son bord qu'on le voudrait, on ne recevrait de lumière d'aucun point de la surface du miroir, et l'on n'éprouverait, en regardant cette surface, que la sensation de l'obscurité complète. — Au contraire, si la surface est imparfaitement sphérique, les aberrations amenant un peu de lumière en dehors de l'image, certains points de la surface du miroir paraissent illuminés : les variations qu'éprouve cette illumination, lorsque l'œil se déplace, font connaître à un observateur exercé les régions de la surface du miroir qui s'écartent sensiblement de la forme sphérique. — On corrige les défauts ainsi constatés, à l'aide de retouches locales qui s'exécutent à la main, avec un polissoir couvert de colcothar.

3° On rapproche la source lumineuse du miroir. L'image conjuguée qui se produit ne serait parfaite que si la surface du miroir était changée en celle d'un ellipsoïde de révolution dont les deux foyers occuperaient respectivement les positions de la source et de son image. Si l'on cache cette image par un écran opaque, l'œil voisin du bord de l'écran aperçoit encore, en regardant vers le miroir, une illumination variable, dont l'étude peut lui révéler quelles sont les zones du miroir qui font, en quelque sorte, saillie en avant de cet ellipsoïde de révolution, et quelles sont celles qui restent en arrière. Par la méthode des retouches locales, on arrive à faire disparaître entièrement l'illumination, et l'on est assuré, par ce caractère, que la forme ellipsoïdale est obtenue.

4° Par une série d'opérations de ce genre, on transforme graduellement un miroir sphérique en un ellipsoïde de plus en plus allongé. Lorsqu'on est arrêté, dans cette transformation, par les dimensions de l'atelier ou du laboratoire où l'on opère, on fait arriver sur le miroir un faisceau de rayons que l'on a rendus aussi exactement parallèles que possible à l'aide d'un collimateur (471) au foyer duquel est placée la source lumineuse : on soumet aux mêmes épreuves l'image formée par les rayons réfléchis sur le miroir. On a ainsi le moyen de reconnaître quels sont les points qu'on doit attaquer pour arriver à la forme exactement parabolique, et la disparition de toute illumination latérale avertit du moment où cette forme est exactement réalisée.

Lorsque le travail de la surface est terminé, on l'argente par un procédé particulier, dans lequel l'argent est mis en liberté par la réaction d'une matière organique [1] sur une solution convenablement étendue de nitrate d'argent.

477. **De la vision distincte dans les instruments d'optique en général.** — Lorsqu'on fait usage d'un instrument un peu puissant, microscope, lunette ou télescope, on ne peut faire varier l'ajustement nécessaire à la vision nette des images qu'entre des limites très-peu sensibles: l'œil semble avoir presque entièrement perdu sa faculté d'accommodation. — C'est de cette circonstance

[1] La matière qu'on emploie le plus ordinairement est le sucre de raisin interverti.

mal interprétée qu'est venu, sans doute, l'usage de parler, dans la théorie des instruments d'optique, d'une *distance de la vision distincte*, unique pour chaque observateur, dont on fixe arbitrairement la valeur moyenne à 30 centimètres.

En réalité, lorsqu'un observateur doué d'une vue normale, c'est-à-dire capable de voir distinctement à toute distance comprise entre l'infini et une limite inférieure déterminée Δ, place un verre convergent au devant de son œil, il ne peut plus voir nettement que les objets dont l'image virtuelle se forme à une distance comprise entre Δ et l'infini. — Or, pour que l'image virtuelle d'un objet soit infiniment éloignée, il faut que l'objet soit au foyer principal de la lentille. Pour qu'elle soit à la distance Δ, il faut que l'objet se trouve à une distance δ donnée par l'équation

$$\frac{1}{\Delta}-\frac{1}{\delta}=-\frac{1}{f}\ ^{(1)},$$

c'est-à-dire que l'on ait

$$\delta=\frac{f}{1+\frac{f}{\Delta}}.$$

L'amplitude apparente de l'accommodation est donc, dans ces circonstances, réduite à la différence entre f et la valeur précédente de δ que l'on vient de trouver, c'est-à-dire à

$$\frac{\frac{f^2}{\Delta}}{1+\frac{f}{\Delta}}$$

ou enfin à

$$\frac{f^2}{\Delta+f}.$$

Si, par exemple, la distance Δ est, pour la vue de l'observateur, de 15 centimètres, et si la distance focale de la lentille est de 2 centimètres, on trouve, en effectuant le calcul indiqué, que l'amplitude de l'accommodation est simplement de $2^{mm},35$.

Si maintenant, en avant de l'oculaire et à une distance D, se trouve une lentille objective, de manière à constituer un microscope

(1) On suppose négligeable la distance de la loupe à l'œil, pour simplifier les formules.

composé, on ne verra nettement que les objets situés de façon que l'image réelle formée par l'objectif soit à une distance de la loupe comprise entre δ et f. Il faudra donc que cette image réelle se trouve à une distance de l'objectif plus grande que $D-f$ et plus petite que $D-\delta$. — Alors, si l'on désigne par φ la distance focale principale de l'objectif, les distances limites p_1 et p_2 de l'objet à l'objectif seront définies par les conditions

$$\frac{1}{p_1}+\frac{1}{D-f}=\frac{1}{\varphi}$$

et

$$\frac{1}{p_2}+\frac{1}{D-\delta}=\frac{1}{\varphi},$$

L'amplitude apparente d'accommodation sera réduite, dans l'instrument ainsi constitué, à la différence p_1-p_2. — Si l'on conserve les hypothèses précédentes sur Δ et p, et si l'on suppose, en outre, que la distance D des deux lentilles soit de 20 centimètres et que la distance focale φ de l'objectif soit de 5 millimètres, on trouve que p_1-p_2 est inférieur à un centième de millimètre.

Dans la lunette astronomique et dans le télescope, l'oculaire composé est l'équivalent d'une loupe à foyer très-court, et par suite sa distance à l'image réelle donnée par l'objectif ne peut varier qu'entre des limites très-resserrées.

D'ailleurs, il paraît assez évident que l'œil, lorsqu'il regarde un objet à l'aide d'une loupe, doit tendre à s'accommoder pour la limite inférieure de la vision distincte, afin d'apercevoir l'image virtuelle de l'objet à une moindre distance, et d'y discerner des détails aussi petits que possible. Il en est sans doute de même lorsqu'on fait usage de la lunette astronomique, de la lunette terrestre ou du télescope. La distance *minima* de la vision distincte est donc toujours celle qu'on doit considérer dans la théorie de ces instruments. — Si, dans la théorie de la lunette et du télescope, on considère ordinairement un œil accommodé pour voir nettement à l'infini, c'est en vertu d'une convention arbitraire, qui n'a d'autre objet que de simplifier les formules.

Ces conclusions sont confirmées par l'influence bien connue que la pratique fréquente et prolongée des observations microscopiques ou astronomiques exerce sur la vue des observateurs, en développant chez eux la myopie, ou en la rendant plus complète.

La lunette de Galilée reste en dehors des considérations précédentes, l'accommodation de l'œil pour la limite inférieure de la vision distincte étant désavantageuse lorsqu'on fait usage de cet instrument.

478. **Mesure expérimentale du grossissement des lunettes et des télescopes.** — Pour déterminer par l'expérience le grossissement d'une lunette ou d'un télescope, on dirige l'instrument sur une mire éloignée, dont la grandeur et la distance sont connues; puis, au moyen d'une chambre claire placée devant l'oculaire, on projette l'image virtuelle de la mire sur une échelle graduée, située à une distance convenable pour être vue distinctement, et l'on observe le nombre de divisions de l'échelle qui paraissent couvertes par l'image de la mire. — De ces données on déduit immédiatement le rapport des diamètres apparents de l'image et de l'objet.

Lorsqu'il s'agit d'une lunette à faible pouvoir amplifiant, d'une lunette de spectacle, par exemple, on peut obtenir une estimation approximative du grossissement en plaçant la lunette devant un œil, sans fermer l'autre, et en comparant la grandeur apparente de certains objets à celle de leur image. Il convient de choisir, pour cette appréciation, des objets qui présentent des divisions équidistantes, par exemple une construction à assises régulières; on voit alors combien de divisions, vues directement par l'œil nu, paraissent correspondre à l'image d'une seule division, vue par l'autre œil au travers de la lunette.

DISPERSION.

DÉCOMPOSITION ET RECOMPOSITION DE LA LUMIÈRE.

479. **Dilatation et coloration d'un faisceau de lumière blanche, par le passage au travers d'un prisme.** — Lorsqu'un faisceau de lumière solaire est transmis par un prisme, il éprouve non-seulement une déviation (408), mais une dilatation et une coloration; en sorte que, si la section du faisceau incident est circulaire, et si l'on reçoit le faisceau émergent sur un écran perpendiculaire à la direction moyenne des rayons, on obtient, non plus une image blanche et circulaire, mais une image oblongue et colorée. — Quand le prisme est dans la position du minimum de déviation, le faisceau émergent est encore dilaté et coloré. Or, il résulte de ce qui a été démontré plus haut qu'un cône lumineux étroit, rencontrant le prisme au voisinage de son arête, donnerait naissance, si la réfrangibilité de tous les rayons était la même, à un cône émergent de même ouverture angulaire (426). On doit donc admettre que la lumière blanche est composée de *rayons de couleurs diverses,* qui diffèrent entre eux à la fois par leurs indices de réfraction et par leurs actions sur l'organe de la vue.

On donne le nom de *dispersion* à la séparation d'un faisceau de lumière blanche en faisceaux de diverses couleurs, par le passage au travers d'un milieu réfringent. — Si l'on revient à l'expérience qui précède, on voit que la séparation des cônes lumineux de diverses couleurs doit être d'autant plus complète qu'on s'éloigne davantage du prisme. L'expérience constate en effet que, si l'écran est placé près du prisme, l'image qui s'y forme est peu allongée, et colorée seulement aux extrémités de sa plus grande dimension; à mesure qu'on éloigne l'écran, l'image s'allonge, les colorations apparaissent dans toute son étendue, et les couleurs deviennent de plus en plus distinctes les unes des autres.

L'image que l'on obtient en opérant avec la lumière du soleil a reçu le nom de *spectre solaire*. Newton y a distingué sept couleurs, qui sont, dans l'ordre de réfrangibilité croissante :

Rouge, orangé, jaune, vert, bleu, indigo, violet.

Ce partage est d'ailleurs assez arbitraire, et le spectre offre, de chaque couleur à la couleur suivante, la transition insensible par toutes les nuances intermédiaires.

480. **Vérification expérimentale de l'explication du phénomène précédent.** — On doit à Newton un grand nombre d'expériences destinées à vérifier que la véritable cause de la dispersion est bien l'inégale réfrangibilité des rayons lumineux de diverses couleurs qui composent la lumière blanche. — On indiquera seulement ici quelques-unes de ces expériences.

1° *Comparaison des spectres fournis par des prismes de natures différentes.* — L'expérience montre que les spectres formés par la lumière solaire, réfractée au travers de prismes de natures diverses, offrent toujours les mêmes couleurs et dans le même ordre : il n'y a de différence que dans la grandeur absolue de la déviation de chaque couleur en particulier.

2° *Expérience des prismes croisés.* — Soit un faisceau horizontal de lumière blanche, qui irait former, dans une chambre obscure, une image circulaire D sur un écran vertical MN (fig. 406). Si l'on place d'abord sur le trajet de ce faisceau un prisme P ayant ses arêtes horizontales, il dévie et disperse le faisceau lumineux dans un plan vertical, et produit un spectre vertical RV. Si maintenant on interpose encore, sur le trajet du faisceau dévié par le prisme P, un second prisme P′ ayant ses arêtes verticales, il donne un spectre incliné R′V′; et, si les deux prismes ont le même angle et sont formés de la même substance, ce second spectre est incliné à 45 degrés sur la verticale [1]. — Ce résultat montre que les rayons

[1] La figure 406 montre comment on peut disposer l'expérience pour obtenir à la fois sur l'écran : 1° l'image circulaire et blanche D, qui est formée par une portion du faisceau n'ayant subi aucune réfraction ; 2° le spectre vertical RV, formé par la réfraction au travers du prisme P seul; 3° le spectre incliné, formé par les réfractions successives au travers des deux prismes.

violets, par exemple, ont éprouvé de la part du second prisme P′ une déviation, dans le sens horizontal, exactement égale à celle

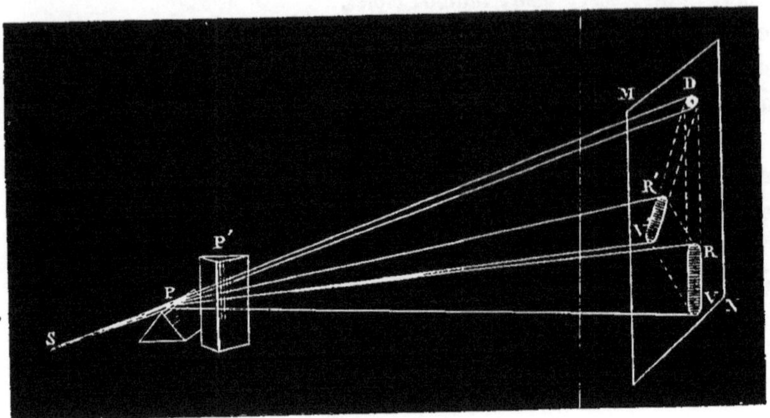

Fig. 406.

qu'ils avaient éprouvée de la part du premier dans le sens vertical; de même, la déviation horizontale produite sur les rayons rouges par le second prisme est égale à la déviation verticale produite sur ces mêmes rayons par le premier; enfin, il en est de même pour les rayons des couleurs intermédiaires. L'expérience ainsi faite prouve donc directement l'inégale réfrangibilité des rayons de diverses couleurs.

3° *Inégalité des angles limites correspondants à la réflexion totale, pour les diverses couleurs.* — Un faisceau de lumière blanche tombe sur l'une des faces AB de l'angle droit d'un prisme rectangle isocèle ABC (fig. 407) et donne naissance, en émergeant par la face hypoténuse, à un spectre VR_1. Une portion des rayons qui tombent sur la face BC se réfléchit intérieurement, et vient rencontrer la face AC sous des angles égaux aux angles de réfraction en AB. Il suit de là que les rayons de diverses couleurs qui émergent par la face AC sont parallèles entre eux, et donnent, sur un écran placé à distance, une projection incolore $S'S'_1$. — Si maintenant on augmente graduellement l'inclinaison de la face hypoténuse BC sur les rayons qui la rencontrent, la réflexion devient successivement totale pour les diverses couleurs, du violet au rouge, et l'on voit ces couleurs disparaître tour à tour dans le spectre VR_1. En même temps, l'image incolore donnée

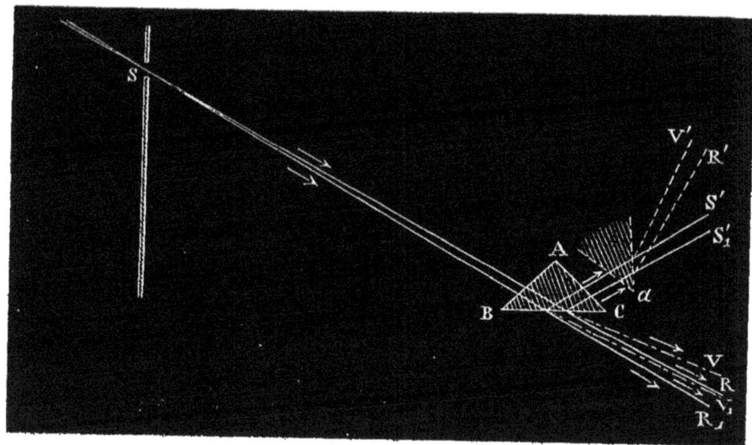

Fig. 407.

par les rayons qui émergent en AC se colore d'abord en violet, puis successivement de diverses nuances, et elle revient enfin au blanc lorsque le spectre VR_1 a entièrement disparu.

On peut modifier cette expérience, en recevant sur un prisme auxiliaire *a* les rayons qui émergent de AC. On obtient ainsi un second spectre R'V', dont les diverses couleurs augmentent successivement d'éclat à mesure que les couleurs correspondantes disparaissent dans le spectre VR_1.

4° *Dispersion longitudinale des foyers d'une lentille.* — Il résulte de la formule établie précédemment pour les lentilles à surfaces sphériques,

$$\frac{1}{f} = (n-1)\left(\frac{1}{R} - \frac{1}{R'}\right),$$

que la valeur absolue de la distance focale principale d'une lentille décroît à mesure que l'indice de réfraction augmente; on en conclut immédiatement que, dans le cas des lentilles convergentes, le foyer réel conjugué d'un point lumineux est d'autant moins éloigné de la lentille que la lumière émise par ce point est plus réfrangible.

Pour vérifier cette conclusion, Newton faisait arriver, sur une page imprimée, les rayons rouges du spectre solaire; il plaçait alors à quelque distance une lentille convergente, et déterminait le point où l'on devait placer un écran, pour obtenir une reproduction nette et lisible de la page ainsi éclairée. Ensuite, à mesure que le mouvement diurne du soleil déplaçait le spectre et en amenait successivement les diverses parties sur cette même page, il observait qu'il fallait graduellement rapprocher l'écran de la lentille.

Cette expérience ne peut être faite que dans une chambre obscure, d'où l'on a éliminé toute lumière accidentelle avec le plus grand soin. — Mais on peut constater la dispersion des foyers d'une lentille, en promenant un écran dans la portion resserrée d'un faisceau solaire réfracté par la lentille; l'image circulaire blanche qu'on obtient ainsi est bordée de rouge en deçà du foyer des rayons moyens; au delà de ce point, elle est bordée de violet : au foyer même, son éclat est trop vif pour qu'on puisse discerner si elle offre quelque coloration. — En projetant une poussière fine dans la partie de l'espace qui est traversée par les rayons lumineux, on voit de même apparaître un double cône éclairé, dont la première nappe paraît rouge, la seconde violette.

481. **Méthode de Newton pour obtenir un spectre pur.** — Lorsqu'on produit le spectre solaire en recevant simplement sur un prisme un faisceau de lumière transmis dans une chambre obscure par une petite ouverture, les cônes lumineux de diverses couleurs dans lesquels le prisme décompose ce faisceau viennent rencontrer, chacun suivant une ellipse, l'écran sur lequel on observe le spectre : ces ellipses empiètent d'autant plus les unes sur les autres qu'on est plus rapproché du prisme, et ne peuvent se séparer complétement à aucune distance. L'angle au sommet des cônes qui correspondent à chacune des couleurs simples est, dans la position du minimum de déviation, égal au diamètre apparent du soleil, et il est évident que le spectre ainsi obtenu ne peut offrir aucune pureté.

Pour obtenir un spectre d'une pureté bien supérieure, Newton employait la méthode suivante, dont il est facile de concevoir l'efficacité. — Les rayons solaires transmis par l'ouverture étroite du volet d'une chambre obscure tombent sur un prisme P (fig. 408), placé dans la position du minimum de déviation pour l'indice de réfraction moyen des rayons solaires : chaque cône incident de lumière

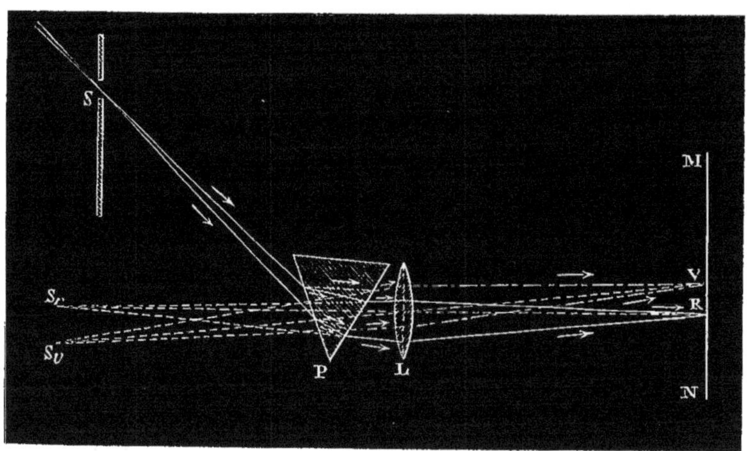

Fig. 408.

blanche qui a pour sommet un point S de l'ouverture et pour base le disque solaire est ainsi transformé, par l'action du prisme, en une série de cônes de réfrangibilités diverses, ayant leurs sommets $S_r, \ldots, S_v$ à la même distance de l'arête réfringente. Une lentille convergente achromatique L, placée au delà du prisme, reçoit le système de ces cônes divergents, et donne sur un écran MN, situé à distance convenable, une image réelle des points $S_r, \ldots, S_v$. Le même raisonnement pouvant se répéter pour chaque point de l'ouverture de la chambre obscure, on doit en définitive obtenir sur l'écran autant d'*images de l'ouverture* qu'il y a d'espèces de rayons diversement réfrangibles dans la lumière incidente. Ces images empiéteront plus ou moins les unes sur les autres; mais, en réduisant la dimension de l'ouverture dans le sens perpendiculaire aux arêtes du prisme, on diminuera indéfiniment l'empiétement des images : s'il y a des solutions de continuité dans les indices de réfraction successifs, elles apparaîtront d'autant plus facilement que cette dimension de l'ouverture aura été plus réduite.

Si, dans un spectre ainsi épuré, on isole un faisceau lumineux au moyen d'une fente étroite, perpendiculaire à la longueur du spectre, ce faisceau n'éprouve plus qu'une dispersion très-faible dans un second prisme et se comporte presque comme s'il était rigoureusement homogène. — L'analyse de la lumière par le premier prisme était donc absolue; en d'autres termes, les éléments dans lesquels la lumière blanche est décomposée par l'action d'un prisme ne sont pas susceptibles d'une décomposition ultérieure.

482. **Raies de Frauenhofer.** — Lorsqu'on produit un spectre pur au moyen de la lumière solaire, on constate que ce spectre présente des espaces obscurs très-étroits et très-nombreux, distribués sans aucune loi régulière dans les diverses régions du spectre, et qui ont reçu le nom de *raies de Frauenhofer*. — La figure 409 représente seulement les sept groupes principaux, qui ont été désignés par les lettres B, C, D, E, F, G, H, et trois groupes accessoires A, *a*, *b*.

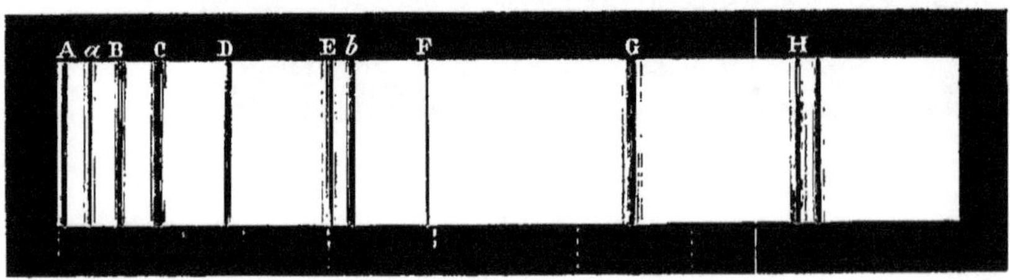

Fig. 409.

Ces espaces obscurs, dont les principaux groupes peuvent être aperçus très-aisément avec les instruments dont nous disposons aujourd'hui, n'avaient point été constatés par Newton : il est probable qu'il faut l'attribuer au défaut d'homogénéité des prismes dont il était réduit à se servir.

483. **Principe du spectroscope.** — Le procédé de Newton pour l'observation du spectre solaire (481) peut être avantageusement modifié, en supprimant l'écran MN et en regardant directement l'image aérienne du spectre au travers d'une loupe. — Cette loupe forme alors, avec la lentille qui intervenait dans la méthode de Newton (fig. 408), une véritable lunette astronomique. Le procédé

actuel revient donc, en définitive, à placer derrière le prisme, sur la direction des rayons émergents, une lunette ajustée pour voir distinctement des objets placés à la distance des images virtuelles $S_r, \ldots, S_v$. Le grossissement qu'on obtient ainsi permet de distinguer un plus grand nombre de raies. — Enfin on peut remplacer la fente pratiquée dans le volet de la chambre obscure par la fente d'un collimateur, de façon que les rayons lumineux paraissent venir d'un objet infiniment éloigné et de très-petit diamètre apparent.

Le système composé d'un collimateur L (fig. 410), d'un prisme ou d'un système de prismes, d'une lunette astronomique FG et d'un

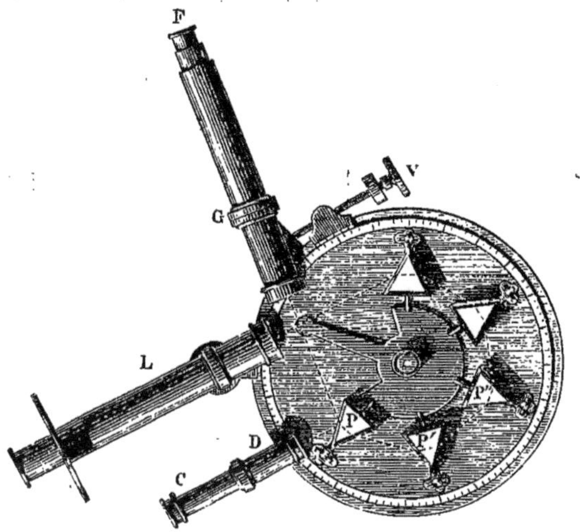

Fig. 410.

support convenable est ce qu'on nomme un *spectroscope*. On dispose souvent plusieurs prismes P, P′, P″,... à la suite les uns des autres sur une même plaque circulaire, comme l'indique la figure 410, et on leur donne d'avance approximativement la position correspondante à la déviation minima pour les rayons moyens du spectre; mais, lorsqu'on veut profiter de toute la puissance de l'instrument, on règle successivement la position de chaque prisme pour la région même du spectre que l'on observe actuellement[1].

[1] L'usage du collimateur auxiliaire CD, qui est représenté sur la figure 410, sera expliqué plus loin (503).

Lorsqu'on veut simplement apercevoir les principales d'entre les raies du spectre, on peut se contenter de placer l'œil immédiatement derrière l'arête du prisme, les milieux réfringents de l'œil et la rétine se comportant comme la lentille L et l'écran MN de la figure 408. On aperçoit alors, en général, un spectre suffisamment net pour laisser discerner les principaux groupes de raies : les observateurs myopes ou presbytes peuvent d'ailleurs placer devant leurs yeux des verres divergents ou convergents, comme pour la vision des objets réels. — C'est par ce procédé simple que Wollaston a observé les raies du spectre, plusieurs années avant Frauenhofer.

484. **Recomposition de la lumière blanche, au moyen de ses éléments séparés.** — Pour achever de démontrer la constitution complexe de la lumière blanche, Newton a vérifié, par diverses expériences, qu'en superposant les éléments de cette lumière tels que les fournit le prisme on reconstitue la lumière blanche elle-même. — Ce résultat peut être facilement réalisé :

1° Au moyen d'un système de petits miroirs plans, sur lesquels on reçoit les parties successives d'un même spectre, et qu'on incline de manière qu'ils réfléchissent vers une même région d'un écran blanc les rayons des diverses couleurs;

2° En faisant tourner rapidement sur lui-même un prisme formant un spectre sur un écran : les oscillations rapides du spectre produisent, grâce à la persistance des impressions lumineuses, la sensation de la lumière blanche;

3° En faisant tourner rapidement autour de son centre un disque de carton sur lequel sont appliqués des secteurs offrant les diverses couleurs du spectre, dans l'ordre et avec les rapports d'étendue qu'ils présentent dans le spectre solaire; ou en faisant tourner autour de son axe un cylindre dont la surface convexe porte des bandes colorées satisfaisant aux mêmes conditions;

4° Au moyen d'une lentille convergente, placée au delà d'un prisme, sur le trajet du faisceau émergent, à une distance plus grande que sa distance focale principale (fig. 411). — Derrière cette lentille on obtient d'abord, en PQ, les images réelles des points virtuels $S_v, \ldots, S_r$ et par conséquent un spectre pur. Plus loin on trouve l'image de la seconde surface du prisme : cette image est blanche, mais bordée de deux franges colorées; car si RR_1 et VV_1 représentent, sur cette seconde face, les longueurs du faisceau rouge

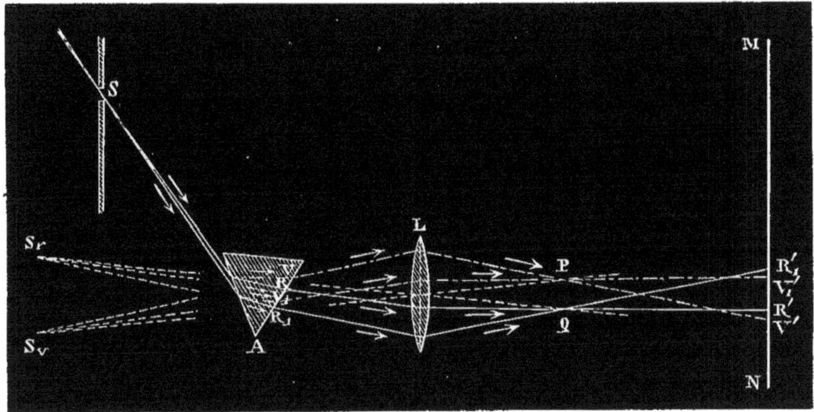

Fig. 411.

et du faisceau violet à l'émergence, chaque point compris entre R et V_1 est le point d'émergence de rayons de toutes les couleurs, et par conséquent chaque point de la région $R'V'_1$ doit paraître blanc; au contraire, les bandes $R'_1V'_1$, $R'V'$ sont colorées. En supprimant, par des écrans opaques, les bandes colorées VR, V_1R_1 de la seconde surface du prisme, l'image obtenue sur l'écran devient entièrement blanche, et la netteté de l'expérience est plus complète.

485. **Combinaison d'un nombre limité de couleurs du spectre. — Couleurs complémentaires.** — En supprimant, à l'aide d'un écran de grandeur convenable placé dans le plan PQ (fig. 411), telle ou telle partie des rayons qui forment le spectre dans ce plan, on peut étudier sur l'écran MN les effets de la combinaison d'un nombre limité de couleurs du spectre, prises dans telles positions que l'on veut. Le tableau suivant, emprunté à M. Helmholtz, fait connaître les principaux résultats que donne la combinaison de deux couleurs seulement.

Les cinq couleurs élémentaires mentionnées dans ce tableau sont censées correspondre chacune au milieu de la portion du spectre que désigne le nom correspondant. — Le résultat de la combinaison du bleu et du jaune, c'est-à-dire la production du *blanc*, est tout à fait contraire à l'opinion commune et à la pratique des peintres. On reviendra plus loin sur ce paradoxe apparent (496).

	Rouge.	Jaune.	Vert.	Bleu.	Violet.
Rouge.	Rouge.	Orangé.	Jaune terne.	Rose.	Pourpre.
Jaune.	Orangé.	Jaune.	Vert jaunâtre.	*Blanc.*	Rose.
Vert.	Jaune terne.	Vert jaunâtre.	Vert.	Vert bleuâtre.	Bleu pâle.
Bleu.	Rose.	*Blanc.*	Vert bleuâtre.	Bleu.	Indigo.
Violet.	Pourpre.	Rose.	Bleu pâle.	Indigo.	Violet.

Il n'est pas inutile d'insister sur ce fait que, contrairement à une assertion de Newton, assertion reproduite dans la plupart des Traités de physique, la superposition de deux couleurs simples peut suffire pour former du blanc. Le résultat de la combinaison du bleu et du jaune n'est qu'un cas particulier d'une loi générale que l'on peut formuler comme il suit :

A tout rayon moins réfrangible que le jaune moyen répond un autre rayon, plus réfrangible que le jaune moyen, qui peut former du blanc avec le premier. — Ces deux rayons sont dits *complémentaires* l'un de l'autre.

ÉTUDE SPÉCIALE DU SPECTRE SOLAIRE.

486. **Variations d'éclat dans les diverses parties du spectre solaire.** — L'œil apprécie difficilement, ainsi qu'il a été dit plus haut, les rapports d'intensité qui peuvent exister entre les éclairements produits par des rayons lumineux de couleurs différentes (382). Cependant la simple inspection du spectre solaire montre qu'il offre un éclat très-variable dans les diverses parties de son étendue : on reconnaît immédiatement que l'éclat maximum

correspond à la région comprise entre les raies D et F (fig. 409), et qu'il y a un décroissement dans l'intensité lumineuse, depuis cette région jusqu'à chacune des extrémités.

487. **Actions calorifiques des diverses parties du spectre.** — On peut comparer entre elles les actions calorifiques des diverses régions du spectre solaire, soit à l'aide d'un thermomètre sensible, soit à l'aide d'une pile thermo-électrique dont les éléments auront été disposés sur une même rangée et occuperont toute la largeur du spectre.

On constate ainsi que l'action calorifique est sensible, non-seulement dans toute l'étendue du spectre visible, mais encore dans une région assez considérable en deçà du rouge; de là on conclut que la radiation solaire contient, outre les rayons calorifiques correspondants aux parties visibles du spectre, des rayons calorifiques obscurs, moins réfrangibles que les rayons rouges; c'est ce qu'on nomme les rayons *infra-rouges*.

La région qui correspond à l'effet calorifique maximum occupe une position un peu variable avec la nature du prisme. C'est là un résultat qui est dû à ce que les verres des différents prismes n'exercent pas tous la même absorption sur chacun des éléments de la radiation solaire. — Avec un prisme de sel gemme ou de cristal de roche, qui absorbe à peu près de la même manière tous les rayons lumineux, le maximum se trouve dans les rayons infra-rouges, à peu de distance de l'extrême rouge visible; le décroissement de l'intensité calorifique est plus rapide du côté de la partie visible du spectre que du côté opposé. — La première observation de ces divers phénomènes est due à John Herschel.

488. **Actions chimiques.** — La lumière a, comme on sait, la propriété de décomposer certaines substances facilement altérables, et en particulier les sels d'argent. Lorsqu'on fait tomber le spectre solaire sur une surface couverte de l'une de ces substances, on observe que l'altération ne se produit pas dans toute l'étendue du spectre, mais seulement entre deux limites déterminées. — Bien que ces limites elles-mêmes soient un peu variables d'une substance à

une autre, on peut dire cependant que, du côté des rayons les moins réfrangibles, l'altération ne paraît jamais atteindre le rouge; du côté des rayons les plus réfrangibles, elle dépasse presque toujours le violet. Ainsi se trouve accusée l'existence de rayons *ultra-violets*[1], insensibles à l'œil, incapables de produire un effet thermométrique appréciable, mais rendus manifestes par les phénomènes chimiques auxquels ils donnent naissance.

Il est facile d'obtenir, sur une plaque daguerrienne ou sur un papier photographique, une impression permanente, produite par un spectre qu'on aura fait agir sur cette surface. Cette impression commence en général, comme on vient de le dire, à une distance plus ou moins grande en deçà du rouge extrême, et s'étend jusqu'à une région située bien au delà du violet. Dans la partie de cette impression qui correspond au spectre visible, on aperçoit les raies de Frauenhofer, en nombre plus ou moins grand suivant la perfection qu'on a su donner à l'expérience; dans la partie qui correspond au spectre ultra-violet, on aperçoit d'autres groupes de raies, également caractéristiques. M. Edmond Becquerel et M. Stokes ont désigné par des lettres les principaux de ces groupes. On a reproduit

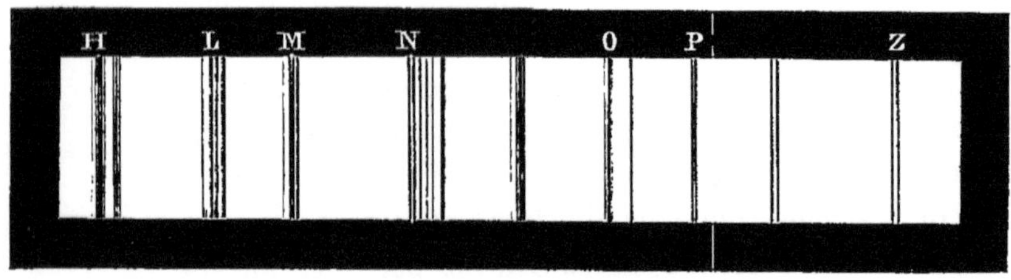

Fig. 412.

les dénominations de M. Becquerel sur la figure 412, qui doit être regardée comme un prolongement du spectre lumineux représenté par la figure 409. La position et l'aspect de ces raies ne dépendent pas de la nature de la substance qui a servi à obtenir l'image.

489. **Interprétation des résultats précédents.** — Les phénomènes dont on vient d'indiquer les points les plus saillants ont conduit d'abord les physiciens à distinguer, dans le faisceau émis

(1) La découverte des rayons ultra-violets est due à Ritter.

par le soleil et réfracté par un prisme, trois spectres différents, le *spectre calorifique*, le *spectre lumineux* et le *spectre chimique*, ces trois spectres empiétant plus ou moins l'un sur l'autre. — Mais, d'après ce que l'on vient de voir, cette hypothèse ne pourrait se conserver qu'à la condition d'admettre autant de spectres chimiques particuliers qu'il y a de substances impressionnables à la lumière, ou même de modifications spéciales de chacune de ces substances, ce qui n'a évidemment aucune probabilité.

L'interprétation la plus directe et en même temps la plus simple des phénomènes consiste à regarder les divers éléments de la radiation solaire comme possédant, à des degrés divers, les propriétés caractéristiques de cette radiation. Les rayons moins réfrangibles que le violet sont alors les seuls qui exercent une action calorifique sensible. Les rayons dont la réfrangibilité est comprise entre celle du rouge extrême et celle du violet extrême sont seuls aptes à agir sur l'organe de la vue, et développent les sensations des diverses couleurs. Les rayons plus réfrangibles que le violet sont principalement aptes à déterminer l'altération chimique d'un certain nombre de substances, mais cette propriété appartient aussi à des rayons capables d'agir sur l'œil. — On trouve une preuve de l'exactitude de cette interprétation dans l'invariabilité de position et d'aspect que présentent les raies du spectre lumineux, soit qu'on les observe directement, soit qu'on les examine dans la partie du spectre photographique qui répond aux rayons visibles.

490. **Actions phosphorogéniques.** — Certaines substances, quand on les expose aux rayons solaires, acquièrent, sans s'échauffer sensiblement, la faculté d'émettre pendant quelque temps une lumière dont l'éclat est sensible dans l'obscurité. — On donne à ce phénomène le nom de phosphorescence, et les substances qui peuvent lui donner naissance ont été souvent désignées sous le nom général de *phosphores*. Au nombre des plus sensibles se trouvent : le *phosphore de Bologne*, qui est le sulfure de baryum obtenu en calcinant, avec une matière organique, une variété de sulfate de baryte qui se trouve aux environs de Bologne; le *phosphore de Canton*, qui est le sulfure de calcium préparé par Canton en calcinant un mélange de soufre

et d'écailles d'huîtres pulvérisées; enfin, un certain nombre de minéraux qui peuvent être également employés pour ces expériences.

Lorsqu'on fait tomber un spectre sur une couche de substance phosphorescente, on constate que la propriété phosphorogénique se manifeste seulement dans une portion limitée du spectre; l'étendue de cette portion est d'ailleurs variable d'une substance à une autre. — Les rayons ultra-violets sont en général les plus aptes à développer la phosphorescence [1].

On remarquera enfin que, si l'on voulait expliquer les phénomènes de phosphorescence par une radiation spécialement phosphorogénique, on serait conduit à des conséquences aussi compliquées que par l'hypothèse d'une radiation spécialement chimique.

491. **Durée de la phosphorescence. — Phosphoroscope de M. Edmond Becquerel.** — La durée de la phosphorescence offre des différences très-considérables, d'une substance à une autre. On doit à M. Edmond Becquerel un instrument destiné à apprécier ces différences et à rendre sensible la phosphorescence des corps qui n'émettent la lumière que pendant un temps très-court.

L'appareil, qui est connu sous le nom de *phosphoroscope*, se compose de deux disques évidés, comprenant chacun un système de

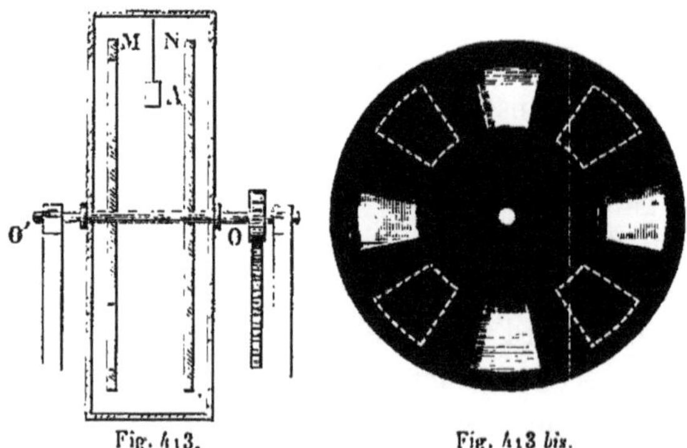

Fig. 413. Fig. 413 *bis*.

secteurs opaques, égaux et équidistants. Ces deux disques M, N (fig. 413) sont montés sur un même axe de rotation OO', et placés

[1] Les prismes et les lentilles de verre arrêtent une partie considérable des rayons ultra-violets. Il convient donc, dans toutes les expériences relatives aux effets chimiques

de manière que les secteurs opaques de l'un répondent aux intervalles qui existent entre les secteurs de l'autre[1]. Le corps à étudier est fixé en A, entre M et N, et reste immobile pendant que les deux disques tournent autour de l'axe OO'. L'appareil est placé devant un héliostat, qui réfléchit les rayons solaires dans une direction horizontale, de manière que, pendant la rotation, le disque N intercepte périodiquement les rayons qui arrivent au corps A. L'œil étant placé de l'autre côté du disque M, les rayons solaires ne lui arrivent jamais directement; mais il reçoit, quand les parties évidées du disque M se présentent à lui, les rayons que peut émettre le corps A après avoir été éclairé. — Donc, si le corps est phosphorescent, il devient visible par le mouvement de rotation, et, en accélérant le mouvement, on peut rendre sensible une phosphorescence de très-courte durée; en effet, il suffit que l'émission lumineuse d'un corps persiste pendant la durée du passage d'un secteur opaque du disque N, pour que la phosphorescence soit absolument continue.

492. **Fluorescence.** — On a donné le nom de *fluorescence* à un phénomène de phosphorescence présentant une durée tellement courte que, dans le mode d'observation ordinaire, l'émission de lumière par le corps semble cesser en même temps que l'arrivée des rayons solaires sur lui.

Ce phénomène est infiniment plus commun que celui de la phosphorescence de longue durée. Il se produit avec la plupart des matières organiques : l'esculine, le sulfate de quinine, la chlorophylle sont remarquables sous ce rapport. On l'observe également avec un grand nombre de matières minérales, parmi lesquelles le spath-fluor de Derby, le verre d'urane donnent surtout de très-beaux résultats. Au contraire, les métaux, la porcelaine, le charbon n'en offrent aucune trace.

M. Stokes, qui a beaucoup étudié ces phénomènes, et qui les avait d'abord considérés comme entièrement distincts de ceux de la

ou phosphorogéniques de la lumière solaire, de faire usage de prismes et de lentilles de quartz pour obtenir les spectres avec lesquels on veut opérer.

[1] C'est ce qu'indique la figure 413 *bis*, qui représente le disque antérieur vu de face; on a indiqué par des traits ponctués la position des ouvertures de l'autre disque, qui est placé en arrière.

phosphorescence, a remarqué que les corps fluorescents, lorsqu'ils sont illuminés par des rayons simples, émettent toujours des rayons d'une réfrangibilité moindre. Ainsi, en recevant sur du papier imprégné de sulfate de quinine les rayons ultra-violets d'un spectre pur, on obtient une fluorescence présentant une couleur *bleu-violet*. — Dans cette expérience on constate que certains points de la feuille de papier, situés au milieu de la région fluorescente, ne manifestent pas de fluorescence, ce qui confirme l'existence de raies dans la partie invisible du spectre.

On peut encore faire passer les rayons solaires au travers d'un verre violet assez foncé pour ne transmettre qu'une très-faible proportion de rayons visibles, et recevoir sur une substance fluorescente le faisceau transmis : les rayons invisibles que le verre violet laisse passer font encore apparaître la fluorescence (1). — On observe que le corps fluorescent paraît émettre, même d'une certaine profondeur au-dessous de sa surface, des rayons de lumière d'une remarquable intensité : la couleur de cette lumière est variable avec la nature du corps lui-même.

ABSORPTION ET DIFFUSION.

493. **Absorption de la lumière par les corps transparents.** — La coloration qui se manifeste dans la lumière transmise par un grand nombre de corps transparents suffit pour montrer que ces corps absorbent d'une manière inégale les divers rayons qui forment la lumière blanche. — Lorsqu'on analyse la lumière qui a traversé ces corps, on observe d'ailleurs que certaines couleurs du spectre éprouvent une diminution relative considérable dans leur éclat, ou même disparaissent d'une manière complète. — Le résultat est le même si l'on regarde un spectre produit dans les conditions normales, en plaçant devant l'œil une lame d'un corps coloré et transparent.

On peut admettre comme évident que l'effet exercé par une couche absorbante, d'épaisseur infiniment petite, sur un rayon simple, est

(1) C'est ainsi, par exemple, qu'en recevant la partie ultra-violette du spectre sur un papier où l'on a tracé des caractères avec une solution de sulfate de quinine, on rend immédiatement visibles ces caractères.

d'arrêter une fraction de ce rayon qui est proportionnelle à l'épaisseur de la couche : alors, en désignant par i l'intensité du rayon, et par $-di$ la diminution d'intensité qui résulte du passage au travers d'une couche d'épaisseur dx, on aura

$$-\frac{di}{i} = \alpha dx,$$

ce qui donne

$$i = i_0 e^{-\alpha x}.$$

L'intensité d'un faisceau *homogène* doit donc décroître en progression géométrique, lorsque l'épaisseur du milieu absorbant augmente en progression arithmétique. — La raison de cette progression n'étant pas la même pour les divers rayons du spectre, les proportions de ces rayons changent à mesure que l'épaisseur augmente, et par conséquent la teinte générale du faisceau transmis est elle-même variable.

494. **Absorbants monochromatiques et dichromatiques.** — Deux variétés de corps transparents sont particulièrement remarquables, au point de vue de la constitution de la lumière qu'ils transmettent :

1° Dans les corps qu'on peut appeler *absorbants monochromatiques*, le coefficient d'absorption présente un minimum très-marqué pour les rayons d'une région peu étendue du spectre : il suit de là que, dans un faisceau de lumière primitivement blanche qui traverse les couches successives d'un pareil corps, ces rayons ne tardent pas à devenir dominants; ils subsistent presque seuls, dès que l'épaisseur est un peu plus grande. On utilise cette propriété, dans certaines expériences optiques, pour obtenir facilement de la lumière à peu près homogène. — Le verre qui est coloré en rouge par le protoxyde de cuivre, la liqueur de couleur indigo qu'on obtient en précipitant un sel de bioxyde de cuivre par le carbonate d'ammoniaque et redissolvant le précipité dans un excès de carbonate, sont des exemples remarquables d'absorbants monochromatiques.

2° Les *absorbants dichromatiques* sont ceux qui donnent une couleur ou une autre au faisceau qu'ils transmettent, selon l'épaisseur du corps que ce faisceau a traversé. — On conçoit en effet que, les intensités des diverses couleurs dans le spectre solaire normal étant très-inégales entre elles, il peut résulter de l'inégalité des coefficients d'absorption d'un corps pour les rayons de diverses couleurs qu'il y ait prédominance de teintes très-différentes dans les faisceaux transmis, selon que l'épaisseur traversée est petite ou qu'elle est considérable. — Les solutions des sels de chrome jouissent de cette propriété à un degré remarquable : elles offrent, par transparence, une teinte verte sous une faible épaisseur, et une teinte rouge sous une épaisseur un peu grande. Un verre à pied conique, rempli de l'une de ces solutions, présente, au voisinage du fond et au voisinage de la surface, des colorations absolument différentes.

On peut citer encore, comme exemple de l'absorption spéciale exercée sur certains rayons du spectre par certains milieux transparents, les bandes larges et équidistantes qui apparaissent dans le spectre solaire, lorsque le faisceau est transmis au travers d'une couche d'acide hypoazotique gazeux ou d'iode en vapeur.

495. **Actions des milieux absorbants sur les rayons invisibles.** — L'effet des milieux absorbants s'étend aux rayons invisibles, infra-rouges ou ultra-violets, aussi bien qu'aux rayons lumineux.

Lorsque, après avoir affaibli, par le passage au travers d'un absorbant, l'éclat d'un faisceau de rayons pris dans la partie lumineuse du spectre, on étudie ses diverses propriétés, on trouve toujours qu'on a affaibli en même temps son intensité calorifique, sa puissance chimique et sa puissance phosphorogénique. On constate même que, si l'on mesure la variation de l'intensité lumineuse par une épreuve photométrique, et celle de l'intensité calorifique par un des procédés qui seront exposés plus loin, ces intensités ont diminué dans le même rapport que l'intensité lumineuse, *lorsque le faisceau est homogène*.

Cette remarquable coïncidence a été directement vérifiée, dans des circonstances nombreuses, par MM. Jamin et Masson. On y trouve la preuve incontestable de l'interprétation qui a été donnée plus haut des effets variés que peut exercer le spectre solaire (489). Il est manifeste qu'il n'existe, en chaque point d'un spectre pur, qu'une seule espèce de rayons, possédant à des degrés différents des propriétés diverses; lorsque l'intensité des rayons vient à varier dans telle ou telle région, toutes ces propriétés varient dans le même rapport. — A l'absorption exercée par les milieux plus ou moins transparents correspondent, comme conséquences générales, l'échauffement de ces milieux eux-mêmes, les altérations chimiques, la phosphorescence, etc.

496. **Coloration de la lumière diffusée par les corps imparfaitement polis.**—La lumière qui est irrégulièrement réfléchie par les corps dont la surface n'offre pas un poli parfait est généralement colorée, lors même que la lumière incidente est parfaitement blanche. — C'est la diversité de coloration des lumières diffusées par les divers corps qui nous rend visibles ces corps eux-mêmes.

Pour les métaux, cette coloration appartient à la lumière réfléchie régulièrement, comme à la lumière diffusée; elle prouve simplement que les divers éléments de la lumière blanche se réfléchissent en proportions inégales.—Pour les substances non métalliques, qui ne sont jamais absolument opaques, une partie de la lumière diffusée traverse les aspérités que présente la surface, et prend, par absorption, la teinte qu'offrirait le milieu vu par transmission sous une petite épaisseur; les inégalités de structure interne qui s'observent souvent au voisinage de la surface contribuent également à la diffusion et donnent naissance à la même coloration.

Il est à peine besoin de faire remarquer la liaison qui existe entre la coloration des corps et la composition de la lumière qui les éclaire : en particulier, dans une lumière homogène, tous les corps prennent la teinte de cette lumière, ou paraissent noirs.

Quant à l'effet produit sur la lumière blanche par un mélange de deux matières colorantes, il faut remarquer que la lumière diffusée par ce mélange prend la teinte qui résulte des absorptions exercées simultanément par l'une et par l'autre; cette teinte peut être très-différente de celle qu'on obtiendrait en mélangeant deux faisceaux homogènes, ayant chacun la teinte des rayons diffusés par l'une des matières colorantes primitives. C'est ainsi, par exemple, qu'en mélangeant une couleur jaune à une couleur bleue les peintres obtiennent du vert, bien que le résultat de la combinaison d'un rayon bleu et d'un rayon jaune soit en réalité du blanc (485).

Pour les corps qui possèdent une fluorescence très-marquée, la fluorescence contribue, pour une part sensible, à la coloration elle-même. Mais cet effet est limité à la première surface des corps, à celle que rencontre directement la lumière incidente, puisque la lumière qui parvient à la seconde surface ne contient plus les rayons aptes à développer la fluorescence, dès que le corps a une épaisseur sensible.

ÉTUDE DES SPECTRES DE DIVERSES ORIGINES.

497. **Caractères généraux du spectre solaire.** — Le caractère essentiel du spectre solaire, lorsqu'on l'observe dans des conditions telles que l'empiétement réciproque des rayons de réfrangibilités diverses soit minimum, est la présence d'un très-grand nombre de raies obscures, ayant des largeurs très-inégales et distribuées de la façon la plus irrégulière.

Les procédés photographiques constatent, ainsi qu'on l'a vu plus haut (488), qu'il existe de semblables raies dans la partie du spectre qui est plus réfrangible que le violet, dans cette partie qui n'affecte pas notre œil parce qu'elle est, suivant toute apparence, absorbée dans les milieux réfringents avant d'arriver à la rétine.

On doit présumer qu'il existe également des raies dans la partie du spectre qui est moins réfrangible que le rouge, dans cette autre partie qui n'affecte pas non plus notre œil, pour une raison semblable à celle qui nous empêche de percevoir les rayons ultra-violets; mais la délicatesse des appareils thermoscopiques, au moyen desquels on peut tenter l'étude de cette partie du spectre, ne paraît pas suffisante pour permettre d'y apprécier de petites solutions de continuité.

498. **Caractères des spectres des corps solides ou liquides.** — Le spectre lumineux des corps solides ou liquides incandescents est *continu;* la partie visible de ce spectre s'étend d'autant plus, du rouge vers le violet, que la température est plus élevée. Aux températures les plus hautes, l'expérience montre que ce même

spectre contient une partie ultra-violette invisible : elle est continue, comme la partie visible. La partie infra-rouge, constituée par des rayonnements calorifiques obscurs, est donc aussi probablement continue.

En rapprochant entre eux les divers faits fournis par l'expérience, on peut formuler par les propositions suivantes la loi générale du rayonnement des corps solides et liquides :

1° A de basses températures, ce rayonnement ne contient que les rayons de réfrangibilité minima, insensibles pour notre vue, mais doués de la faculté calorifique.

2° A mesure que la température s'élève, il s'ajoute à ce premier rayonnement des rayons de plus en plus réfrangibles

3° La température du *rouge* est celle à laquelle le rayonnement commence à contenir une proportion sensible de rayons assez réfrangibles pour être perçus par l'œil.

4° La température du *rouge blanc* est celle à laquelle l'accroissement de réfrangibilité des rayons émis atteint l'extrémité violette du spectre solaire visible.

5° Au-dessus de cette température, le rayonnement contient des rayons ultra-violets, invisibles pour notre œil, mais propres à modifier l'état de certains composés chimiques peu stables, ou à développer dans divers corps le phénomène de la fluorescence.

499. **Caractères des spectres des corps gazeux.** — Les spectres des gaz incandescents, c'est-à-dire des flammes gazeuses qui ne contiennent aucune particule solide en suspension, sont *discontinus :* ils sont formés, en général, d'un petit nombre de bandes lumineuses, séparées par de larges intervalles obscurs. — Le nombre de ces bandes lumineuses augmente généralement à mesure que la température s'élève, mais sans aucune loi régulière.

La flamme du gaz à éclairage, celle de l'huile, de la cire, de la stéarine, et, en général, des matières organiques riches en carbone, donnent un spectre continu : ce spectre n'est autre que celui du charbon incandescent, qui est en suspension dans ces flammes. Lorsque, par un excès d'air ou d'oxygène, on détermine une combustion assez rapide pour qu'il n'y ait point décomposition préalable du gaz ou de la vapeur combustible, le spectre continu disparaît; il fait place à un spectre discontinu, dont l'éclat est incomparablement moindre. La partie inférieure de la flamme des bougies ou des becs de gaz donne un spectre de ce genre.

L'étincelle d'induction produite dans un gaz très-raréfié, entre des électrodes peu volatiles, donne un spectre discontinu qui paraît être celui du gaz lui-même, amené à l'incandescence.

500. **Spectre de l'arc voltaïque.** — L'arc voltaïque donne un spectre constitué par un grand nombre de bandes brillantes, souvent très-fines, irrégulièrement réparties du rouge au violet.

Le nombre et la disposition de ces bandes dépendent principalement de la nature de l'électrode positive. Si cette électrode est un alliage, on retrouve dans le spectre les raies brillantes caractéristiques des métaux qui la constituent. — Comme d'ailleurs l'observation directe montre que l'électrode positive ne cesse de se fondre et de se volatiliser, on doit admettre que l'arc voltaïque n'est qu'un courant de vapeur incandescente : le spectre qu'il fournit est le spectre du métal de l'électrode positive à l'état de vapeur.

Lorsque l'électrode positive est une baguette de charbon, la nature des vapeurs qui constituent l'arc voltaïque n'est pas déterminée avec certitude. — Pour observer le spectre de l'arc lui-même, avec des électrodes de charbon, il faut écarter les deux charbons le plus possible l'un de l'autre. Si les électrodes étaient à une faible distance, la plus grande partie de la lumière émise serait fournie par leur surface incandescente : le spectre que l'on observerait ne serait alors que le résultat de la superposition du spectre continu donné par les charbons, comme par tous les corps solides amenés à l'incandescence, avec le spectre formé de bandes brillantes qui est dû à l'arc voltaïque. Enfin, lorsque les électrodes sont très-rapprochées, ces bandes ne sont même plus perceptibles, à cause de l'éclat relatif considérable du spectre continu qui leur est superposé.

501. **Observations de Foucault et de M. Swann.** — On remarque fréquemment, dans le spectre de l'arc voltaïque et dans celui des lumières artificielles, une bande jaune qui paraît occuper la place de la raie D du spectre solaire.

Léon Foucault, en employant pour produire le spectre une fente très-étroite, et éclairant l'une des moitiés de cette fente par la lumière du soleil et l'autre moitié par la lumière de l'arc voltaïque, a montré que cette coïncidence est absolue : la bande brillante s'est montrée à lui comme formée de deux bandes très-fines et très-rapprochées, exactement placées sur le prolongement des deux traits obscurs qui constituent la raie D de Frauenhofer. — De plus, en faisant passer la lumière solaire à travers un arc voltaïque dont le spectre présentait la double bande jaune dont il s'agit, il a rendu la raie obscure D du spectre incomparablement plus accusée que dans le spectre de la lumière solaire directe. — Il fut dès lors établi que, toutes les fois que l'arc voltaïque a la propriété d'émettre avec une grande intensité la lumière caractérisée par la réfrangibilité de la raie D de Frauenhofer, il a aussi la propriété d'absorber cette même lumière avec une grande énergie.

M. Swann expliqua, de son côté, la fréquente production de la double bande jaune, en montrant qu'elle ne diffère pas de celle qui constitue, à elle seule, le spectre de la flamme monochromatique de l'alcool chargé de sel marin. On peut produire à volonté cette double bande, en introduisant dans une flamme une quantité minime d'un sel de soude quelconque. Ainsi, une lame de platine de quelques centimètres carrés de surface, plongée dans une solution ne contenant que $\frac{1}{50000}$ de son poids de sel marin, et portée ensuite dans la flamme d'un bec de gaz, suffit pour développer cette raie brillante dans le spectre de la flamme. Si, dans un laboratoire contenant 60 mètres cubes d'air, on fait détoner 3 milligrammes de chlorate de soude mélangés de sucre de lait, on fait apparaître la raie brillante dans le spectre d'une flamme placée à l'autre extrémité du laboratoire, et on la distingue d'une manière persistante pendant dix à quinze minutes. — L'apparition fréquente de cette raie dans les diverses observations indique donc simplement combien les composés du sodium, et en particulier le sel marin, sont abondamment répandus dans la nature. Le moyen le plus délicat de déceler, dans une matière, la présence de ces composés est d'introduire cette matière dans une flamme aussi chaude et aussi peu brillante par elle-même que possible, et d'observer si la raie jaune apparaît dans le spectre.

502. **Expériences de MM. Kirchhoff et Bunsen.** — Les découvertes de M. Swann et de Léon Foucault ont été généralisées par MM. Kirchhoff et Bunsen. En introduisant, dans la flamme à peine visible que donne le gaz à éclairage lorsque sa combustion est complète, de faibles quantités de divers sels métalliques, ils ont vu la flamme se colorer diversement et donner naissance à un spectre formé de bandes brillantes étroites, plus ou moins nombreuses, identiques pour les divers sels d'un même métal, mais *variables avec la nature de l'élément métallique.* — Dans le cas où le métal du sel employé est de nature à être pris comme électrode de l'arc voltaïque, le spectre produit par l'introduction de ce sel dans la flamme du gaz ne se distingue de celui de l'arc auquel le métal donne naissance que par une moindre intensité [1]. Cette identité justifie complétement l'opinion qui consiste à ne voir dans la lumière de l'arc que la lumière d'une vapeur métallique incandescente, et à ne considérer l'électricité que comme la cause indirecte de ce qu'on nomme la lumière électrique.

En second lieu, toutes les flammes constituées comme on vient de l'indiquer *absorbent les rayons de même réfrangibilité que ceux qu'elles émettent.* L'interposition d'une de ces flammes sur le trajet d'un faisceau de lumière solaire, ou sur le trajet du faisceau émis par les charbons incandescents qui transmettent l'arc voltaïque, fait apparaître dans le spectre des bandes obscures, exactement correspondantes aux bandes brillantes du spectre de la flamme. — Dans cette expérience, on ne fait, en réalité, que substituer la lumière de la flamme à la lumière de même réfrangibilité qui est émise par le soleil ou par les charbons incandescents; l'obscurité des bandes est un effet de contraste analogue à celui qui nous fait voir des taches noires à la surface du soleil. Cet effet disparaît lorsqu'on vient

[1] L'éclat des raies brillantes qui se manifestent dans le spectre d'une flamme déterminée étant d'autant plus vif que la température de la flamme est plus élevée, il arrive souvent qu'en se servant de la flamme de l'alcool ou du gaz on voit seulement une partie des raies brillantes que le métal est apte à produire; on en voit un plus grand nombre avec la flamme du gaz mélangé d'oxygène, et un plus grand nombre encore avec la flamme du chalumeau à gaz hydrogène et oxygène. Ces deux dernières flammes donnent, en général, assez d'éclat aux spectres pour qu'on puisse les projeter sur un tableau et les rendre visibles à un nombreux auditoire.

à supprimer, au moyen d'écrans convenablement disposés, les parties du spectre solaire ou du spectre électrique qui sont voisines d'une bande en particulier. — Quand on cherche à réaliser l'expérience avec diverses flammes et divers corps incandescents donnant par eux-mêmes des spectres continus, on n'obtient ce *renversement* des raies de la flamme qu'autant que la température du corps incandescent est suffisamment supérieure à celle de la flamme elle-même.

Une expérience qui est due à M. Fizeau réalise, sous une forme intéressante, le renversement des raies dans le cas du sodium. On place un fragment de ce métal sur l'électrode positive de l'arc voltaïque; la chaleur que dégage le courant détermine la formation d'une atmosphère abondante de vapeurs de sodium autour du charbon incandescent, et le pouvoir absorbant de ces vapeurs fait apparaître dans le spectre la double raie obscure D. Au bout de quelques instants, cette atmosphère se dissipe : il ne reste plus de vapeur de sodium que dans l'arc voltaïque, et la raie obscure est alors remplacée par la double bande brillante caractéristique de cette vapeur incandescente.

503. **Conséquences des lois de MM. Kirchhoff et Bunsen. — Analyse spectrale.** — Une importante série de conséquences découle de chacune des deux lois générales qui ont été établies par MM. Kirchhoff et Bunsen.

L'observation du spectre des flammes constitue, pour l'analyse chimique qualitative, un procédé d'une sensibilité extraordinaire. Ce procédé a conduit à la découverte de trois métaux alcalins nouveaux, le césium, le rubidium et le thallium, qui possèdent tous trois des propriétés chimiques extrêmement remarquables.

Le spectroscope est ainsi devenu un instrument précieux d'analyse chimique. Pour permettre aux observateurs de définir les raies qu'ils aperçoivent, sans mesurer leurs indices de réfraction, on a ajouté à cet instrument un collimateur auxiliaire CD (fig. 410), qui porte au foyer de son objectif une échelle tracée sur verre. L'image de cette échelle, réfléchie dans la lunette FG par la seconde surface du dernier prisme P, est vue en coïncidence avec le spectre; ses divisions servent à définir les raies qui paraissent les recouvrir.

Des expériences récentes ont montré que les raies caractéristiques des métaux n'appartiennent qu'à la vapeur de ces métaux eux-mêmes, et que la présence des sels non décomposés au milieu de la flamme produit dans le spectre des effets tout différents.

504. **Interprétation des raies du spectre solaire. — Hypothèse sur la constitution du soleil.** — L'expérience du renversement des raies a permis de donner une explication de l'origine des raies obscures du spectre solaire. — Il suffit, pour s'en rendre compte, d'admettre une hypothèse qui paraît évidente par son seul énoncé, savoir : que le globe solaire est entouré d'une atmosphère dont la température est moins élevée que celle du globe lui-même; cette atmosphère serait cependant assez chaude pour contenir, à l'état de vapeurs, des substances de natures très-diverses Le pouvoir absorbant de ces vapeurs, s'exerçant sur la lumière émise par le globe qu'elles environnent, transforme le spectre que donnerait cette lumière, et qui serait probablement un spectre continu, en un spectre sillonné d'une multitude de raies obscures.

On comprend que, si un certain nombre de ces raies obscures coïncide avec les raies brillantes des spectres de diverses vapeurs incandescentes, on en pourra conclure, avec une certaine probabilité, la présence de ces vapeurs dans l'atmosphère solaire. — La probabilité s'élèvera à la certitude si, comme cela a lieu dans le cas du fer, on observe jusqu'à 70 coïncidences dans l'espace compris entre les raies E et F de Frauenhofer[1].

Les expériences faites jusqu'ici par M. Kirchhoff indiquent, dans l'atmosphère solaire, la présence des métaux suivants :

Potassium.	Zinc.
Sodium.	Fer.
	Chrome.
Calcium.	Cobalt.
Baryum.	Nickel.
Magnésium.	
	Cuivre.

[1] Plusieurs raies du spectre solaire varient beaucoup d'intensité aux diverses heures de la journée : elles ont probablement leur origine dans la longueur de la couche d'air

Les métaux suivants paraissent au contraire y manquer :

Lithium.
Strontium.

Aluminium.

Arsenic.
Antimoine.
Plomb.

Étain.
Cadmium.
Mercure.

Argent.
Or.

Silicium.

505. **Spectres des étoiles.** — On comprend l'intérêt que ce point de vue nouveau donne à l'étude du spectre des étoiles. Cette étude, abordée par Frauenhofer, a été reprise depuis par divers physiciens : les résultats ne présentent pas encore assez de concordance pour qu'il soit possible d'en tirer des conclusions certaines.

L'observation a cependant appris que les raies principales de ces spectres ne sont pas les mêmes que celles du spectre solaire. L'observation exige généralement un ciel très-pur : lorsque le spectre a peu d'intensité, on en augmente quelquefois l'éclat en concentrant un large faisceau de lumière sur la fente étroite des appareils, au moyen d'une lentille de grande surface [1].

traversée par les rayons solaires, et surtout dans la vapeur d'eau que cet air contient. — Ce sont les raies dites *telluriques*. É. F.

[1] La lumière des *planètes* présente, ainsi qu'on devait s'y attendre, les caractères de la lumière solaire. Les spectres de Jupiter et de Saturne présentent en outre, quand ces astres sont bien au-dessus de notre horizon, des bandes obscures analogues aux raies telluriques ; la production de ces raies conduit à admettre, comme d'autres observations l'avaient déjà fait penser, que ces planètes sont entourées d'une atmosphère gazeuse, et même qu'il existe à leur surface de grandes nappes d'eau, entretenant leur atmosphère dans un état continuel d'humidité.

Les *étoiles* dont l'éclat est suffisant pour donner un sceptre facilement observable produisent, comme le soleil, des spectres lumineux, sillonnés seulement de raies obscures.

Les *nébuleuses résolubles* donnent des spectres semblables à ceux des étoiles. — Les nébuleuses *non résolues* fournissent, pour la plupart, un spectre formé de quelques raies brillantes, se détachant sur un fond obscur : cette apparence est celle qui caractérise les gaz lumineux, et ces raies semblent appartenir à l'hydrogène et à l'azote. — Enfin, parmi ces mêmes nébuleuses non résolues, il en est qui fournissent à la fois un spectre lumineux continu très-faible et quelques bandes plus brillantes. Cette apparence semble indiquer, conformément aux idées de Herschel, un état intermédiaire entre l'état gazeux des nébuleuses proprement dites et l'état de condensation de la matière cosmique qui a donné naissance aux étoiles. É. F.

ACHROMATISME.

506. **Condition d'achromatisme d'un système de deux lentilles.** — Soient deux lentilles sphériques, placées l'une à la suite de l'autre, infiniment minces et infiniment rapprochées. Soient p la distance d'un point lumineux à la première lentille, n l'indice de réfraction de la matière qui la constitue, R et R' les rayons de courbure de ses deux surfaces. Si l'on désigne par p' la distance de la lentille au point de concours des rayons émergents, on aura (411)

$$\frac{1}{p'}-\frac{1}{p}=(n-1)\left(\frac{1}{R}-\frac{1}{R'}\right).$$

De même, si ν est l'indice de réfraction de la seconde lentille, ρ et ρ' les rayons de courbure, et ϖ la distance de cette seconde lentille au point de concours des rayons lumineux qui ont traversé le système des deux lentilles, on aura, en considérant la distance des lentilles entre elles comme négligeable,

$$\frac{1}{\varpi}-\frac{1}{p'}=(\nu-1)\left(\frac{1}{\rho}-\frac{1}{\rho'}\right).$$

En éliminant p' entre ces deux équations, il vient

$$\frac{1}{\varpi}-\frac{1}{p}=(n-1)\left(\frac{1}{R}-\frac{1}{R'}\right)+(\nu-1)\left(\frac{1}{\rho}-\frac{1}{\rho'}\right).$$

Cette équation ne convient, en réalité, qu'à un système particulier de rayons homogènes. Pour un autre système de rayons homogènes, dont l'indice de réfraction serait $n+\Delta n$ dans la première lentille et $\nu+\Delta\nu$ dans la seconde, on aurait

$$\frac{1}{\varpi+\Delta\varpi}-\frac{1}{p}=(n+\Delta n-1)\left(\frac{1}{R}-\frac{1}{R'}\right)+(\nu+\Delta\nu-1)\left(\frac{1}{\rho}-\frac{1}{\rho'}\right).$$

Pour que $\Delta\varpi$ soit nul, ou pour que les deux foyers coïncident, il faut et il suffit que l'on ait

$$\Delta n\left(\frac{1}{R}-\frac{1}{R'}\right)+\Delta \nu\left(\frac{1}{\rho}-\frac{1}{\rho'}\right)=0,$$

ou bien, en désignant par f et φ les distances focales principales des deux lentilles,

$$\frac{\Delta n}{n-1}\frac{1}{f}+\frac{\Delta \nu}{\nu-1}\frac{1}{\varphi}=0.$$

Si la lumière était réduite aux deux systèmes de rayons qu'on vient de définir, les deux lentilles réunies donneraient des images parfaitement *achromatiques* des objets placés à une distance quelconque. — Dans la réalité, si la condition qu'on vient d'établir est satisfaite pour les deux rayons *extrêmes* du spectre, les foyers des autres couleurs sont les uns en avant, les autres en arrière de ce foyer commun, mais beaucoup plus rapprochés que dans le cas d'une lentille unique. L'irisation marginale des images est donc beaucoup réduite, et le système est sensiblement achromatique.

Les expressions $\frac{\Delta n}{n-1}, \frac{\Delta \nu}{\nu-1}$ constituent alors ce qu'on nomme les *pouvoirs dispersifs* des substances qui forment les deux lentilles. La condition exprimée par la formule précédente peut donc s'exprimer par l'énoncé suivant :

Dans un système achromatique de deux lentilles, le rapport des pouvoirs dispersifs est égal et de signe contraire au rapport des distances focales principales des deux lentilles elles-mêmes.

Le signe du pouvoir dispersif étant le même dans tous les solides transparents, il est nécessaire que les distances focales soient de signes contraires, c'est-à-dire que l'une des lentilles soit convergente et l'autre divergente. En général, on applique les deux lentilles l'une contre l'autre, et l'on donne aux deux surfaces qui se touchent le même rayon de courbure.

507. **Détermination du rapport des coefficients de dispersion.** — Les quantités Δn et $\Delta \nu$ portent le nom de *coefficients de dispersion*. On arrive très-simplement à mesurer le rapport $\frac{\Delta n}{\Delta \nu}$,

pour une combinaison de deux substances déterminées, en opérant comme il suit :

Deux prismes d'angles réfringents très-aigus a, a' (fig. 414) étant placés l'un derrière l'autre, de manière que leurs arêtes soient parallèles et leurs angles tournés en sens inverse l'un de l'autre, il

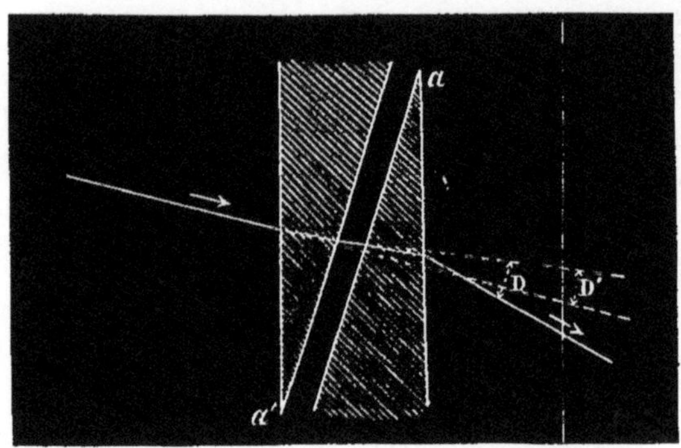

Fig. 414.

est facile de montrer que la condition pour qu'on voie sans irisation, au travers du système, les objets dont les rayons tombent sur le premier prisme sous de petites incidences, est

$$\frac{\Delta n}{\Delta n'} = \frac{a'}{a}.$$

En effet, en vertu de la petitesse des angles, on aura pour le premier prisme, en considérant un système de rayons en particulier,

$$i = nr,$$
$$i' = nr',$$
$$a = r + r';$$

par suite, la déviation imprimée par le premier prisme est

$$D = (n - 1)a.$$

De même, la déviation qu'imprime, en sens contraire, le second prisme au faisceau de ces mêmes rayons est

$$D' = (n' - 1)a'.$$

La déviation totale produite par le système des deux prismes a donc pour expression

$$D - D' = (n - 1)a - (n' - 1)a'.$$

Il est clair, d'après cela, que cette expression aura la même valeur pour les rayons extrêmes du spectre si l'on a

$$a\Delta n - a'\Delta n' = 0.$$

Cela posé, pour déterminer le rapport des coefficients de dispersion de deux substances, d'un flint et d'un crown par exemple, on prendra d'abord un prisme de flint ayant un angle réfringent a : on l'achromatisera, par des tâtonnements successifs, au moyen d'un *prisme à angle variable*, formé d'une substance quelconque. Si A est l'angle qu'on aura été conduit à donner à ce prisme, et si l'on désigne par ΔN le coefficient de dispersion de la substance dont il est formé, et par Δn celui du flint employé, on aura

$$\frac{\Delta n}{\Delta N} = \frac{A}{a}.$$

On prendra ensuite un prisme de crown ayant un angle α, et on l'achromatisera avec le même prisme à angle variable : si A' est l'angle qu'on aura été conduit à donner à ce prisme, et si $\Delta \nu$ est le coefficient de dispersion du crown, on aura

$$\frac{\Delta \nu}{\Delta N} = \frac{A'}{\alpha}.$$

Ces deux déterminations donneront le rapport des coefficients de dispersion du flint et du crown, puisqu'on aura, en divisant ces deux équations membre à membre,

$$\frac{\Delta n}{\Delta \nu} = \frac{A}{A'} \cdot \frac{\alpha}{a}.$$

Tel est le principe de l'emploi des *diasporamètres*, qui sont précisément des instruments destinés à fournir des angles variables dont on ait immédiatement la mesure.

508. **Diasporamètres.** — Dans le *diasporamètre de Boscovich*, on obtient un prisme à angle variable au moyen d'un demi-cylindre de cristal, représenté dans la figure 415 par sa section ABC, ce demi-cylindre pouvant tourner dans une cavité qui est pratiquée dans une masse de la même matière DEF et qui se moule exactement sur sa surface convexe : cette masse est d'ailleurs terminée extérieurement par une surface plane EF. Dans une position relative quelconque du demi-cylindre, les plans AB et EF peuvent être considérés comme constituant les deux faces d'un prisme dont l'arête idéale est toujours perpendiculaire au plan de la figure.

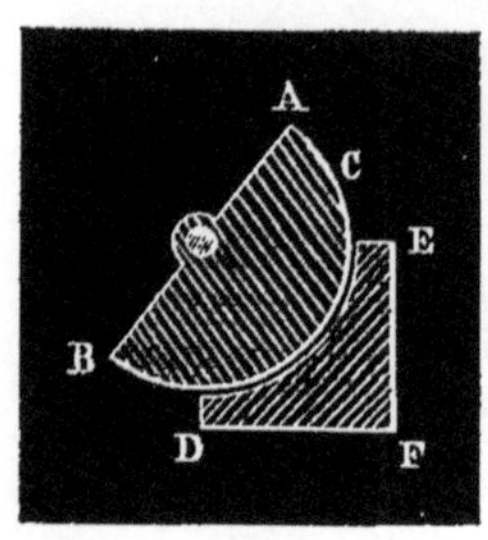

Fig. 415.

Le *diasporamètre de Rochon* se compose de deux prismes à angles égaux ACD, DCB (fig. 416), juxtaposés par une de leurs faces CD :

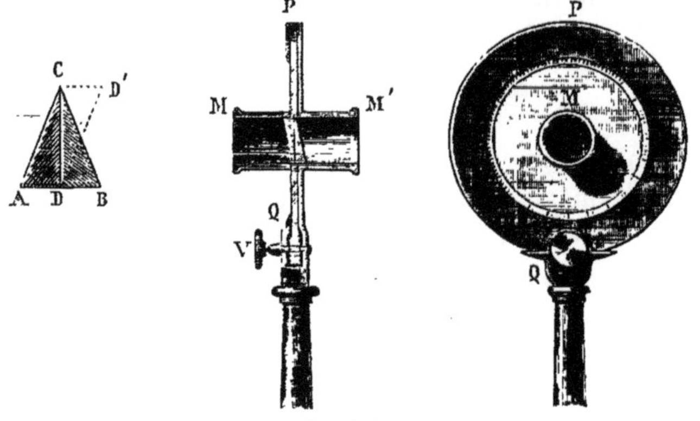

Fig. 416.

ils peuvent tourner, l'un par rapport à l'autre, autour de la perpendiculaire à la face commune, de manière que l'angle compris entre les faces externes AC et BC prenne toutes les valeurs comprises entre zéro et le double de l'angle de l'un des prismes. — Quand on connaît l'angle dont on a fait tourner l'un des prismes par rapport à l'autre, en partant de la position où les faces externes étaient parallèles, le calcul de l'angle de ces deux faces est un problème très-simple de trigonométrie sphérique.

Pour employer le diasporamètre à l'étude d'un prisme déterminé, comme il a été dit dans le paragraphe précédent, on place le diasporamètre derrière ce prisme, et, en regardant au travers de ce système une ligne noire tracée sur un fond blanc, on cherche à faire disparaître les irisations qui se manifestent sur les bords de cette ligne. Lorsque l'achromatisme est ainsi obtenu, les deux arêtes réfringentes ne sont pas parallèles, et, quand on les amène au parallélisme, l'achromatisme disparaît; on rétablit l'achromatisme en agissant de nouveau sur le diasporamètre, et, au bout de quelques tâtonnements, on obtient des images entièrement dépourvues d'irisations, les arêtes réfringentes étant parallèles.

509. **Emploi des oculaires composés, pour compenser en partie le défaut d'achromatisme des objectifs.** — Un objectif non achromatique M, dirigé vers un objet émettant de la lumière blanche, donne un système d'images réelles colorées, dans chacun des plans focaux correspondants aux rayons de diverses couleurs : la figure 417 indique la disposition de ces diverses images,

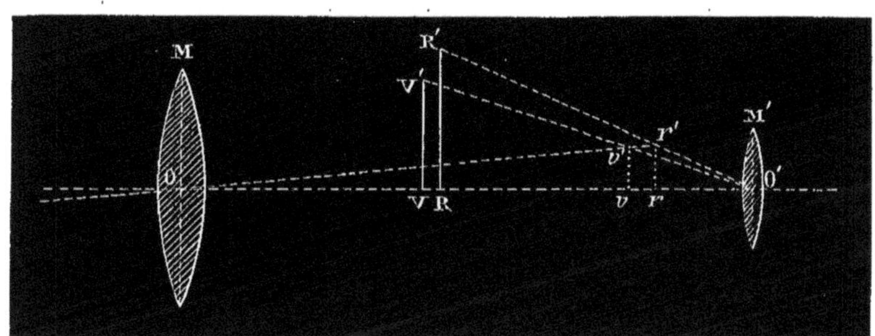

Fig. 417.

situées dans l'angle rOr', depuis l'image violette vv' jusqu'à l'image rouge rr'. Cette figure montre également que, si l'on regarde ce système d'images avec un oculaire simple M', les images virtuelles paraissent se déborder les unes les autres, depuis l'image violette VV' jusqu'à l'image rouge RR', en sorte que la superposition de ces images donne lieu à une irisation sur les bords.

Au contraire, avec un oculaire composé, on peut faire en sorte que la différence des distances des images réelles au premier verre de l'oculaire compense assez la différence de réfrangibilité pour que

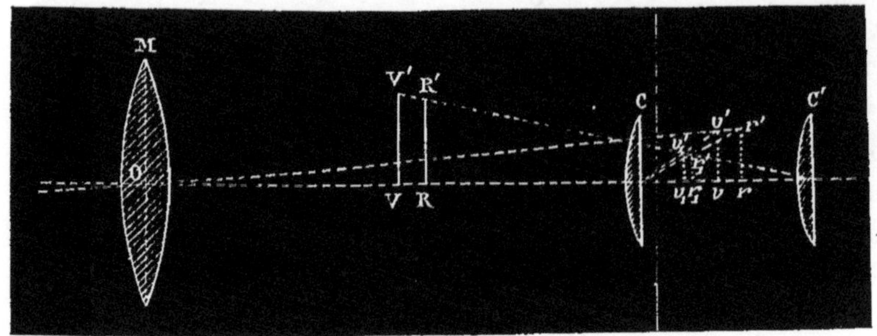

Fig. 418.

les images données par ce premier verre soient vues, du centre optique du second verre, sous le même angle. Alors toute irisation disparaît. — La figure 418 explique suffisamment le mécanisme de

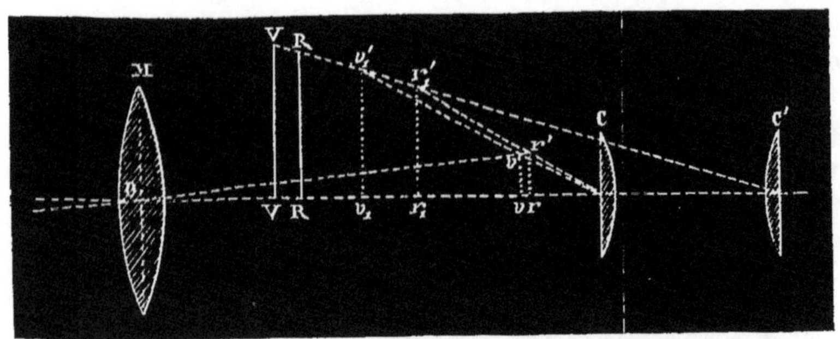

Fig. 419

cette compensation, pour l'oculaire négatif. — La figure 419 montre comment elle peut également être effectuée par l'oculaire positif.

COMPLÉMENT À LA THÉORIE DE LA VISION.

510. **Défaut d'achromatisme de l'œil.** — Toutes les réfractions qui s'opèrent dans l'intérieur de l'œil étant de même sens, l'œil ne saurait être achromatique.

Cette conclusion, qui se déduit immédiatement de la théorie, est confirmée par les expériences suivantes,

1° Lorsque, au moyen de l'extrait de belladone ou de l'atropine, on produit une dilatation temporaire de la pupille, les objets vivement éclairés paraissent bordés d'irisations. Si de telles irisations n'apparaissent pas lorsque la pupille, à l'état normal, se dilate dans un lieu peu éclairé, cela tient à la faible intensité de la lumière qui pénètre dans l'œil.

2° Si l'on observe les diverses raies du spectre solaire dans une lunette, il faut, lorsqu'on passe du rouge au violet, déplacer l'oculaire d'une quantité très-notable, et l'on constate sans peine que cette quantité est supérieure au déplacement qui résulterait uniquement de ce que les diverses couleurs n'ont pas leur foyer dans un même plan focal. De cette remarque il résulte donc que la distance de la vision distincte n'est pas la même pour toutes les couleurs.

3° Si l'on arrête, au moyen d'un écran, la portion inférieure des rayons envoyés à la pupille par une ligne blanche tracée sur un fond noir, cette ligne paraît colorée en rouge à la partie inférieure, en violet à la partie supérieure. La figure 420 montre que, dans ces

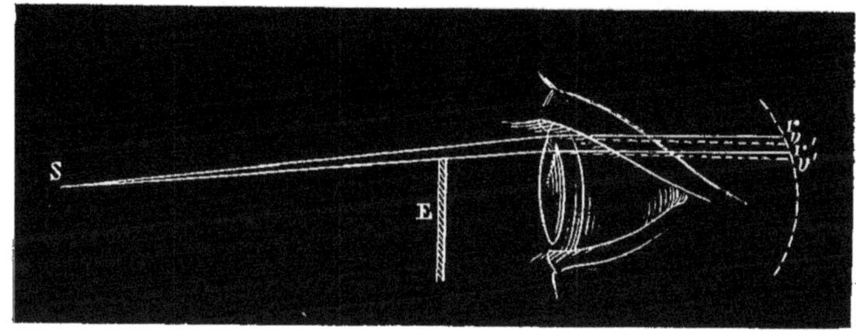

Fig. 420.

conditions, l'intersection du faisceau réfracté rouge et de la rétine est au-dessus de l'intersection du faisceau violet. — Lorsque la pupille est entièrement libre, les deux intersections se recouvrent presque entièrement, et il ne se produit qu'une irisation insensible[1].

[1] Si l'écran est placé à la partie supérieure, l'effet est renversé. Il se renverse encore lorsqu'on regarde une ligne noire sur un fond éclairé : par exemple, l'un des barreaux horizontaux d'une fenêtre. — Cette expérience est due au physicien allemand Mollweide.

511. **Du rôle des milieux de l'œil, comme corps absorbants.** — L'absorption exercée sur les rayons de diverses natures par les milieux absorbants de l'œil suffit pour expliquer comment le spectre visible est, en réalité, restreint entre des limites moins éloignées l'une de l'autre que celles du spectre calorifique et celles du spectre chimique.

Des expériences directes de M. Brücke et de M. Janssen ont en effet démontré que, si l'on interpose sur le trajet des rayons solaires l'œil d'un animal récemment tué, le spectre qu'on obtient en recevant les rayons émergents sur un prisme n'offre plus ni rayons infra-rouges, ni rayons ultra-violets. — Ces deux groupes de rayons n'arrivent donc jamais à la rétine. — C'est là encore une nouvelle preuve du peu d'importance qu'il convient d'attacher à la distinction entre les radiations visibles et les radiations invisibles (489).

512. **Sensations diverses produites par des rayons homogènes d'intensités différentes.** — Une observation attentive montre que la teinte d'une portion déterminée du spectre n'est pas indépendante de son intensité. C'est ainsi, par exemple, que si l'on contemple directement un spectre bien pur, produit par la lumière solaire, toutes les couleurs paraissent lavées de blanc; on remarque aussi que le bleu s'étend singulièrement du côté des rayons les plus réfrangibles; le jaune, du côté des rayons les moins réfrangibles. Au contraire, dans le spectre peu intense qui est produit par la lumière des nuées, le jaune disparaît presque entièrement, et sa place est occupée par une extension du vert et de l'orangé. — On donne naissance à des effets analogues en affaiblissant, par l'interposition de milieux absorbants, la lumière de certaines parties du spectre ou du spectre tout entier.

De nombreuses observations de ce genre, mal interprétées, avaient conduit Brewster à l'hypothèse de trois spectres distincts, un spectre rouge, un spectre jaune et un spectre bleu, dont la superposition produisait les couleurs variées du spectre ordinaire.

DE LA MESURE DES INDICES DE RÉFRACTION.

513. **Méthode générale pour mesurer les indices de réfraction des corps solides.** — La méthode générale pour mesurer l'indice de réfraction d'un corps solide consiste à faire tomber, sur un prisme de ce corps, la lumière qui a traversé une fente étroite, parallèle à l'arête réfringente; à amener le prisme dans la position de la *déviation minima*, et à mesurer cette déviation, ainsi que l'angle du prisme.

On a vu plus haut (408) que, dans le cas du minimum de déviation, l'angle d'incidence et l'angle d'émergence sont égaux entre eux, ainsi que les deux angles de réfraction. On a donc

$$D + A = 2i,$$
$$A = 2r,$$

d'où résulte que l'indice de réfraction n est alors donné par la formule simple

$$n = \frac{\sin \frac{D + A}{2}}{\sin \frac{A}{2}};$$

on a donc, au moyen de deux mesures seulement, la valeur de l'indice de réfraction cherché.

Si l'on opère sans amener le prisme dans la position du minimum de déviation, il faut en outre mesurer l'angle d'incidence, ce qui n'offre d'ailleurs aucune difficulté, puisque cet angle est la moitié du supplément de l'angle compris entre le prolongement du rayon incident et le rayon réfléchi.

514. **Appareil de Frauenhofer.** — L'appareil de Frauenhofer, qui permet d'effectuer avec une grande précision les mesures qui viennent d'être indiquées, se compose essentiellement d'un limbe ho-

rizontal CC′ (fig. 421) et d'une lunette horizontale mobile L, dont l'axe optique passe toujours par le centre du limbe : une plaque AB,

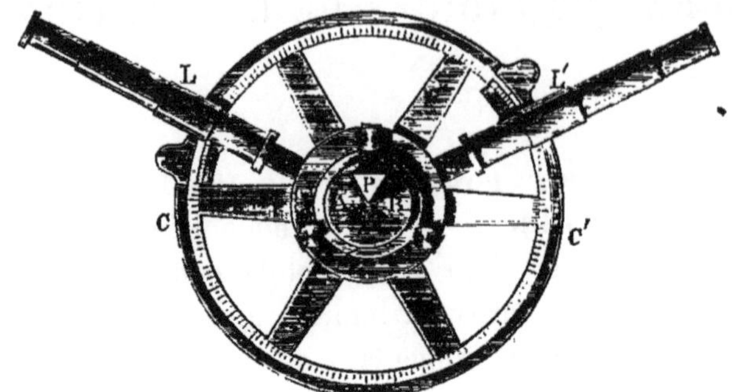

Fig. 421.

supportée par trois vis calantes, soutient le prisme P qui est soumis à l'expérience. Voici comment on dirige les opérations :

1° L'arête réfringente du prisme étant placée sur le prolongement de l'axe de l'instrument, on vise d'abord, en plaçant successivement la lunette dans la position L et dans la position L′, les images d'une mire éloignée qui sont données par réflexion sur l'une et sur l'autre face de cet angle. Il est facile de montrer que l'angle lui-même est mesuré par la moitié du déplacement angulaire de la lu-

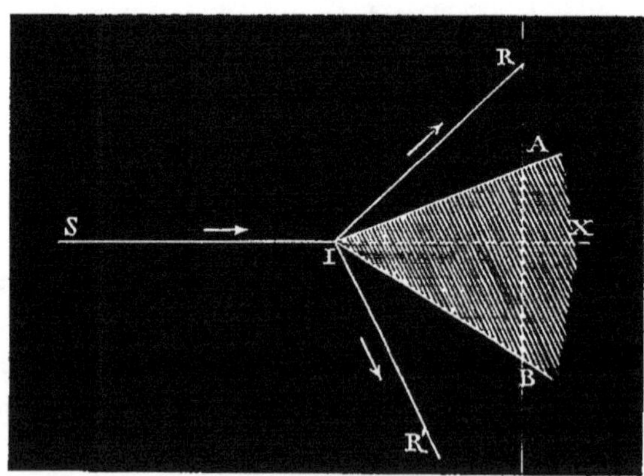

Fig. 422.

nette. — En effet, si l'on considère le rayon SI, qui tombe sur l'arête du prisme AIB (fig. 422) et dont le prolongement serait IX, les deux rayons IR et IR′, qui sont formés par la réflexion sur les deux faces de cette arête, ont des directions telles que l'on ait

$$\text{RIA} = \text{AIX},$$
$$\text{R'IB} = \text{BIX},$$

d'où l'on tire

$$\text{RIA} + \text{AIB} + \text{R'IB} = 2\text{AIB}.$$

Donc le déplacement angulaire de la lunette, qui n'est autre chose que la somme des trois angles qui forme le premier membre, est le double de l'angle du prisme.

2° Le prisme étant amené dans la position de la déviation minima, par rapport aux rayons qui lui viennent de la mire et qui le traversent, on vise une raie du spectre solaire et l'on note la position de la lunette sur le limbe; on retourne le prisme, on l'amène de nouveau à la position de la déviation minima et l'on vise encore la même raie. Le déplacement angulaire éprouvé par la lunette, entre ces deux visées, est le double de la déviation correspondante au rayon dont l'absence se manifeste dans le spectre solaire par l'existence de la raie considérée. — En répétant l'observation pour les principales raies du spectre, on obtient des indices qui correspondent à des rayons physiquement définis d'une manière précise.

515. **Emploi des instruments à collimateurs. — Goniomètre de M. Babinet.** — Dans la méthode qui vient d'être décrite, on peut faire usage d'une mire peu éloignée, car il suffit que les rayons menés de la mire à des points très-voisins de l'arête du prisme puissent être regardés comme parallèles. Mais l'indépendance de la mire et de l'appareil est un inconvénient grave : elle oblige à vérifier fréquemment si l'ajustement rigoureux de l'appareil, relativement à la mire, se conserve pendant la durée des expériences.

Cet inconvénient n'existe plus dans les instruments à collimateur, dont le *goniomètre de M. Babinet* (fig. 423) peut être considéré comme le type. — La mire, constituée par une fente F placée au foyer principal d'une lentille convergente située dans le tube qui la porte, est alors fixée invariablement à l'appareil de mesure; les dérangements accidentels qui peuvent survenir dans la situation de l'appareil n'ont donc plus aucune influence. — En outre, en raison du

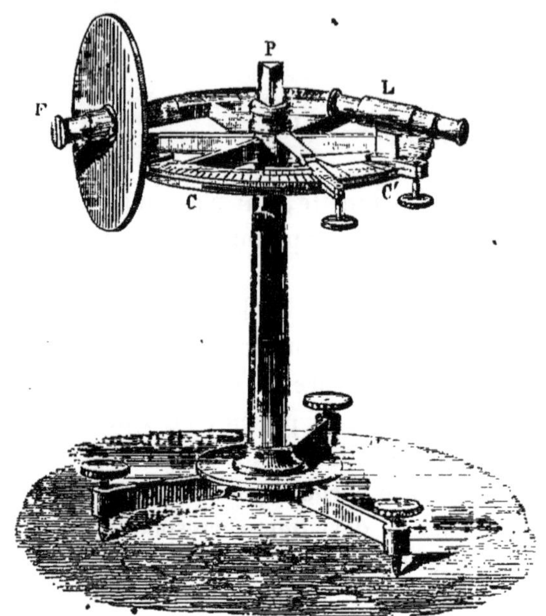

Fig. 428.

parallélisme des rayons incidents, il n'est plus nécessaire que les réflexions et les réfractions s'opèrent à une petite distance de l'arête du prisme.

La marche de l'opération est d'ailleurs celle qu'on vient d'exposer en traitant de l'appareil de Frauenhofer. — Pour la mesure de l'angle de réfraction, il peut être avantageux d'employer comme mire une croisée de fils. Pour la mesure de la dispersion, il faut toujours une fente lumineuse [1].

[1] Les bandes brillantes des spectres caractéristiques des métaux peuvent servir, aussi bien que les raies obscures du spectre solaire, à définir avec précision des rayons de lumière, dans les études relatives à la dispersion. — Lorsqu'on ne veut déterminer que l'indice moyen de réfraction, pour y trouver par exemple un moyen simple de caractériser une substance transparente déterminée, on peut éclairer la fente qui sert de mire par une source de lumière artificielle ou par la lumière diffuse du jour, et donner au prisme un angle réfringent faible. On aperçoit alors un spectre étroit, et l'on vise la partie la plus intense, qui répond à peu près aux rayons jaunes.

516. **Mesure des indices de réfraction des corps liquides.** — Pour mesurer les indices de réfraction des corps liquides, on fait usage de méthodes et d'appareils identiques à ceux qui ont été décrits pour les corps solides. Les liquides sur lesquels on opère sont renfermés dans des prismes creux, construits avec des lames de verre; mais les deux faces de chacune des lames qui limitent l'angle réfringent n'étant jamais exactement parallèles entre elles, il est toujours nécessaire de retrancher, de la déviation observée avec le liquide soumis à l'expérience, la petite déviation que produit le prisme vide de liquide.

Comme il est impossible d'amener exactement sur l'axe de l'appareil l'arête du prisme liquide, dont les faces ne sont souvent pas prolongées jusqu'à leur intersection, il est indispensable de se servir d'appareils fondés sur le principe du goniomètre de M. Babinet (515).

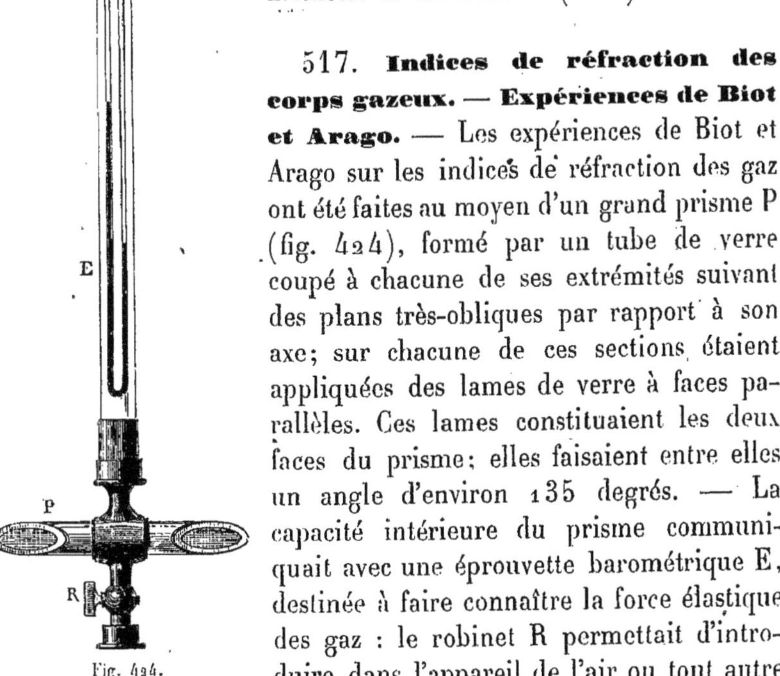

Fig. 424.

517. **Indices de réfraction des corps gazeux. — Expériences de Biot et Arago.** — Les expériences de Biot et Arago sur les indices de réfraction des gaz ont été faites au moyen d'un grand prisme P (fig. 424), formé par un tube de verre coupé à chacune de ses extrémités suivant des plans très-obliques par rapport à son axe; sur chacune de ces sections étaient appliquées des lames de verre à faces parallèles. Ces lames constituaient les deux faces du prisme; elles faisaient entre elles un angle d'environ 135 degrés. — La capacité intérieure du prisme communiquait avec une éprouvette barométrique E, destinée à faire connaître la force élastique des gaz : le robinet R permettait d'introduire dans l'appareil de l'air ou tout autre gaz, et d'amener successivement la pression, pendant les expériences, à telle valeur que l'on voulait.

Pour mesurer l'angle du prisme, on donnait à un théodolite trois positions successives T, T', T'' (fig. 425) permettant de déterminer :

1° L'angle STI, que forment les rayons émis directement vers le

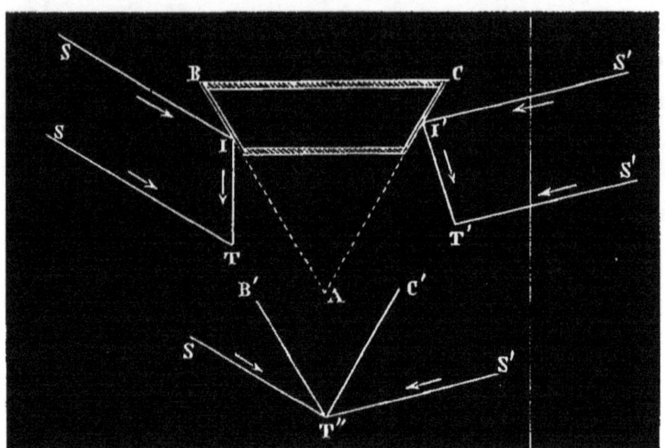

Fig. 425.

point T par une mire très-éloignée S, avec les rayons venus de la mire et réfléchis sur la face AB vers le même point T;

2° L'angle S'T'I', que forment les rayons émis directement vers le point T' par une autre mire très-éloignée S', avec les rayons venus de la mire et réfléchis sur la face AC vers T';

3° L'angle ST''S', formé par les rayons venus directement des deux mires au point T''.

Ces trois mesures étant faites, on voit que, si par le point T'' on mène des droites T''B' et T''C' respectivement parallèles à AB et à AC, l'angle cherché n'est autre que B'T''C', et l'on a

$$B'T''C' = ST''S' - (ST''B' + S'T''C').$$

D'autre part, on voit que

$$ST''B' = SIB = 90^\circ - \frac{SIT}{2},$$

$$S'T''C' = S'I'C = 90^\circ - \frac{S'I'T'}{2};$$

enfin, si l'on remarque que SIT n'est autre chose que 180° — STI, et que, de même, S'I'T' est égal à 180° — S'T'I', il vient

$$ST''B' = \frac{STI}{2},$$

$$S'T''C' = \frac{S'T'I'}{2}.$$

Par suite, l'angle du prisme, qu'il s'agissait d'évaluer, a pour mesure

$$ST''S' = \frac{STI + S'T'I'}{2},$$

expression qui contient précisément les trois déplacements angulaires donnés à la lunette du théodolite, dans chacune des positions de l'instrument.

L'angle réfringent étant ainsi connu, on mesurait :

1° La déviation très-faible que produisait le système des deux glaces de verre, l'intérieur du prisme étant mis en libre communication avec l'extérieur;

2° La déviation produite par le prisme contenant le gaz sur lequel on voulait opérer, sous une pression et à une température déterminées;

3° La déviation produite par le prisme vide.

La deuxième observation, corrigée au moyen de la première, donnait le rapport $\frac{m}{\mu}$ de l'indice de réfraction m du gaz à l'indice μ de l'air extérieur. — La troisième, corrigée également au moyen de la première, donnait $\frac{1}{\mu}$, c'est-à-dire l'inverse de l'indice de l'air extérieur par rapport au vide. — La valeur de m était donc facile à calculer.

Chacune de ces trois déviations se mesurait en donnant au prisme deux positions inverses l'une de l'autre, et en prenant la moitié du déplacement angulaire de l'image réfractée. — Le prisme recevait d'avance une position telle, que les rayons directs fussent normaux au plan bissecteur de l'angle réfringent : les réfractions étant toujours très-petites, la direction des rayons réfractés était toujours presque normale à ce plan bissecteur, et l'on pouvait, sans erreur sensible, appliquer les formules qui conviennent au cas de la déviation minima [1].

Les expériences de Biot et Arago ont été dirigées, en particulier, de manière à soumettre à un grand nombre de vérifications expérimentales une loi qui avait été déduite par Newton de la théorie de l'émission, à savoir que, pour les gaz, la quantité $n^2 - 1$ ou la *puissance réfractive* est proportionnelle à la densité. — Les résultats obtenus furent, en effet, d'accord avec cette loi : mais il faut remarquer que, l'indice de réfraction des gaz étant très-peu supérieur à l'unité, la formule théorique de Newton ne reçoit de cette vérification que le caractère d'une loi empirique.

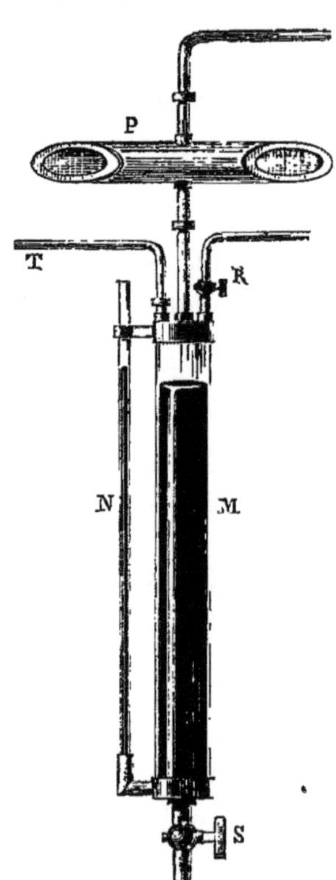

Fig. 426.

518. **Expériences de Dulong.** — La proportionnalité de la puissance réfractive à la densité étant regardée comme démontrée par les expériences de Biot et Arago, qui avaient été effectuées sur l'air atmosphérique sous différentes pressions, Dulong a fondé sur cette loi empirique un procédé commode de détermination des indices des gaz.

L'appareil qui est représenté par la figure 426 se composait d'un prisme P semblable à celui de Biot et Arago : un manomètre à air libre MN permettait de faire varier la pression du gaz intérieur entre certaines limites et d'obtenir une mesure exacte de cette pression. — Le rôle des robinets et des tubes adaptés à l'appareil est facile à concevoir.

Le prisme étant d'abord en communication avec l'atmosphère, on

[1] Lorsque le prisme contient de l'air sous une pression moindre que la pression extérieure, la déviation des rayons a lieu vers le sommet et non vers la base, et présente un maximum au lieu d'un minimum.

visait avec une lunette une mire éloignée, vue à travers le prisme, et l'on fixait la lunette dans une position invariable. — On introduisait alors le gaz, et on lui donnait une pression telle que la mire parût de nouveau en coïncidence avec la croisée des fils de la lunette. L'indice de réfraction du gaz était alors égal à l'indice de l'air extérieur, lequel pouvait aisément se calculer au moyen des données fournies par les expériences de Biot et Arago. La loi des puissances réfractives permettait ensuite d'obtenir, par le calcul, l'indice du gaz à une température et à une pression quelconques.

C'est ainsi qu'ont été calculés les indices de réfraction des principaux gaz par rapport au vide, à la température zéro et sous la pression de 760 millimètres :

Air atmosphérique	1,000294
Oxygène	1,000272
Azote	1,000300
Hydrogène	1,000138
Gaz ammoniac	1,000385
Acide carbonique	1,000449
Oxyde de carbone	1,000340
Chlore	1,000772
Cyanogène	1,000834
Gaz	1,000678
Acide sulfureux	1,000665 (1)

La puissance réfractive d'un mélange de gaz est la somme des puissances réfractives des divers gaz, considérés avec les densités qu'ils possèdent respectivement dans le mélange.

(1) D'après des expériences faites par M. Le Roux, la vapeur d'iode présenterait une dispersion tout à fait anormale, le rouge étant plus fortement réfracté que le violet, dans son passage au travers de cette vapeur.

DE L'ARC-EN-CIEL ET DES HALOS.

519. **Arcs-en-ciel.** — Le phénomène de l'arc-en-ciel ne peut être observé, dans les conditions ordinaires, que s'il se trouve un nuage se résolvant en pluie dans la partie du ciel qui est opposée au soleil par rapport à l'observateur, et si, en outre, le soleil est suffisamment voisin de l'horizon. Il arrive alors, le plus souvent, qu'on aperçoit à la fois deux arcs concentriques, dans lesquels les couleurs du spectre sont disposées en ordre inverse; l'espace qui est compris entre les deux arcs présente, par rapport au reste de la voûte céleste, une obscurité relative.

D'après la position du nuage par rapport au soleil et à l'observateur, il est manifeste que la lumière à laquelle est dû l'arc-en-ciel a été réfléchie par les gouttes de pluie : la coloration de cette lumière indique qu'elle a été, en outre, réfractée et dispersée. C'est donc dans la considération des rayons lumineux qui pénètrent dans les gouttes de pluie et en sortent après avoir subi des réflexions intérieures qu'il faut chercher l'explication du phénomène.

520. **Notion des rayons efficaces.** — Si l'on considère tous les rayons émis par le soleil qui, après avoir pénétré dans une goutte d'eau, s'y réfléchissent un même nombre de fois, on voit immédiatement que le changement de direction éprouvé par chacun d'eux est variable avec son point d'incidence primitif. Or si, parmi tous ces points d'incidence, il en est un qui jouisse de la propriété de rendre maximum ou minimum le changement de direction du rayon émergent, il est clair que les rayons dont les points d'incidence seront voisins de celui-là subiront des changements de direction presque égaux : par suite, tous ces rayons seront, en sortant de la goutte, sensiblement parallèles les uns aux autres. Au contraire, les rayons dont les points d'incidence seront à des distances de plus en plus grandes du point en question éprouveront un changement

de direction de plus en plus variable, c'est-à-dire que l'ensemble de ces rayons parallèles à l'incidence sera transformé, par l'action de la goutte, en un système de plus en plus divergent. — Donc, dans la région de l'espace qui est occupée par les rayons émergents, il y aura accumulation relative de lumière dans le voisinage du rayon qui aura subi un changement de direction maximum ou minimum, et ce rayon pourra être considéré comme apportant avec lui une illumination plus grande que tout rayon émergent dont la direction fait avec la sienne un angle de grandeur finie. — De là le nom de *rayons efficaces*, donné aux rayons émergents qui correspondent à un changement de direction maximum ou minimum.

De ce qui précède il résulte que, parmi les gouttes de pluie, celles qui seront dans une position telle que leurs rayons efficaces parviennent à l'œil paraîtront plus brillantes que les autres. Ces gouttes formeront donc, à la surface des nuages, une zone plus éclatante que les régions voisines; si la position de cette zone dépend de l'indice de réfraction de la lumière considérée, on apercevra un système de zones diversement colorées. — L'explication du phénomène sera donc complète si l'on démontre l'existence des rayons efficaces, et si l'on trouve le moyen d'en déterminer la position.

521. **Calcul de la position des rayons efficaces.** — Soient une goutte d'eau sphérique A (fig. 427), et un rayon lumineux homogène SI tombant sur cette goutte [1]. — Ce rayon, dans tous les changements de direction qu'il peut successivement éprouver, demeure toujours contenu dans le plan mené par sa direction primitive et par le centre de la goutte : c'est ce plan qui a été pris ici pour plan de la figure.

Par la réfraction au point I, le rayon s'éloigne d'abord de sa direction primitive d'un angle $i-r$; par une réflexion intérieure en H, il s'écarte de sa nouvelle direction d'un angle égal à $\pi - 2r$, et toutes les réflexions ultérieures produisent un effet identique à celui de la première; enfin, l'émergence en un point tel que R détermine un déplacement angulaire égal à $i-r$. Tous ces déplacements suc-

[1] La forme sphérique, étant celle que prend d'elle-même une petite masse liquide en repos, doit être nécessairement la forme moyenne des gouttes.

cessifs ayant lieu dans le même sens, on voit que, en définitive, un rayon qui aura été réfléchi k fois dans l'intérieur de la goutte peut

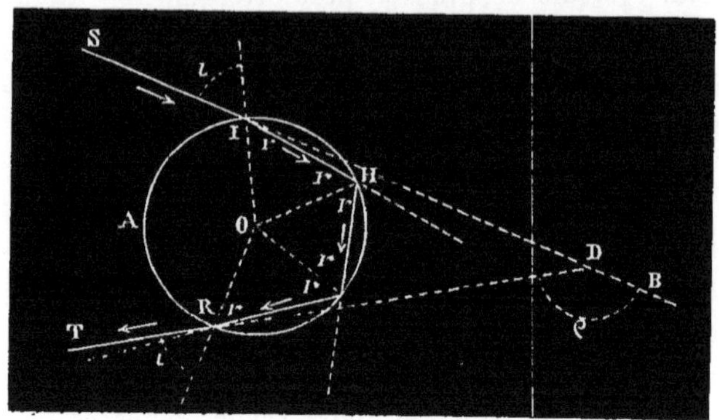

Fig. 427.

être considéré comme ayant éprouvé, à partir de sa direction primitive prolongée SB, une rotation ρ qui est exprimée par la formule

$$\rho = 2(i-r)+k(\pi-2r).$$

Or, les rayons incidents étant tous parallèles entre eux, la position du point d'incidence par rapport à la goutte peut être caractérisée par la valeur de l'angle d'incidence i : en d'autres termes, la rotation ρ est une fonction de i, et, pour que ρ soit maximum ou minimum, il faut que l'on ait

$$\frac{d\rho}{di}=0,$$

c'est-à-dire, en supprimant le facteur 2,

$$1-(k+1)\frac{dr}{di}=0.$$

Les angles i et r étant liés entre eux par la relation $\sin i = n \sin r$, on a

$$\frac{dr}{di}=\frac{\cos i}{n\cos r},$$

et par suite la relation à laquelle doit satisfaire l'incidence des rayons efficaces, pour un nombre déterminé k de réflexions intérieures, devient

$$(k+1)\frac{\cos i}{n\cos r}=1.$$

De là on déduit, par des transformations faciles à effectuer,

$$(k+1)^2(1-\sin^2 i)=n^2-\sin^2 i$$

ou enfin

$$(1)\qquad \sin i=\sqrt{\frac{(k+1)^2-n^2}{k^2+2k}}.$$

Or, le nombre des réflexions intérieures k étant toujours au moins égal à l'unité, cette expression est toujours réelle lorsque l'indice de réfraction n est plus petit que 2 ; c'est ce qui arrive, en particulier, pour l'eau, dont l'indice de réfraction a sensiblement pour valeur $\frac{4}{3}$. — Donc, quand les rayons solaires tombent sur une goutte d'eau, *il y a des rayons efficaces pour tous les nombres possibles de réflexions intérieures.*

Pour savoir maintenant si la rotation correspondante à la valeur de i que l'on vient de déterminer est maximum ou minimum, il faut connaître le signe de la seconde dérivée de ρ par rapport à i. Or on a

$$\begin{aligned}\frac{d^2\rho}{di^2}&=-2(k+1)\frac{d^2r}{di^2}\\&=-2(k+1)\frac{n\sin r\cos i\dfrac{dr}{di}-n\cos r\sin i}{n^2\cos^2 r}\\&=-2(k+1)\frac{\sin r\cos^2 i-n\cos^2 r\sin i}{n^2\cos^3 r}\\&=-2(k+1)\frac{\dfrac{\sin i}{n}(1-\sin^2 i)-n\left(1-\dfrac{\sin^2 i}{n^2}\right)\sin i}{n^2\cos^3 r}\end{aligned}$$

ou enfin

$$\frac{d^2\rho}{di^2}=-2(k+1)\frac{\sin i(1-n^2)}{n^3\cos^3 r},$$

Cette expression étant toujours positive, *la rotation du rayon efficace est toujours un minimum.*

Enfin, la valeur de la rotation dépend de l'indice de réfraction du rayon lumineux, c'est-à-dire de sa couleur. Or, supposons que, dans la formule générale de la rotation

$$\rho = 2(i-r) + k(\pi - 2r),$$

les angles i et r aient les valeurs qui conviennent aux rayons efficaces, c'est-à-dire que ρ désigne la rotation minimum pour k réflexions; alors la quantité ρ n'est plus fonction que de la variable n : si l'on veut voir comment varie la rotation minimum quand on passe des rayons rouges aux rayons violets, il suffit de chercher le signe de la dérivée $\frac{d\rho}{dn}$. Or on a

$$\frac{d\rho}{dn} = 2\frac{di}{dn} - 2(k+1)\frac{dr}{dn}.$$

D'autre part, de la relation (1) on déduit

$$\frac{di}{dn} = -\frac{n}{\sqrt{(n^2-1)[(k+1)^2-n^2]}};$$

enfin, $\sin r$ étant égal à $\frac{\sin i}{n}$, on a également

$$\sin r = \frac{1}{n}\sqrt{\frac{(k+1)^2-n^2}{k^2+2k}},$$

d'où l'on tire

$$\frac{dr}{dn} = -\frac{k+1}{n\sqrt{(n^2-1)[(k+1)^2-n^2]}}.$$

Donc, en définitive, on a

$$\frac{d\rho}{dn} = \frac{2[(k+1)^2-n^2]}{n\sqrt{(n^2-1)[(k+1)^2-n^2]}}$$

ou enfin

$$\frac{d\rho}{dn} = \frac{2\sqrt{(k+1)^2-n^2}}{n\sqrt{n^2-1}},$$

expression toujours positive. — Donc *la rotation des rayons efficaces est toujours croissante du rouge au violet.*

522. **Premier arc.** — Si l'on prend comme valeur de l'indice de réfraction de l'eau pour les rayons rouges le nombre $\frac{4}{3}$, ou $\frac{108}{81}$, et comme valeur de l'indice relatif aux rayons violets le nombre $\frac{109}{81}$, on trouve, en substituant ces valeurs dans la formule générale de la rotation et faisant $k = 1$, que la rotation des rayons efficaces va en croissant du rouge au violet, pour les rayons qui n'ont éprouvé qu'une réflexion intérieure, depuis

$$\rho_R = 137^\circ 58' 20''$$

jusqu'à

$$\rho_V = 139^\circ 43' 20''.$$

Il résulte de là que, si l'on représente par SG (fig. 428) la direction des rayons qui tombent sur une goutte dont le centre est en G,

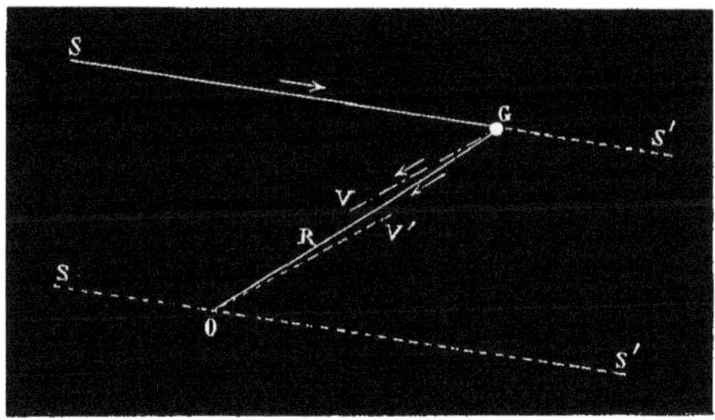

Fig. 428.

et par GR et GV le rayon efficace rouge et le rayon efficace violet qui proviennent de rayons incidents contenus dans le plan de la figure, on peut affirmer que tous les rayons efficaces qui émergent de cette goutte, et qui correspondent à une seule réflexion intérieure, sont répartis entre les deux surfaces coniques qu'on obtiendrait en faisant tourner GR et GV autour de GS' comme axe. Un observateur ayant le centre de l'œil placé en O, sur le prolongement de la droite GR, recevra de la goutte G une lumière rouge plus intense que celle qu'il reçoit des autres gouttes contenues dans le plan de la figure; mais il recevra encore des rayons efficaces rouges de toutes les gouttes qui seront à l'intersection de la surface du nuage avec la surface conique qu'engendrerait la droite OG en tournant autour du prolongement OS′ de la direction des rayons solaires, considéré comme axe. Il verra donc un arc de cercle rouge, appartenant à un cône qui aurait pour axe la direction des rayons solaires prolongée, et pour demi-angle au sommet le supplément de la rotation ρ_R, c'est-à-dire ce qu'on nomme ordinairement la *déviation*, ou l'angle

$$42^\circ 1' 40''.$$

Pour une raison semblable, l'observateur placé en O verra les diverses couleurs du spectre distribuées suivant des arcs de cercle appartenant à des cônes intérieurs au précédent, puisque le demi-angle au sommet de ces cônes est le supplément d'un angle qui va en croissant du rouge au violet. Pour les rayons violets, en particulier, la demi-ouverture angulaire du cône sera la *déviation* mesurée par l'angle V′OS′, dont la valeur est

$$40^\circ 16' 40''.$$

Le raisonnement précédent pouvant s'appliquer, pour une couleur en particulier, à tous les rayons parallèles de cette couleur qui émanent des divers points du soleil, on voit qu'à une couleur homogène déterminée doit répondre, sur la surface du nuage, non pas une ligne mathématique, mais une bande colorée ayant une largeur apparente égale au diamètre apparent du soleil. Les couleurs de l'arc-en-ciel ne sont donc ni plus ni moins pures que celles du spectre qu'on obtient lorsqu'on fait tomber sur un prisme les rayons solaires introduits dans une chambre obscure par une ouverture étroite, et qu'on contemple ce spectre sans faire suivre le prisme d'une lentille.

On remarquera enfin que, la rotation des rayons efficaces étant un minimum, le supplément de cet angle est un maximum. Par conséquent, les gouttes d'eau situées en dehors du cône qui contient, pour un observateur occupant une certaine position, les rayons efficaces rouges, n'enverront à son œil aucun rayon ayant éprouvé une seule réflexion intérieure.

523. **Deuxième arc.** — En adoptant les mêmes valeurs que précédemment, pour les indices de réfraction de l'eau relatifs aux rayons rouges et aux rayons violets, on trouve pour valeurs des rotations des rayons efficaces rouges et violets, correspondants à deux réflexions intérieures,

$$\rho_R = 230^\circ 58' 50''$$

et

$$\rho_V = 234^\circ 9' 20''.$$

Ces valeurs étant supérieures à 180 degrés, les rayons efficaces rouges ou violets, qui ont subi deux réflexions intérieures, et qui, au sortir de la goutte, sont dirigés vers le bas, proviennent nécessaire-

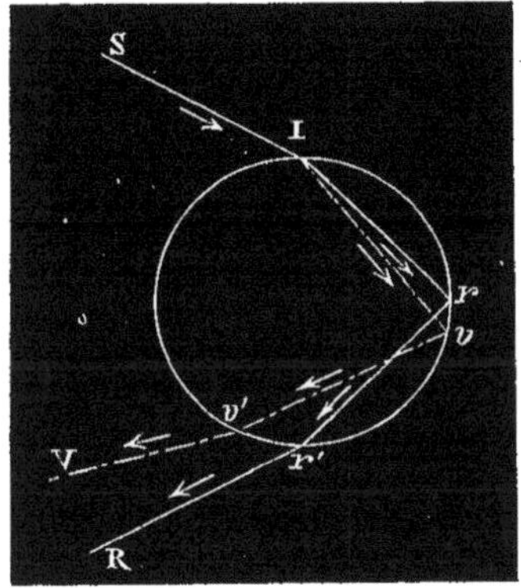

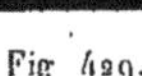
Fig. 429.

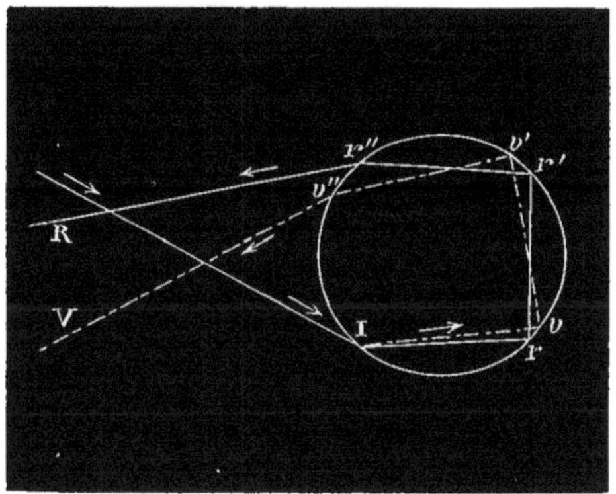

Fig. 430.

ment de rayons incidents qui ont rencontré la moitié inférieure de la goutte, ainsi que l'indique la figure 430. L'inverse a lieu pour les rayons qui n'ont subi qu'une seule réflexion intérieure, comme le montre la figure 429.

De ces remarques il résulte que le rayon rouge efficace de la goutte G (fig. 431), qui est contenu dans le plan de la figure, s'obtiendra en supposant que la droite GS' tourne, dans le sens indiqué par la flèche *f*, d'un angle égal à 230° 58' 50''. La droite GR ainsi déterminée viendra rencontrer l'œil d'un observateur placé en O, si l'angle de OG avec la direction OS' des rayons solaires prolongés est égal à 230°58′50″ diminué de 180 degrés, c'est-à-dire à

$$50°58'50''.$$

Telle est la demi-ouverture angulaire du cône dont la surface peut

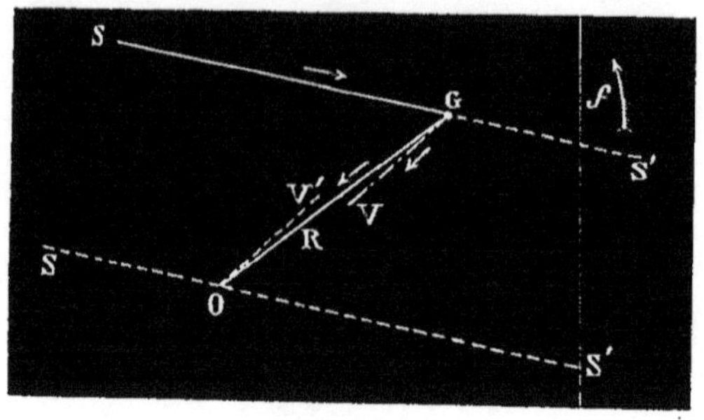

Fig. 431.

contenir les gouttes envoyant à l'observateur des rayons efficaces rouges deux fois réfléchis dans leur intérieur.

Pour des raisons semblables, les gouttes qui enverront à l'œil des rayons efficaces violets seront situées sur un cône ayant pour axe OS′ et pour demi-ouverture angulaire 234°9′20″ − 180°, c'est-à-dire

$$54°9'20''.$$

L'ouverture angulaire de ce cône étant supérieure à celle des rayons rouges, on voit que, dans le deuxième arc, le violet est à l'extérieur et le rouge à l'intérieur.

Enfin, la rotation des rayons efficaces étant toujours un minimum, les gouttes situées dans l'intérieur du cône qui contient les gouttes à rayons efficaces rouges n'enverront à l'observateur aucun rayon ayant éprouvé deux réflexions intérieures. — Ainsi, de l'espace compris entre les deux arcs, il n'arrivera à l'œil que des rayons réfléchis plus de deux fois dans l'intérieur des gouttes. De là l'obscurité relative de cette région.

524. **Arcs d'ordres supérieurs.** — Des calculs semblables aux précédents montrent que le troisième et le quatrième arc ne

seraient visibles que sur un nuage placé entre l'observateur et le soleil : l'éclat des rayons solaires directs n'a jamais permis de les apercevoir. Le cinquième arc se trouverait, au contraire, sur un nuage opposé au soleil : il n'a jamais été vu non plus, à cause du grand affaiblissement que la lumière éprouve après cinq réflexions consécutives. On affirme cependant que ce dernier arc a été observé sur le nuage de gouttes d'eau qui se produit au voisinage de certaines cascades.

En faisant tomber les rayons solaires sur un jet d'eau abondant, produit à l'intérieur d'une chambre obscure, on a pu observer jusqu'au dix-septième arc, et vérifier que tous les arcs de divers ordres ont la position indiquée par la théorie.

525. **Halos.** — On désigne sous le nom de *halos* des cercles colorés qui entourent le soleil, et quelquefois la lune, à une distance angulaire de 22 degrés et de 46 degrés : dans ces cercles, le rouge est à l'intérieur et le violet à l'extérieur.

Les halos sont produits par des cristaux de glace flottant dans l'atmosphère : ils sont, par conséquent, plus rares et moins brillants dans nos climats que dans les régions polaires. Les rayons qui sont réfractés par ces prismes de manière à éprouver la déviation minimum possèdent toutes les propriétés des rayons efficaces de la théorie de l'arc-en-ciel [1]. Ils donnent donc naissance, pour chaque espèce de couleur, à un cercle brillant, concentrique au soleil, dont le demi-diamètre angulaire est précisément égal à la déviation minima. La valeur de cette déviation étant croissante avec l'indice de réfraction, le violet doit être en dehors et le rouge en dedans, comme le montre l'observation.

Les cristaux de glace sont des prismes hexagonaux réguliers, terminés tantôt par des bases planes, tantôt par des pyramides hexagonales diversement inclinées. Deux faces latérales non adjacentes forment ensemble un angle réfringent de 60 degrés, et donnent naissance au halo dont le diamètre est de 22 degrés. — Une face

(1) L'indice de réfraction de la glace diffère à peine de celui de l'eau, et la valeur $\frac{4}{3}$ peut être employée dans les calculs relatifs aux halos, comme dans les calculs relatifs à l'arc-en-ciel.

latérale et la base forment l'une avec l'autre un angle de 90 degrés et donnent naissance au halo de 46 degrés.

Deux faces latérales adjacentes, qui forment l'une avec l'autre un angle dièdre de 120 degrés, ne donnent pas de halo, car un rayon lumineux qui pénètre par l'une de ces faces et tombe sur la seconde s'y réfléchit totalement.

Les faces des pyramides terminales forment des angles dont la valeur paraît n'être pas constante : ils donnent naissance à des *halos extraordinaires*, de diamètres variés.

OPTIQUE THÉORIQUE.

INTERFÉRENCES.

I. — PHÉNOMÈNES D'INTERFÉRENCES.

526. **Expérience fondamentale d'Young.** — C'est à Th. Young que revient l'honneur d'avoir appliqué aux phénomènes optiques le principe des interférences. Parmi les expériences peu nombreuses qu'il a faites pour démontrer la légitimité de cette ap-

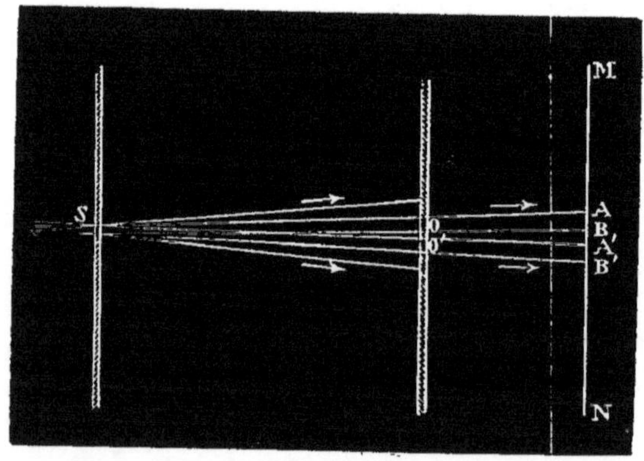

Fig. 432.

plication, la suivante doit être considérée comme la plus importante.

Un trou très-étroit S (fig. 432), pratiqué dans le volet d'une chambre obscure, laisse passer les rayons solaires: on fait tomber ces rayons sur un écran percé de deux petites ouvertures circulaires O, O′ très-rapprochées, et l'on observe la distribution de la lumière sur un écran blanc MN placé au delà. — Si l'on commence par masquer l'ouverture O′, pour laisser passer les rayons à travers l'ouverture O seule, on remarque que la lumière s'étend, sur l'écran MN, à une distance très-sensible en dehors de l'intersection AB de l'écran avec le cône de rayons incidents circonscrit à l'ouverture; il y a illumination par *diffraction* [1] en dehors de la projection conique de l'ouverture O. Le même effet s'observe, en dehors de A′B′, si l'on masque l'ouverture O pour découvrir l'ouverture O′. — Si maintenant on découvre à la fois les deux ouvertures, l'effet produit n'est pas une simple superposition des deux effets précédents. Dans la région éclairée à la fois par la diffraction des deux ouvertures, on aperçoit un système de bandes colorées, rectilignes, perpendiculaires à la droite qui joint les centres des deux ouvertures. — Avec un peu d'attention, on distingue dans ce système une bande blanche centrale, occupant le lieu des points situés à égale distance des deux ouvertures; puis, de part et d'autre, deux bandes noires; ensuite, des bandes colorées, dans lesquelles on peut apercevoir encore des maxima et des minima lumineux équidistants. L'addition d'une lumière à une autre n'a donc pas pour effet constant une augmentation de l'éclairement; la formation des bandes noires prouve même que, dans certaines conditions, *en ajoutant de la lumière à de la lumière, on peut produire de l'obscurité.*

A cette expérience d'Young on peut cependant faire une objection : les rayons que l'on fait *interférer* sont des rayons diffractés par leur passage au travers d'ouvertures étroites; il est donc nécessaire de démontrer que la propriété d'interférer ne résulte pas de quelque modification spéciale, que la lumière subirait en se diffractant. — Les expériences que l'on va maintenant décrire, et qui sont dues à Fresnel, ont eu pour but de répondre à cette objection.

527. **Expérience du biprisme.** — Les rayons d'une source lumineuse de très-petites dimensions sont reçus sur deux prismes, d'angles réfringents très-faibles, accolés par leur base, ou plutôt sur

[1] Ce phénomène sera étudié plus loin.

une lame de verre BAC (fig. 433), taillée de façon à imiter un pareil système. En vertu de la petitesse des angles réfringents, et de l'incidence presque normale des rayons, on peut regarder ces prismes comme substituant à un point lumineux S le système de ses deux

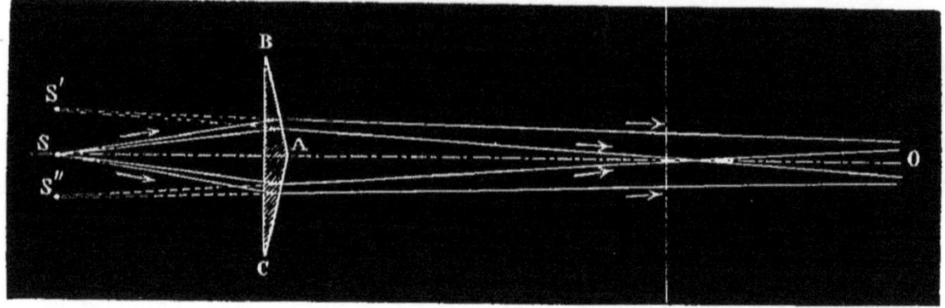

Fig. 433.

foyers virtuels S' et S'' (426). On obtient donc ainsi deux faisceaux lumineux de même origine, très-voisins l'un de l'autre, sans que la lumière qui les constitue ait éprouvé d'autre modification que celle qui peut résulter de deux réfractions opérées sous l'incidence presque normale. — Des bandes ou *franges* d'interférence, tout à fait semblables aux précédentes, apparaissent dans la partie commune aux deux faisceaux, et disparaissent lorsque l'un des faisceaux est supprimé. La frange blanche centrale est toujours comprise entre deux franges noires, et occupe le lieu des points qui sont situés, dans l'espace commun aux deux faisceaux réfractés, à égale distance des points lumineux virtuels S' et S''. Toutes les franges sont d'ailleurs parallèles entre elles, et perpendiculaires à la droite S'S''. — Si l'on substitue au point lumineux S une ligne lumineuse, parallèle aux arêtes réfringentes, le phénomène augmente d'éclat, par la superposition des divers systèmes de franges qui correspondent aux divers points de cette ligne.

Ce procédé expérimental est le plus simple et le plus commode qu'on puisse employer pour la manifestation des phénomènes d'interférence; mais il ne convient pas à la recherche des lois de ces phénomènes, à cause de la complication qui résulte des deux réfractions, et de la diversité des milieux que traverse successivement la lumière.

528. **Expérience des miroirs de Fresnel.** — Un point lumineux S envoie ses rayons sur deux miroirs plans MN, MQ (fig. 434), qui font l'un avec l'autre un angle très-voisin de 180 degrés. Les deux faisceaux réfléchis sont constitués comme s'ils avaient pour origines les deux images S', S″ du point S, images qui sont

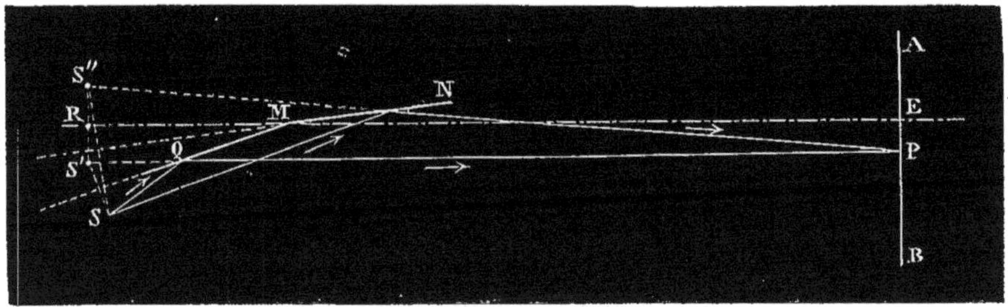

Fig 434.

très-voisines l'une de l'autre. Dans la partie commune aux deux faisceaux on aperçoit, sur un écran AB, des franges perpendiculaires à la droite S'S″ qui réunit les deux images.

Les deux miroirs doivent être opaques, afin d'éviter la complication que produirait la réflexion sur la seconde surface, si l'on faisait usage d'une substance transparente; ils sont généralement formés par des plaques de verre noir. — L'un d'eux M est fixé parallèlement à la plaque P (fig. 435); la vis *a* permet de l'appro-

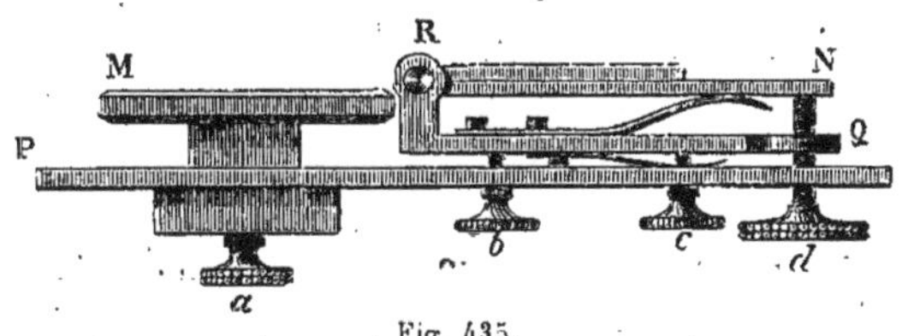

Fig. 435.

cher ou de l'éloigner de P. L'autre miroir, placé sur RN, est porté par une autre plaque Q, à laquelle sont fixées trois vis calantes, dont deux sont visibles en *b* et *c*, et qui permettent de rendre la plaque Q parallèle à telle direction que l'on veut; un ressort maintient la plaque Q éloignée de P. Le miroir N peut tourner lentement autour d'un axe R parallèle à l'un de ses bords, par l'action d'une vis *d* sur un long ressort placé entre les plaques Q et N. Pour régler les miroirs, on rend d'abord la charnière R parallèle au bord du miroir N; puis on amène les plans des deux miroirs en prolongement l'un de l'autre, ce dont on s'assure en constatant que le système ne donne qu'une seule image d'un point éloigné; enfin on fait tourner le miroir mobile d'un très-petit angle autour de la charnière R.

On peut prendre comme source de lumière une petite ouverture circulaire, transmettant les rayons solaires ou ceux d'une très-forte lumière artificielle, comme la lampe de Drummond, ou mieux encore la lampe électrique. — On donne plus d'éclat aux phénomènes, en prenant comme source le foyer principal d'une lentille convergente ayant une faible distance focale et éclairée par des rayons parallèles. — D'autres fois, on emploie une fente étroite, parallèle à l'intersection commune des deux miroirs. A chaque point de la fente répond alors un système particulier de franges; mais, à cause de la position particulière de la fente, il est facile de voir que ces divers systèmes coïncident et se renforcent réciproquement.

529. **Franges produites par les sources monochromatiques ou par la lumière blanche.** — Si l'on place sur le trajet de la lumière un absorbant monochromatique, ou si l'on fait arriver sur l'ouverture servant de source lumineuse des rayons homogènes pris dans un spectre, les franges de diverses couleurs que donnait la lumière blanche sont remplacées par un système de franges d'une seule couleur, qui sont alternativement brillantes et obscures, et qui paraissent à l'œil exactement équidistantes. — Le milieu du système est toujours occupé par une frange brillante, qui est placée à égale distance des deux images S′ et S″ du point lumineux.

Les distances des franges latérales à la frange centrale, leurs *largeurs*, augmentent à mesure qu'on éloigne l'écran sur lequel elles se projettent, et à mesure que l'angle des deux miroirs approche d'être égal à 180 degrés.

Enfin, si l'on examine successivement les franges produites par des lumières de couleurs diverses, on reconnaît que, toutes choses égales d'ailleurs, la largeur des franges diminue du rouge au violet.

L'apparence complexe que l'on avait obtenue en employant la lumière blanche résulte simplement de la superposition des divers systèmes de franges, alternativement obscures et brillantes, que donnent séparément les diverses couleurs, et qui ont des largeurs inégales. Le milieu de tous ces systèmes étant occupé par une frange brillante, la frange centrale doit être blanche; les deux franges noires dont cette frange centrale est bordée résultent de ce que les deux premières franges obscures de tous les systèmes ont une partie commune, d'une largeur sensible.

530. **Mesure expérimentale de la largeur des franges.** — Pour établir les lois du phénomène par des mesures précises, on substitue, à la projection des franges sur un écran, l'observation par vision directe. Si l'on supprime l'écran sur lequel on observait les franges et qu'on reçoive les deux faisceaux réfléchis sur une loupe, l'œil placé derrière la loupe aperçoit une image des franges. Ces franges, dont on voit alors l'image grossie, sont celles qui se forment dans le plan où devrait être placé un objet pour être vu distinctement avec cette loupe.

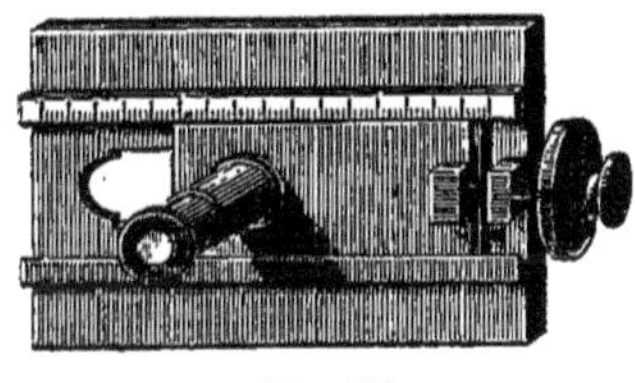
Fig. 436.

Si la loupe est montée dans un tube portant un réticule, on devra, pour faire coïncider successivement le fil vertical avec les milieux des diverses franges, déplacer la loupe d'une quantité égale aux intervalles de ces franges entre elles. Pour obtenir des mesures précises, il suffira donc que la loupe soit mobile par l'action d'une vis micrométrique, comme le montre la figure 436.

Lorsque le système des deux miroirs et le support de la loupe sont indépendants l'un de l'autre, on peut faire réfléchir les rayons interférents sous des incidences aussi peu obliques qu'on le voudra. On peut aussi, en éloignant la loupe, s'arranger de manière que les rayons qui viennent produire les franges par leur concours aient été réfléchis à une grande distance des bords des miroirs, ainsi que la figure 437 le fait suffisamment comprendre. — On peut donc obtenir des franges avec des rayons qui n'ont éprouvé à aucun degré la modification spéciale appelée *diffraction*, qui résulte du passage de la lumière au voisinage des limites d'une ouverture ou d'un miroir.

Le plus souvent, on répète l'expérience de Fresnel en employant un système de miroirs et une loupe micrométrique montés sur un

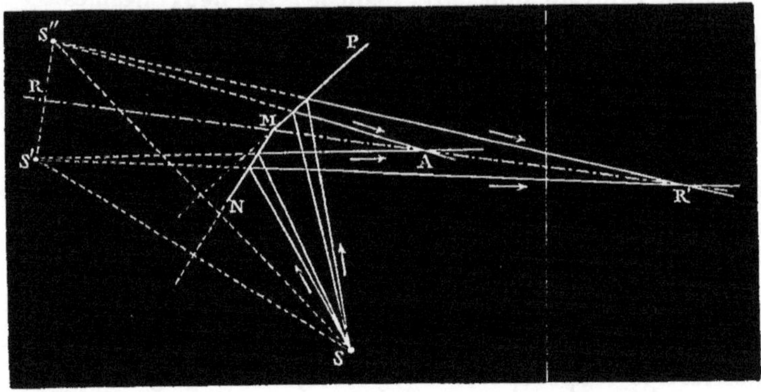

Fig. 437.

même banc rectiligne. Les rayons émanés de la source sont alors réfléchis presque parallèlement à la surface des miroirs; ce qui donne aux faisceaux lumineux une plus grande intensité. Cette disposition particulière des expériences est donc avantageuse sous un rapport, mais elle n'est nullement nécessaire.

531. **Évaluation de la différence des chemins parcourus par deux rayons qui se coupent en un point d'une frange déterminée.** — Il résulte des lois de la réflexion, non-seulement que les rayons réfléchis ont la même direction que s'ils provenaient de l'image du point lumineux, mais que la distance de cette image à un point quelconque du rayon réfléchi est égale au chemin réellement parcouru par la lumière, depuis le point lumineux jusqu'au point particulier que l'on considère. On peut donc substituer idéalement, dans l'expérience des miroirs de Fresnel, au point lumineux et aux deux miroirs, les deux images S′ et S″ du point lumineux S. — Si, à une distance quelconque de ces points, on mesure la distance de la frange centrale E (fig. 438) à un point P d'une frange latérale, contenue dans le plan mené par le point E

perpendiculairement à RE, on a, pour expressions des chemins parcourus par les deux rayons S′P, S″P,

$$S'P = \sqrt{\overline{RE}^2 + (RS' - EP)^2}, \qquad S''P = \sqrt{\overline{RE}^2 + (RS'' + EP)^2},$$

ou, en représentant la distance RE par d, RS′ et RS″ par a, EP par l,

$$S'P = \sqrt{d^2 + (a - l)^2}, \qquad S''P = \sqrt{d^2 + (a + l)^2}.$$

En raison de l'extrême petitesse de a et de l, relativement à d,

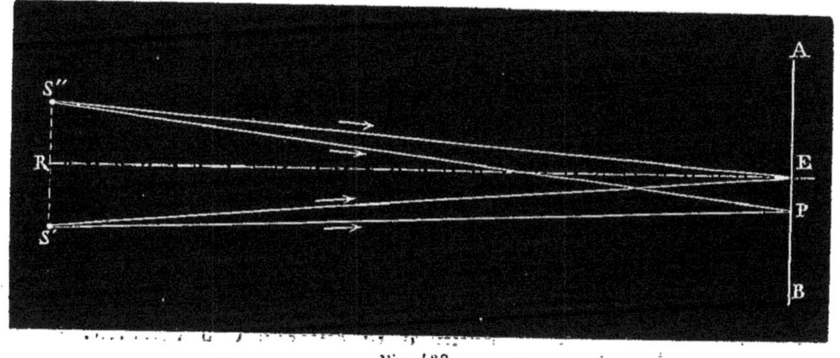

Fig. 438.

on peut se borner aux deux premiers termes du développement des radicaux en série, et poser

$$S'P = d + \frac{(a - l)^2}{2d},$$

$$S''P = d + \frac{(a + l)^2}{2d},$$

d'où l'on déduit la valeur δ de la différence des chemins parcourus,

$$\delta = \frac{2al}{d}.$$

Mais $\frac{2a}{d}$ ne diffère pas sensiblement de la tangente de l'angle S′ES″. Donc, en représentant cet angle par i, il vient

$$\delta = l \tang i.$$

Or, l étant mesuré par le micromètre comme il a été dit (530), il ne reste plus, pour évaluer δ, qu'à mesurer l'angle i.

Pour effectuer cette mesure, Fresnel plaçait en E un très-petit cylindre opaque, perpendiculaire au plan S'ES'' (fig. 439); et il

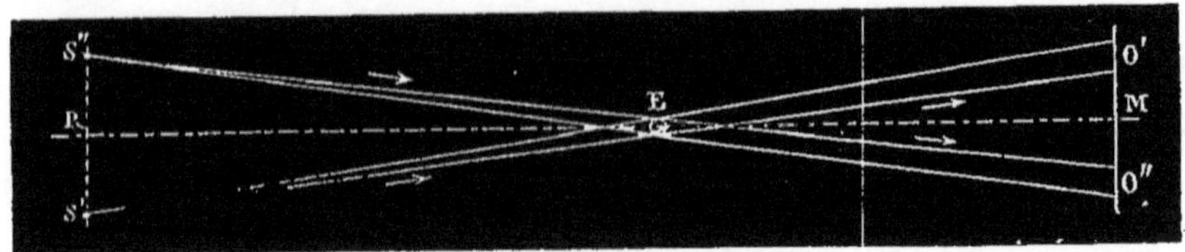

Fig 439.

déterminait, à l'aide de son micromètre, l'intervalle O'O'' des milieux des deux ombres portées, à une distance connue ME. Le rapport de O'O'' à ME ne différait pas sensiblement de la tangente de l'angle cherché.

532. **Lois numériques du phénomène.** — Une série de mesures, effectuées comme on vient de l'indiquer, conduit aux lois suivantes :

1° La différence de marche des rayons qui viennent se croiser au milieu d'une frange quelconque est constante et caractéristique de la frange considérée, de quelque manière qu'on fasse varier les conditions de l'expérience.

2° Au milieu d'une frange brillante, cette différence est nulle ou égale à un multiple pair d'une très-petite longueur $\frac{\lambda}{2}$.

3° Au milieu d'une frange obscure, cette différence est égale à un multiple impair de la même longueur $\frac{\lambda}{2}$.

4° La longueur $\frac{\lambda}{2}$ va en décroissant du rouge au violet; dans la région moyenne du spectre, elle est sensiblement égale à $\frac{1}{4000}$ de millimètre.

On voit donc que l'intensité lumineuse, due au concours de deux rayons qui sont émanés de la même source et qui ont parcouru des chemins différents, est maxima ou minima suivant que la différence de ces chemins est égale à un multiple pair ou à un multiple impair d'une longueur déterminée; entre ces deux cas extrêmes, l'intensité varie d'une manière continue. L'obscurité paraît d'ailleurs complète, dans les points où l'intensité est minima, lorsque les deux rayons interférents sont égaux en intensité.

533. **Expérience avec un seul miroir.** — On peut, en employant un seul miroir MN, sur lequel on fait tomber la lumière de la source S sous une incidence presque rasante (fig. 440), faire

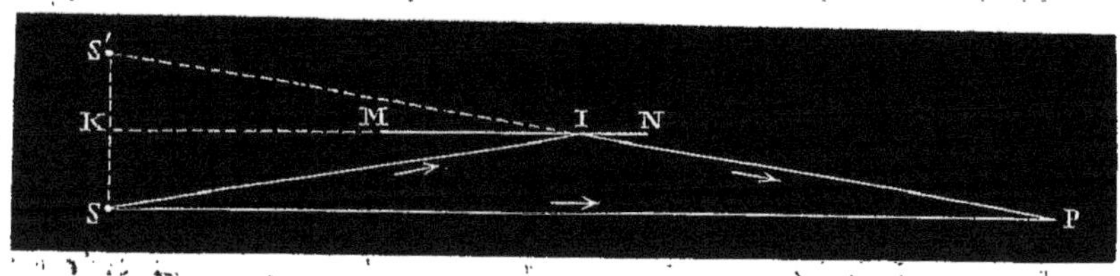

Fig. 440.

interférer les rayons directs avec les rayons réfléchis, et constater le phénomène en plaçant, soit un écran, soit une loupe en un point tel que P.

On obtient alors des franges semblables aux précédentes, avec cette différence que la frange centrale est obscure et que les conditions de maximum et de minimum sont renversées. En d'autres termes, on peut dire que tout se passe comme si la réflexion avait augmenté de $\frac{\lambda}{2}$ le chemin parcouru par le rayon réfléchi. — On reviendra plus loin sur les conséquences que l'on peut tirer de la comparaison de ces résultats avec ceux qui précèdent.

II. — EXPLICATION DES PHÉNOMÈNES D'INTERFÉRENCES DANS LE SYSTÈME DES ONDULATIONS.

534. On a essayé, à l'origine, de rendre le phénomène des interférences compatible avec l'hypothèse de l'émission, en attribuant des propriétés spéciales à la rétine. — Toute explication de ce genre est réfutée par une expérience d'Arago, dans laquelle, en recevant les franges sur un papier imprégné de chlorure d'argent, on obtient une altération maxima au milieu des franges brillantes, et une altération nulle au milieu des franges obscures.

Rien ne se conçoit au contraire plus facilement que l'accord ou la discordance de deux mouvements ondulatoires, dont la superposition en un même point produit des effets analogues à ceux des ondes sonores étudiées en Acoustique, ou des systèmes d'ondes qui se propagent simultanément à la surface d'un liquide.

535. **Première notion du système des ondulations.** — Dans le système des ondulations, on conçoit les corps lumineux, ou plus généralement les corps rayonnants, comme étant le siége de vibrations incessantes qui se communiquent aux milieux voisins, et qui s'y propagent avec une égale vitesse dans tous les sens, si ces milieux sont isotropes.

On ne fera, pour le moment, aucune hypothèse sur la nature des ondulations lumineuses. On admettra seulement, comme un fait établi par l'expérience, qu'elles se propagent sphériquement et avec une énorme vitesse dans les gaz, dans les liquides, dans les solides non cristallisés et dans les espaces interplanétaires; il est impossible d'ailleurs de rendre ces ondulations manifestes par les moyens qui servent à démontrer l'existence des vibrations sonores. — Ces propriétés ne permettent pas de regarder les vibrations lumineuses comme différant simplement des vibrations sonores par l'amplitude et par la durée. Elles ont certainement leur siége, soit dans les derniers éléments constitutifs des corps, soit plutôt dans un milieu spécial, l'*éther*, qui pénètre tous les corps de la nature et remplit les espaces planétaires.

Les lois de la propagation d'un mouvement vibratoire se déduisent, comme en Acoustique, des lois de la propagation d'un ébranlement unique, en décomposant le mouvement vibratoire central en une infinité d'ébranlements successifs. On peut donc regarder comme évident :

1° Que si le mouvement central est périodique, le mouvement propagé par les ondes sphériques l'est également, et que la période des vibrations est la même à une distance quelconque du centre d'ébranlement;

2° Que si les vibrations centrales sont telles qu'à deux époques séparées par la durée d'une demi-vibration les vitesses soient égales.

parallèles et de signes contraires, les vibrations propagées jouissent de la même propriété.

En outre, bien que la direction et l'amplitude des vibrations propagées puisse varier d'un point à un autre d'une même onde sphérique, la continuité des phénomènes autorise à admettre que, sur une portion peu étendue d'une même onde sphérique, l'état de mouvement de tous les points du milieu est sensiblement le même à chaque instant.

En passant d'une onde sphérique à une autre, de rayon plus grand, la force vive du mouvement vibratoire répandu sur une même surface diminue en raison inverse du carré de la distance; mais, si l'on considère deux ondes sphériques dont les rayons ne présentent qu'une différence peu considérable relativement à leur valeur absolue, on peut faire abstraction de la variation d'intensité produite par le passage d'une onde à l'autre, et établir les deux principes suivants :

1° Si l'on considère, sur deux ondes sphériques peu distantes, divers points situés sur un même rayon vecteur ou sur deux rayons peu inclinés l'un sur l'autre, et si la différence des rayons de ces deux ondes est égale à un nombre pair de demi-longueurs d'ondulation, l'état vibratoire de ces deux points sera le même à chaque instant. — En effet, en appelant R et R' les rayons des deux ondes, et en admettant que l'on ait

$$R' - R = 2n\frac{\lambda}{2},$$

on voit que le mouvement du point situé sur l'onde de rayon R, à l'époque arbitraire t, a pour origine l'ébranlement qui existait au centre à l'époque

$$t - \frac{R}{V},$$

V étant la vitesse de propagation des ondes. De même, le mouvement du point situé sur l'onde de rayon R' a pour origine l'ébranlement qui existait au centre à l'époque $t - \frac{R'}{V}$, que l'on peut écrire $t - \frac{R}{V} - 2n\frac{\lambda}{2V}$; et, en remarquant que la quantité $\frac{\lambda}{V}$ est égale à la durée T d'une vibration entière, cette expression devient

$$t - \frac{R}{V} - 2n\frac{T}{2}.$$

Or, à des époques qui diffèrent entre elles d'un nombre pair de demi-durées de vibrations, les ébranlements centraux sont identiques; et, quelles que soient les transformations qu'ils éprouvent en se propageant, celles de ces transformations qui ont lieu suivant deux rayons peu inclinés l'un sur l'autre, et sur des longueurs peu différentes, sont sensiblement identiques. Donc l'état vibratoire doit être le même, à l'instant t, pour les deux points considérés.

2° Si la différence des rayons des deux ondes sphériques est égale à un nombre impair de demi-longueurs d'ondulation, les vitesses de vibration de deux points situés sur un même rayon ou sur des rayons très-voisins sont à chaque instant sensiblement égales, parallèles et de sens contraires. — On peut faire voir, en effet, que les mouvements de ces deux points ont pour origine, à une époque quelconque t, les ébranlements qui existaient au centre de vibration aux époques

$$t - \frac{R}{V}$$

et

$$t - \frac{R}{V} - (2n + 1)\frac{T}{2}.$$

Or, à des époques qui diffèrent entre elles d'un nombre impair de demi-durées de vibrations, les ébranlements centraux sont égaux et opposés. Donc, à un même instant t, les mouvements vibratoires sont égaux, parallèles et de sens contraires pour les deux points considérés.

Si maintenant on combine ces deux principes avec le principe de la *superposition des petits mouvements*, le phénomène des interférences devient une conséquence nécessaire de la théorie des ondes. — En effet, si deux centres vibratoires identiques coexistent dans un même milieu, on pourra répéter, sur les mouvements envoyés par ces deux centres suivant deux rayons parallèles ou peu inclinés l'un sur l'autre, tout ce qu'on a dit des mouvements envoyés par un centre unique. Or, les droites qui joignent, aux deux centres O, O', un point M dont la distance est considérable par rapport à l'intervalle OO' des deux centres (fig. 441), sont peu inclinées l'une sur

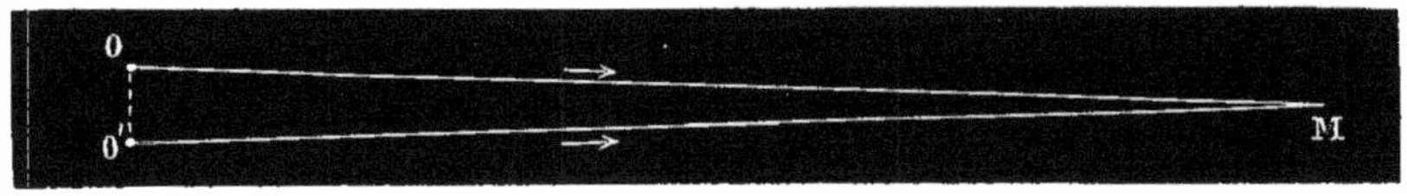

Fig. 441.

l'autre. Donc, suivant que la différence MO' — MO sera égale à un nombre pair ou à un nombre impair de demi-longueurs d'ondulation, il y aura au point M addition de deux vitesses sensiblement égales, parallèles et de même sens, ou destruction réciproque de deux vitesses sensiblement égales, parallèles et de sens contraire. Dans toute autre condition, la vitesse résultante ne sera ni constamment double de la vitesse envoyée par un centre unique, ni constamment nulle. — En d'autres termes, si un point lumineux émettant une lumière *homogène* n'est autre chose qu'un centre de vibration jouissant des propriétés définies plus haut, on voit qu'il devra se produire des maxima et des minima de lumière, aux points où l'observation indique qu'il s'en produit réellement dans les diverses expériences d'interférences.

On est amené ainsi à conclure qu'une lumière homogène, de réfrangibilité déterminée, est constituée par des vibrations périodiques; ces vibrations sont telles que, à deux instants séparés par la durée d'une demi-vibration, les vitesses de vibration soient égales, parallèles et de sens contraires. La réfrangibilité et la couleur varient avec la durée de la période, ou, ce qui revient au même, avec la longueur d'ondulation[1] : la réfrangibilité augmente, et la couleur passe du rouge au violet, à mesure que la longueur d'ondulation diminue. — Quant à la forme et à la situation des trajectoires parcourues par les molécules vibrantes, elles ne peuvent être déterminées par la considération du phénomène des interférences.

[1] Les vitesses de propagation de la lumière étant, soit dans le vide, soit dans l'air, très-sensiblement égales pour les rayons de toutes les couleurs, la longueur d'ondulation et la période des vibrations sont proportionnelles l'une à l'autre.

536. **Résultats numériques, relatifs à la longueur d'ondulation et à la vitesse vibratoire.** — L'expérience donne, pour valeur *moyenne* de la longueur d'ondulation λ, la quantité $0^m,0000005$. Il en résulte que, la vitesse de propagation de la lumière V étant à peu près 300 000 kilomètres par seconde, la durée *moyenne* T d'une vibration lumineuse est environ

$$T = \frac{0^m,0000005}{300\,000\,000^m};$$

le nombre moyen N des vibrations exécutées en une seconde par un corps lumineux est donc

$$N = \frac{300\,000\,000}{0,0000005} = 600\,000\,000\,000\,000.$$

Dans tout raisonnement théorique, il est donc permis de considérer comme immense le nombre des vibrations qui s'accomplissent en un temps extrêmement court.

Le tableau suivant indique les longueurs d'ondulation des rayons dont la réfrangibilité est caractérisée par la position des sept raies principales de Frauenhofer (482), de la raie A et de la raie *b*[1] :

	mm
A	0,0007604
B	0,0006878
C	0,0006556
D	0,0005888
E	0,0005268
b	0,0005166
F	0,0004859
G	0,0004296
H	0,0003963

On est naturellement conduit à étendre les notions précédentes aux rayons infra-rouges et aux rayons ultra-violets; cette extension est d'ailleurs confirmée, en ce qui concerne les rayons ultra-violets, par la reproduction photographique des franges.

[1] Ces nombres ont été déterminés par une méthode spéciale, entièrement différente de celle de Fresnel. D'autres méthodes encore, qui ne peuvent être exposées ici, ont montré que la relation entre la longueur d'onde et la réfrangibilité s'applique aux rayons infra-rouges et aux rayons ultra-violets, comme aux rayons visibles.

537. **Traduction analytique du principe des interférences.** — Si deux vibrations parallèles, de même période, mais de phases et d'intensités différentes, qui se combinent en un même point, ont à chaque instant leurs vitesses représentées par

$$v = a \sin 2\pi \left(\frac{t}{T} + \varphi\right),$$

$$v' = a' \sin 2\pi \left(\frac{t}{T} + \varphi'\right),$$

on voit sans peine que la vitesse de la vibration résultante peut être représentée par

$$V = A \sin 2\pi \left(\frac{t}{T} + \Phi\right),$$

en posant

$$A^2 = a^2 + a'^2 + 2aa' \cos 2\pi(\varphi' - \varphi),$$

$$\operatorname{tang} 2\pi\Phi = \frac{a \sin 2\pi\varphi + a' \sin 2\pi\varphi'}{a \cos 2\pi\varphi + a' \cos 2\pi\varphi'}.$$

Or, le carré de la vitesse étant la mesure de l'intensité du mouvement vibratoire[1], on voit que cette intensité est maxima ou mi-

[1] Tout effet mécanique ayant pour cause un mouvement vibratoire ne peut être qu'une production de travail ou de force vive; par conséquent, la grandeur de cet effet est déterminée par la force vive, c'est-à-dire par le carré de la vitesse. Cette vitesse varie d'un instant à l'autre, mais il est facile de voir que l'effet mécanique du mouvement vibratoire, pendant l'unité de temps, est proportionnel à A^2. — En effet on a, pendant la durée T d'une vibration,

$$\int_0^T V^2 dt = A^2 \int_0^T dt \sin^2 2\pi \left(\frac{t}{T} + \Phi\right),$$

ce que l'on peut écrire

$$\int_0^T V^2 dt = A^2 \int_0^T dt \frac{1 - \cos 4\pi \left(\frac{t}{T} + \Phi\right)}{2},$$

ou enfin

$$\int_0^T V^2 dt = A^2 \frac{T}{2};$$

et comme il s'accomplit $\frac{1}{T}$ vibrations pendant l'unité de temps, l'intégrale étendue cette unité de temps tout entière a pour valeur $\frac{A^2}{2}$.

nima suivant que l'on a

$$2\pi(\varphi'-\varphi)=2n\pi$$

ou bien

$$2\pi(\varphi'-\varphi)=(2n+1)\pi.$$

Si les mouvements vibratoires sont deux mouvements *de même origine*, qui, partis d'un même centre de vibration suivant des directions rapprochées, viennent se superposer en un même point après avoir parcouru des chemins différents x et x', les vitesses de vibration pourront s'exprimer par

$$v=a\sin 2\pi\left(\frac{t}{T}-\frac{x}{\lambda}\right),$$

$$v'=a'\sin 2\pi\left(\frac{t}{T}-\frac{x'}{\lambda}\right),$$

et le carré du coefficient constant qui entre dans l'expression de la vitesse résultante sera

$$A^2=a^2+a'^2+2aa'\cos 2\pi\frac{x-x'}{\lambda}.$$

Dans ce cas, l'intensité résultante sera donc maxima ou minima, suivant qu'on aura

$$x-x'=2n\frac{\lambda}{2}$$

ou bien

$$x-x'=(2n+1)\frac{\lambda}{2};$$

et si les intensités des deux mouvements composants sont les mêmes, c'est-à-dire si l'on a $a=a'$, le minimum sera nul. — On retrouve ainsi les deux lois fondamentales de l'interférence.

On voit, en outre, que si la *différence de marche* $x-x'$ n'est égale ni à un multiple pair, ni à un multiple impair de la demi-longueur d'onde, l'intensité résultante a une valeur intermédiaire entre le maximum et le minimum; en particulier, elle est égale à la somme des deux intensités élémentaires, si l'on a

$$2\pi\frac{x-x'}{\lambda}=(2n+1)\frac{\pi}{2},$$

c'est-à-dire si la différence de marche a pour valeur

$$x - x' = (2n+1)\frac{\lambda}{4}.$$

538. **Nécessité d'employer comme sources lumineuses les deux images d'une même source.** — Deux sources de lumière réellement différentes ne produisent jamais de franges d'interférence : elles donnent lieu simplement à un éclairement uniforme, plus intense que celui qu'on obtient d'une seule source. — Ce phénomène, en apparence contraire à la théorie des ondes, s'explique de la manière suivante :

Deux points lumineux qui émettent des rayons homogènes de même couleur donnent naissance à des vibrations de même période, mais ces vibrations ne sont pas généralement concordantes au même instant dans les deux molécules vibrantes; de sorte que les vitesses de vibration envoyées, à l'époque t, en un point dont les distances aux deux sources sont x et x', ont pour expressions

$$v = a \sin 2\pi\left(\frac{t}{T} - \frac{x}{\lambda} + \theta\right),$$
$$v' = a' \sin 2\pi\left(\frac{t}{T} - \frac{x'}{\lambda} + \theta'\right).$$

Le carré du coefficient constant de la vitesse produite par les deux sources, au point considéré, est donc

$$A^2 = a^2 + a'^2 + 2aa' \cos 2\pi\left(\frac{x-x'}{\lambda} + \theta' - \theta\right);$$

cette expression dépend donc de $\theta' - \theta$, aussi bien que de $\frac{x-x'}{\lambda}$. Or, si l'état des deux sources demeurait invariable, il résulterait simplement de là que les franges d'interférence n'auraient pas, à un instant donné, les positions indiquées par la théorie précédente : en particulier, le lieu de la frange centrale serait défini par la condition

$$\frac{x-x'}{\lambda} + \theta' - \theta = 0.$$

Mais, en réalité, chaque source lumineuse éprouve, en un temps très-court, un nombre immense de perturbations dont il est facile de concevoir l'existence. Dans un corps porté à l'incandescence par une vive action chimique, les molécules qui constituent la surface rayonnante changent d'un instant à l'autre, et, comme les vibrations des diverses molécules ne sont pas concordantes, la valeur de θ éprouve, en un point déterminé de la source, les variations les plus rapides et les plus irrégulières. Les mêmes variations doivent se retrouver dans l'état des molécules d'un corps porté à l'incandescence par une chaleur ayant sa source dans une pareille action chimique, ou bien encore, ce qui revient au même, par un courant électrique; enfin, ces variations doivent également exister à la surface du soleil, dont l'état d'agitation incessante ne peut être révoqué en doute. — De là résulte que les quantités θ et θ' et leur différence $\theta - \theta'$ doivent présenter, en un temps très-court, un très-grand nombre de valeurs, différentes les unes des autres. Donc le carré A^2 du coefficient constant de la vitesse résultante doit, en un temps très-court, prendre une série très-nombreuse de valeurs comprises entre le maximum

$$(a+a')^2$$

et le minimum

$$(a-a')^2.$$

En conséquence, l'œil doit être impressionné comme si A^2 demeurait constamment égal à sa valeur moyenne

$$a^2+a'^2.$$

En d'autres termes, l'intensité de la lumière résultante doit être indépendante de $x - x'$ et égale à la somme des intensités des deux lumières qu'on fait agir simultanément. — On voit donc que le principe fondamental de la photométrie n'est pas en contradiction avec le système des ondes.

539. **Extension du principe des interférences au cas où les rayons ont traversé des milieux de natures différentes.** — Soient $x_0, x_1, x_2, \ldots, x'_0, x'_1, x'_2, \ldots$ les chemins parcourus par deux rayons interférents, partis de la même source, dans

des milieux où les vitesses de propagation de la lumière sont respectivement V_0, V_1, V_2, ... Les durées nécessaires à la propagation de ces deux rayons seront

$$\frac{x_0}{V_0}+\frac{x_1}{V_1}+\frac{x_2}{V_2}+\ldots,$$

$$\frac{x'_0}{V_0}+\frac{x'_1}{V_1}+\frac{x'_2}{V_2}+\ldots.$$

Si ces durées sont égales, ou diffèrent entre elles d'un nombre pair de demi-périodes de vibration, les mouvements vibratoires apportés au point de concours par les deux rayons seront concordants à chaque instant, et il y aura maximum de lumière. Les deux vitesses de vibration seront au contraire toujours opposées, et il y aura minimum de lumière, si la différence des durées qu'on vient de définir est égale à un nombre impair de demi-périodes de vibration. La condition du maximum peut donc s'exprimer par

$$\Sigma\frac{x}{V}-\Sigma\frac{x'}{V}=2p\frac{T}{2}$$

et celle du minimum par

$$\Sigma\frac{x}{V}-\Sigma\frac{x'}{V}=(2p+1)\frac{T}{2}.$$

540. **Application à la mesure de la vitesse de la lumière dans les corps transparents.** — En interposant une lame mince transparente, à faces parallèles, sur le trajet d'un des faisceaux réfléchis par les miroirs de Fresnel, on détermine un déplacement des franges : le système entier s'avance du côté de la lame transparente, et la position primitive de la frange centrale est occupée par une frange d'un ordre supérieur. — Supposons que le milieu de la frange brillante de rang p vienne se placer exactement au point qu'occupait d'abord le milieu de la frange centrale; désignons par l la distance de ce point aux deux images du point lumineux, par e l'épaisseur de la lame transparente, par V et V′ les vitesses de propagation de la lumière dans l'air et dans la lame. On aura, en appliquant le principe qui vient d'être démontré,

$$\frac{l-e}{V}+\frac{e}{V'}-\frac{l}{V}=2p\frac{T}{2},$$

c'est-à-dire

$$\frac{e}{V'} - \frac{e}{V} = 2p\frac{T}{2},$$

ou, en multipliant tout par V et remarquant que $VT = \lambda$,

$$e\left(\frac{V}{V'} - 1\right) = 2p\frac{\lambda}{2}.$$

L'expérience permettra donc de trouver le rapport $\frac{V}{V'}$ ou l'inverse $\frac{V'}{V}$.

Fresnel a reconnu, par cette expérience, que $\frac{V}{V'}$ est toujours égal à l'*indice de réfraction de la substance transparente*. — Cette relation remarquable, qui sera démontrée plus loin par la théorie, permet de donner une autre forme aux équations qui expriment les conditions de l'accord ou de la discordance complète de deux rayons interférents. En supposant que V_0 se rapporte à l'air, et en multipliant tous les termes de ces équations par V_0, on aura, dans le cas du maximum de lumière,

$$x_0 + n_1 x_1 + n_2 x_2 + \cdots - (x'_0 + n_1 x'_1 + n_2 x'_2 + \cdots) = 2p\frac{\lambda}{2},$$

et dans le cas du minimum,

$$x_0 + n_1 x_1 + n_2 x_2 + \cdots - (x'_0 + n_1 x'_1 + n_2 x'_2 + \cdots) = (2p+1)\frac{\lambda}{2},$$

n_1, n_2, ... étant les indices de réfraction des divers milieux par rapport à l'air. Les produits des chemins x_1, x_2, ... par les indices de réfraction qui leur correspondent s'appellent quelquefois les *chemins rapportés à l'air*.

541. **Effet produit par une lame transparente épaisse.** — A mesure que l'épaisseur d'une lame augmente, la valeur de $e(n-1)$ augmente aussi et le système des franges se déplace de plus en plus. Lorsque le produit $e(n-1)$ devient égal à un nombre très-grand de longueurs d'ondulation, il n'y a plus, dans l'espace commun aux deux faisceaux interférents, que des franges d'un ordre très-élevé. Or, on sait qu'en opérant avec la lumière blanche les franges visibles sont très-peu nombreuses, et que la superposition

des maxima et des minima, correspondants à des lumières de longueurs d'ondulation différentes, donne naissance à un éclairement uniforme, dès qu'on s'éloigne notablement de la frange centrale. L'interposition d'une lame de verre qui n'est pas très-mince sur le trajet d'un des faisceaux interférents fait donc disparaître les franges de la lumière blanche, comme le ferait l'interposition d'une lame opaque. — Cette expérience paradoxale est due à Arago; l'explication en a été donnée par Fresnel.

On doit ajouter que, comme aucune lumière n'est absolument homogène, on peut toujours, par l'interposition d'une lame transparente suffisamment épaisse, faire disparaître les franges, de quelque manière qu'elles soient produites.

ANNEAUX COLORÉS.

542. **Anneaux réfléchis.** — Lorsqu'on place, sur une lame de verre plane MN (fig. 442), une lentille de verre LL' à très-long foyer, reposant sur le plan de verre par une surface convexe, l'œil placé en O, de manière à recevoir les rayons réfléchis par le système sous une incidence presque normale, aperçoit autour du point de contact de la lentille et du plan un système d'anneaux circulaires, diversement colorés, dont le centre est occupé par une tache noire suivie d'un anneau blanc (1). — Si l'on écarte successivement l'œil de la normale, de manière à recevoir des rayons réfléchis sous des incidences de plus en plus obliques, les anneaux s'élargissent, sans que la distribution des couleurs soit changée. Comme la variation d'obliquité n'est pas la même en tous les points, la forme ovale succède bientôt à la forme circulaire; cependant, lorsque l'œil est assez éloigné pour que tous les rayons qu'il reçoit puissent être regardés comme sensiblement parallèles, les anneaux demeurent circulaires, en augmentant de diamètre.

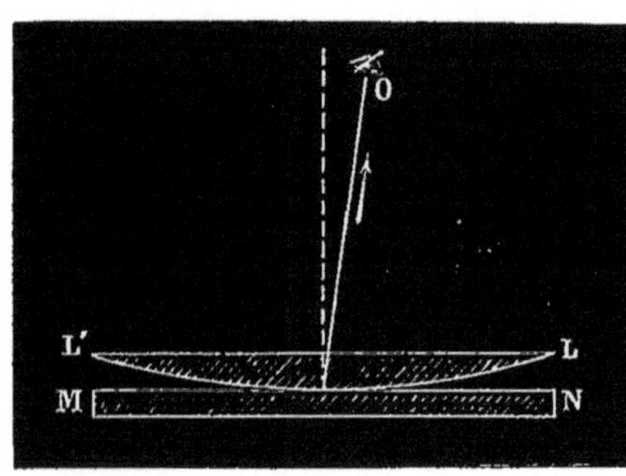

Fig. 442.

543. **Anneaux transmis.** — La lumière transmise par le même appareil fait apercevoir des anneaux dont les couleurs sont beaucoup moins vives que celles des anneaux réfléchis, et dont le centre est occupé par une tache blanche.

(1) Il est indifféreut que la lentille soit convergente ou divergente : il suffit qu'elle ait une face convexe et que les rayons de courbure de ses deux faces soient très-grands; le plus souvent, on emploie une lentille plan-convexe, comme on l'a indiqué sur la figure.

Si l'appareil est illuminé des deux côtés par des lumières de même intensité, et que l'œil soit placé de manière à recevoir à la fois la lumière réfléchie et la lumière transmise (fig. 443), toute

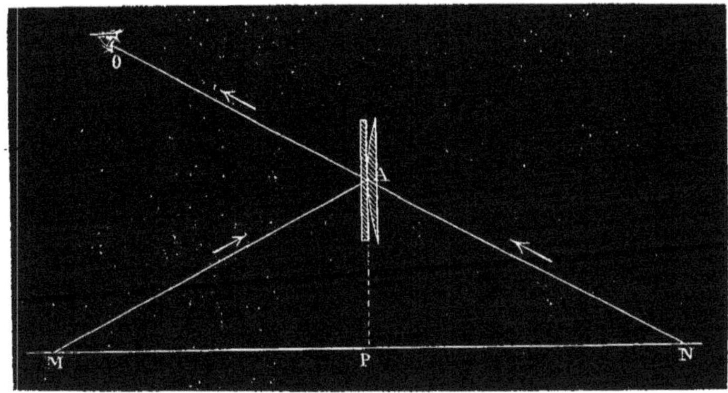

Fig. 443.

coloration disparaît. — On en doit conclure que les couleurs des anneaux réfléchis et celles des anneaux transmis sont exactement *complémentaires* pour un même point.

De là résulte enfin qu'il suffira d'étudier les lois de l'un ou de l'autre système d'anneaux : on choisit généralement les anneaux réfléchis, qui se prêtent mieux à l'observation, en raison de l'éclat plus grand de leurs couleurs [1].

544. **Exemples de colorations produites par des lames minces en général.** — Les résultats obtenus dans les expériences que l'on vient d'indiquer ne sont que des cas particuliers d'un phénomène général, que tout le monde a pu observer. Chacun sait que la lumière blanche donne, par réflexion ou par transmission au travers de lames transparentes suffisamment minces, des phénomènes de coloration qui sont variables avec l'épaisseur de ces lames et avec la position de l'œil de l'observateur. Ces phénomènes sont particuliè-

(1) L'appareil représenté par la figure 443 a été employé par Arago comme photomètre. On peut en effet reconnaître que les deux moitiés MP et PN d'une surface MN sont également éclairées, à ce caractère que les anneaux disparaissent alors complétement, pour l'œil placé en O : ce procédé est à la fois plus sûr et plus délicat que l'appréciation directe de l'égalité d'éclairement.

rement observables dans les bulles de savon, dans les lames minces de verre qu'on obtient par le soufflage, dans les couches minces d'huile répandues à la surface de l'eau, dans les lamelles d'oxyde qui se forment sur les métaux, dans les fissures qui se produisent souvent dans l'intérieur des cristaux naturels, etc.

L'apparence d'anneaux, dans les colorations produites par la lame mince d'air qui est comprise entre un plan de verre et une surface sphérique, est due simplement à ce que l'épaisseur de cette lame est la même dans tous les points qui sont à égale distance du point de contact des deux surfaces.

545. **Épaisseur de la lame mince, dans le phénomène des anneaux, à une distance déterminée du centre.** — Si l'on considère une section faite, dans le système des deux surfaces comprenant entre elles la lame mince, par un plan mené suivant la normale Oy au point de contact (fig. 444), et si l'on désigne par x le rayon OB de l'un de ces anneaux, par y l'épaisseur AB de la lame mince qui le produit, et par R le rayon de courbure de la surface de la lentille, on obtient une équation entre ces trois quantités en écrivant l'équation du cercle OA rapporté aux deux axes Ox et Oy, savoir

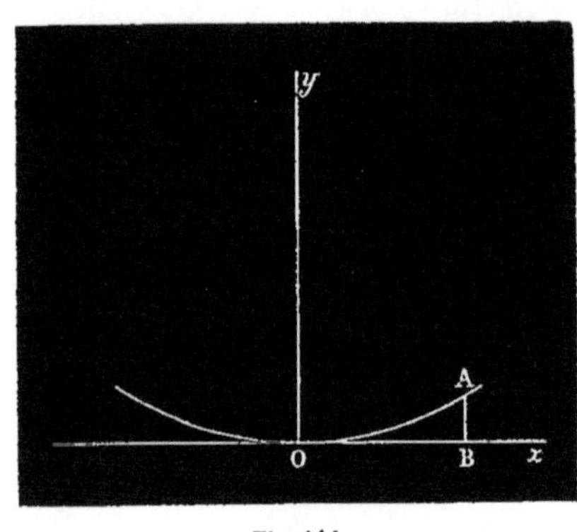

Fig. 444.

$$x^2 + y^2 - 2Ry = 0,$$

équation que l'on peut écrire

$$y = \frac{x^2 + y^2}{2R};$$

or, si l'on considère seulement des valeurs de l'épaisseur y qui soient très-petites par rapport au rayon correspondant x de l'anneau, cette expression se réduira à

$$y=\frac{x^2}{2R},$$

c'est-à-dire que l'épaisseur de la lame mince est égale au carré de son rayon, divisé par le diamètre de la sphère à laquelle appartient la surface de la lentille. — La comparaison des épaisseurs des lames minces est donc ramenée à la comparaison des diamètres des anneaux qui leur correspondent.

546. **Mesure expérimentale des diamètres des anneaux.** — Le procédé le plus exact, pour mesurer les diamètres des anneaux colorés, consiste à placer le système producteur des anneaux ABC sur une plaque horizontale de cuivre PQ (fig. 445), que l'on

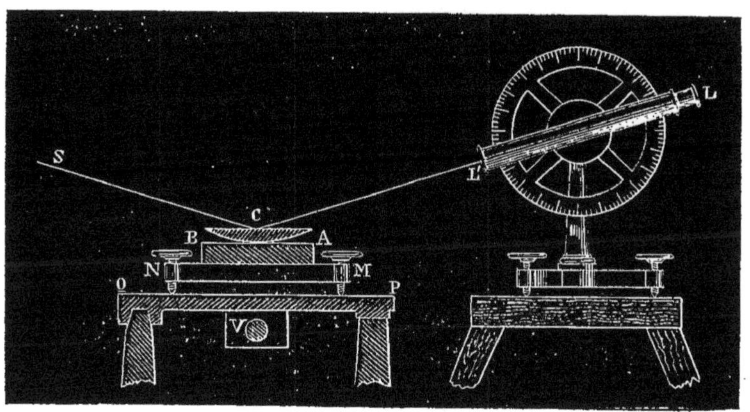

Fig. 445.

pourra déplacer horizontalement au moyen d'une vis micrométrique V; puis, à mesurer le déplacement de la vis qui amènera successivement les deux extrémités du diamètre d'un même anneau sur le prolongement de l'axe d'une lunette LL' mobile sur un limbe gradué, dans un plan vertical perpendiculaire à la vis. — C'est la méthode qui a été employée par MM. de la Provostaye et Desains.

Pour rendre possibles les mesures relatives aux anneaux qui correspondent à des rayons réfléchis sous l'incidence exactement normale, on interpose entre la lunette et l'appareil producteur des anneaux une glace transparente inclinée, qui réfléchit vers l'appareil la lumière d'une source placée sur le côté, et qui laisse cette lumière revenir à la lunette après qu'elle s'est colorée ou modifiée en intensité, en se réfléchissant sur la lame mince.

547. **Résultats expérimentaux.** — On peut, par ces moyens, vérifier les lois suivantes, que Newton avait déduites de procédés moins exacts :

1° Dans la lumière homogène, les anneaux sont alternativement brillants et obscurs ; ils sont beaucoup plus nombreux que dans la lumière blanche.

2° Les épaisseurs de la lame mince qui correspondent aux milieux des anneaux *brillants,* sous l'incidence normale, sont les multiples *impairs* du quart de la longueur d'ondulation.

3° Les épaisseurs de la lame mince qui correspondent aux milieux des anneaux *obscurs,* sous l'incidence normale, sont les multiples *pairs* du quart de la longueur d'ondulation : la série commence par l'épaisseur zéro, qui correspond au point de contact de la lentille et de la lame de verre.

4° Il résulte de ces deux lois que le diamètre des anneaux diminue du rouge au violet : la coloration des anneaux produits par la lumière blanche se trouve donc ainsi expliquée.

5° Si l'on introduit un liquide à la place de l'air, entre la lame de verre et la lentille, les épaisseurs qui correspondent aux divers anneaux varient en raison inverse de l'indice de réfraction. En d'autres termes, comme l'indice de réfraction est égal au rapport des vitesses de propagation, et par suite au rapport des longueurs d'ondulation, les longueurs d'ondulation qu'il faut considérer dans la deuxième et dans la troisième loi sont les longueurs relatives au milieu par lequel la lame mince est constituée.

6° Lorsqu'on observe les anneaux réfléchis sous diverses incidences, l'épaisseur qui correspond à un anneau déterminé augmente proportionnellement à la sécante de l'angle que fait le rayon réfracté dans son intérieur avec la normale à la lame mince.

548. **Théorie d'Young. — Cas des anneaux réfléchis sous une incidence normale ou presque normale.** — Young a montré que les divers phénomènes offerts par les anneaux colorés peuvent être expliqués très-simplement à l'aide du principe des interférences. Les anneaux réfléchis sont produits par l'interférence des rayons réfléchis sur les deux surfaces de la lame; les anneaux transmis sont dus à l'interférence des rayons transmis directement avec les rayons réfléchis deux fois dans l'intérieur de la lame.

Considérons d'abord les anneaux réfléchis sous l'incidence normale ou presque normale, et remarquons que, dans le voisinage du point de contact, la lame mince peut être considérée comme ayant ses faces parallèles. Soit (fig. 446) IR un rayon réfléchi sur la première surface MN de la lame mince et provenant d'un rayon incident SI; dans cette même direction IR se propagera un autre rayon, provenant d'un rayon incident tel que S'I', lequel aura été d'abord réfracté en I', puis réfléchi en I'' sur la seconde surface PQ de la lame mince, et enfin réfracté de nouveau en I.

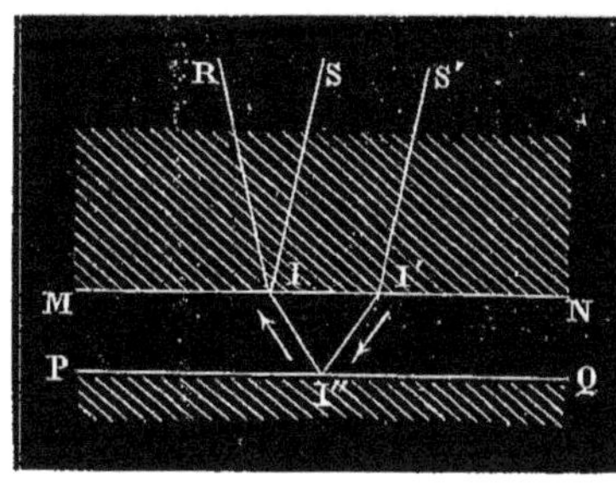

Fig. 446.

Il semble que l'interférence de ces deux rayons presque égaux en intensité doive produire un maximum de lumière ou une obscurité presque complète, suivant que la différence des chemins parcourus est égale à un nombre pair ou à un nombre impair de demi-longueurs d'onde. Cette différence étant sensiblement égale au double de l'épaisseur e de la lame, il semble donc que l'on doit avoir, pour les anneaux brillants,

$$2e = 2p\frac{\lambda}{2},$$

c'est-à-dire

$$e = 2p\frac{\lambda}{4};$$

et pour les anneaux obscurs,

$$2e = (2p+1)\frac{\lambda}{2},$$

c'est-à-dire

$$e=(2p+1)\frac{\lambda}{4};$$

or, ces deux résultats sont précisément inverses de ceux que fournit l'observation (547). — Mais si l'on se reporte à l'expérience de Fresnel (533) dans laquelle on observe une frange noire au centre des franges produites par l'interférence de la lumière directe et de la lumière réfléchie par le verre, on voit que, d'après ce résultat, on est autorisé à admettre que la réflexion à la surface du verre équivaut, pour un rayon se propageant dans l'air, à un changement de signe de la vitesse de vibration, ou à un accroissement de chemin parcouru égal à une demi-longueur d'ondulation. Si maintenant on admet, avec Young, que la réflexion opérée dans des circonstances inverses, c'est-à-dire à la surface de l'air, pour un rayon se propageant dans le verre, ne modifie pas le signe de la vitesse de vibration, la difficulté sera résolue. En effet, la condition du maximum de lumière devient alors

$$2e+\frac{\lambda}{2}=2p\frac{\lambda}{2},$$

c'est-à-dire

$$e=(2p-1)\frac{\lambda}{4},$$

et celle du minimum

$$2e+\frac{\lambda}{2}=(2p+1)\frac{\lambda}{2},$$

c'est-à-dire

$$e=2p\frac{\lambda}{4}.$$

549. **Confirmations diverses de l'hypothèse d'Young.** — A l'appui de l'hypothèse d'Young que l'on vient d'indiquer, on peut citer les faits suivants :

1° On sait que la vitesse de vibration des ondes sonores se propageant dans un gaz change de signe par la réflexion, quand la réflexion a lieu à la surface d'une paroi solide, et que la vitesse de vibration conserve au contraire son signe, lorsque la réflexion s'opère à l'extrémité d'un tuyau étroit débouchant dans l'atmosphère.

2° Si, dans l'expérience des anneaux colorés vus par réflexion, la lentille a un indice de réfraction plus grand que celui de la lame plane, et qu'on interpose entre elles un liquide dont l'indice de réfraction ait une valeur intermédiaire, les deux réflexions s'opèrent alors à la surface d'un milieu moins réfringent que celui qui le précède, et, d'après l'hypothèse d'Young, il ne doit y avoir aucun changement de signe de la vitesse de vibration : par suite, la condition du maximum doit être

$$2e = 2p\frac{\lambda}{2},$$

et la condition du minimum

$$2e = (2p+1)\frac{\lambda}{2};$$

or, l'expérience montre précisément que, dans ce cas, les anneaux sont à centre blanc. — Il en est d'ailleurs exactement de même quand la lentille a un indice de réfraction plus petit que celui de la lame, le liquide ayant toujours un indice intermédiaire : dans ce cas, la réflexion produisant un changement de signe sur la vitesse de chacun des deux rayons qui interfèrent, le résultat est le même que si ces changements de signe n'avaient pas eu lieu.

L'expérience peut se faire avec une lentille de crown et une lame de flint, entre lesquelles on interpose, soit de l'essence de sassafras, soit un mélange en proportions convenables d'essence de laurier et d'essence de girofle. — On emploie quelquefois une lame plane dont l'une des moitiés est en crown et l'autre en flint. Alors, si le point de contact de la lentille est sur la ligne de séparation du flint et du crown, on aperçoit la moitié d'un système d'anneaux à centre noir et la moitié d'un système d'anneaux à centre blanc; les anneaux brillants de l'un des systèmes sont sur le prolongement des anneaux obscurs de l'autre [1].

[1] Dans les diverses expériences sur les anneaux colorés, on peut substituer à la vision directe le procédé suivant. L'appareil producteur des anneaux étant placé dans une chambre obscure, et cet appareil étant fortement éclairé d'une manière quelconque, on dispose sur le trajet des rayons réfléchis une lentille convergente, à une distance telle que les divers rayons réfléchis vers cette lentille par un point de la lame mince soient très-peu inclinés les uns sur les autres. Ces rayons ont alors à peu près la même intensité, si la lu-

550. **Cas des anneaux réfléchis sous l'incidence oblique.** — Si la lumière qui arrive à la lame mince comprise entre les surfaces MN et PQ (fig. 447) est issue d'un point très-éloigné, on voit que les deux rayons incidents SI, S'I', dont les rayons réfléchis IR et I'I''IR auront finalement la même direction, arrivent en même temps sur la droite I'K perpendiculaire à leur direction commune. Donc, en désignant par n l'indice de réfraction du verre par rapport à l'air, il y aura, en vertu du principe démontré (540), maximum ou minimum de lumière suivant qu'on aura

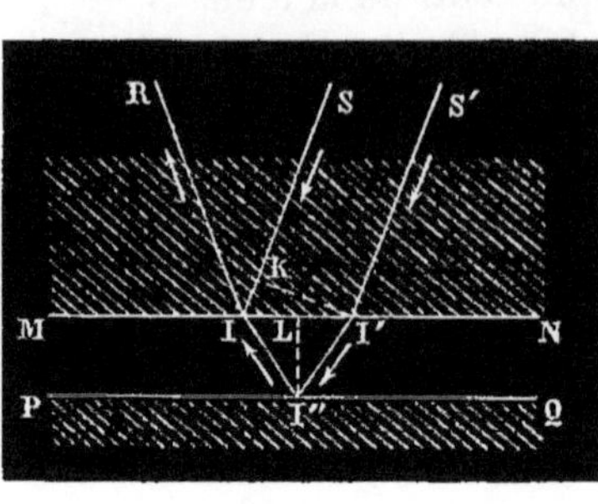

Fig. 447.

$$2II'' + \frac{\lambda}{2} - nIK = 2p\frac{\lambda}{2}$$

ou bien

$$2II'' + \frac{\lambda}{2} - nIK = (2p+1)\frac{\lambda}{2}.$$

Mais si l'on représente par i l'angle I'I''L sous lequel la lumière rencontre la seconde surface de la lame mince, et par r l'angle de réfraction correspondant dans le verre; si l'on désigne enfin par e l'épaisseur I''L de la lame mince, on a

$$I'I'' = \frac{e}{\cos i}$$

et

$$IK = II' \sin r = 2e \tang i \sin r,$$

et les conditions précédentes deviennent, pour le maximum,

$$\frac{2e}{\cos i} - 2ne \tang i \sin r = (2p-1)\frac{\lambda}{2},$$

mière incidente est homogène, ou la même couleur, si la lumière incidente est blanche. Il suit de là que, sur un écran occupant par rapport à la lentille la position conjuguée de celle de l'appareil producteur des anneaux, on aura une image nette du système des anneaux eux-mêmes. Un raisonnement analogue fait voir que, pour la vision directe des anneaux, l'œil doit être accommodé de façon à voir nettement les objets situés à la distance de la lame mince.

et, pour le minimum,

$$\frac{2e}{\cos i} - 2ne \tang i \sin r = 2p\frac{\lambda}{2},$$

ou, en remplaçant $\sin r$ par $\frac{\sin i}{n}$ et effectuant les réductions,

$$e\cos i = (2p-1)\frac{\lambda}{4} \quad \text{et} \quad e\cos i = 2p\frac{\lambda}{4}.$$

Sous l'incidence normale, ces conditions se réduiraient aux conditions déjà exprimées, savoir, pour le maximum de lumière,

$$e = (2p-1)\frac{\lambda}{4},$$

et, pour le minimum,

$$e = 2p\frac{\lambda}{4}.$$

Par conséquent, si l'on désigne par e et ε les épaisseurs correspondantes à un même anneau sous l'incidence normale et sous l'incidence oblique, on a

$$\varepsilon \cos i = e,$$

c'est-à-dire

$$\varepsilon = e \operatorname{séc} i;$$

c'est en effet le résultat que donne l'observation[1].

551. **Anneaux transmis.** — On voit immédiatement sur la figure 448 que le rayon transmis directement SITR et le rayon transmis après deux réflexions intérieures S'I'I''ITR suivent la même route à partir du point I; en outre, les deux changements de signe produits par les deux réflexions se compensent. La condition du maximum de lumière est donc, pour une incidence quelconque i,

$$2e\cos i = 2p\frac{\lambda}{2}$$

[1] Lorsque l'incidence est très-oblique, le premier rayon réfléchi devient beaucoup plus intense que le second et la théorie précédente ne suffit plus. Mais, en tenant compte des réflexions multiples opérées dans l'intérieur de la lame mince, on retrouve les mêmes lois.

ou bien

$$e \cos i = 2p \frac{\lambda}{4};$$

et celle du minimum,

$$2e \cos i = (2p + 1) \frac{\lambda}{2}$$

ou bien

$$e \cos i = (2p + 1) \frac{\lambda}{4},$$

ce qui est conforme à l'observation. — L'extrême faiblesse du rayon qui a été réfléchi deux fois explique le peu d'éclat de ces anneaux.

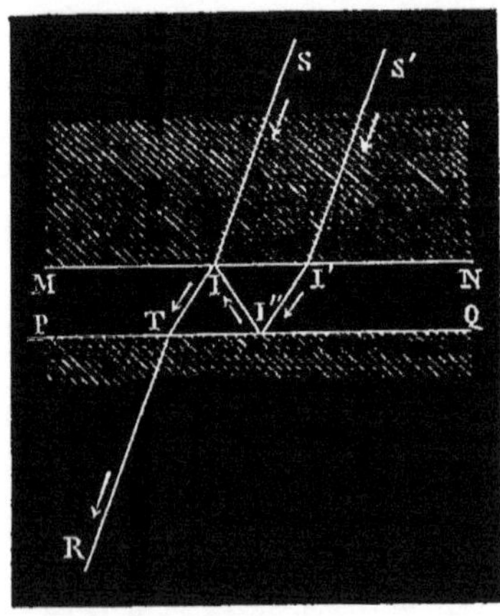

Fig. 448.

Enfin, comme toute la lumière qui n'est pas réfléchie en un point est transmise, il est évident que les intensités des deux systèmes sont complémentaires; en particulier, dans l'expérience d'Young, où les anneaux réfléchis sont à centre blanc (549, 2°), les anneaux transmis sont à centre noir, ce qui s'accorde également avec la théorie, puisqu'il n'y a, dans ce cas, qu'une seule des deux réflexions intérieures qui change le signe de la vitesse de vibration.

PROPAGATION DE LA LUMIÈRE

ET

DIFFRACTION.

---

552. **Considérations générales sur les lois de l'optique géométrique.** — La théorie des ondulations est tenue de rendre compte des trois lois fondamentales dont les conséquences constituent ce qu'on a appelé l'*optique géométrique*, savoir : la loi de la propagation rectiligne de la lumière, la loi de la réflexion et la loi de la réfraction.

La première de ces lois, celle de la propagation rectiligne de la lumière, n'est pas expliquée lorsqu'on a fait remarquer que la propagation sphérique des ondulations peut être considérée comme une propagation rectiligne du mouvement vibratoire, qui a lieu simultanément sur la direction de toutes les droites passant par le centre de vibration. Le fait expérimental désigné par l'expression de *propagation rectiligne* de la lumière n'est autre chose que la formation des ombres, et il faut que la théorie fasse concevoir : 1° comment l'interposition d'un écran opaque sur le trajet des ondes sphériques a pour effet la destruction du mouvement vibratoire dans l'intérieur du cône circonscrit à l'écran et ayant pour sommet le centre lumineux; 2° comment des ondes sphériques, reçues sur une ouverture limitée, ne communiquent leur mouvement qu'à l'éther contenu dans l'intérieur du cône qui a son sommet au centre lumineux, et qui est circonscrit à l'ouverture. — L'exemple des ondes sonores, qui paraissent contourner les obstacles sans difficulté et se répandre à peu près également dans toutes les directions autour de l'ouverture par laquelle elles pénètrent dans un espace clos, semble même une objection grave à l'existence des ombres lumineuses.

Mais il n'est pas rigoureusement vrai que la distribution de l'ombre et de la lumière se fasse suivant les lois qu'on a l'habitude d'énoncer au début de l'étude de l'Optique. Il y a toujours de petites déviations de la propagation rectiligne, déviations qui sont insensibles dans les circonstances ordinaires, mais qu'on peut rendre très-considérables dans des conditions particulières, et qui donnent naissance aux phénomènes désignés par l'expression générale de *diffraction.* L'explication de ces perturbations apparentes, qu'éprouve l'une des lois fondamentales de l'Optique, est aussi l'explication de cette loi elle-même et en fait comprendre la signification véritable.

553. **Principe de Huyghens.** — Fresnel, auquel est dû cet important développement de la théorie de la lumière, a montré que tous les phénomènes de diffraction sont des conséquences du principe des interférences, combiné avec le principe suivant, qu'il a appelé *principe de Huyghens* parce que Huyghens en a fait un fréquent usage, sans jamais peut-être l'énoncer explicitement dans toute sa généralité :

Le mouvement vibratoire envoyé par un point lumineux O *en un point quelconque* P (fig. 449) *est, à chaque instant, la résultante de tous les mouvements vibratoires qui sont envoyés au point* P *par les divers éléments d'une onde antécédente quelconque* BAC, *chacun de ces éléments étant considéré comme un centre particulier de vibrations.*

La vérité de ce principe est évidente, car il n'exprime, au fond, que la propagation successive du mouvement vibratoire. Chacun des

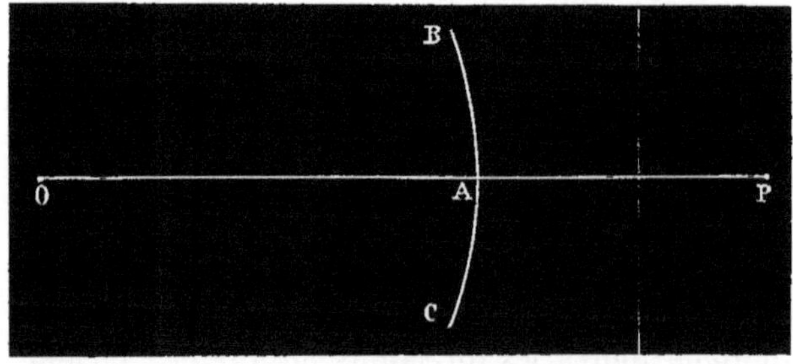

Fig. 449.

ébranlements successifs dans lesquels on peut imaginer que l'on décompose le mouvement continu du centre de vibration O ne se transmet au delà de l'onde BAC que par l'intermédiaire de cette onde elle-même, en sorte que, si l'on supprimait le centre lumineux et qu'on communiquât, d'une manière quelconque, aux points de l'onde BAC la série d'impulsions successives qu'ils reçoivent par l'influence de ce centre, il ne pourrait rien y avoir de changé dans l'état d'un point P situé au delà de l'onde sphérique. Le mouvement du point P est donc bien le mouvement résultant de tous les mouvements envoyés par les divers éléments de l'onde BAC.

En considérant ainsi les mouvements des divers points d'une onde sphérique, au lieu du mouvement du centre vibratoire qui produit cette onde, il semble d'abord qu'on introduit dans les théories une complication inutile. Mais on voit, avec un peu d'attention, que si un écran opaque est placé entre le centre O et le point P, de manière à éteindre les vibrations d'une partie déterminée de l'onde sphérique, l'effet de cette extinction pourra être déduit du principe de Huyghens; il en sera de même si on limite, par une ouverture, la portion efficace de l'onde; de sorte que, en définitive, toute la théorie des ombres et de la diffraction ne sera qu'une application constante de ce principe.

L'effet d'une onde sphérique, libre dans sa propagation, étant comme le terme de comparaison auquel on doit rapporter les effets d'une onde arrêtée ou limitée par des obstacles quelconques, c'est le cas d'une onde sphérique libre qu'il convient d'étudier d'abord. — Pour faciliter cette étude, on fera d'abord abstraction d'une dimension, et l'on cherchera l'effet produit par une onde *circulaire* sur un point situé dans son plan.

554. **Effet d'une onde circulaire sur un point extérieur situé dans son plan.** — Soient BAC (fig. 450) une onde circulaire, et P un point extérieur situé dans son plan. Menons la droite OP, qui rencontre l'onde en A; la longueur PA sera évidemment la plus courte distance du point P à l'onde. Si maintenant on considère un point quelconque M de cette onde, et si l'on désigne par u la distance PM, et par z la distance AM, comptée sur l'arc de cercle, on pourra évidemment poser

$$u = f(z).$$

Or la distance PA qui correspond à $z = 0$ est la plus petite des valeurs de u : donc, si l'on considère spécialement les positions du point M qui sont voisines de A, on aura sensiblement, en vertu de la propriété connue des minima et des maxima,

$$u = f(0) + \frac{z^2}{2} f''(0).$$

Concevons maintenant qu'on divise l'onde par une série de points M_1, M_2, M_3, . . . tels, que les valeurs de u correspondantes

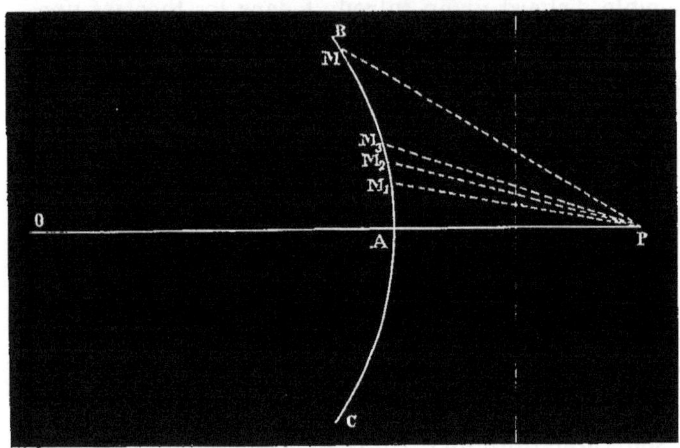

Fig. 450.

à deux points consécutifs, $PM_1 - PA$, $PM_2 - PM_1$,..., présentent entre elles une différence constante et égale à $\frac{\lambda}{2}$, ou, en d'autres termes, que l'on ait

$$PM_1 - PA = \frac{\lambda}{2},$$

$$PM_2 - PA = 2\frac{\lambda}{2},$$

$$PM_3 - PA = 3\frac{\lambda}{2},$$

. . . .

On pourra, en vertu de l'extrême petitesse de $\frac{\lambda}{2}$, obtenir un grand nombre de points de division, même en ne s'éloignant que très-peu du point A. Dès lors, la relation approchée entre u et z étant applicable à chacun de ces points, on aura, en désignant par z_1, z_2, z_3,... les valeurs particulières de z, comptées toujours sur l'arc de cercle AB, qui correspondent aux points M_1, M_2, M_3, ...,

$$\frac{\lambda}{2}=\frac{z_1^2}{2}f''(0),$$
$$2\frac{\lambda}{2}=\frac{z_2^2}{2}f''(0),$$
$$3\frac{\lambda}{2}=\frac{z_3^2}{2}f''(0),$$
$$\cdots\cdots\cdots$$

De ces relations il est facile de conclure les longueurs des arcs AM_1, M_1M_2, M_2M_3,..., qui sont compris entre deux points de division consécutifs, savoir :

$$AM_1=z_1=\sqrt{\frac{\lambda}{f''(0)}},$$
$$M_1M_2=z_2-z_1=\sqrt{\frac{\lambda}{f''(0)}}\left(\sqrt{2}-1\right),$$
$$M_2M_3=z_3-z_2=\sqrt{\frac{\lambda}{f''(0)}}\left(\sqrt{3}-\sqrt{2}\right),$$
$$\cdots\cdots\cdots\cdots\cdots\cdots$$

Les longueurs de ces arcs successifs, que nous comprendrons sous la dénomination d'*arcs élémentaires*, sont donc rapidement décroissantes à mesure que l'on considère des arcs de plus en plus distants du point A. Il est même facile de voir que, si l'on arrive sur AB à une distance du point A qui soit trop grande pour autoriser l'application de la formule approchée dont on a fait usage jusqu'ici, les longueurs des arcs élémentaires deviennent tout à fait négligeables par rapport à la longueur du premier arc élémentaire voisin du point A; en effet, la longueur d'ondulation λ étant toujours une quantité très-petite, si l'on désigne par α la longueur d'un arc élémentaire, on aura, pour toute valeur un peu considérable de z,

$$\frac{\lambda}{2}=\alpha f'(z);$$

si l'on élève cette relation au carré, et qu'on la divise par le carré de celle qui a donné précédemment la valeur du premier arc élémentaire z_1, on obtient

$$\frac{\lambda}{2}=\frac{\alpha^2}{z_1^2}\cdot\frac{2\,[f'(z)]^2}{f''(0)}.$$

Le quotient $\frac{\alpha^2}{z_1^2}$ est donc du même ordre de grandeur que $\frac{\lambda}{2}$; dès lors, la longueur α d'un arc élémentaire tant soit peu éloigné du point A est extrêmement petite, par rapport à celle du premier arc élémentaire z_1 ou des arcs voisins.

Les vitesses envoyées au point P par les diverses molécules vibrantes qui se trouvent sur le premier arc élémentaire AM_1 ne sont pas exactement concordantes entre elles; mais elles se combinent en une vitesse résultante, de grandeur sensible, que l'on peut prendre pour unité. Le deuxième arc élémentaire M_1M_2 ayant une longueur moindre que le premier, la vitesse qui résulte de l'action de ses divers points sur le point P doit avoir une valeur absolue moindre que l'unité; de plus, elle doit être de signe contraire à la vitesse envoyée par le premier arc, puisque la différence des chemins PM_2 et PM_1 est égale à une demi-longueur d'onde. En poursuivant ce raisonnement, on voit que la série des vitesses envoyées au point P par les arcs élémentaires successifs peut se représenter par

$$1-m+m'-m''+m'''-\ldots,$$

$m, m', m'',\ldots$ désignant une suite de fractions dont les valeurs sont rapidement décroissantes. Il suit de là que la vitesse résultante de l'action d'un nombre d'arcs élémentaires un peu considérable est sensiblement indépendante du nombre de ces arcs, et qu'elle est comprise entre $1-m$ et l'unité. — On peut donc regarder l'action de la demi-onde circulaire AB, ou de toute portion un peu considérable de cette demi-onde commençant au point A, comme une fraction déterminée de l'action du premier arc élémentaire. — Les mêmes raisonnements sont évidemment applicables à la demi-onde AC; on arrive donc ainsi à ce théorème :

La vitesse de vibration envoyée par une onde circulaire en un point P *est identique à la vitesse envoyée par un très-petit arc, ayant son milieu au point A de l'onde circulaire qui est le plus voisin du point* P.

555. **Effet d'une onde sphérique sur un point extérieur.** — Un raisonnement analogue au précédent conduit à un théorème semblable, pour l'action d'une onde sphérique sur un point extérieur.

Si O est le centre de l'onde sphérique (fig. 451), P le point extérieur sur lequel on se propose de considérer l'action de cette onde, et A le point où la droite OP rencontre la surface de l'onde, on fera passer un grand cercle AD par le point A, et l'on décomposera ensuite la surface de l'onde en fuseaux excessivement étroits, par

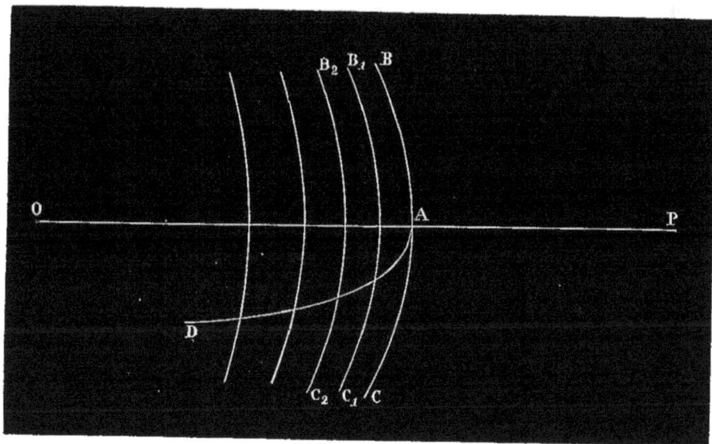

Fig. 451.

des grands cercles perpendiculaires au plan de AD; le cercle AD peut alors être appelé l'*équateur* de l'onde. Chaque fuseau pourra être traité comme l'onde circulaire BAC (fig. 450), et l'on en conclura que son effet sur le point P se réduit à celui d'une très-petite partie de son étendue, ayant son milieu au point du fuseau qui est le plus voisin de P[1], c'est-à-dire sur l'équateur AD lui-même.

[1] Le raisonnement qui a été fait pour l'action d'une onde circulaire sur un point situé dans son plan (554) s'étend ici sans difficulté à l'action d'une onde circulaire (ou d'un fuseau sphérique) sur un point situé en dehors de son plan, puisque ce raisonnement ne repose que sur les propriétés générales des maxima et des minima.

L'ensemble de ces petites étendues constitue donc une bande très-étroite, prise sur la surface de l'onde sphérique, et ayant l'équateur AD pour ligne médiane; on peut encore appliquer à cette bande le théorème démontré pour une onde circulaire, et réduire ainsi son action à celle d'une très-petite région, voisine du point A. Donc, en définitive :

La vitesse de vibration envoyée à chaque instant par une onde sphérique en un point P *est la résultante des vitesses de vibration envoyées par les divers points d'une étendue très-petite, ayant son centre au point* A *de l'onde qui est le plus voisin du point* P.

556. **Conséquences du principe précédent.** — Le point A se trouvant, avec le centre lumineux O et le point éclairé P, sur une même ligne droite, on voit qu'il est permis de dire, dans un sens tout à fait précis, que *la lumière se propage en ligne droite* dans un milieu indéfini.

De plus, si l'on considère une série de points P_1, P_2, P_3,..., situés à la même distance de l'onde sphérique que le point P, les vitesses de vibration seront, à chaque instant, concordantes en ces divers points, puisque chacune d'elles sera la résultante des vitesses envoyées par une étendue très-petite et de surface constante, prise autour du point le plus voisin d'une même onde. L'ensemble des points P, P_1, P_2,..., c'est-à-dire la surface sphérique de rayon OP, sera donc une nouvelle surface de l'onde. Ainsi le développement des conséquences du principe de Huyghens et les lois de la propagation des ondes sphériques conduisent, comme on devait s'y attendre, au même résultat.

Enfin, l'onde de rayon OP est évidemment l'enveloppe de toutes les ondes sphériques, de rayon égal à AP, qui ont leurs centres aux divers points de l'onde de rayon OA.

557. **Extension au cas d'une onde de forme quelconque.** — Ces diverses propositions peuvent se généraliser et s'étendre au cas où, pour des raisons quelconques, telles que l'inégalité des chemins parcourus par les divers rayons lumineux ou la transmission de ces rayons à travers des milieux transparents de diverses natures,

la surface primitive de l'onde ne serait pas sphérique, bien que le milieu fût isotrope.

Si l'on veut déterminer la vitesse de vibration envoyée par une onde non sphérique BAC en un point extérieur P, on cherchera d'abord le point A de la surface de l'onde qui est le plus voisin du point P (fig. 452); on mènera par la droite AP un plan qui

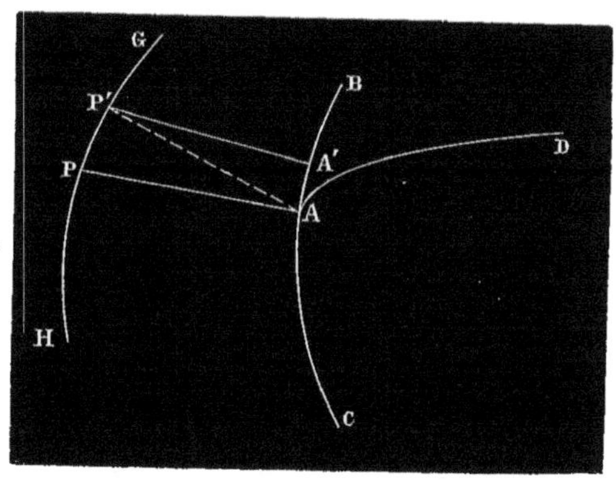

Fig. 452.

coupe la surface de l'onde suivant la ligne AD, et l'on décomposera l'onde entière en bandes infiniment étroites, par une série de plans perpendiculaires au précédent. Il suffira ensuite de répéter les raisonnements relatifs à une onde sphérique, raisonnements qui ne sont fondés que sur les propriétés générales des maxima et des minima, pour en conclure que la vitesse totale de vibration envoyée au point P est, à chaque instant, la résultante des vitesses de vibration envoyées par le point A et par les points compris dans une très-petite étendue voisine.

On verra, de même, que la surface GPH, qui contient tous les points extérieurs dont la distance minima à l'onde BAC est constante et égale à AP, est une nouvelle surface de l'onde dérivée de la première; et il ne sera pas difficile de prouver que cette deuxième onde est l'enveloppe de toutes les ondes sphériques élémentaires, de rayon égal à AP, qui ont leurs centres aux divers points de l'onde BAC. — En effet, soit un point P' pris sur la surface GPH et infiniment voisin de P; soit A' le point de l'onde BAC infiniment voisin de A, tel que la distance A'P' soit un minimum. On aura AP' > A'P', et comme, par hypothèse, AP = A'P', il s'ensuit que AP' > AP. Donc le point P' sera extérieur à la sphère, de rayon AP, décrite autour du point A comme centre; en d'autres termes, l'onde GPH sera tangente à cette sphère, et elle sera également tangente à toutes les sphères de même rayon qui ont leurs centres aux divers points de BAC (1).

Donc, en général, *pour obtenir l'onde dérivée d'une onde donnée, sphérique ou non sphérique, au bout d'un temps t, il faut, de tous les points de la première onde pris pour centres, décrire des sphères avec un même rayon égal à Vt, V étant la vitesse de propagation de la lumière, et chercher leur enveloppe commune.*

Pour se rendre compte de la formation des ombres, il suffira d'examiner, sur quelques exemples, comment sont modifiées les conséquences qu'on vient de développer, lorsque les ondes sphériques sont limitées par des corps opaques. Le même examen fera connaître les causes de la diffraction et indiquera les caractères généraux des principaux phénomènes auxquels elle donne naissance.

558. **Premier exemple de diffraction. — Cas d'une large ouverture pratiquée dans un écran opaque indéfini.** — Considérons d'abord le cas d'une ouverture *large* dans tous les sens : en d'autres termes, supposons que la lumière doive, pour pénétrer dans un espace complétement clos, traverser une ouverture présentant une forme telle, que deux points de son contour ne puissent être très-voisins qu'à la condition de comprendre entre eux un très-petit arc du contour.

La portion de l'onde sphérique comprise dans l'ouverture GH (fig. 453) sera seule efficace; mais si l'on considère un point extérieur P, assez éloigné des limites du cône MON circonscrit à l'ouverture pour que sa distance à un point quelconque du contour excède d'un nombre considérable de longueurs d'onde sa distance minima AP à l'onde sphérique, on n'aura rien à changer aux raisonnements relatifs au cas de l'onde illimitée, et l'on verra que la

(1) On fait abstraction des cas où l'onde primitive offrirait des points saillants ou rentrants, ou d'autres singularités géométriques.

vitesse de vibration envoyée à ce point est la résultante des vitesses envoyées par une petite portion de la surface de l'onde, voisine du point A; cette petite portion aura d'ailleurs une même étendue pour

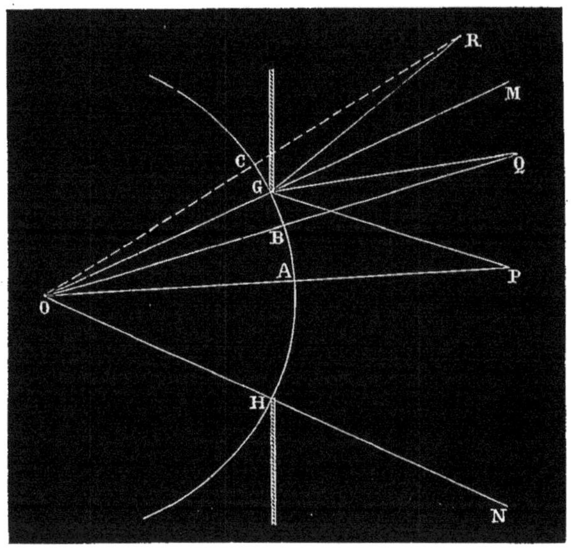

Fig. 453.

tous les points qui seront situés à la même distance de la surface de l'onde que le point P. A l'intérieur du cône MON circonscrit à l'ouverture, il y aura donc, jusqu'à une certaine distance de la surface même de ce cône, une intensité lumineuse constante, ce qui est conforme au résultat fourni par l'expérience.

Si l'on considère, au contraire, un point Q voisin des limites du cône circonscrit à l'ouverture, en sorte que, en joignant ce point au point O, on détermine sur l'onde un point B dont la distance aux limites de la partie efficace de l'onde ne soit plus très-grande dans tous les sens, relativement à la longueur d'un arc élémentaire, les raisonnements qui établissent la constance de l'intensité lumineuse dans le cas d'une onde illimitée ne seront plus applicables : l'intensité deviendra donc une fonction de la position du point Q. Or il est facile de voir que cette intensité offrira des maxima et des minima alternatifs; car, si l'on prend successivement diverses positions du point Q, inégalement distantes des limites du cône circonscrit à l'ouverture, le voisinage de l'écran opaque supprimera, dans la vitesse résultante envoyée à ces points, tantôt des éléments qui affaiblissent les vitesses de vibration envoyées par les points voisins de B, tantôt des éléments qui tendent à les renforcer. Si l'on considère, en particulier, l'onde circulaire GAH, la partie BH produira le même effet qu'une demi-onde indéfinie, pourvu qu'elle contienne un nombre un peu grand d'arcs élémentaires; mais la partie BG produira un effet plus grand, si Q est placé de façon que BG comprenne, par exemple, un seul arc élémentaire; elle produira un effet plus petit, si Q est placé de façon que BG comprenne deux arcs élémentaires. L'onde circulaire limitée GH enverra donc, dans le premier cas, plus de lumière au point Q qu'une onde illimitée; dans le second cas, elle en enverra moins. On comprend donc que, au voisinage des limites du cône circonscrit à l'ouverture, il existe une série de maxima et de minima alternatifs. Quant à la position exacte de ces maxima et de ces minima, elle ne peut être obtenue qu'au moyen d'un calcul assez long, que l'on ne reproduira pas ici. — Il est d'ailleurs évident que ces positions dépendront de la grandeur absolue des arcs élémentaires, c'est-à-dire de la longueur d'onde correspondante à la nature de la lumière qui intervient dans le phénomène; par suite, dans le cas où la lumière incidente sera blanche, il se produira des franges de diffraction, teintes de diverses couleurs.

Enfin, les divers éléments de la partie efficace de l'onde donnant naissance à des ondes sphériques qui se répandent dans tous les sens, il ne peut y avoir, à proprement parler, d'obscurité absolue dans l'espace extérieur au cône circonscrit à l'ouverture. Mais il est aisé de voir que la vitesse de vibration envoyée en un point R de cet espace décroît rapidement, à mesure qu'on s'éloigne des limites du cône circonscrit. — En effet, la vitesse de vibration envoyée au point R par une onde circulaire telle que GH se réduit à une portion de la vitesse envoyée par l'arc élémentaire qui commence en G, et cela pour des raisons analogues à celles qui ont été développées plus haut; mais cet arc élémentaire décroît lui-même rapidement à mesure que l'on considère des positions du point R telles, que les droites OR rencontrent l'onde en des points C de plus en plus éloignés de G. Donc, quant le point R s'éloigne des limites du cône circonscrit à l'ouverture, la vitesse de vibration qui lui est envoyée devient bientôt négligeable, par rapport à la vitesse envoyée à un point pris à l'intérieur du cône, à une distance où les franges de diffraction sont insensibles. De là la formation d'une ombre.

559. **Deuxième exemple de diffraction. — Cas d'un large écran opaque.** — Lorsqu'une onde sphérique ayant son centre en O rencontre un large écran opaque GH (fig. 454), on doit re-

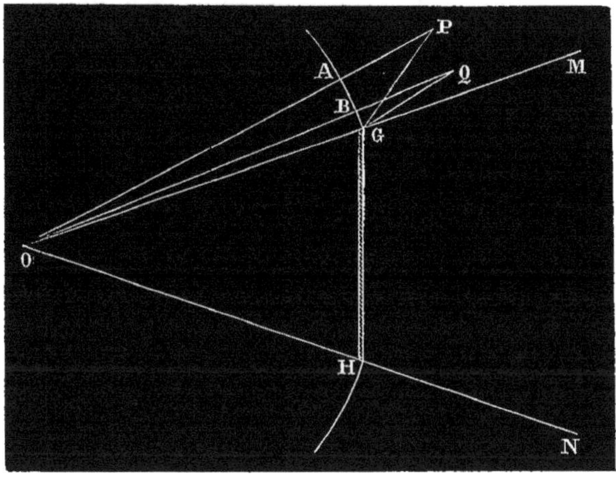

Fig. 454.

garder comme efficace toute la portion de l'onde sphérique extérieure à la calotte supprimée par l'écran. Or, si l'on prend, à l'extérieur du cône d'ombre théorique MON, un point P suffisamment éloigné, on prouve, comme dans le cas précédent, que l'intensité lumineuse doit y être la même que si l'écran n'existait pas. Si, au contraire, on considère un point Q, dans une situation telle que la différence QG — QB soit d'un petit nombre de longueurs d'ondulation, l'intensité devient variable avec la position du point Q; en d'autres termes, le cône d'ombre théorique est entouré de franges de diffraction. — Enfin l'obscurité de l'espace intérieur au cône MON s'explique comme dans le cas précédent.

560. **Vérifications expérimentales.** — Dans les cas que l'on vient d'examiner succinctement, l'expérience confirme entièrement les conclusions de la théorie.

Lorsque les dimensions de la source lumineuse sont très-petites par rapport à sa distance aux écrans opaques, le passage de la lumière à l'ombre s'effectue par une série de maxima et de minima alternatifs, suivis d'une région où la lumière est rapidement mais graduellement décroissante. — Si l'expérience commune ne paraît rien indiquer de semblable, lorsque la source de lumière a des dimensions angulaires un peu sensibles, cela résulte de la superposition confuse des phénomènes de diffraction relatifs aux divers points de la source. Cette superposition concourt d'ailleurs à la formation de la pénombre.

Ainsi la théorie géométrique des ombres, telle que la développent ordinairement les traités de perspective, donne des résultats conformes à l'expérience, dans les conditions habituelles d'éclairement dont le peintre, l'architecte et l'ingénieur ont à se préoccuper; mais le mécanisme vrai de la formation des ombres est tout différent de celui que suppose cette théorie.

561. **Troisième exemple de diffraction. — Cas d'une ouverture étroite.** — Lorsqu'une onde sphérique rencontre une ouverture étroite, pratiquée dans un écran, les raisonnements relatifs à l'onde indéfinie ne sont applicables à aucun point de l'espace situé au delà de cet écran : il n'y a plus d'éclairement constant dans l'intérieur du cône circonscrit à l'ouverture, mais des maxima et des minima, dont la détermination est un problème de calcul intégral, plus ou moins difficile suivant les cas. — Il n'y a pas de raison non plus pour que l'intensité de la lumière décroisse rapidement et d'une manière continue en dehors du cône circonscrit à l'ouverture. On peut ajouter même que, si la largeur de l'ouverture devient suffisamment petite, chaque onde circulaire interceptée par cette ouverture n'étant plus décomposable qu'en un petit nombre d'arcs élémentaires, il y a diffusion d'un mouvement vibratoire sensible dans toutes les directions.

L'accord de l'expérience avec ces conclusions fait disparaître une objection qu'on a fréquemment opposée à la théorie des ondes, savoir, la limitation de la lumière par les ouvertures qu'elle traverse. La théorie n'a pas à expliquer comment un filet de lumière se limite par une ouverture étroite : en fait, ce filet ne se limite qu'autant que l'ouverture a une certaine largeur, et un rétrécissement excessif de l'ouverture a pour conséquence une diffusion à peu près égale de la lumière dans tous les sens.

Les ondes sonores admises dans un espace clos, par une ouverture limitée, doivent se comporter comme les ondes lumineuses, c'est-à-dire se répandre dans tous les sens, toutes les fois que la différence des distances d'un point donné de l'espace à deux points quelconques du contour de l'ouverture est d'un petit nombre de longueurs d'ondulation. Si l'on réfléchit que les longueurs d'ondes des sons perceptibles sont à peu près comprises entre 20 mètres et 1 centimètre, tandis que les longueurs des ondes lumineuses sont comprises entre $\frac{6}{10000}$ et $\frac{4}{10000}$ de millimètre, la raison de la différence apparente que fournit l'expérience, entre les propriétés du son et celles de la lumière, devient immédiatement évidente.

562. **Quatrième exemple de diffraction. — Cas d'un corps opaque étroit.** — Quand une onde sphérique rencontre un corps opaque étroit GH (fig. 455), un point quelconque P′, pris

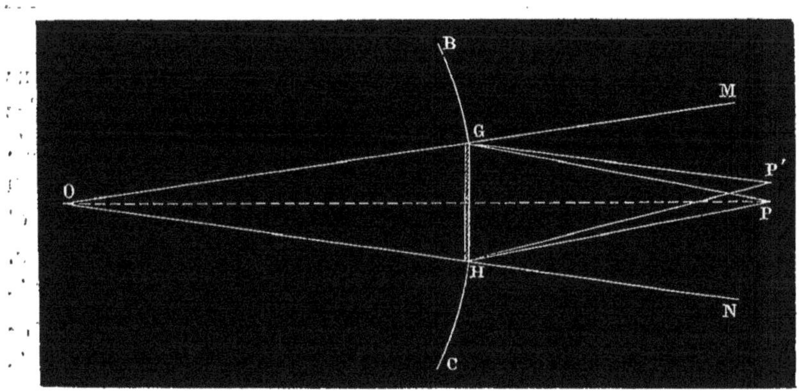

Fig. 455.

dans l'intérieur du cône d'ombre théorique MON, reçoit des vitesses de vibration de grandeurs comparables, qui ont pour origines les bords opposés du corps étroit. De l'interférence de ces mouvements vibratoires résultent des franges intérieures, dont les positions sont faciles à déterminer lorsque le corps opaque a l'une de ses dimensions très-grande par rapport aux autres : lorsqu'il s'agit, par exemple, d'un fil très-long et de très-petit diamètre.

Les mouvements vibratoires qui pénètrent dans l'ombre, des deux côtés de cet écran, sont évidemment concordants en tout point tel que P, situé à la même distance de ces deux côtés, et, par suite, le milieu de l'ombre géométrique est occupé par une frange brillante. — En un point P', tel que $P'H - P'G = \frac{\lambda}{2}$, on a une frange obscure; vient ensuite une frange brillante, et ainsi de suite. Comme la différence P'H — P'G croît d'autant plus vite avec la distance PP' que le diamètre du fil GH est plus grand, les franges deviennent de plus en plus larges à mesure que le diamètre du fil diminue. De là l'explication de la forme particulière des franges de diffraction qui s'observent dans l'ombre d'une aiguille, au voisinage de la pointe.

563. **Franges produites par deux ouvertures étroites, égales entre elles et très-voisines.** — Les conditions de l'interférence n'éprouvent aucune modification essentielle lorsqu'on substitue à l'onde indéfinie interrompue par un écran opaque étroit

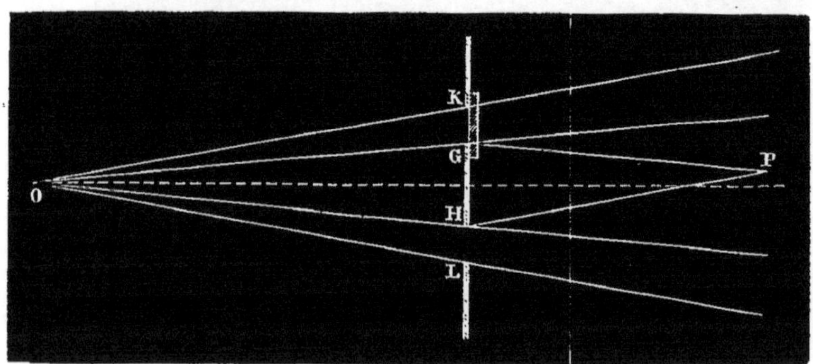

Fig. 456.

deux portions d'ondes limitées par deux ouvertures étroites, égales entre elles et très-voisines. L'ombre géométrique de l'intervalle des deux ouvertures est sillonnée de franges, dues à l'interférence des mouvements vibratoires qui ont ces deux ouvertures pour origines. — On sait que ce mode d'expérience est le seul par lequel Young ait tenté de justifier son principe des interférences.

L'appareil simple, formé de deux fentes étroites et très-rapprochées, se prête plus commodément que l'appareil des miroirs de Fresnel, ou même que le biprisme, à l'exécution de l'expérience importante qui est relative à l'effet exercé sur les franges d'interférence par l'interposition d'une lame mince transparente (540). Il suffit de placer la lame devant l'une des fentes de l'appareil qu'on vient de décrire, ainsi que le montre la figure 456, pour voir le système entier des franges d'interférence se déplacer du côté de la lame.

Si la lame transparente a une épaisseur telle que l'expression $e(n-1)$ soit égale à un grand nombre de longueurs d'ondulation, les franges d'interférence disparaissent. Mais si, dans cet espace d'où les franges ont disparu, on place une fente étroite, et qu'à l'aide d'un prisme et d'une lentille on décompose la lumière qui éclaire cette fente, on aperçoit dans le spectre qu'on obtient, outre les raies de Frauenhofer, un nombre considérable de bandes obscures : le milieu de ces bandes correspond aux rayons pour lesquels l'expression $e(n-1)$ est exactement égale à un multiple impair de la demi-longueur d'onde. — Cette dernière expérience est due à MM. Fizeau et Foucault.

Les développements qu'on vient de donner suffisent pour faire concevoir par quels principes on peut se rendre compte des phénomènes de diffraction produits par tel système d'ouvertures que l'on voudra. — On ajoutera simplement que, dans tous les cas auxquels le calcul a été appliqué jusqu'ici, l'accord de l'observation et de la théorie s'est soutenu jusque dans les détails les plus minutieux.

RÉFLEXION ET RÉFRACTION.

564. **Considérations générales.** — Soit une surface indéfinie, séparant deux milieux dans lesquels la vitesse de propagation des vibrations lumineuses n'est pas la même. Cette différence implique, soit l'inégalité des masses que ces vibrations mettent en mouvement, soit l'inégalité des forces par lesquelles le mouvement est déterminé, soit l'existence simultanée de ces deux inégalités; en d'autres termes, elle suppose que l'éther possède, dans les deux milieux, des densités ou des élasticités différentes, ou même que ces deux genres de différences existent à la fois. — Quoi qu'il en soit, lorsqu'un ébranlement produit dans l'un des milieux arrive à la surface de séparation, ces différences de constitution ne permettent pas que la couche d'éther ébranlée dans le premier milieu communique la totalité de sa force vive à la couche adjacente du second milieu, et revienne au repos en vertu de cette communication. Une partie de cette force vive reste dans le premier milieu; par conséquent, si l'on conçoit une série d'ébranlements successifs, constituant un système de vibrations incidentes, leur effet sera de transformer chacun des points de la couche d'éther qui est, dans le premier milieu, adjacente à la surface de séparation, en un centre de vibration qui envoie du mouvement dans ce premier milieu suivant toutes les directions, en même temps que tous les points de la couche qui est adjacente à la même surface dans le second milieu deviennent, pour ce second milieu, des centres de vibration. Les lois de la réflexion et de la réfraction doivent être des conséquences de la combinaison des effets des deux systèmes d'ondes ainsi produits.

565. **Réflexion sur une surface plane.** — Considérons d'abord le phénomène de la réflexion, et admettons que la surface réfléchissante soit un plan MNPQ (fig. 457), indéfiniment étendu. Soient S le point lumineux et R un point quelconque du premier mi-

lieu, sur lequel les vitesses réfléchies produisent un effet que nous nous proposons de déterminer.

Il arrive simultanément au point R une infinité de mouvements vibratoires, qui ont pour origines les divers points A, A',... du

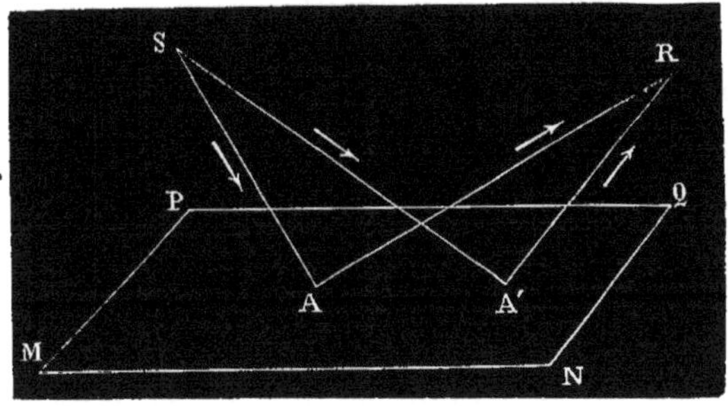

Fig. 457.

plan réfléchissant, et qui ont parcouru, du point S au point R, des chemins respectivement égaux à

$$SA + AR,$$
$$SA' + A'R,$$
$$\ldots\ldots\ldots$$

Supposons le point A tellement choisi que ce chemin ait la plus petite valeur possible. Il sera facile de démontrer, par des raisonnements semblables à ceux qui ont été développés dans la théorie de la diffraction, que la vitesse de vibration envoyée au point R se réduit à la vitesse renvoyée par le point A et par une étendue voisine, très-petite, de la surface réfléchissante [1]. Il est donc permis de

[1] On mènera, par exemple, par le point A une droite quelconque TV (fig. 458), et

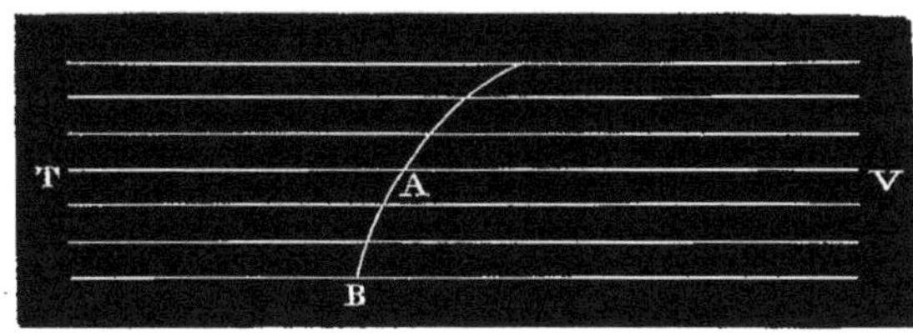

Fig. 458.

l'on démontrera, en ayant égard aux propriétés générales des maxima et des minima, ainsi qu'aux lois de l'interférence des vibrations, que le mouvement envoyé au point R par cette

dire que la lumière se rend du point S au point R en suivant le plus court chemin, dans le cas de la réflexion comme dans le cas de la propagation directe, et la recherche des lois de la réflexion revient à la détermination de ce plus court chemin.

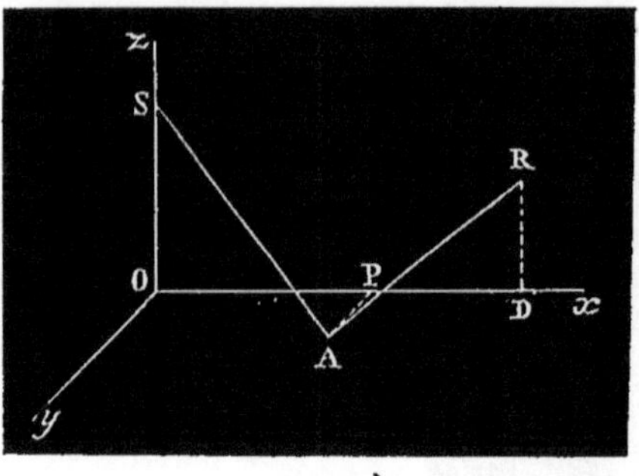

Fig. 459.

Cela posé, rapportons le système à trois axes rectangulaires, et prenons pour plan xOy (fig. 459) le plan réfléchissant, pour plan xOz le plan normal qui contient à la fois le point lumineux S et le point éclairé R, et faisons passer l'axe des z par le point S lui-même. Désignons par h la hauteur du point S au-dessus du plan xy; par k celle du point R, et par l sa distance DO au plan yz; nous aurons, pour expression du chemin parcouru par la lumière réfléchie au point A dont les coordonnées sont x et y,

$$u = \sqrt{h^2 + x^2 + y^2} + \sqrt{k^2 + (l - x)^2 + y^2}.$$

Pour que cette expression soit minima, il faut que l'on ait à la fois

$$\frac{du}{dy} = 0$$

et

$$\frac{du}{dx} = 0.$$

La première condition se réduit à

$$y = 0;$$

droite indéfinie se réduit au mouvement envoyé par une très-petite longueur, voisine du point A. On mènera ensuite une infinité de droites parallèles à TV, lesquelles décomposeront le plan réfléchissant en bandes infiniment étroites : pour chacune de ces bandes, on démontrera que le mouvement qu'elle envoie au point R se réduit au mouvement qu'envoie à ce même point une très-petite étendue, voisine du point B pour lequel la somme SB + BR est un minimum *relatif*. On ramènera ainsi l'action du plan à celle d'une bande étroite, dont la forme est définie par celle de la courbe qui est le lieu géométrique des points B. Enfin, on réduira l'action de cette bande elle-même à l'action d'une très-petite partie, voisine du point A.

il faut donc que le rayon incident et le rayon réfléchi soient contenus dans un même plan normal au plan réfléchissant.

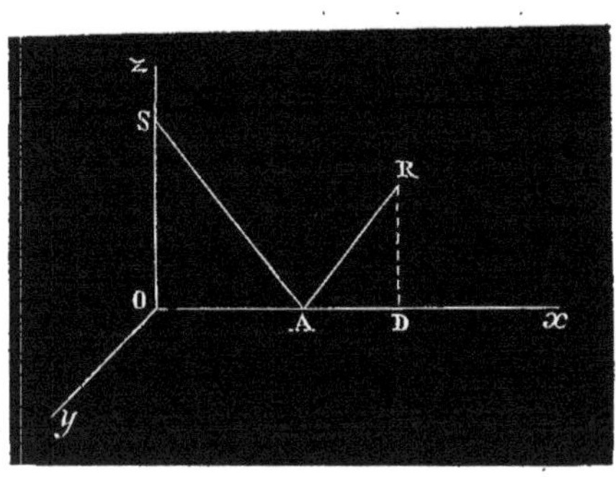

Fig. 460.

Prenons donc maintenant le point A dans le plan passant par les normales abaissées de S et de R sur le plan réfléchissant, c'est-à-dire sur la ligne Ox elle même, comme l'indique la figure 460. Alors la seconde condition pour que SAR soit le plus court chemin devient, en faisant $y=0$ dans la dérivée de u par rapport à x,

$$\frac{x}{\sqrt{h^2+x^2}}=\frac{l-x}{\sqrt{k^2+(l-x)^2}};$$

or le premier membre représente le cosinus de l'angle SAO; le second membre, le cosinus de l'angle RAD; il faut donc que l'angle d'incidence soit égal à l'angle de réflexion.

566. **Réflexion sur une surface quelconque.** — Il est facile d'étendre les résultats qui précèdent au cas où la sufrace réfléchissante est quelconque.

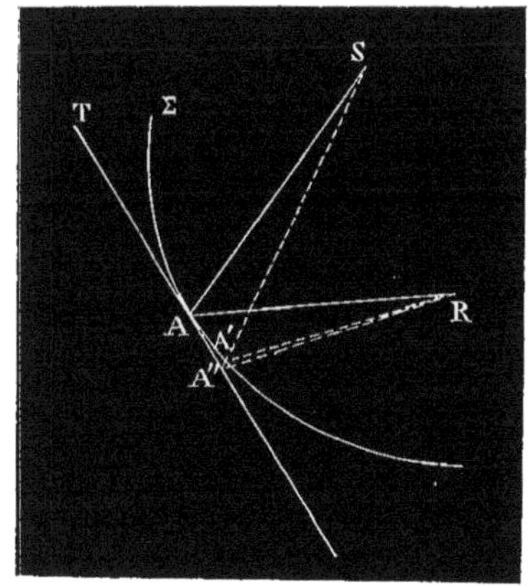

Fig. 461.

Soient S (fig. 461) un point lumineux, Σ une surface réfléchissante de forme quelconque, et R un point de l'espace; soit A un point de la surface tel, que l'expression SA + AR soit un minimum. Si l'on prouve que cette expression est encore un minimum par rapport au plan tangent à la surface au point A, on aura prouvé que le plan SAR est un plan normal et que les droites SA et AR sont également inclinées sur la normale. Or, supposons que, relativement au plan tangent, l'expression SA + AR ne soit pas un minimum : on pourra toujours trouver sur ce plan un point A″ infiniment voisin de A et tel, qu'on ait

$$SA'' + A''R < SA + AR,$$

la différence de ces deux quantités étant infiniment petite du premier ordre. Mais si l'on considère le point A′ où la droite SA″ rencontre la surface réfléchissante, il résulte des propriétés connues du plan tangent que la longueur A′A″ est infiniment petite du second ordre. D'ailleurs, la différence entre A″R et A′R est moindre que A′A″. Donc l'expression SA′ + A′R ne diffère de SA″ + A″R que d'un infiniment petit du second ordre, et, par suite, l'inégalité ci-dessus aurait pour conséquence que SA′ + A′R fût inférieur à SA + AR d'un infiniment petit du premier ordre; ce qui est impossible, puisque SA + AR est supposé un minimum.

567. **Surface de l'onde réfléchie.** — Le lieu des points tels que le plus court chemin de la lumière réfléchie entre ces points et le point lumineux ait une valeur constante est évidemment la surface de l'onde réfléchie.

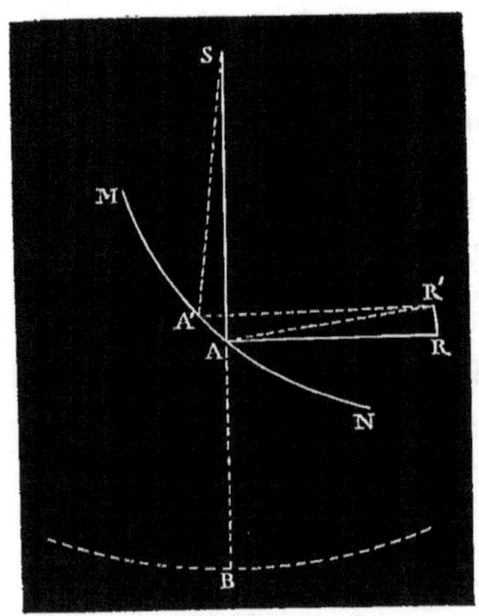

Fig. 462.

Étant donnés un point lumineux S (fig. 462) et une surface réfléchissante MN, pour construire la surface de l'onde réfléchie il suffira, d'après ce qui vient d'être dit, d'opérer comme il suit. On décrira, autour du point S comme centre, une sphère de rayon arbitraire SB; on mènera un rayon incident quelconque, rencontrant la surface réfléchissante en un point A; on prendra alors, sur la direction de la droite définie par les lois de la réflexion, une longueur AR égale à SB − SA ou à AB, et l'on répétera cette construction pour tous les points de la surface réfléchissante. — On prouvera facilement que la surface de l'onde est tangente à la sphère de rayon $AR = AB$, décrite autour du point A. Il suffira, pour cela, de remarquer que, si l'on prend un point R′ infiniment voisin de R sur la surface de l'onde, et si A′ est le point de la surface de l'onde qui a servi à déterminer R′, on a

$$SA + AR' > SA' + A'R';$$

par suite, puisque la somme $SA + AR$ est égale à $SA' + A'R'$, on aura

$$AR' > AR.$$

— L'onde réfléchie est donc l'enveloppe de toutes les ondes sphériques décrites des points de la surface réfléchissante, avec des rayons égaux à une grandeur constante diminuée de la distance de ces points au point lumineux.

Si maintenant on remarque que la sphère de rayon AB est une surface normale aux rayons incidents, on verra que cette construction de la surface de l'onde n'est autre que la construction d'une surface normale aux rayons réfléchis, qui se déduit de la théorie générale des caustiques (422.) — On pourra généraliser cette remarque, en supposant que l'onde incidente ne soit pas sphérique, par des raisonnements analogues à ceux qu'on a faits dans le cas de la propagation de la lumière à travers un milieu homogène.

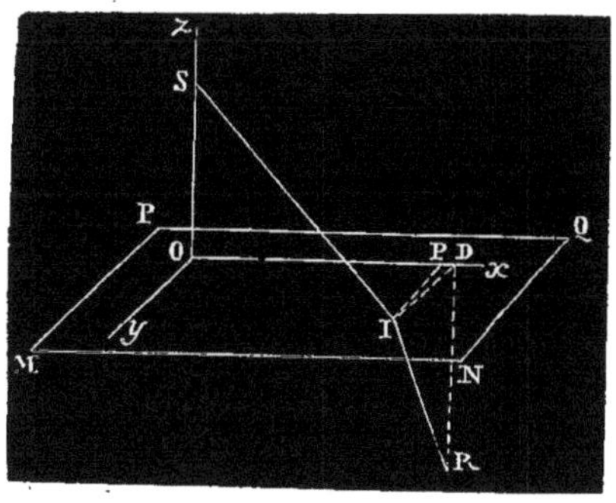

Fig. 463.

568. **Réfraction au travers d'une surface plane.** — Les développements dans lesquels on vient d'entrer, au sujet de la réflexion, permettent de réduire la théorie de la réfraction à la recherche du chemin de plus prompte arrivée entre un point lumineux et un point éclairé, la surface réfringente étant supposée plane.

Rapportons encore le système à trois axes rectangulaires : prenons le plan réfringent PN (fig. 463) pour plan xOy, et le plan normal qui contient le point lumineux S et le point éclairé R pour plan xOz; enfin, faisons passer l'axe Oz par le point S. Désignons par h la distance du point S au plan réfringent, par k celle du point R au même plan, par l la distance OD du point R au plan yz, enfin par x et y les coordonnées du point I auquel a lieu la réfraction. Soient V la vitesse de propagation de la lumière dans le premier milieu, et U la vitesse de propagation dans le second : le temps nécessaire pour qu'un mouvement vibratoire parti de S arrive en R, en suivant le chemin SIR, aura pour expression

$$\theta = \frac{\sqrt{h^2 + x^2 + y^2}}{V} + \frac{\sqrt{k^2 + (l - x)^2 + y^2}}{U}.$$

Pour que ce temps θ soit un minimum, il faut qu'on ait simultanément

$$\frac{d\theta}{dy} = 0$$

et

$$\frac{d\theta}{dx} = 0.$$

La première condition donne

$$y = 0,$$

c'est-à-dire que le rayon réfracté et le rayon incident doivent être dans un même plan normal au plan réfringent.

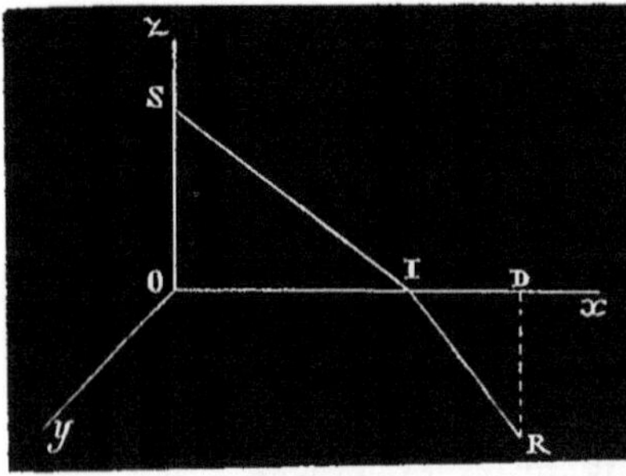

Fig. 464.

Prenons donc maintenant le point I dans le plan passant par les normales abaissées de S et de R sur le plan réfringent, c'est-à-dire sur l'axe Ox lui-même, comme l'indique la figure 464. Alors la seconde condition pour que le temps θ soit un minimum devient, en faisant $y = 0$ dans la valeur de la dérivée de θ par rapport à x,

$$\frac{1}{V}\frac{x}{\sqrt{h^2+x^2}}=\frac{1}{U}\frac{l-x}{\sqrt{k^2+(l-x)^2}},$$

c'est-à-dire

$$\sin i=\frac{V}{U}\sin r.$$

Donc le rapport du sinus d'incidence au sinus de réfraction est constant, et égal au rapport des vitesses de propagation : conclusion conforme à la théorie des anneaux colorés sous l'incidence oblique (550), et à l'expérience de Fresnel sur le déplacement des franges d'interférence dû à l'action d'une mince lame transparente (540).

568. **Surface de l'onde réfractée.** — La recherche de l'onde réfractée revient encore, comme dans le cas de la réflexion, à la recherche d'une surface enveloppe, qui est précisément une des surfaces normales aux rayons réfractés données par la théorie générale des caustiques (422).

Il est intéressant de remarquer que, lorsque la surface de séparation des deux milieux est un plan, l'onde réfléchie est une sphère ayant pour centre l'image du point lumineux; mais, dans ce cas, il n'en est pas ainsi de l'onde réfractée. Seulement, lorsque le point lumineux est à une assez grande distance pour que l'onde incidente puisse être regardée comme plane, l'onde réfractée devient plane, comme l'onde réfléchie.

569. **Phénomènes de diffraction accompagnant la réflexion ou la réfraction par des surfaces limitées.** — On peut démontrer, pour des surfaces réfléchissantes ou réfringentes limitées, une série de théorèmes analogues à ceux qui ont été établis pour des ouvertures limitées, dans le cas de la propagation dans un même milieu. — Les lois géométriques de la réflexion et de la réfraction ne doivent donc être vérifiées par l'expérience qu'avec le même degré d'approximation et dans les mêmes conditions que les lois géométriques de la formation des ombres. Toutes les fois que l'étendue de la surface réfléchissante ou réfringente devient trop petite, ou que l'on considère des points trop voisins des limites du

faisceau réfléchi ou réfracté, ces lois doivent souffrir des perturbations analogues à celles qui constituent les phénomènes de diffraction. En un mot, il doit y avoir une diffraction par réflexion ou par réfraction, comme une diffraction par propagation directe.

L'expérience suivante, qui est due à Fresnel, est une preuve de l'exactitude de ces conséquences. On recouvre de noir de fumée l'une des faces d'une lame de verre; on enlève ensuite cet enduit sur toute l'étendue d'un triangle très-allongé (fig. 465), et l'on fait

Fig. 465.

tomber sur la lame le faisceau lumineux émané d'un corps de très-petites dimensions. Dans les parties où le triangle est suffisamment large, le faisceau réfléchi ou réfracté est sensiblement tel qu'il résulterait des lois géométriques de la réflexion ou de la réfraction; il est seulement bordé de franges, pareilles aux franges de diffraction, et un peu plus large qu'il ne résulterait de ces lois. A mesure que l'on considère des régions correspondantes à des parties plus rétrécies du triangle, l'importance des franges devient plus sensible, la largeur du faisceau augmente, et, dans le voisinage du sommet, la lumière se réfléchit ou se réfracte à peu près avec la même intensité dans tous les sens.

570. **Remarques relatives aux expériences par lesquelles on considère ordinairement les lois géométriques de la réflexion ou de la réfraction comme vérifiées.** — Le caractère approximatif que la théorie des ondes assigne aux lois de la réflexion et de la réfraction ne paraît guère d'accord avec la précision des expériences que l'on considère ordinairement comme servant à vérifier ces lois elles-mêmes. Mais il faut remarquer que toutes ces expériences reviennent à observer la coïncidence de l'image réelle d'un point avec la croisée des fils d'un réticule, ou avec tout autre objet semblable, et que, dans les conditions où la théorie ordinaire

des lentilles et des miroirs indique la formation d'une image parfaite, la théorie des ondes conduit à une conclusion analogue.

Les surfaces des ondes réfléchies ou réfractées étant précisément les surfaces normales aux rayons lumineux de la théorie générale des caustiques, s'il arrive que, à la suite d'un nombre quelconque de réfractions ou de réflexions, les rayons émanés d'un point lumineux soient rendus convergents vers un foyer, la surface de l'onde, considérée après la dernière réflexion ou réfraction, ne pourra être qu'une surface sphérique concave, ayant ce foyer pour centre. Tous les éléments d'une pareille surface enverront évidemment en ce foyer des vitesses de vibrations concordantes, puisqu'ils en sont tous à la même distance, tandis qu'en un point voisin les différences de marche auront pour conséquence une destruction partielle des mouvements vibratoires qui y concourent. L'intensité lumineuse sera donc plus grande au foyer qu'en tout autre point, et, si l'on applique le calcul à la recherche de cette intensité, on trouve que l'effet produit dans le plan focal consiste dans la formation d'un disque lumineux, de très-petite étendue, environné d'un petit nombre de franges alternativement brillantes et obscures, dont l'éclat moyen est très-faible relativement à celui du disque central. — Les dimensions du disque et des franges sont d'autant moindres que le rapport entre la largeur efficace de la dernière surface réfléchissante ou réfringente et la distance du foyer a une valeur plus sensible. Comme, en vue de l'intensité lumineuse, on cherche à donner à ce rapport la plus grande valeur possible, eu égard aux aberrations dont la valeur est également fonction de ce rapport, il arrive toujours que les dimensions du disque lumineux et des franges qui l'environnent sont du même ordre de grandeur que les dimensions des plus petits objets visibles.

Ainsi, bien qu'en réalité l'image d'un point lumineux diffère beaucoup d'un point mathématique, la différence échappe d'ordinaire à l'observation, et tout paraît se passer comme si les conséquences des lois géométriques de la réflexion et de la réfraction étaient rigoureusement vraies. — Mais si l'on rétrécit, par un diaphragme suffisamment étroit, l'étendue des surfaces réfringentes ou réfléchissantes, toutes les perturbations dont on vient de parler se manifestent, et l'image d'une étoile, par exemple, se montre alors comme un disque lumineux, de dimensions sensibles, environné d'une sorte de couronne dont la grandeur et la forme dépendent de celles du diaphragme que l'on a employé [1].

571. **Causes générales de la diffusion.** — La diffusion, qui accompagne toujours, à un degré plus ou moins sensible, la réflexion ou la réfraction, est produite par les inégalités superficielles que laisse nécessairement subsister l'opération mécanique du poli, ou par les poussières ténues que l'atmosphère dépose à la surface des corps. Tant que les saillies formées par ces inégalités ou par ces poussières sont peu considérables relativement à la longueur d'onde, leur influence perturbatrice est insensible; mais, aussitôt que cette limite est dépassée, la réflexion et la réfraction font place à la diffusion. — Il n'y a donc pas à chercher une théorie particulière pour ce phénomène.

572. **Difficultés offertes par le phénomène de la dispersion, dans la théorie des ondulations.** — L'existence de la dispersion prouve que le rapport des vitesses de propagation de la lumière dans deux milieux différents dépend, en général, de la durée des vibrations ou de la longueur d'onde. — De là résulte une difficulté, que les partisans du système de l'émission ont longtemps opposée à la théorie des ondes comme une objection insurmontable, et qui n'est pas encore entièrement résolue aujourd'hui.

La théorie mathématique de la propagation des mouvements vibratoires semblait en effet conduire nécessairement à des équations différentielles du second ordre, qui n'admettaient comme solutions que des ondes planes ou sphériques ayant toutes la même vitesse de propagation, quelle que fût la durée de leurs vibrations. Fresnel a fait remarquer, le premier, que la forme généralement attribuée aux équations différentielles de la propagation des ondes tenait à ce qu'on

(1) On n'a considéré, dans le raisonnement, que des miroirs ou des lentilles sans aberration; mais, tant que les aberrations sont petites, les mêmes conséquences subsistent à très-peu près. Les rayons lumineux devant tous passer à une très-petite distance d'un point déterminé, la surface de l'onde diffère en effet très-peu de celle d'une sphère ayant son centre en ce point.

supposait les distances auxquelles les forces moléculaires se font sentir incomparablement plus petites que la longueur d'ondulation; or cette hypothèse pourrait bien n'être pas aussi légitime dans le cas des ondes lumineuses que dans le cas des ondes sonores. — En développant cet aperçu par l'analyse, Cauchy a montré que, dans un milieu formé de molécules disjointes, la vitesse de propagation des ondes est généralement une fonction de la longueur d'ondulation. Cette fonction tend vers une limite constante, lorsque la longueur d'ondulation devient très-grande par rapport au rayon de la sphère qui contient toutes les molécules capables d'exercer une action sensible sur une molécule déterminée.

La possibilité théorique de la dispersion ne peut donc plus être révoquée en doute, mais il reste à expliquer comment l'éther peut être constitué dans le vide, de manière que toutes les ondulations lumineuses s'y propagent avec la même vitesse, ainsi que cela paraît résulter du phénomène astronomique de l'aberration; tandis que, dans les corps pondérables, il est constitué de façon à transmettre les diverses ondulations avec une vitesse d'autant moindre que ces ondulations sont plus courtes.

573. **Phénomènes d'absorption.** — Les phénomènes de l'absorption, interprétés conformément au système des ondes, signifient que la force vive d'une série d'ébranlements transmis par un milieu élastique est moindre, dans certains cas, que la force vive de la série correspondante d'ébranlements incidents. Cette perte de force vive implique, soit la production simultanée de certains travaux moléculaires, travaux dont on trouve des exemples dans la décomposition chimique des sels d'argent ou de diverses matières organiques; soit la communication d'une partie du mouvement aux molécules pondérables des corps, communication qui se manifeste en particulier par l'échauffement de ces corps; soit enfin une émission simultanée de lumière, phénomène qui se produit surtout dans les corps phosphorescents. La vraie nature du phénomène général, ainsi que la cause qu'on doit lui attribuer, ne laissent place à aucun doute; mais on n'a pas même essayé jusqu'ici d'en rechercher les lois par la théorie.

On peut seulement, à l'exemple d'un éminent physicien, M. Stokes, faire sentir par une analogie frappante la raison de la liaison que les expériences de MM. Kirchhoff et Bunsen ont établie entre l'absorption et l'émission d'une même espèce de rayons. — Lorsque plusieurs cordes vibrantes, identiques et également tendues, sont placées dans le voisinage les unes des autres, le son que produit le système, quand on le met en vibration d'une manière quelconque, dépend des dimensions, de la nature et de la tension des cordes. Or, si l'on fait naître successivement divers sons au voisinage du système, leur mouvement vibratoire se communique aux cordes par l'intermédiaire de l'air; mais, ainsi qu'on l'a vu en Acoustique, cette communication est d'autant plus facile que la hauteur du son produit approche davantage de celle du son propre des ondes. D'autre part, toute communication de mouvement, de l'air aux cordes, implique une diminution dans la force vive des ondes aériennes : le système absorbe donc avec la plus grande énergie précisément les ondulations qu'il est lui-même apte à produire en vertu de sa nature propre. C'est par un mécanisme de ce genre que tous les corps absorbent, dans la plus grande proportion, précisément les rayons qu'ils émettent eux-mêmes en plus grande quantité lorsqu'ils deviennent lumineux par incandescence.

DOUBLE RÉFRACTION.

574. **Historique.** — Érasme Bartholin découvrit, en 1670, la propriété que possède le spath d'Islande, c'est-à-dire le carbonate de chaux en cristaux transparents rhomboédriques, de donner deux rayons réfractés pour chaque rayon incident. Cette propriété attira bientôt l'attention de Huyghens, qui chercha à s'en rendre compte dans le système des ondes. — Les lois auxquelles Huyghens fut conduit par ses hypothèses ont été vérifiées, dans les premières années de ce siècle, par les observations de Wollaston et de Malus : ces lois peuvent être envisagées aujourd'hui comme de simples résultats d'expérience.

575. **Réfraction au travers d'une lame de spath d'Islande à faces parallèles.** — Un rayon lumineux, en pénétrant dans un cristal de spath d'Islande, donne naissance à deux rayons réfractés, distincts l'un de l'autre, lors même que le cristal est limité par deux faces parallèles. En opérant ainsi avec un cristal de spath à faces parallèles, on constate facilement les deux faits suivants :

1° Si le rayon incident est normal, une rotation du cristal autour de ce rayon ne déplace qu'un seul des rayons réfractés.

2° Les deux rayons émergents sont toujours parallèles au rayon incident; en conséquence, un objet assez éloigné pour que les rayons arrivant d'un de ses points sur le cristal soient sensiblement parallèles entre eux est toujours vu simple au travers de ce cristal; les objets plus rapprochés éprouvent une duplication plus ou moins complète, suivant leurs dimensions apparentes.

Il résulte du premier fait que l'un des deux rayons fournis par la réfraction d'un rayon incident normal est dirigé suivant le prolongement du rayon incident lui-même.

Il résulte du second fait que l'on peut étendre à la double réfraction la règle qui, dans l'étude de la réfraction simple, a reçu le nom de *principe du retour inverse des rayons* (406). En d'autres termes, si l'on représente par SI (fig. 466) un rayon lumineux tombant sur un

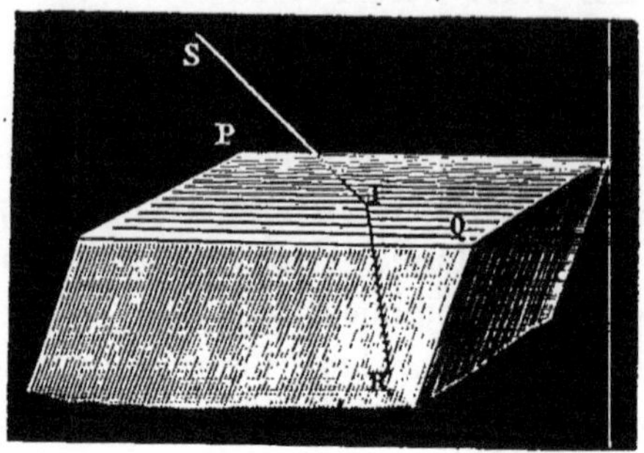

Fig. 466.

cristal de spath PQ, et si IR est l'un des rayons réfractés dans l'intérieur de ce cristal, la ligne IS sera également la direction d'émergence correspondante à un rayon venu de l'intérieur du cristal suivant RI.

576. **Axe du spath d'Islande. — Sections principales.** — Le spath d'Islande, tel qu'on le trouve dans la nature, affecte le plus ordinairement la forme d'un parallélipipède limité par des parallélogrammes d'angles égaux, assemblés de telle façon que deux sommets opposés du parallélipipède soient les sommets d'angles trièdres réguliers. Les angles plans de ces angles solides réguliers sont obtus, et égaux à 101°54′; les angles dièdres sont pareillement obtus, et égaux à 105°5′.

L'axe des angles trièdres réguliers, c'est-à-dire la droite qui est également inclinée sur leurs trois arêtes, jouit de la propriété qu'en tout point du cristal toutes les propriétés physiques sont distribuées symétriquement autour d'une parallèle à cette droite. Elle peut donc recevoir le nom d'*axe du cristal*. — Il faut seulement remarquer que l'axe du cristal n'est pas un axe matériel; que ce n'est point, par exemple, l'ensemble des molécules situées sur une droite déterminée, mais une simple direction, que l'on doit toujours supposer menée par le point autour duquel on étudie la réfraction ou tout autre phénomène.

La longueur des arêtes des parallélipipèdes de spath est complétement indéterminée, puisqu'on peut la faire varier à volonté par la taille ou par le clivage [1]. Mais il est commode, en cristallographie, de considérer particulièrement le cas où toutes les arêtes deviennent égales : le cristal, limité alors par six rhombes égaux, prend le nom de *rhomboèdre*. Dans un cristal qui présente cette forme, la direction de l'axe est celle de la diagonale qui joint les deux sommets réguliers, et la symétrie de la forme cristalline autour de cette droite est évidente.

On est convenu d'appeler *section principale* le plan normal d'incidence, lorsque la direction de l'axe est contenue dans ce plan.

577. **Réfraction au travers des prismes taillés dans le spath. — Rayons ordinaires. — Rayons extraordinaires. — Lois expérimentales.** — Lorsqu'on taille, dans des morceaux de spath, des prismes ayant des angles réfringents différents et ayant leurs arêtes dans des directions différentes par rapport à l'axe, on reconnaît, en déterminant la position des raies de Frauenhofer dans les deux spectres auxquels ces prismes donnent généralement lieu, les divers faits suivants :

1° L'un des spectres est toujours composé de rayons qui sont réfractés conformément aux deux lois de Descartes (399) : ces rayons peuvent recevoir, pour cette raison, le nom de *rayons ordinaires*.

2° Les rayons *extraordinaires*, qui produisent l'autre spectre, s'écartent des lois de Descartes : en général, ils ne demeurent même pas compris dans le plan normal d'incidence.

3° Lorsque le plan d'incidence contient l'axe, c'est-à-dire lorsque ce plan constitue une section principale du cristal, les rayons extraordinaires demeurent contenus dans ce plan, comme les rayons ordinaires; mais le rapport du sinus d'incidence au sinus de réfraction ne reste pas constant quand on fait varier l'angle d'incidence.

4° Si les arêtes du prisme ont été taillées parallèlement à l'axe, et si le plan d'incidence est perpendiculaire à ces arêtes, les deux

(1) On appelle *clivage* la rupture du cristal suivant des plans déterminés, sous l'influence d'un choc. Les faces de clivage du spath sont toujours parallèles aux faces des cristaux naturels.

rayons réfractés suivent les lois de Descartes, mais avec des indices différents.

On appelle *indice extraordinaire* l'indice de réfraction constant que présente, dans ce dernier cas, le rayon qui, dans toute autre condition, s'écarte complétement des lois de Descartes; ce rayon conserve d'ailleurs encore, pour cette raison, le nom de rayon extraordinaire. — L'*indice ordinaire* est l'indice de réfraction du rayon qui suit, dans tous les cas, les lois de Descartes; il a toujours la même valeur numérique, de quelque manière que le prisme ait été taillé.

Le tableau suivant indique les valeurs de l'indice ordinaire et de l'indice extraordinaire, pour les sept raies principales de Frauenhofer, d'après les expériences du physicien suédois Rüdberg.

	B	C	D	E	F	G	H
Indice extraordinaire..	1,4839	1,4846	1,4864	1,4887	1,4908	1,4945	1,4978
Indice ordinaire.......	1,6531	1,6545	1,6585	1,6636	1,6680	1,6762	1,6833

578. **Expériences de Wollaston. — Expériences de Malus.** — Comme le rayon extraordinaire sort, en général, du plan normal d'incidence, les cercles destinés à mesurer les indices de réfraction dans le cas de la réfraction simple ne peuvent servir à l'étude des propriétés de ce rayon. On a construit récemment des appareils plus compliqués, au moyen desquels on peut mesurer à la fois la déviation du rayon extraordinaire et son inclinaison sur le plan normal d'incidence; mais ces appareils ont été rarement mis en usage jusqu'ici, et c'est par de tout autres moyens que les lois de Huyghens ont été vérifiées.

Wollaston observait la réflexion totale du rayon extraordinaire à l'intérieur du cristal. Il faisait varier, soit la direction de la face réfléchissante, soit la position du plan d'incidence, et il déterminait ainsi, dans des conditions diverses, la direction du rayon extraordinaire correspondante à un rayon extérieur parallèle à la surface réfringente. Afin de donner plus d'étendue à ses expériences, il mettait successivement le cristal en contact avec des milieux très-diversement réfringents.

Malus avait fait graver, sur une planche de cuivre, un triangle rectangle très-allongé ABC (fig. 467) dont l'hypoténuse AC et le grand

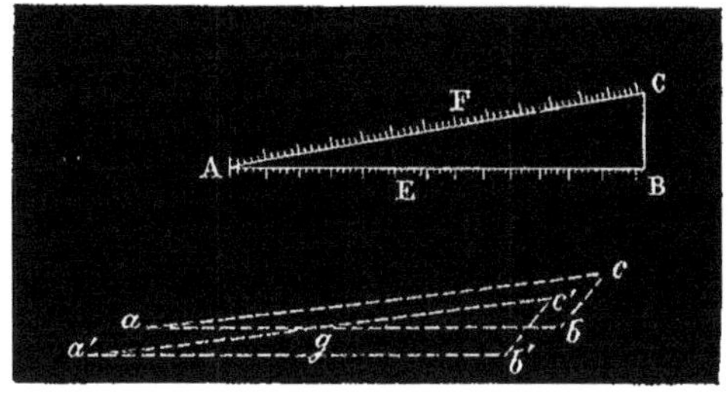

Fig 467.

côté de l'angle droit AB étaient divisés en parties égales, de longueurs connues. Sur ce triangle il posait un cristal de spath à faces parallèles, ce qui donnait, pour un observateur regardant la face supérieure du cristal, deux images, l'une ordinaire *abc*, l'autre extraordinaire *a'b'c'*. Alors, à l'aide d'une lunette LH, mobile sur un cercle vertical (fig. 468), il visait le point où l'image ordinaire

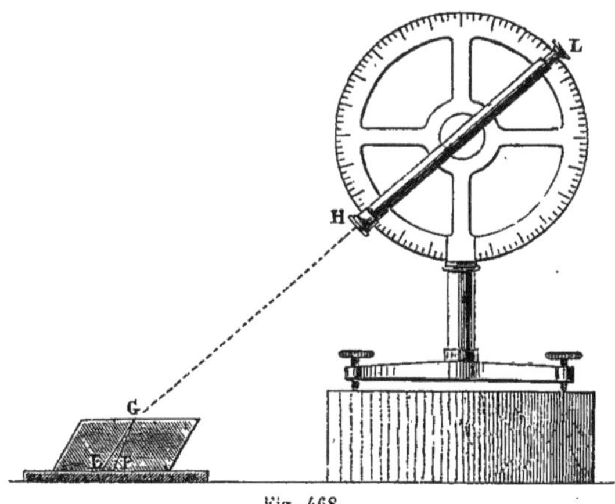

Fig. 468.

abc et l'image extraordinaire *a'b'c'* du triangle lui paraissaient se couper. Supposons que ce point appartienne dans l'image ordinaire au grand côté de l'angle droit, et dans l'image extraordinaire à l'hypoténuse. L'expérience ainsi faite montre que le rayon ordinaire parti d'un point déterminé E du grand côté de l'angle droit et le rayon extraordinaire parti d'un point déterminé F de l'hypoténuse[1] se confondent à l'émergence en un seul rayon GH, dirigé suivant l'axe de la lunette. Par conséquent, en vertu du principe du retour inverse des rayons, on connaît les deux points de la face inférieure du cristal où iraient aboutir le rayon ordinaire et le rayon extraordinaire provenant d'un rayon incident dirigé suivant l'axe de la lunette. — Pour que les données de l'expérience soient complètes, il ne reste qu'à mesurer l'épaisseur du cristal et à définir la situation de la section principale par rapport au plan d'incidence, qui n'est autre que le plan dans lequel se meut la lunette. En faisant varier l'épaisseur du cristal, la direction des faces naturelles ou artificielles par lesquelles il est limité, et la position de la section principale, on pourra faire autant d'expériences qu'il sera nécessaire pour arriver à une connaissance complète des lois de la réfraction extraordinaire.

Ces lois peuvent être représentées assez simplement au moyen d'une construction géométrique due à Huyghens, dont il ne sera pas inutile de préparer d'abord la description par l'exposé d'une construction analogue, propre à représenter les lois de Descartes dans le cas de la réfraction par les substances uniréfringentes.

579. **Construction géométrique des rayons passant d'un milieu uniréfringent dans un autre milieu uniréfringent.** — Soit un rayon incident SI (fig. 469), tombant sur la surface de séparation MM′ de deux milieux uniréfringents, l'air et l'eau par exemple. Autour du point I décrivons une sphère avec un rayon IA égal à la vitesse de propagation de la lumière dans le premier milieu, la vitesse de propagation dans le vide étant prise pour unité; puis, par le point A, où le prolongement du rayon incident rencontre cette sphère, menons un plan tangent; par l'intersection de ce plan avec la surface réfringente MM′, menons un plan tangent à une sphère dont le rayon IR est égal à la vitesse de la lumière dans le second milieu. La droite IR, qui joint le point d'incidence au point de contact R, étant perpendiculaire au plan tangent, sera perpendiculaire à l'intersection du plan tangent avec la surface réfrin-

(1) Le point E est évidemment tel qu'on ait $AE = ag$.

gente, et, par conséquent, contenue dans le plan perpendiculaire à cette intersection, qui n'est autre que le plan normal d'incidence qu'on a pris pour plan de la figure. D'ailleurs, en désignant

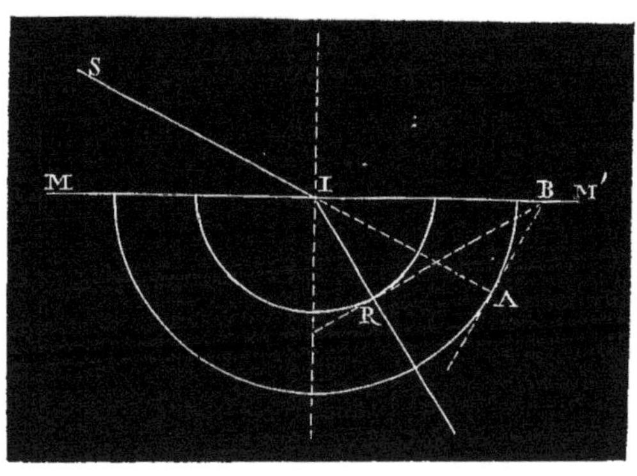

Fig. 469.

par V et U les vitesses de la lumière dans l'air et dans l'eau, c'est-à-dire les rayons des deux sphères, on a, par la considération des triangles BIA et BIR,

$$\sin \mathrm{IBA} = \frac{V}{\mathrm{IB}},$$

$$\sin \mathrm{IBR} = \frac{U}{\mathrm{IB}},$$

d'où l'on tire

$$\sin \mathrm{IBA} = \frac{V}{U} \sin \mathrm{IBR}.$$

Comme IBA est égal à l'angle d'incidence, et que IBR est égal à l'angle de réfraction, IR est le rayon réfracté déterminé par les lois de Descartes.

580. **Construction de Huyghens, pour le rayon ordinaire et le rayon extraordinaire donnés par un cristal de spath.** — Supposons maintenant que le plan MNM'N' (fig. 470) sépare un milieu isotrope, où la lumière se meut avec la vitesse V, d'un cristal de spath. En prolongeant le rayon incident SI jusqu'à sa rencontre en A avec la sphère de rayon V qui a son centre au point I, menant par le point A un plan tangent à cette sphère, et déterminant l'intersection BB' de ce plan et de la face réfringente; enfin, en

menant, par la droite BB′, un plan tangent à une sphère de rayon égal à l'inverse de l'indice ordinaire, et déterminant le point de contact R, on obtiendra le rayon ordinaire IR (579). — On construira alors un ellipsoïde de révolution autour de l'axe du cristal IP,

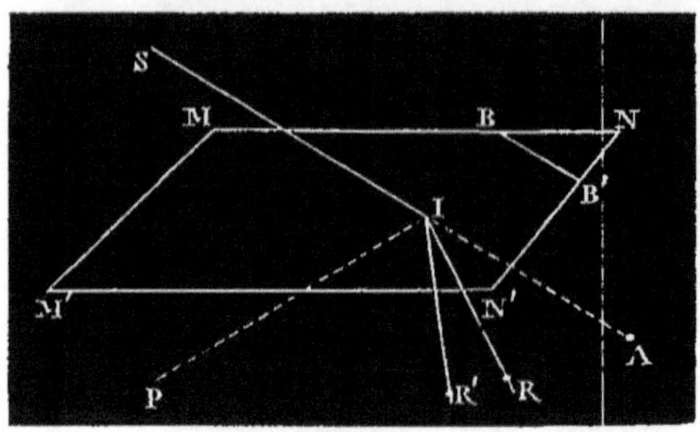

Fig. 470.

cet ellipsoïde ayant pour demi-axe polaire l'inverse de l'indice ordinaire et pour demi-diamètre équatorial l'inverse de l'indice extraordinaire; par la droite BB′ on lui mènera un plan tangent, et, en joignant le point de contact R′ au point d'incidence I, on aura la direction du rayon extraordinaire IR′.

La traduction algébrique de cette construction est un problème de géométrie analytique à trois dimensions, qui n'offre pas de difficultés, mais qui n'a d'intérêt que si l'on compare numériquement les résultats du calcul avec les données de l'observation. — Il nous reste à indiquer les cas où cette construction peut devenir plane.

581. **Cas particuliers dans lesquels les deux rayons peuvent être obtenus par une construction plane.** — La construction géométrique que l'on vient d'indiquer peut être effectuée dans un plan, aussi bien pour le rayon extraordinaire que pour le rayon ordinaire, dans les deux cas particuliers suivants :

1° Lorsque *le plan d'incidence est une section principale,* c'est-à-dire contient la direction de l'axe. — En effet, dans ce cas, tout plan perpendiculaire à cette section, mené par une tangente à l'ellipse méridienne qui y est contenue, est tangent à l'ellipsoïde des rayons extraordinaires. La figure 471 indique la construction telle qu'on peut alors l'effectuer. Le rayon incident étant représenté par SI, le rayon ordinaire IR est construit comme il a été dit (579). L'axe étant supposé dirigé suivant PP′, la figure montre comment l'ellipse

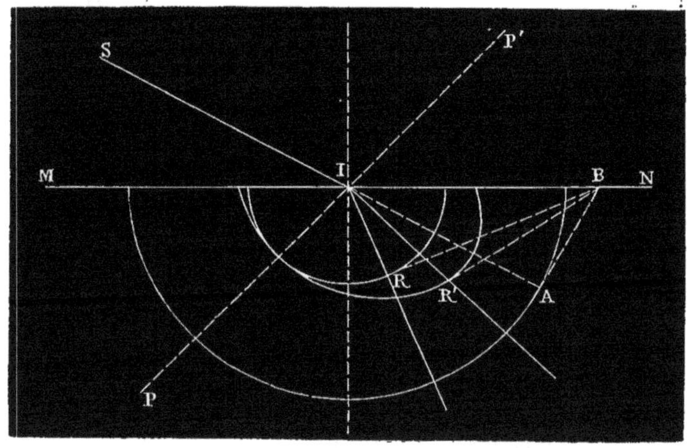

Fig. 471.

méridienne de l'ellipsoïde de Huyghens a servi à construire le rayon extraordinaire IR′.

2° Lorsque *l'axe du cristal est parallèle à la face réfringente et perpendiculaire au plan d'incidence.* — L'ellipsoïde de Huyghens est alors

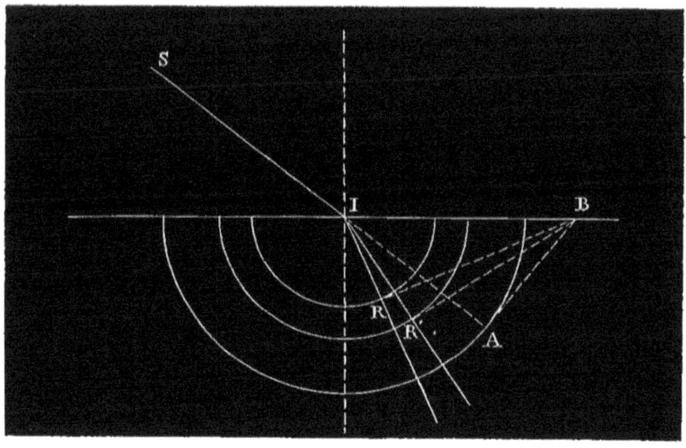

Fig. 472.

coupé par le plan d'incidence suivant son équateur, et les plans menés par les tangentes à l'équateur, perpendiculairement au plan d'incidence, sont tangents à l'ellipsoïde. La figure 472 indique alors la construction à effectuer, étant donné le rayon incident SI, pour obtenir le rayon ordinaire IR et le rayon extraordinaire IR'. Le rayon extraordinaire suit d'ailleurs, dans ce cas, les deux lois de Descartes, comme il a été dit plus haut (577, 4°).

582. **L'axe du spath se comporte, par rapport au rayon extraordinaire, comme répulsif.** — Soit $b = \frac{1}{n}$ l'inverse de l'indice ordinaire, et soit $a = \frac{1}{m}$ l'inverse de l'indice extraordinaire; b est à la fois le rayon de la sphère des rayons ordinaires et le demi-axe polaire de l'ellipsoïde des rayons extraordinaires. L'ellipsoïde est donc tangent à la sphère à l'extrémité de l'axe de révolution. En outre, comme m est plus petit que n, la longueur a est plus grande que b, et l'ellipsoïde est extérieur à la sphère.

Cette propriété géométrique a pour conséquence un caractère optique remarquable, qui s'aperçoit facilement dans le cas particulier où la réfraction s'opère par une face parallèle à l'axe, dans un plan d'incidence également parallèle à l'axe. — La recherche des deux rayons dépend alors de la construction suivante, effectuée dans le plan

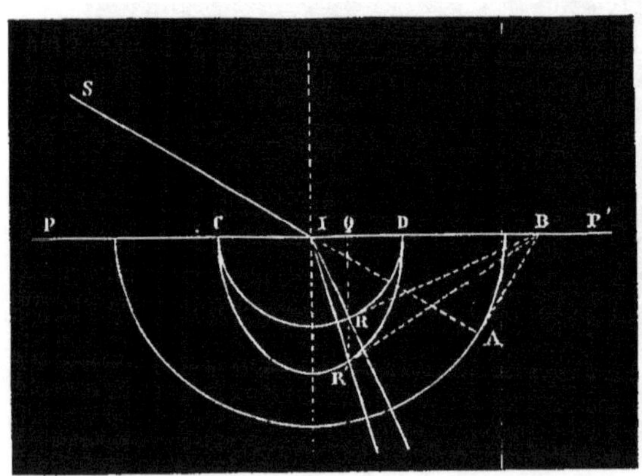

Fig. 473.

d'incidence. Autour du point d'incidence I (fig. 473) on décrit un cercle de rayon V, un cercle de rayon b et une ellipse dont l'axe égal à b est parallèle à l'intersection du plan d'incidence avec la face réfringente, l'axe égal à a étant perpendiculaire à cette intersection. On prolonge le rayon incident jusqu'à sa rencontre en A avec le cercle de rayon V, on mène la tangente AB, et, par le point B, on mène des tangentes BR et BR′ au cercle de rayon b et à l'ellipse. Il résulte des propriétés de l'ellipse que les points de contact R et R′ sont sur une même ordonnée QR′ perpendiculaire à l'axe égal à b (1). Le rayon extraordinaire IR′ est donc plus éloigné de la surface réfringente et, par conséquent, *de l'axe*, que le rayon ordinaire.

Cette remarque, qui peut se faire également dans le cas où la face réfringente est perpendiculaire à l'axe, s'interpréterait dans la théorie de l'émission en disant que les molécules du rayon extraordinaire sont soumises à l'action de forces répulsives émanées de l'axe, qui modifient l'action habituelle des forces réfringentes. — De là la qualification de *répulsive*, qu'on a donnée à la double réfraction du spath. Cette expression a été conservée, comme faisant image, bien que les idées sur la cause du phénomène aient totalement changé.

583. **Passage de la lumière du spath dans un milieu uniréfringent.** — Pour être en état de prévoir complétement l'effet du passage de la lumière au travers d'un cristal de spath, il faut encore connaître les lois de sa réfraction à l'émergence.

Si le rayon qui se propage à l'intérieur du cristal est un rayon ordinaire, on applique simplement les lois de Descartes, ou la construction équivalente.

Si c'est un rayon extraordinaire, on doit, en vertu du principe

(1) Représentons les équations du cercle et de l'ellipse par

$$x^2+y^2=b^2$$

et

$$\frac{x^2}{b^2}+\frac{y^2}{a^2}=1;$$

on déduit de la première

$$y=\sqrt{b^2-x^2},$$

et de la seconde

$$y=\frac{a}{b}\sqrt{b^2-x^2}.$$

Les ordonnées de l'ellipse et du cercle correspondantes à une même abscisse sont donc

du retour inverse des rayons, chercher la direction du rayon incident venu de l'extérieur, qui donnerait à l'intérieur du cristal le rayon extraordinaire qu'on a à considérer. — Soit SI ce rayon extraordinaire (fig. 474); prolongeons sa direction jusqu'au point A

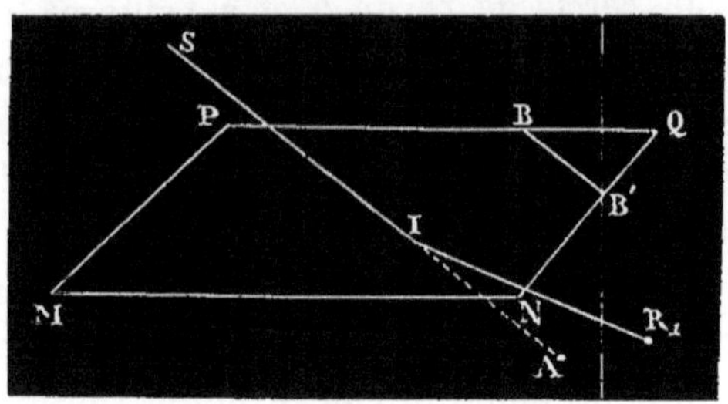

Fig. 474.

où il rencontre l'ellipsoïde de Huyghens; menons par ce point un plan tangent à l'ellipsoïde, qui rencontrera la face réfringente suivant BB'. Le rayon émergent devra être tel, que si, par le point où il rencontre la sphère de rayon égal à V, on mène à cette sphère un plan tangent, il aille couper la surface réfringente suivant BB'. Il suffira donc de chercher le point de contact R_1 du plan tangent mené par BB' à la sphère de rayon V; la droite IR_1 sera le rayon émergent.

Cette construction n'étant pas toujours possible, si la sphère de rayon V est, en partie ou en totalité, extérieure à l'ellipsoïde de Huyghens, le rayon extraordinaire peut être réfléchi totalement, aussi bien que le rayon ordinaire. Mais une conséquence remarquable résulte de la situation relative de la sphère des rayons ordinaires et de l'ellipsoïde des rayons extraordinaires : c'est qu'il peut se faire que, sous une incidence donnée, le rayon ordinaire se réfléchisse totalement, tandis que le rayon extraordinaire donne naissance à un rayon émergent. En effet, la droite déterminée par l'intersection du plan

entre elles dans un rapport constant, égal à $\frac{a}{b}$. Il en résulte que si, après avoir mené en R (fig. 473) la droite RB, tangente au cercle, on construit une nouvelle droite dont les ordonnées aient, avec celles de RB, ce même rapport constant $\frac{a}{b}$, cette nouvelle droite, qui passera évidemment par le point B, sera tangente à l'ellipse au point R' situé sur le prolongement de l'ordonnée QR.

tangent à la sphère de rayon *b* avec la surface réfringente peut rencontrer la sphère de rayon V, tandis que la droite analogue déterminée par l'intersection de la face réfringente avec le plan tangent à un ellipsoïde extérieur à la sphère de rayon *b* serait tout entière en dehors de la sphère de rayon V. — On verra plus loin une application importante de cette propriété.

584. **Les rayons qui suivent la direction de l'axe dans l'intérieur d'un prisme biréfringent ne se divisent pas à la sortie.** — Si le plan tangent qui détermine le rayon ordinaire touche la sphère de rayon *b* à l'extrémité de l'axe, il touche aussi l'ellipsoïde de Huyghens au même point; par conséquent, dans ce cas, le rayon ordinaire et le rayon extraordinaire doivent être considérés comme confondus, ou, en d'autres termes, il n'y a pas double réfraction. — Semblablement, il est indifférent de considérer comme ordinaire ou comme extraordinaire un rayon qui se présente à l'émergence en suivant la direction de l'axe : l'une et l'autre hypothèse conduisent au même rayon réfracté.

Il suit de là que si, au travers d'un prisme biréfringent, le rayon ordinaire suit la direction de l'axe, le rayon extraordinaire la suit également, et que la lumière ne se divise pas. — Cette propriété appartient exclusivement à l'axe. Suivant toute autre direction, il peut bien arriver que le rayon ordinaire et le rayon extraordinaire provenant d'un même rayon incident ne soient pas séparés à l'intérieur du cristal; mais la construction précédente fait voir qu'ils se sépareront à l'émergence, à moins que la face de sortie ne soit parallèle à la face d'entrée.

585. **Vision des objets au travers d'un parallélipipède de spath.** — Lorsqu'on regarde un objet au travers d'un parallélipipède de spath et qu'on essaye de cacher l'une des deux images produites, en introduisant lentement une carte entre l'objet et le parallélipipède, on remarque que l'image qui disparaît la première est celle qui semble la plus éloignée de la carte.

La raison de cette sorte de paradoxe est facile à apercevoir. — Supposons, pour plus de simplicité, que le plan normal aux faces réfringentes, mené par l'œil O et par l'objet A, soit une section principale du cristal MN (fig. 475). Soit AI un rayon incident tel, que le

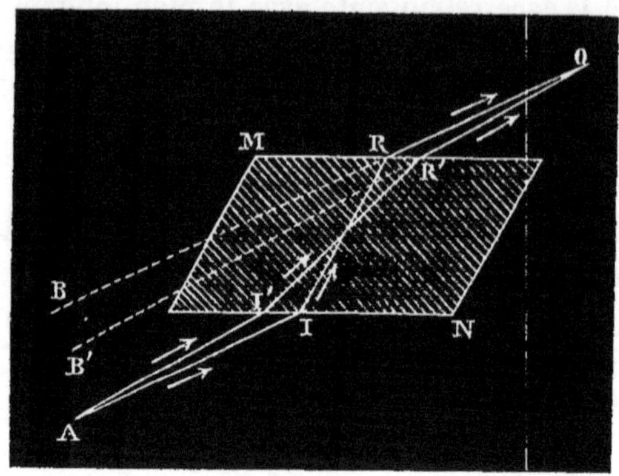

Fig. 475.

rayon ordinaire IR auquel il donne naissance sorte du cristal de façon à passer par le centre optique de l'œil O: l'image ordinaire du point A sera reportée en un point B, sur la direction OR prolongée. Admettons que l'image extraordinaire soit reportée en un point B', situé sur la droite OR' qui passe au-dessous de B. Le rayon incident, dont R'O est le rayon émergent, s'obtiendra, d'après un principe connu, en menant par A une parallèle AI' à OR'; la direction du rayon extraordinaire à l'intérieur du cristal s'obtiendra en joignant I'R'. On voit que cette direction croise celle du rayon extraordinaire, ce qui rend immédiatement compte de l'effet produit par le mouvement de la carte. — Ce phénomène a été signalé par Monge.

586. **Extension des lois de Huyghens aux divers cristaux. — Lois de Fresnel.** — Les lois de Huyghens ne conviennent pas seulement au spath d'Islande; elles s'appliquent encore, avec des modifications secondaires, à un grand nombre de cristaux, mais elles ne sont au fond qu'un cas particulier de lois plus générales, qui ont été découvertes par Fresnel. — En tenant compte du travail à la fois théorique et expérimental de ce grand physicien, ainsi que des observations optiques et cristallographiques de Haüy, de Malus,

de Biot, de Brewster, on peut résumer les lois de la réfraction dans la série suivante de propositions :

1° Tous les fluides, tous les solides non cristallisés, et ceux qui sont cristallisés dans le système cubique, sont *uniréfringents;* ils réfractent la lumière conformément aux lois de Descartes (Haüy).

2° Tous les cristaux qui sont constitués symétriquement autour d'un axe cristallographique principal (prisme droit à base carrée, rhomboèdre, prisme hexagonal et formes dérivées) sont *biréfringents;* ils réfractent la lumière conformément aux lois de Huyghens. En conséquence, on les réunit sous la dénomination commune de *cristaux à un axe* (Brewster). — Mais on doit distinguer ces cristaux en deux catégories, suivant que l'indice ordinaire est plus grand ou plus petit que l'indice extraordinaire. Dans les premiers, qui ont pour type le spath, l'ellipsoïde de Huyghens est extérieur à la sphère, et le rayon extraordinaire tend à s'écarter de l'axe plus que le rayon ordinaire. Ce sont les cristaux *répulsifs* ou *négatifs*. Dans les autres, qui ont pour type le quartz ou plutôt le zircon [1], l'ellipsoïde est intérieur à la sphère, et le rayon extraordinaire tend à se rapprocher de l'axe. Ce sont les cristaux *attractifs* ou *positifs*. — Il n'y a d'ailleurs aucune liaison entre la forme cristalline et la nature attractive ou répulsive de la double réfraction.

3° Tous les autres cristaux (prismes droits à base rectangle, prismes obliques et formes dérivées) sont encore *biréfringents;* mais ils réfractent la lumière suivant des lois toutes différentes des lois de Huyghens. On leur donne le nom de *cristaux à deux axes,* à cause d'une propriété qui ne pourra être clairement expliquée qu'à l'occasion de la polarisation chromatique (Brewster).

Dans ces derniers cristaux, il n'y a pas, à proprement parler, de rayon ordinaire; mais il existe toujours trois plans rectangulaires dans lesquels l'un des rayons réfractés suit les lois de Descartes, l'autre rayon demeurant contenu dans le plan normal, et suivant une loi analogue à celle du rayon extraordinaire dans les cristaux à un axe. Ces trois plans remarquables reçoivent le nom de *sections principales;* dans les cristaux dérivés du prisme droit à base rectangle, ils sont

(1) Les lois de Huyghens éprouvent, dans le quartz, de très-légères perturbations qui seront indiquées plus loin.

parallèles aux trois systèmes de faces du prisme. — Si l'on désigne par a, b, c les inverses des indices de réfraction qui correspondent aux trois sections principales, et que l'on construise la surface dont l'équation rapportée aux plans des trois sections principales est

$$(x^2+y^2+z^2)(a^2x^2+b^2y^2+c^2z^2)-a^2(b^2+c^2)x^2-b^2(a^2+c^2)y^2$$
$$-c^2(a^2+b^2)z^2+a^2b^2c^2=0,$$

les axes des x, des y et des z étant respectivement perpendiculaires aux sections principales où les indices de réfraction sont $\frac{1}{a}$, $\frac{1}{b}$, $\frac{1}{c}$, on pourra déterminer les deux rayons réfractés par une construction semblable à celle de Huyghens. On prolongera le rayon incident jusqu'à sa rencontre avec la sphère dont le rayon est égal à la vitesse de propagation de la lumière dans le milieu extérieur, et l'on déterminera l'intersection de la face réfringente avec le plan tangent à la sphère mené par ce point de rencontre. On mènera ensuite, par cette droite, les deux plans tangents à la surface que définit l'équation précédente : les droites qui joignent le point d'incidence aux deux points de contact seront les directions des deux rayons réfractés. (Fresnel.)

POLARISATION.

POLARISATION PAR LES CRISTAUX BIRÉFRINGENTS.

587. **Polarisation des rayons transmis par un cristal biréfringent à un axe, sous l'incidence normale. — Définitions.** — Pour définir expérimentalement la lumière polarisée, il suffit de se reporter à une ancienne observation de Huyghens, observation qui a été renouvelée par Malus.

On a vu précédemment que, quand on considère les deux faisceaux dans lesquels un cristal biréfringent comme le spath d'Islande décompose un faisceau lumineux, venu directement du soleil ou d'une source de lumière artificielle, ou diffusé par les nuées atmosphériques, ces deux faisceaux paraissent à l'œil d'une égalité absolue, au moins tant que l'incidence diffère peu de l'incidence normale. — Si, au contraire, les deux faisceaux issus d'une première double réfraction sont reçus ensuite sur un second cristal biréfringent, les quatre faisceaux qu'on obtient alors présentent généralement des inégalités d'intensité qui dépendent de la position relative des deux cristaux. L'inégalité d'intensité peut, dans certains cas particuliers, aller jusqu'à l'extinction absolue de certains de ces faisceaux : on observe alors qu'il disparaît toujours deux faisceaux à la fois, sur les quatre faisceaux qu'on obtenait dans le cas général.

Considérons d'abord ce qui arrive au rayon *ordinaire* sorti du premier cristal, et supposons qu'il rencontre toutes les faces réfringentes du premier et du second cristal sous des incidences peu éloignées de la normale. — L'expérience montre que les deux rayons auxquels il donne naissance, par son passage dans le second cristal, éprouvent la série de variations représentée par le tableau suivant, dans lequel on a désigné par OO′ le rayon ordinaire émergent du second cristal, par OE′ le rayon extraordinaire, par α l'angle des sections principales des deux cristaux; on a supposé l'intensité du rayon, avant son passage dans le second cristal, représentée par l'unité.

	INTENSITÉ DE OO′.		INTENSITÉ DE OE′.
$\alpha = 0$	1	.....	zéro
$\alpha > 0$	décroissante	.....	croissante
$\alpha = 45°$	$\frac{1}{2}$	.....	$\frac{1}{2}$
$\alpha > 45°$	décroissante	.....	croissante
$\alpha = 90°$	zéro	.....	1

Malus a fait remarquer que, dans ces diverses positions relatives, les intensités des rayons émergents paraissent pouvoir être assez exactement représentées par les formules

$$OO' = \cos^2\alpha,$$
$$OE' = \sin^2\alpha.$$

Les phénomènes de la polarisation chromatique, qui seront étudiés plus loin, montrent que ces formules représentent la loi exacte du phénomène.

Si l'on observe de même les variations d'intensité des deux rayons dans lesquels le second cristal divise le rayon *extraordinaire* venu du premier, on trouvera que les intensités de ces rayons EO′ et EE′ prennent successivement les valeurs représentées dans le tableau suivant :

	INTENSITÉ DE EO′.		INTENSITÉ DE EE′.
$\alpha = 0$	zéro	.....	1
$\alpha > 0$	croissante	.....	décroissante
$\alpha = 45°$	$\frac{1}{2}$	.....	$\frac{1}{2}$
$\alpha > 45°$	croissante	.....	décroissante
$\alpha = 90°$	1	.....	zéro

On est d'ailleurs conduit à admettre, avec Malus, les formules suivantes comme représentant les intensités de ces deux rayons émergents :

$$EO' = \sin^2\alpha.$$
$$EE' = \cos^2\alpha.$$

Le rayon ordinaire et le rayon extraordinaire transmis par le premier cristal ont donc une propriété commune. L'un ou l'autre, reçu sur un second cristal biréfringent, se divise en deux rayons d'intensités variables, et deux positions rectangulaires de la section principale du second cristal éteignent successivement le rayon ordinaire et le rayon extraordinaire émergents. — On est convenu d'appeler *rayon polarisé* tout rayon doué de cette propriété remarquable, et *plan de polarisation* le plan auquel est parallèle la section principale du cristal sur lequel on reçoit le rayon polarisé, lorsque le rayon extraordinaire émergent s'éteint [1].

Il résulte de ces définitions que, dans l'expérience qui précède, pour le rayon ordinaire fourni par le premier cristal, le plan de polarisation est la section principale de ce cristal; pour le rayon extraordinaire, c'est le plan perpendiculaire à la section principale.

588. **Polarisation par les cristaux biréfringents en général.** — Quelle que soit l'incidence sous laquelle s'opère la double réfraction par les cristaux à un axe, le rayon ordinaire et le rayon extraordinaire sont toujours polarisés, mais leurs plans de polarisation n'ont pas, en général, les situations qu'on vient de définir : ce qui précède ne s'applique rigoureusement qu'au cas où l'incidence est normale. Seulement, ces deux plans sont toujours à peu près perpendiculaires l'un sur l'autre, et ils approchent d'autant plus de l'être exactement que la double réfraction est plus faible.

Dans les cristaux à deux axes, où il n'y a plus, en général, de section principale, les deux rayons sont encore polarisés, et leurs plans de polarisation sont encore sensiblement à angle droit l'un avec l'autre.

Enfin, si l'incidence sur le second cristal est notablement différente de l'incidence normale, les lois de variation des deux rayons réfractés s'écartent plus ou moins de la simplicité des lois précédentes, mais il existe toujours deux positions du cristal, à peu près perpendiculaires l'une à l'autre, pour lesquelles le rayon ordinaire et le rayon extraordinaire s'éteignent successivement.

[1] Ces expressions, empruntées au système de l'émission, rappellent que le rayon de lumière auquel elles s'appliquent n'est pas constitué de la même façon par rapport à tous les plans qu'on peut mener par sa direction, et que ses propriétés dépendent de l'orientation d'un certain plan, de même que les actions d'un aimant sur un point extérieur dépendent de l'orientation de la ligne des pôles.

589. **Lumière naturelle.** — On appelle *lumière naturelle* la lumière qui donne toujours dans un cristal biréfringent deux rayons d'égale intensité, quelle que soit la position de la section principale de ce cristal.

La lumière du soleil ou des étoiles, la lumière des gaz incandescents, la lumière diffusée par les nuées atmosphériques, jouissent, comme on l'a dit plus haut, de cette propriété. Elle appartient également au faisceau lumineux que l'on compose en réunissant les deux faisceaux égaux et polarisés à angle droit dans lesquels un cristal biréfringent a divisé un faisceau naturel ; de là résulte que, indépendamment de toute théorie, il est permis de considérer un faisceau de lumière naturelle comme équivalent au système de *deux faisceaux d'égale intensité, polarisés dans des plans rectangulaires.*

590. **Lumière partiellement polarisée.** — Si l'on superpose un faisceau de lumière naturelle à un faisceau de lumière polarisée, et si on reçoit le faisceau résultant sur un cristal biréfringent, il se partage en deux faisceaux, d'intensités généralement inégales, mais dont aucun ne se réduit à zéro, pour aucune position du cristal. Cette propriété caractérise l'état de *polarisation partielle.* — Le plan de polarisation partielle est parallèle à la position de la section principale du cristal qui donne au faisceau ordinaire son intensité maxima, et au faisceau extraordinaire son intensité minima.

On obtient aussi de la lumière partiellement polarisée par la superposition de deux faisceaux polarisés à angle droit, d'intensités inégales.

591. **Analyse d'un faisceau partiellement polarisé, au moyen des cristaux biréfringents.** — Il résulte des définitions précédentes que l'on peut toujours, à l'aide d'un cristal biréfringent, déterminer si un faisceau lumineux est naturel, complétement polarisé ou partiellement polarisé.

Lorsqu'il s'agit d'un faisceau partiellement polarisé, il suffit de mesurer l'intensité du faisceau ordinaire et celle du faisceau extraordinaire, dans la position du cristal qui rend la première maxima et la seconde minima, pour obtenir aisément les proportions de lumière naturelle et de lumière polarisée qui entrent dans la composition du faisceau. — En effet, si l'on désigne par a et b ces proportions, et si l'on représente par α l'angle de la section principale du cristal avec le plan de polarisation primitif, dans une orientation quelconque du cristal, le rayon ordinaire émergent sera formé de la moitié de la lumière incidente naturelle et d'une fraction de la lumière polarisée exprimée, en vertu de la loi de Malus, par $\cos^2\alpha$; son intensité sera donc

$$\frac{a}{2} + b\cos^2\alpha.$$

L'intensité du rayon extraordinaire émergent sera, de même,

$$\frac{a}{2} + b\sin^2\alpha.$$

Ces deux intensités sont égales entre elles lorsqu'on a, en particulier, $\alpha = 45$ degrés. — La première est maxima et la seconde minima, lorsque $\alpha = 0$; leurs valeurs se réduisent alors à $\frac{a}{2} + b$ et à $\frac{a}{2}$.

Les opérations qu'on vient d'indiquer constituent l'*analyse* du rayon lumineux. Le cristal biréfringent qui sert à les effectuer reçoit le nom de cristal *analyseur*. — L'expression de cristal *polariseur* n'a pas besoin d'être définie.

592. **Prismes biréfringents.** — Un cristal biréfringent à faces parallèles ne peut être employé comme analyseur ou comme polariseur qu'à la condition de séparer complétement le faisceau ordinaire et le faisceau extraordinaire qui proviennent du faisceau incident. Or, on trouve rarement des fragments de spath assez épais et assez purs pour opérer cette séparation d'une manière complète, lorsque le faisceau incident est un peu large; le quartz, qu'on trouve plus facilement en cristaux de grandes dimensions, est si peu biréfringent que le passage au travers d'une lame à faces parallèles ne peut séparer que des faisceaux très-déliés; les autres matières cristallines ne conviennent guère mieux pour cette expérience. — De là la nécessité d'avoir recours aux *prismes* biréfringents; il suffit d'ailleurs de leur donner un angle assez petit, ce qui a l'avantage

de permettre d'avoir, pour tous les rayons, des incidences voisines de l'incidence normale. Mais il est nécessaire d'achromatiser ces prismes, ce que l'on ne peut réaliser à la fois d'une manière exacte pour le rayon ordinaire et pour le rayon extraordinaire.

593. **Prisme de Nicol. — Modification de Foucault. —** On préfère, dans la plupart des cas, à un prisme biréfringent achromatisé, l'appareil connu sous le nom de *prisme de Nicol.* — C'est un parallélipipède de spath, qui est limité par des faces parallèles aux faces naturelles, et qui a été scié en deux, suivant un plan perpendiculaire à la section principale; on a ensuite réuni les deux moitiés, en plaçant entre elles une couche mince de baume du Canada. L'indice de réfraction de cette substance étant intermédiaire entre l'indice ordinaire et l'indice extraordinaire du spath, il peut arriver que, à partir d'une incidence convenable, les rayons ordinaires se réfléchissent totalement, les rayons extraordinaires étant librement transmis. On donne à la coupe faite dans le cristal une direction telle, que cette condition soit satisfaite pour les rayons qui tombent sur ses bases sous des incidences voisines de la normale, et l'on noircit les faces latérales pour éviter les réflexions intérieures. En même temps, afin de ne pas augmenter inutilement la longueur du parallélipipède, on s'arrange de manière que la coupe passe par les deux sommets réguliers opposés : les rapports de longueur des arêtes du parallélipipède sont alors déterminés.

D'après ce qu'on a vu plus haut (583), l'interposition du baume du Canada entre les deux moitiés du cristal que l'on rapproche l'une de l'autre n'est pas nécessaire : à la surface d'une lame d'air, l'incidence peut être telle, que le rayon ordinaire se réfléchisse totalement, le rayon extraordinaire étant transmis. Il arrive même que la valeur de l'angle d'incidence pour laquelle ce phénomène se produit est moindre quand les rayons arrivent sur une lame d'air que lorsqu'ils tombent sur une couche de baume du Canada, ce qui permet de donner au prisme une longueur moindre par rapport à sa largeur. — On obtient donc ainsi plus aisément des appareils propres à polariser de larges faisceaux de lumière naturelle; mais les incidences sous lesquelles la réflexion du rayon ordinaire est totale sont resserrées entre des limites beaucoup plus étroites que lorsqu'on conserve la couche interposée de baume du Canada. Les deux espèces de prismes ne peuvent donc pas, dans toutes les expériences de polarisation, être indifféremment substituées l'une à l'autre. — Cette modification intéressante du prisme de Nicol est due à Léon Foucault.

594. **Propriétés de la tourmaline et des cristaux analogues.** — On trouve dans la nature un certain nombre de cristaux dont la tourmaline est le type, et qui polarisent la lumière comme un prisme de Nicol, parce que, sous une épaisseur suffisante, ils arrêtent totalement l'un des rayons produits par la double réfraction, en laissant passer l'autre.

Si, dans une tourmaline un peu fortement colorée en vert ou en brun, on taille une plaque *parallèle à l'axe,* ayant une épaisseur d'un ou deux millimètres, et qu'on la fasse traverser par un faisceau lumineux qui en couvre toute l'étendue, le faisceau émergent est polarisé dans un plan perpendiculaire à l'axe et est formé uniquement de rayons extraordinaires. — Réciproquement, un faisceau qui est primitivement polarisé dans un plan parallèle à l'axe de la tourmaline, et qui, dans le cristal, donne naissance uniquement à des rayons ordinaires, est entièrement arrêté par cette plaque.

De là résulte que deux plaques semblables, mises à la suite l'une de l'autre, transmettent en partie ou arrêtent en totalité la lumière incidente suivant que leurs axes sont parallèles ou croisés à angle droit. — Un pareil système de deux plaques de tourmaline, mobiles dans des anneaux placés aux deux extrémités d'une pince métallique, constitue la *pince à tourmaline,* dont les minéralogistes font un fréquent usage, ainsi qu'il sera expliqué plus loin.

595. **Prisme de Rochon.** — Soient deux prismes rectangles égaux, ABC, ADC (fig. 476), taillés dans un cristal de quartz de façon que l'axe soit, dans l'un, perpendiculaire à la face AB; dans l'autre, parallèle aux arêtes réfringentes. Réunissons ces deux prismes par leurs faces hypoténuses, et faisons tomber sur le premier un rayon de lumière SH, normalement à la face AB. Comme ce rayon

arrive suivant la direction de l'axe, il pénétrera dans le cristal sans se diviser; mais, en rencontrant le second prisme au point I, il se partagera en deux autres rayons qui suivront à l'entrée et à la sortie

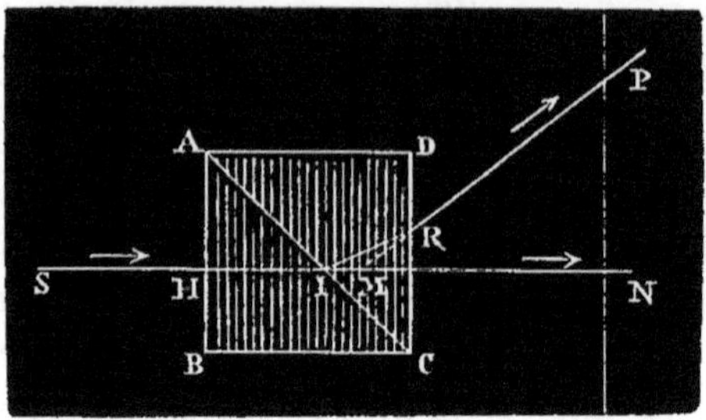

Fig. 476.

les lois de Descartes, puisque l'axe du second prisme est perpendiculaire au plan d'incidence. D'ailleurs, le rayon incident SI, qui se propage dans le premier prisme suivant l'axe, doit être considéré comme un rayon ordinaire ayant pour indice de réfraction n. Soit maintenant m l'indice extraordinaire du quartz; en pénétrant dans le second prisme, le rayon SI se décomposera en deux autres, savoir : un rayon ordinaire qui, d'après un principe connu (407), aura alors pour indice de réfraction $\frac{n}{n}$, c'est-à-dire l'unité, et un rayon extraordinaire qui aura pour indice de réfraction $\frac{m}{n}$, quantité qui, pour le quartz, est plus grande que l'unité.

On voit donc que le rayon ordinaire fourni par le second prisme suivra la direction primitive SI, et que, rencontrant normalement la face CD, il émergera finalement sans avoir changé de direction. Le rayon extraordinaire, pénétrant en I, se rapprochera de la normale; en émergeant en R, il s'écartera de la normale à la face d'émergence; et si l'on désigne par α l'angle BAC ou CAD, par r l'angle du rayon IR avec la normale à la face AC, et par δ l'angle du rayon émergent RP avec la normale à la face CD, c'est-à-dire avec le rayon IN, on aura, en remarquant que l'angle α est égal à l'angle d'incidence au point I,

$$\sin\alpha = \frac{m}{n}\sin r,$$

$$\sin\delta = m\sin(\alpha - r).$$

Or, pour le quartz, le rapport $\frac{m}{n}$ de l'indice de réfraction ordinaire à l'indice de réfraction extraordinaire est très-voisin de l'unité : les valeurs numériques des quantités m et n sont sensiblement $m = 1,55$ et $n = 1,54$. Dès lors, l'angle r diffère très-peu de α, et la différence $\alpha - r$ est très-petite; par suite, $\sin(\alpha - r)$ peut se remplacer par $(\alpha - r)$, et $\sin\delta$ par δ : alors la seconde équation se réduit à la relation approchée

$$\delta = m(\alpha - r).$$

Quant à la première, on peut la mettre sous la forme

$$n \sin \alpha = m \sin [\alpha - (\alpha - r)],$$

ou bien, en développant le sinus de la différence $\alpha - (\alpha - r)$ et se bornant à la même approximation que plus haut, c'est-à-dire remplaçant $\cos(\alpha - r)$ par l'unité et $\sin(\alpha - r)$ par $\alpha - r$,

$$n \sin \alpha = m \sin \alpha - m(\alpha - r) \cos \alpha,$$

ce qui donne

$$\alpha - r = \frac{m - n}{m} \operatorname{tang} \alpha.$$

En substituant maintenant cette valeur de $\alpha - r$ dans la valeur de δ, il vient

$$\delta = (m - n) \operatorname{tang} \alpha,$$

ou, ce qui revient au même,

$$\operatorname{tang} \delta = (m - n) \operatorname{tang} \alpha.$$

On donne au système de ces deux prismes le nom de *prisme de Rochon*. — Les rayons qui tombent sur un pareil système, sous des incidences peu inclinées, doivent se comporter à très-peu près comme si leur incidence était normale [1].

[1] Au premier abord, il peut sembler que, si l'incidence n'est pas exactement normale, il doit y avoir deux rayons réfractés dans le premier prisme et quatre dans le second; mais, comme les sections principales des deux prismes sont rectangulaires, ces quatre rayons se réduisent à deux, en vertu des lois de la polarisation.

596. **Lunette de Rochon.** — Il résulte de l'étude qui précède que, si l'on place un prisme de Rochon C (fig. 477) entre l'objectif O d'une lunette et le foyer principal de cet objectif, un objet extérieur donnera dans le plan focal deux images, l'une ordi-

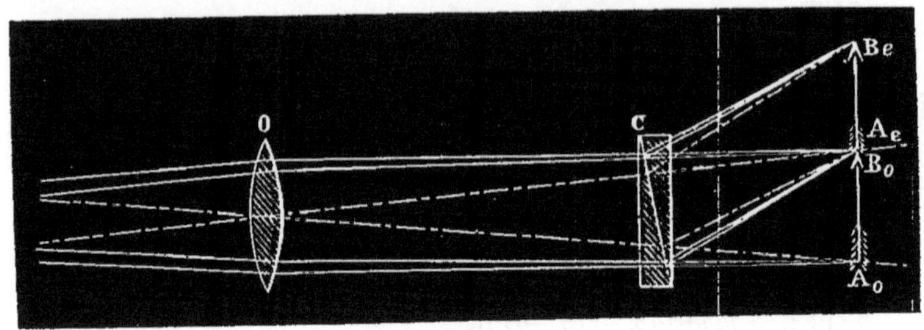

Fig. 477.

naire A_oB_o, l'autre extraordinaire A_eB_e. En déplaçant le prisme, on pourra amener ces deux images à se toucher par leurs bords opposés, A_e, B_o. Si alors on désigne par I la grandeur de l'image, par h sa distance au prisme, on aura, en vertu de la petitesse de l'angle δ et de l'égalité approximative des longueurs CB_o, CB_e,

$$I = h \operatorname{tang} \delta.$$

D'ailleurs, en désignant par O la grandeur de l'objet, par D sa distance à l'objectif et par F la distance focale, on a toujours

$$\frac{O}{D} = \frac{I}{F}.$$

De là on tire

$$\frac{O}{D} = h \frac{\operatorname{tang} \delta}{F},$$

expression qui pourra servir à déterminer, par une mesure de h, celle des deux quantités O et D qu'on ne connaîtra pas, ou leur rapport, c'est-à-dire le diamètre apparent de l'objet. Pour cela, il suffira que $\frac{\operatorname{tang} \delta}{F}$ soit connu une fois pour toutes, et c'est à quoi l'on parviendra aisément par une observation faite sur un objet de grandeur connue, placé à une distance connue.

C'est ainsi qu'on peut déterminer, par une observation unique et rapide, et avec une approximation suffisante, la distance à laquelle se trouve un corps de troupes ou une pièce d'artillerie. — On a renoncé à se servir du prisme de Rochon dans les observations astronomiques, à cause des irisations dont l'image extraordinaire est toujours bordée. Quant à l'image ordinaire, il résulte de la marche des réfractions successives qu'elle est exactement achromatique.

POLARISATION PAR RÉFLEXION ET PAR RÉFRACTION SIMPLE.

597. **Polarisation par réflexion. — Expériences de Malus.** — A la suite d'une observation fortuite sur la lumière du soleil couchant, réfléchie par les vitres des fenêtres d'un édifice éloigné, Malus a découvert la série des faits suivants :

1° Sous une incidence convenable, toutes les substances non métalliques polarisent la lumière qu'elles réfléchissent.

2° Le plan de polarisation de la lumière réfléchie est le plan de réflexion lui-même.

3° Sous toute autre incidence, la lumière réfléchie est partiellement polarisée dans le plan de réflexion.

4° Les métaux, et ceux de leurs composés qui sont doués de l'éclat métallique, n'impriment à la lumière réfléchie, sous toutes les incidences, qu'une polarisation partielle, souvent même assez peu sensible.

598. **Loi de Brewster. — Angle de polarisation.** — Brewster a reconnu que *l'incidence sous laquelle la polarisation par réflexion est complète a pour tangente l'indice de réfraction de la substance réfléchissante.*

Il résulte de là que, pour cette incidence, le rayon réfracté qui pénètre dans la substance et le rayon réfléchi sont perpendiculaires l'un à l'autre ; en effet, lorsque l'angle d'incidence i a la valeur pour laquelle la polarisation est complète, la loi de Brewster donne

$$\frac{\sin i}{\cos i} = n;$$

d'ailleurs, d'après la loi de Descartes, on a toujours

$$\frac{\sin i}{\sin r} = n;$$

on a donc, dans ce cas, $\cos i = \sin r$, c'est-à-dire

$$i + r = 90°.$$

Or l'angle formé par le rayon réfléchi avec le rayon réfracté est égal à $(90° - i) + (90° - r)$ ou bien à $180° - (i + r)$; donc, sous l'incidence de la polarisation complète, cet angle est égal à 90 degrés.

On est convenu d'appeler *angle de polarisation* le complément de l'incidence qui polarise complétement la lumière réfléchie, ou l'angle du rayon incident avec la surface. Si l'on désigne cet angle par A, il résulte de la loi de Brewster qu'il est donné, pour chaque substance en particulier, par la relation

$$\cot A = n$$

ou bien

$$\tang A = \frac{1}{n}.$$

L'expérience montre que, sous des incidences très-voisines de zéro ou de 90 degrés, la polarisation partielle de la lumière réfléchie est à peine sensible : on en doit conclure que, s'il était possible d'observer le rayon réfléchi dans une direction rigoureusement normale ou parallèle à la surface, on n'y trouverait aucune trace de polarisation.

599. **Polarisation par réfraction simple.** — La réfraction simple polarise partiellement la lumière, dans un plan perpendiculaire au plan d'incidence. — La proportion de lumière polarisée que contient le faisceau réfracté est nulle sous l'incidence normale, et croissante avec l'incidence; mais elle ne représente jamais l'intensité entière du faisceau.

L'absence de toute polarisation dans la lumière réfractée sous l'incidence normale peut être facilement vérifiée par l'expérience, en employant une lame à faces parallèles.

Quant aux lois de la polarisation partielle, sous diverses incidences, on peut les constater en faisant usage d'une série de prismes d'angles divers, dans lesquels on fait passer la lumière de manière que la seconde ou la première réfraction s'opère sous l'incidence normale (fig. 478), c'est-à-dire de manière que l'une des deux réfractions n'ait aucune influence. On reconnaît ainsi que la réfrac-

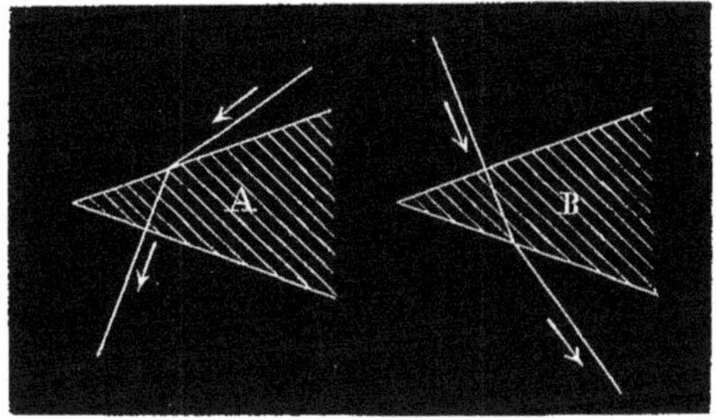

Fig. 478.

tion agit de la même manière, quel que soit l'ordre dans lequel les deux milieux réfringents sont placés l'un par rapport à l'autre.

600. **Polarisation par réflexion intérieure.** — Si l'on fait tomber un rayon lumineux normalement sur l'une des faces AB d'un prisme isocèle (fig. 479), le rayon réfléchi sur la base BC du prisme traversera encore normalement la face d'émergence AC; on pourra donc, par cette disposition, étudier l'effet produit par la réflexion intérieure au point D, sans avoir à craindre que cet effet soit troublé par les deux réfractions successives.

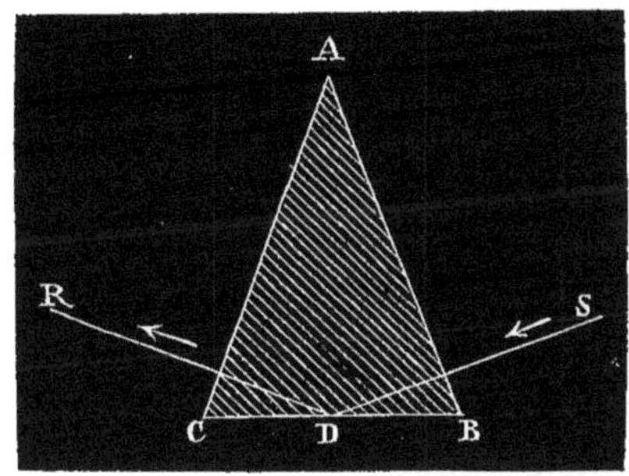

Fig. 479.

— C'est par des observations de ce genre que Malus a obtenu les résultats suivants :

1° La réflexion intérieure, comme la réflexion extérieure, polarise en général partiellement la lumière, et le plan de polarisation est le plan d'incidence.

2° La polarisation est nulle sous l'incidence normale et sous les incidences pour lesquelles la réflexion est totale.

3° La polarisation est complète sous une incidence R, qui est liée avec l'incidence I, sous laquelle la polarisation serait complète dans le cas de la réflexion extérieure, par la relation

$$\sin I = n \sin R.$$

Cette dernière loi est une conséquence immédiate de la loi de Brewster (598). En effet, si la loi convient également à la réflexion intérieure et à la réflexion extérieure, on aura, pour la réflexion intérieure,

$$\operatorname{tang} I = n;$$

on a d'ailleurs, pour la réflexion extérieure,

$$\operatorname{tang} R = \frac{1}{n},$$

ce qui donne

$$\operatorname{tang} I \operatorname{tang} R = 1,$$

c'est-à-dire

$$I + R = 90^\circ;$$

enfin, en remplaçant cos I par sin R, dans la relation

$$\frac{\sin I}{\cos I} = n,$$

il vient

$$\frac{\sin I}{\sin R} = n.$$

Il en résulte que, si l'on taille, sur le bord d'une lame épaisse à faces parallèles ABCD (fig. 480), une face AC inclinée de façon

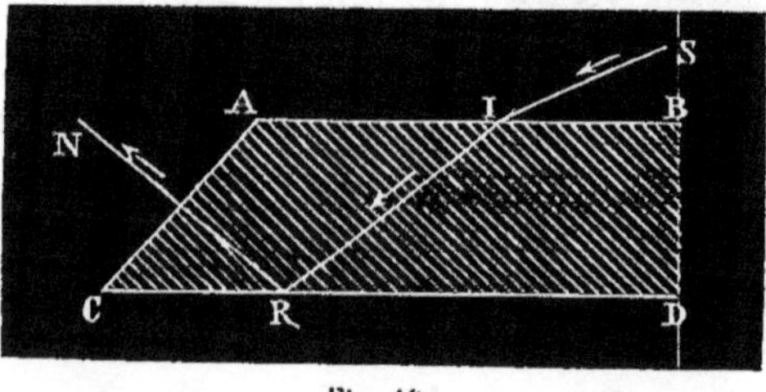

Fig. 480.

qu'elle soit normale au rayon RN qui aura pénétré en I sous l'angle de polarisation et qui se sera réfléchi en R sur la seconde surface, ce rayon RN sera entièrement polarisé dans le plan d'incidence.

601. Réflexion et réfraction de la lumière polarisée. — La lumière polarisée ne diffère pas seulement de la lumière naturelle par la manière dont elle se partage entre le faisceau ordinaire et le faisceau extraordinaire, lorsqu'elle traverse un cristal biréfringent. Lorsqu'elle rencontre la surface de séparation de deux milieux uniréfringents, elle se partage entre le faisceau réfléchi et le faisceau réfracté dans une proportion qui dépend de la situation relative du plan d'incidence et du plan de polarisation primitif. — Les observations de Malus ont conduit aux résultats suivants :

1° Sous une incidence quelconque, la proportion de lumière réfléchie est maxima lorsque le plan de polarisation est parallèle au plan d'incidence; elle est minima lorsqu'il lui est perpendiculaire; elle décroît régulièrement entre le maximum et le minimum.

2° Sous l'incidence de la polarisation complète, la proportion de lumière réfléchie est nulle lorsque le plan de polarisation est perpendiculaire au plan d'incidence; en général, sous cette incidence, si α est l'angle que ces deux plans font l'un avec l'autre, la proportion de lumière réfléchie varie comme les valeurs de $\cos^2 \alpha$.

3° La proportion de lumière réfractée est toujours complémentaire de la proportion de lumière réfléchie; par conséquent, elle est minima quand la lumière réfléchie est maxima, et réciproquement; mais le minimum d'intensité de la lumière réfractée est toujours très-différent de zéro. On constate en effet que, quelle que soit l'incidence et quel que soit le plan de polarisation primitif, aussi longtemps qu'un rayon réfracté est possible en vertu de la loi de Descartes, le faisceau réfléchi n'est qu'une fraction du faisceau incident.

Relativement aux mêmes phénomènes, on doit en outre à Fresnel d'avoir signalé les faits suivants :

1° La lumière primitivement polarisée demeure polarisée après la réflexion ou la réfraction, pourvu que la réflexion ne soit pas totale.

2° Le plan de polarisation de la lumière réfléchie ou réfractée se confond avec le plan de polarisation primitif, lorsque celui-ci est parallèle ou perpendiculaire au plan d'incidence.

3° Dans tout autre cas, le plan de polarisation de la lumière réfléchie tend à se rapprocher du plan d'incidence; le plan de polarisation de la lumière réfractée tend à se rapprocher d'un plan perpendiculaire au plan d'incidence[1].

4° La réflexion totale ne modifie pas les propriétés de la lumière polarisée incidente, lorsque le plan de polarisation est parallèle ou perpendiculaire au plan d'incidence; mais, dans tout autre cas, elle lui communique les propriétés de la lumière partiellement polarisée, ou même de la lumière naturelle.

Enfin, Brewster a observé que les métaux impriment à la lumière polarisée qui vient se réfléchir à leur surface des modifications analogues aux modifications qui résultent de la réflexion totale.

602. **Polariseurs et analyseurs fondés sur la réflexion ou sur la réfraction simple.** — Il résulte des propriétés précédentes qu'une glace noire recevant les rayons sous l'angle de polarisation peut servir d'*analyseur* pour la lumière polarisée, au même titre qu'un prisme biréfringent achromatique pour les rayons ordinaires, puisque les variations d'intensité du rayon réfléchi, lorsque la lumière incidente est polarisée, se font suivant les mêmes lois que les variations d'intensité du rayon ordinaire réfracté par un prisme biréfringent dont la section principale serait parallèle au plan de réflexion. Seulement, la lumière réfléchie, alors même qu'elle atteint le maximum d'intensité, n'est toujours qu'une fraction assez faible de la lumière incidente; il en résulte que la sensibilité d'un analyseur fondé sur la réflexion est inférieure à celle d'un prisme biréfringent ou d'un prisme de Nicol. Elle est généralement supérieure à celle d'une tourmaline[2].

La réfraction, au contraire, ne détermine jamais l'extinction complète de la lumière, mais seulement des variations d'intensité assez peu marquées; dès lors, il paraît difficile de faire servir ce phéno-

[1] Il est à peine utile de faire remarquer que, dans la réflexion sous l'incidence de la polarisation complète, le rapprochement du plan de polarisation et du plan d'incidence arrive au parallélisme.

[2] L'usage d'une glace noire comme analyseur a encore l'inconvénient d'offrir à l'observateur un rayon réfléchi dont la direction varie sans cesse à mesure qu'on fait tourner le plan de réflexion. On y remédie en faisant réfléchir deux fois la lumière par des miroirs parallèles, et, afin de ne perdre que le moins possible de lumière par la seconde réflexion, on prend pour miroir auxiliaire une glace étamée ou un miroir métallique.

mène à l'analyse de la lumière polarisée. Cependant, en multipliant le nombre des réfractions, on est parvenu à construire des appareils qui peuvent, dans certains cas, être utilement employés comme polariseurs ou comme analyseurs. — Si l'on fait tomber un faisceau de lumière naturelle sur une série de glaces à faces parallèles, on peut aisément prévoir ce qui arrivera, en considérant, au lieu du faisceau incident, le système équivalent de deux faisceaux égaux polarisés à angle droit, l'un dans le plan de réfraction, l'autre dans le plan perpendiculaire. L'intensité de chacun de ces faisceaux diminuera dans un rapport constant à chaque réfraction; mais, d'après ce qu'on vient de voir, ce rapport sera plus grand pour le faisceau polarisé dans le plan d'incidence que pour le faisceau polarisé dans le plan perpendiculaire. Il pourra donc arriver, si le nombre des réfractions est suffisant, que l'intensité du premier faisceau soit réduite à une valeur inappréciable, celle du second demeurant encore très-sensible. La *pile de glaces* aura ainsi polarisé à peu près complétement la lumière, dans un plan perpendiculaire au plan d'incidence. — Le nombre de glaces nécessaire pour obtenir ce résultat sera minimum et l'intensité du faisceau polarisé transmis sera maxima, si l'incidence est celle de la polarisation complète. On sait en effet que, dans ce cas, le faisceau polarisé dans un plan perpendiculaire au plan d'incidence n'éprouve aucun affaiblissement par la réfraction, puisqu'il ne donne naissance à aucun rayon réfléchi. L'intensité de la lumière transmise et polarisée par la pile doit donc être estimée à la moitié de l'intensité de la lumière incidente, si l'on fait abstraction des effets de la diffusion et de l'absorption.

Les mêmes principes expliquent comment une pile de glaces peut servir d'*analyseur*, puisque l'intensité de la lumière transmise peut y être insensible lorsque le plan de polarisation est le plan d'incidence, et égale à celle de la lumière incidente lorsque le plan de polarisation est perpendiculaire au plan d'incidence et que la lumière tombe sous l'incidence de la polarisation complète.

Les piles de glaces offrent de grands avantages lorsqu'il s'agit de polariser ou d'analyser un faisceau de lumière large, sans en changer la direction. Malheureusement, les effets perturbateurs de la diffusion, aux diverses surfaces réfringentes, sont ordinairement si grands, que les appareils de ce genre ne conviennent pas aux expériences précises. Fresnel n'a obtenu de bons résultats qu'en substituant aux lames de verre des lames cristallines obtenues par clivage, assez minces pour n'absorber qu'une faible proportion de lumière, et possédant, en vertu de l'opération du clivage, un poli naturel incomparablement supérieur à tout poli artificiel.

INTERFÉRENCES DE LA LUMIÈRE POLARISÉE.

603. **Deux rayons polarisés dans des plans rectangulaires ne peuvent interférer. — Expériences de Fresnel et Arago.** — Dans un travail exécuté en commun, Fresnel et Arago ont démontré, par les procédés les plus variés, que deux rayons lumineux polarisés dans des plans rectangulaires ne peuvent interférer, c'est-à-dire que la combinaison de ces deux rayons a une intensité lumineuse qui est indépendante de leur différence de marche. — On rapportera seulement ici deux de leurs expériences.

Première expérience. — La lumière émanée d'une source de très-petites dimensions étant reçue sur deux fentes étroites et voisines, on place derrière les deux fentes deux piles de lames de mica (602), qu'on a obtenues en sciant par le milieu une pile unique, et qui offrent ainsi rigoureusement la même épaisseur. On les incline sur la lumière incidente, de manière que cette lumière les rencontre sous l'angle de polarisation, et, en les faisant tourner, on donne successivement aux deux plans d'incidence diverses positions.

Si les deux plans d'incidence sont parallèles entre eux, les plans de polarisation des deux faisceaux émergents sont également parallèles : on distingue alors des franges d'interférence, aussi nettement accusées et occupant les mêmes positions que si les deux piles n'existaient pas. — Si les deux plans de polarisation sont à angle droit, les franges d'interférence disparaissent complétement.

Deuxième expérience. — Derrière les deux fentes employées dans l'expérience qui précède on place une lame cristallisée biréfringente, de faible épaisseur, une lame de gypse par exemple. En pénétrant dans cette lame, chacun des faisceaux interférents se décompose en deux; par conséquent, si les rayons polarisés à angle droit avaient la propriété d'interférer, on devrait observer les systèmes de franges suivants :

1° Un système résultant de l'interférence des deux faisceaux ordinaires : ce système ne différerait pas sensiblement de celui qu'on observe en l'absence de la lame cristallisée, parce que les rayons ordinaires venant des deux ouvertures parcourent dans la lame des chemins égaux avec des vitesses égales;

2° Un système résultant de l'interférence des deux faisceaux extraordinaires : ce système devrait, en raison de l'égalité des chemins parcourus et des vitesses de propagation, se superposer exactement au précédent;

3° Un système résultant de l'interférence des rayons ordinaires de l'une des ouvertures avec les rayons extraordinaires de l'autre : comme ces deux groupes de rayons parcourent dans la lame des chemins inégaux avec des vitesses inégales, ils n'apportent pas des vitesses de vibration concordantes au milieu de l'ombre géométrique de l'intervalle des deux ouvertures, en sorte que la frange centrale qui leur correspond devrait être déplacée du côté des rayons qui ont mis le plus de temps à traverser la lame cristallisée;

4° Un système résultant de l'interférence des rayons extraordinaires de la première ouverture avec les rayons ordinaires de la seconde : ce système devrait évidemment occuper une position symétrique du précédent, par rapport au milieu de l'ombre géométrique de l'intervalle des deux ouvertures.

Or l'expérience ne montre que le système unique formé par la superposition des systèmes centraux (1° et 2°), et n'accuse aucune trace de l'existence des systèmes latéraux (3° et 4°). Au contraire, si l'on coupe en deux la lame biréfringente, et si l'on fait tourner de 90 degrés l'une de ses moitiés, de façon que les rayons de même espèce, issus des deux ouvertures, soient polarisés à angle droit, et que les rayons d'espèces différentes soient polarisés dans le même plan, le système central disparaît, et les deux systèmes latéraux deviennent visibles.

604. **Conséquences des expériences qui précèdent. — Principe des vibrations transversales.** — Le principe établi par les expériences qui précèdent, principe qui est l'énoncé de la propriété fondamentale de la lumière polarisée, serait inconcevable si les vibrations des ondes lumineuses étaient longitudinales, comme celles des ondes sonores. Les vitesses vibratoires de deux rayons peu inclinés l'un sur l'autre se trouveraient alors toujours sensiblement parallèles, et, suivant qu'elles seraient dirigées dans le même sens ou en sens contraire, elles devraient se détruire ou se fortifier réciproquement.

Au contraire, cette constance de l'intensité résultant du concours de deux rayons polarisés à angle droit s'explique sans difficulté, en admettant que les vibrations de la lumière polarisée sont des vibrations rectilignes, dirigées de façon que, lorsque les plans de polarisation de deux rayons concourants sont perpendiculaires entre eux, les directions des vibrations le soient également. — En effet, représentons deux vitesses de vibration, dirigées suivant deux droites rectangulaires, par les deux expressions

$$u = a \sin 2\pi\left(\frac{t}{T} - \frac{\varphi}{\lambda}\right),$$

$$v = b \sin 2\pi\left(\frac{t}{T} - \frac{\chi}{\lambda}\right):$$

la résultante V de ces deux vitesses sera déterminée, à chaque instant, par l'équation

$$V^2 = u^2 + v^2.$$

Or on devra regarder l'intensité de la lumière comme proportionnelle à la somme des valeurs successives de V^2 pendant l'unité de temps, c'est-à-dire à l'expression

$$\frac{1}{T}\int_0^T V^2 dt,$$

dans laquelle T désigne la durée d'une vibration; car il est manifeste que tous les effets de la lumière en un point donné ne peuvent être que l'équivalent mécanique de la somme des forces vives qui, en un temps donné, sont successivement développées en ce point par les rayons qui y concourent. Mais on a

$$\int_0^T V^2 dt = a^2\int_0^T \sin^2 2\pi\left(\frac{t}{T}-\frac{\varphi}{\lambda}\right)dt + b^2\int_0^T \sin^2 2\pi\left(\frac{t}{T}-\frac{\chi}{\lambda}\right)dt$$

$$= a^2\int_0^T \frac{1-\cos 4\pi\left(\frac{t}{T}-\frac{\varphi}{\lambda}\right)}{2}dt + b^2\int_0^T \frac{1-\cos 4\pi\left(\frac{t}{T}-\frac{\chi}{\lambda}\right)}{2}dt$$

$$= \frac{a^2+b^2}{2}T.$$

et par suite

$$\frac{1}{T}\int_0^T V^2 dt = \frac{a^2+b^2}{2}.$$

Cette expression étant indépendante de φ et de χ, l'intensité résultante est toujours la même, quelle que soit la différence de phase des deux vibrations rectangulaires.

Donc il suffit, pour se rendre compte des expériences de Fresnel et Arago, d'admettre que, dans un rayon polarisé, les vibrations sont rectilignes, perpendiculaires au rayon, et inclinées d'un angle constant sur le plan de polarisation. D'autre part, cet angle constant ne peut être que nul ou égal à 90 degrés, car la symétrie absolue des propriétés d'un rayon polarisé, par rapport à son plan de polarisation, exige que ses vibrations soient symétriques par rapport à ce même plan. De là l'important théorème physique qui est connu sous le nom de *principe des vibrations transversales :*

Dans la lumière polarisée, les vibrations sont perpendiculaires aux rayons lumineux, et parallèles ou perpendiculaires au plan de polarisation.

Il en résulte immédiatement que, dans la lumière naturelle, les vibrations sont pareillement transversales, puisqu'on reproduit un faisceau naturel en superposant les deux faisceaux, égaux et polarisés à angle droit, dans lesquels un faisceau naturel a été décomposé par un cristal biréfringent.

Aucune expérience ni aucune théorie n'a résolu jusqu'ici, avec une certitude parfaite, la question de savoir si les vibrations de la lumière polarisée sont parallèles ou perpendiculaires au plan de polarisation. On admettra dans ce Cours, avec Fresnel, qu'elles sont perpendiculaires à ce plan; mais les explications qu'on donnera de divers phénomènes seront, en réalité, indépendantes de cette hypothèse.

CAUSES MÉCANIQUES DE LA DOUBLE RÉFRACTION.

605. **Constitution de l'éther.** — La direction transversale des vibrations lumineuses, et l'absence de tout phénomène qu'on puisse raisonnablement attribuer aux vibrations longitudinales de l'éther, indiquent dans ce milieu une constitution toute spéciale : c'est, pour ainsi dire, l'opposé de la constitution des fluides.

Dans les fluides, la pression étant toujours normale à l'élément sur lequel elle s'exerce, il n'y a de résistance qu'au rapprochement ou à l'éloignement réciproque des couches moléculaires successives, mais il n'y a aucune résistance à leur glissement relatif; de là l'existence exclusive des vibrations longitudinales. — Dans les solides, la résistance au rapprochement ou à l'éloignement est du même ordre de grandeur que la résistance au glissement. — Dans l'éther, il semble que la résistance au glissement existe seule, puisque les vibrations transversales paraissent seules susceptibles de s'y propager. L'éther est, en quelque sorte, le terme extrême d'une série qui commencerait aux fluides et qui aurait les divers corps solides pour termes intermédiaires[1].

Dans le vide et dans les milieux *isotropes*, l'éther est constitué d'une manière uniforme en tous sens, autour d'un point quelconque, en sorte que les forces élastiques auxquelles est due la propagation des mouvements vibratoires ne dépendent, ni de la direction des

[1] Il serait peut-être difficile de concevoir un milieu où des changements arbitraires de densité pourraient se produire sans rencontrer aucune résistance. Mais il n'y a rien de contradictoire à supposer que la résistance aux changements de densité est très-petite par rapport à la résistance au glissement, et qu'elle peut être négligée lorsque l'on considère des vibrations de très-petite amplitude. Au reste, il n'existe probablement pas non plus de fluides parfaits; mais, dans l'étude des vibrations de très-petite amplitude, on peut considérer comme tels tous les milieux pour lesquels la composante tangentielle de la pression supportée par un élément est très-petite par rapport à la composante normale.

rayons lumineux, ni de la direction des vibrations. Les ondes émanées d'un centre de vibration sont alors sphériques, et leurs vibrations s'exécutent parallèlement à leur surface, mais suivant des directions indéterminées. — On a vu comment la forme sphérique des ondes avait pour conséquence la loi de Descartes; l'indétermination de la direction des vibrations permet à des rayons polarisés d'une manière quelconque de se propager également bien dans tous les sens.

On doit donc présumer que les propriétés caractéristiques des milieux *biréfringents* tiennent à quelque inégalité des forces élastiques qui peuvent y être développées par les déplacements moléculaires de directions diverses. On doit présumer, par exemple, que si l'on pouvait imprimer à un milieu isotrope une modification telle que la résistance au glissement relatif de deux tranches consécutives d'éther ne fût plus indépendante de la direction de ces tranches, on transformerait ce milieu en un milieu biréfringent. — Cette conjecture a été confirmée par l'expérience suivante, qui est due à Fresnel.

606. **Expérience de Fresnel sur la propriété biréfringente du verre comprimé.** — Fresnel, dans la remarquable expérience qu'il nous reste à indiquer, a montré qu'en réalisant, dans une substance isotrope comme le verre, une modification du genre de celles qui viennent d'être indiquées, on transforme cette substance, qui était d'abord uniréfringente, en un corps doué de la double réfraction.

Soit un prisme de verre ABC (fig. 481) ayant pour base un riangle équilatéral. Si l'on exerce sur les deux bases de ce prisme, perpendiculairement au plan de la figure, une compression énergique, on déterminera le rapprochement des molécules du verre parallèlement aux arêtes, et leur écartement suivant toute direction rectangulaire. Cette modification profonde de l'état du milieu pondérable aura nécessairement pour conséquence quelque modification du même genre dans l'état de l'éther : des vibrations

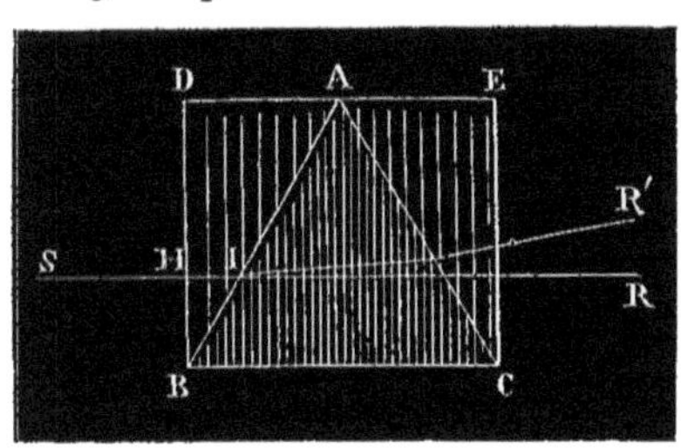

Fig. 481.

parallèles à la compression ne donneront plus naissance aux mêmes forces élastiques que des vibrations perpendiculaires. Il est donc à croire que le prisme de verre sera devenu biréfringent; et même, comme tout est évidemment symétrique autour de la direction de la compression, il est probable qu'il aura acquis des propriétés analogues à celles d'un cristal à un axe : un rayon incident, compris dans un plan perpendiculaire aux arêtes du prisme, devra donc s'y diviser en deux rayons polarisés à angle droit, qui suivront tous les deux la loi de Descartes, mais avec des indices de réfraction différents. — Mais, si la double réfraction est très-petite, l'effet en pourrait être entièrement masqué par celui de la dispersion : pour constater la double réfraction, il sera alors nécessaire d'achromatiser le prisme comprimé, au moyen de deux prismes ABD, ACE, formés de la même substance et ayant un angle réfringent de 30 degrés, disposés comme l'indique la figure 481. Le rayon incident étant normal à la face d'entrée, les deux rayons émergents sont presque normaux à la face de sortie et ne présentent aucune dispersion appréciable.

En réunissant plusieurs systèmes de ce genre, et employant pour produire l'achromatisme, au lieu de deux prismes de 30 degrés en contact l'un avec l'autre, un seul prisme de 60 degrés, on obtient l'appareil dont Fresnel s'est servi (fig. 482). Cet appareil est formé

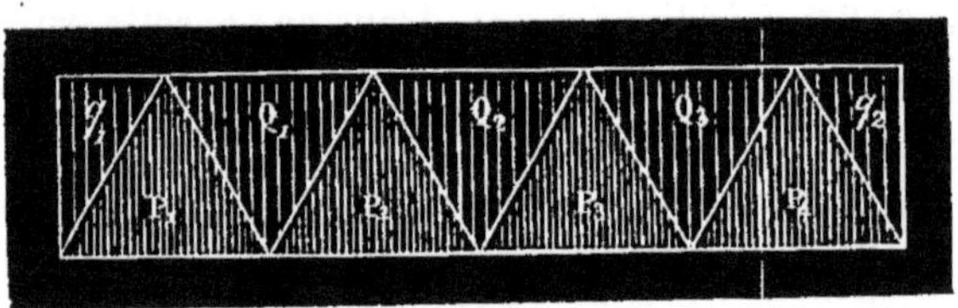

Fig. 482.

de quatre prismes égaux, à base de triangle équilatéral, P_1, P_2, P_3, P_4, placés à la suite les uns des autres; dans les intervalles de ces prismes se trouvent trois prismes pareils Q_1, Q_2, Q_3, dont les arêtes sont un peu moins longues; enfin, aux extrémités, deux prismes q_1, q_2, présentant des angles de 30 degrés et ayant leurs arêtes de même longueur que celles des prismes Q_1, Q_2, Q_3. Si le système entier est soumis à l'action d'une presse, parallèlement aux arêtes des prismes, la compression ne se fait sentir que sur les bases des quatre prismes qui dépassent un peu le niveau des autres. Ces prismes deviennent alors biréfringents; les autres contribuent simplement à l'achromatisme des rayons réfractés : en regardant au travers du système, on aperçoit une double image d'un objet très-délié, tel que l'extrémité d'une fine aiguille. Bien que la double réfraction soit répétée quatre fois, on n'aperçoit que deux images, à cause du parallélisme de toutes les sections principales.

607. **Conclusions générales concernant la théorie des phénomènes lumineux.** — Il existe donc réellement une liaison nécessaire entre la double réfraction et l'inégalité des forces élastiques développées par des déplacements de directions diverses. Pour déduire de ce principe une théorie complète de la double réfraction, on devra d'abord étudier, d'une manière tout à fait générale, la propagation du mouvement vibratoire dans un milieu où, autour d'un point donné, l'élasticité varie suivant une loi quelconque. Les lois de cette propagation étant connues, on en conclura, par des raisonnements analogues à ceux qu'on fait dans le cas des milieux isotropes, les lois de la réfraction du mouvement au passage d'un milieu dans un autre.

Si, par des hypothèses particulières et conformes aux principes de la mécanique, on parvient à réduire ces lois à la loi générale que Fresnel a déduite d'une théorie imparfaite, mais qu'on peut regarder comme la loi de la nature, en raison de la vérification constante de ses conséquences les plus minutieuses, on aura trouvé une constitution de l'éther qui *peut* être sa constitution véritable. — Si enfin on démontre que le système d'hypothèses par lequel cette réduction aura été opérée est seul admissible, ou bien si, par l'étude d'autres phénomènes, on arrive à faire un choix entre des hypothèses qui semblent également légitimes tant qu'on ne considère que les phénomènes de la double réfraction, l'établissement d'une théorie rigoureuse sera achevé.

La science ne s'est pas encore élevée à ce degré de perfection. Elle ne possède jusqu'ici que des théories qui *peuvent* expliquer les phénomènes, mais dont aucune n'a encore le droit d'être regardée comme l'expression absolue et unique de la réalité. Ces diverses théories ne se prêtant pas d'ailleurs à un exposé élémentaire, on se bornera ici à ces indications sommaires. — On n'essayera même pas de donner une idée des essais théoriques de Fresnel. L'exposition qu'on en pourrait faire serait aussi utile qu'intéressante, si, tout en montrant les imperfections qui se trouvent en plusieurs points des raisonnements de Fresnel, on faisait ressortir la nouveauté et la fécondité des aperçus qui font du *Mémoire sur la double réfraction* une des œuvres capitales de la science moderne; mais un tel développement excéderait les limites nécessaires de ce Cours.

POLARISATION CHROMATIQUE.

608. **Formules relatives aux deux rayons fournis par un rayon lumineux primitivement polarisé, transmis au travers d'un cristal biréfringent.** — Supposons qu'un rayon lumineux polarisé tombe normalement sur un cristal biréfringent ayant une épaisseur déterminée, et que la section principale du cristal fasse un angle i avec le plan de polarisation primitif. Décomposons chacune des vibrations incidentes en deux autres vibrations, dont l'une sera polarisée dans la section principale, et l'autre dans le plan perpendiculaire. En vertu du principe de la superposition des petits mouvements, la combinaison des effets des deux systèmes ainsi obtenus sera identique à l'effet des vibrations réelles. Admettons que, dans les vibrations réelles, le déplacement d'une molécule d'éther suivant une droite OM (fig. 483) perpendiculaire au plan de polarisation soit représenté, au point d'incidence, par la formule

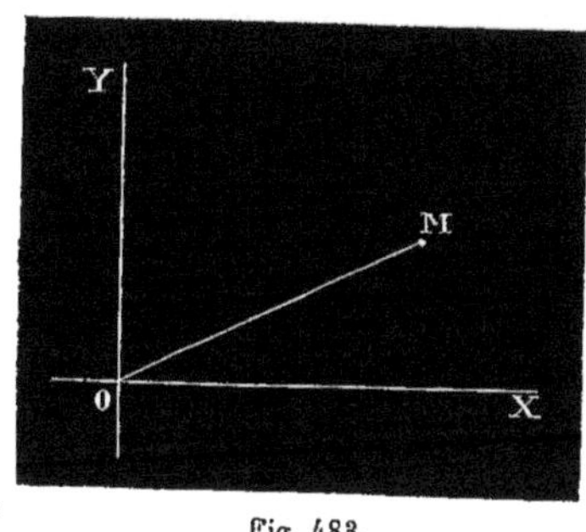

Fig. 483.

$$\rho = h \cos 2\pi \frac{t}{T}.$$

Le déplacement d'une molécule, dans les vibrations qui s'exécutent suivant la droite OX perpendiculaire à la section principale du cristal, c'est-à-dire dans les vibrations dont le plan de polarisation n'est autre que celui de cette section principale elle-même, aura pour expression

$$(1) \qquad \xi = h \cos i \cos 2\pi \frac{t}{T}.$$

De même, le déplacement d'une molécule, dans les vibrations qui s'exécutent suivant la droite OY, c'est-à-dire dans les vibrations dont le plan de polarisation est perpendiculaire à la section principale, aura pour expression

$$(2) \qquad \eta = h \sin i \cos 2\pi \frac{t}{T}.$$

Or, en vertu d'une loi connue, les vibrations polarisées dans la section principale ne donnent naissance qu'à un rayon ordinaire, et les vibrations polarisées perpendiculairement à cette section ne donnent naissance qu'à un rayon extraordinaire [1]. Le rayon ordinaire sera donc, à cause de la réflexion d'une partie de la lumière incidente, une fraction déterminée du rayon représenté par la formule (1); de même, le rayon extraordinaire sera une fraction du rayon représenté par la formule (2). A moins que le cristal ne soit très-fortement biréfringent, on peut regarder la perte de lumière par réflexion comme sensiblement la même pour les deux rayons [2]; les amplitudes de vibration du rayon ordinaire et du rayon extraordinaire seront donc respectivement proportionnelles à $h \cos i$ et à $h \sin i$; par suite, leurs intensités seront proportionnelles à $\cos^2 i$ et à $\sin^2 i$. — Les formules de Malus se trouvent ainsi justifiées.

609. **Combinaison des deux rayons, lorsque le cristal biréfringent est une lame mince à faces parallèles.** — Si le cristal biréfringent se réduit à une lame *mince*, à faces parallèles, la séparation des rayons ordinaires et des rayons extraordinaires

(1) Dans le cas où la face d'incidence est parallèle à l'axe, la raison mécanique de ce fait d'expérience est évidente. Les plans de polarisation des deux rayons dans lesquels on a décomposé le rayon incident sont alors, par rapport au cristal, des plans de symétrie, et il n'y a pas de raison pour que des vibrations parallèles ou perpendiculaires à ces plans éprouvent un changement de direction en se communiquant à l'éther contenu dans le cristal.

(2) La manière dont la lumière se partage entre le rayon réfléchi et le rayon réfracté dépend de la densité relative des couches d'éther adjacentes à la surface réfringente, et des forces élastiques développées par l'ébranlement de ces couches, c'est-à-dire précisément des circonstances qui déterminent la vitesse de propagation des ondes. On conçoit donc que, dans un cristal où la double réfraction est faible, il soit à peu près indifférent, pour l'intensité de la réflexion, que l'onde réfractée soit ordinaire ou extraordinaire. Il peut en être autrement dans un cristal très-fortement biréfringent : des expériences délicates ont effectivement montré que, pour ce genre de cristaux, les formules de Malus ne sont pas rigoureusement vraies.

n'étant pas sensible, le mouvement d'une molécule d'éther, placée sur le trajet de la lumière émergente, est le mouvement résultant de la combinaison des deux vibrations rectangulaires que produirait séparément chacun de ces rayons, s'il existait seul. Mais, en vertu de l'inégalité des chemins parcourus et de l'inégalité des vitesses, le rayon ordinaire et le rayon extraordinaire traversent la lame en des temps différents; si l'on représente par θ la différence de ces durées de propagation, et qu'on exprime toujours, au point d'émergence, les vibrations ordinaires par

$$\xi = h \cos i \cos 2\pi \frac{t}{T},$$

les vibrations extraordinaires devront être exprimées, au même point, par

$$\eta = h \sin i \cos 2\pi \frac{t-\theta}{T}.$$

La combinaison de ces deux mouvements donnera naissance, ainsi qu'on l'a démontré en acoustique (375), à des vibrations qui sont généralement *elliptiques*.

Ces vibrations deviendront *rectilignes* si l'on a

$$\cos 2\pi \frac{\theta}{T} = \pm 1.$$

Elles deviendront *circulaires* si l'on a à la fois

$$\cos 2\pi \frac{\theta}{T} = 0 \qquad \text{et} \qquad \cos i = \sin i.$$

En appelant δ le chemin parcouru par la lumière dans l'air, en un temps égal à θ, on a

$$\frac{\delta}{\lambda} = \frac{\theta}{T};$$

et, en substituant cette valeur dans l'équation des vibrations extraordinaires, on la met sous la forme

$$\eta = h \sin i \cos 2\pi \left(\frac{t}{T} - \frac{\delta}{\lambda}\right),$$

ce qui permet de considérer les deux rayons comme ayant, l'un par rapport à l'autre, une différence de marche égale à δ [1]. En ayant égard à cette convention, les résultats de la combinaison du rayon ordinaire avec le rayon extraordinaire s'énoncent de la manière suivante :

1° Toutes les fois que la lame cristalline établit entre les deux rayons une différence de marche d'un nombre entier de demi-longueurs d'onde, la lumière émergente est polarisée dans le plan primitif ou dans un plan symétrique par rapport à la section principale.

2° Toutes les fois que la lame cristalline établit entre les deux rayons une différence de marche d'un nombre impair de quarts de longueur d'onde, et qu'en même temps l'angle i du plan primitif de polarisation avec la lumière incidente est égal à 45 degrés, les vibrations de la lumière émergente sont circulaires.

3° Dans tout autre cas, les vibrations émergentes sont elliptiques [2].

610. **Caractères de la lumière polarisée circulairement.** — Des vibrations circulaires ne sont orientées par rapport à aucun plan, et, de quelque manière qu'on choisisse deux plans rectangulaires menés par la direction du rayon, les projections de ces vibrations sur les deux plans sont égales. — En appliquant aux vibrations circulaires le raisonnement qu'on a fait plus haut sur la décomposition des vibrations rectilignes, on trouvera donc qu'elles doivent donner, dans un cristal biréfringent, deux images égales, quelle que soit l'orientation de la section principale dans l'espace. C'est ce que l'expérience confirme : la lumière *polarisée circulairement* se confond, sous ce rapport, avec la lumière naturelle.

D'autre part, la lumière polarisée circulairement se distingue de la lumière naturelle par un caractère essentiel. Puisqu'elle résulte de la combinaison de deux rayons polarisés à angle droit, dont la différence de marche est d'un nombre impair de quarts de lon-

[1] Pour la généralité des raisonnements, on doit regarder θ et δ comme pouvant être, suivant les cas, positifs ou négatifs.

[2] Ces conclusions s'appliquent à une lame mince taillée dans un cristal à deux axes, pourvu que l'on considère, au lieu de la section principale, le plan de polarisation de l'un des deux rayons polarisés à angle droit qui se propagent à travers la lame.

gueur d'onde, si l'on fait passer cette lumière à travers une seconde lame cristalline, identique à la première, de manière à doubler cette différence de marche et à la rendre égale à un nombre entier de demi-longueurs d'onde, les vibrations deviennent rectilignes, et la lumière reprend l'état de lumière polarisée. — Rien de pareil ne s'observe avec la lumière naturelle.

611. **Caractères de la lumière polarisée elliptiquement.** — La lumière dont les vibrations sont elliptiques se rapproche, par ses propriétés, de la lumière partiellement polarisée. — En effet, des vibrations elliptiques sont orientées d'une manière déterminée dans l'espace, et ne peuvent donner, dans un prisme biréfringent, deux rayons égaux pour toutes les positions de la section principale. Mais la projection des vibrations ne peut être nulle sur aucun plan mené par la direction du rayon lumineux : par suite, ni le rayon ordinaire ni le rayon extraordinaire ne peuvent jamais se réduire à zéro.

612. **De la lumière naturelle en général.** — Si l'on conçoit que les vibrations d'un rayon soient elliptiques, mais que le rapport des grandeurs des axes de l'ellipse et leur orientation varient brusquement et à des intervalles rapprochés, par l'effet d'un grand nombre de causes absolument indépendantes les unes des autres, on aura un système de vibrations qui, dans toute expérience d'une durée appréciable, paraîtra posséder les mêmes propriétés relativement à tous les plans menés par la direction du rayon. — Telle est l'idée la plus générale que l'on doit se faire d'un rayon de lumière naturelle.

La production de ces changements brusques et très-rapprochés, survenant dans l'état des vibrations, est démontrée par l'impossibilité d'obtenir des franges d'interférences avec des rayons émanés de deux sources physiquement distinctes. — Quant aux causes de ces changements, il est aisé d'en concevoir la nature, si l'on réfléchit à la nature même des phénomènes moléculaires, plus ou moins analogues à ceux de la combustion, par lesquels les vibrations lumineuses sont excitées.

613. **Action d'un analyseur biréfringent sur un rayon homogène primitivement polarisé et transmis à travers une lame mince biréfringente.** — Nous chercherons maintenant à déterminer, d'une manière générale, les intensités des deux rayons dans lesquels un analyseur biréfringent décompose un rayon de lumière homogène, primitivement polarisé dans un plan PP' (fig. 484), et transmis à travers une lame mince cristallisée dont la section principale II' fait un angle quelconque i avec le plan PP'.

Nous savons que les vibrations incidentes, dirigées suivant OA, se décomposent, dans la lame mince cristallisée, en vibrations ordinaires dirigées perpendiculairement à la section principale II', suivant OB, et en vibrations extraordinaires parallèles à la section principale, suivant OC; on sait, en outre, que les intensités de ces vibrations sont respectivement proportionnelles à $\cos^2 i$ et à $\sin^2 i$. On sait enfin que les deux rayons correspondants sortent de la lame avec une différence de marche égale à la quantité δ (609). — Soit maintenant SS' la section principale de l'analyseur biréfringent, et soit s l'angle que fait SS' avec le plan de polarisation primitif PP'. En arrivant sur cet analyseur, les vibrations parallèles à OB se décomposent en vibrations perpendiculaires à SS' et en vibrations parallèles à SS'. Les premières sont représentées sur la figure par OD : si l'on remarque qu'on a $BOD = i - s$, on voit que leur intensité est représentée par

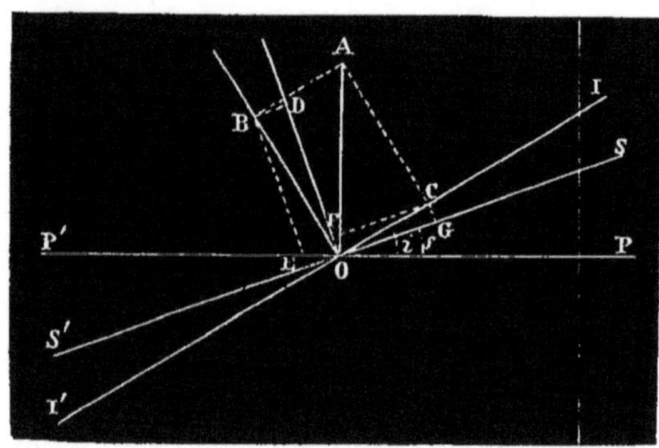

Fig 484.

$$\cos^2 i \cos^2 (i - s).$$

De même les secondes, représentées par OE, ont leur intensité représentée par

$$\cos^2 i \sin^2(i-s).$$

Semblablement, les vibrations parallèles à OC se décomposent en vibrations perpendiculaires à SS′, représentées sur la figure par OF, et ayant pour intensité

$$\sin^2 i \sin^2(i-s),$$

et en vibrations parallèles à SS′, représentées sur la figure par OG, et ayant pour intensité

$$\sin^2 i \cos^2(i-s).$$

Enfin, les vibrations OD et OF, perpendiculaires sur SS′, formeront par leur combinaison le rayon ordinaire de l'analyseur, tandis que le rayon extraordinaire résultera de la combinaison des vibrations OE et OG, parallèles à SS′.

Le rayon *ordinaire* aura donc l'intensité déterminée par l'interférence de deux rayons dont les intensités sont proportionnelles à $\cos^2 i \cos^2(i-s)$ et à $\sin^2 i \sin^2(i-s)$, et qui présentent l'un par rapport à l'autre une différence de marche égale à δ. Cette quantité δ est proportionnelle à l'épaisseur; par conséquent, si l'on fait varier d'une manière continue l'épaisseur de la lame, le rayon ordinaire éprouvera une série de variations comprises entre des maxima et des minima alternatifs. La différence d'intensité d'un maximum et d'un minimum dépendra d'ailleurs de la différence d'intensité des deux rayons interférents, c'est-à-dire de la valeur des expressions $\cos^2 i \cos^2(i-s)$ et $\sin^2 i \sin^2(i-s)$.

Quant au rayon *extraordinaire*, son intensité sera déterminée par l'interférence de deux rayons ayant des intensités proportionnelles à $\cos^2 i \sin^2(i-s)$ et à $\sin^2 i \cos^2(i-s)$. Mais, pour se faire une idée exacte des conditions d'interférence de ces deux rayons, il faut remarquer que, si la différence de marche était nulle, les vibrations OE et OG, dirigées en sens contraire, s'affaibliraient réciproquement au lieu de se renforcer, et qu'en conséquence tout doit se passer comme si la différence de marche était $\delta + \frac{\lambda}{2}$. Le rayon extraordinaire sera donc minimum quand le rayon ordinaire sera maximum, et réciproquement.

614. **Polarisation chromatique.** — Supposons maintenant que, en conservant la disposition que l'on vient d'employer, c'est-à-dire en faisant tomber sur une lame mince biréfringente de la lumière primitivement polarisée, et recevant le faisceau émergent sur un analyseur biréfringent, on emploie, comme faisceau incident, un faisceau formé de lumière *blanche*. On voit que, pour chacun des rayons de couleur simple qui forment ce faisceau, le rapport de la différence de marche à la longueur d'ondulation aura, au sortir de la lame mince, une valeur particulière : les intensités de ces divers rayons élémentaires seront donc modifiées dans des rapports inégaux; par suite, il y aura coloration. Les interférences ayant lieu en sens opposé dans le faisceau ordinaire et dans le faisceau extraordinaire fournis par l'analyseur, chaque couleur en particulier éprouvera, dans ces deux faisceaux, des modifications inverses : les deux colorations résultantes seront donc complémentaires l'une de l'autre[1].

Telle est la théorie fort simple par laquelle Fresnel a expliqué, en 1821, le phénomène fondamental de la *polarisation chromatique*, découvert dix ans auparavant par Arago.

Si l'on supposait la section principale de l'analyseur dirigée perpendiculairement à SS', suivant OD (fig. 484), tout ce qu'on a dit

[1] La teinte complémentaire des deux images résulte nécessairement du partage de chaque espèce de rayons lumineux entre le faisceau ordinaire et le faisceau extraordinaire de l'analyseur. — On peut d'ailleurs remarquer que le maximum d'intensité d'une couleur dans le faisceau ordinaire est proportionnel au carré de la somme des amplitudes des vibrations interférentes, c'est-à-dire à

$$[\cos i \cos (i-s) + \sin i \sin (i-s)]^2 = \cos^2 s;$$

que le minimum correspondant, dans le faisceau extraordinaire, est représenté par

$$[\sin i \cos (i-s) - \cos i \sin (i-s)]^2 = \sin^2 s,$$

et que la somme de ces deux expressions est égale à l'unité. — Une remarque semblable peut être faite sur les minima du rayon ordinaire, comparés aux maxima du rayon extraordinaire. — On voit ainsi que la production d'un minimum dans l'un des faisceaux peut être envisagée comme résultant de ce qu'une portion de la lumière est transportée de ce faisceau dans le second, où elle produit un maximum, et réciproquement.

du rayon ordinaire fourni par l'analyseur serait vrai du rayon extraordinaire, et réciproquement. Il suit de là que, par un déplacement angulaire de 90 degrés, imprimé à l'analyseur, on doit faire passer la teinte de chacune des images à la teinte complémentaire.

Un déplacement de 90 degrés, imprimé au plan de polarisation primitif, doit produire le même effet; car, si l'on refait la construction de la figure précédente en supposant les vibrations initiales dirigées suivant PP', on reconnaît que les interférences des deux rayons qui constituent le rayon ordinaire de l'analyseur dépendent de $\delta + \frac{\lambda}{2}$, et que celles des deux rayons qui constituent le rayon extraordinaire dépendent de δ.

Le passage d'une teinte déterminée à la teinte complémentaire doit avoir lieu par l'intermédiaire d'une teinte blanche (qui peut, dans certains cas, se réduire à l'obscurité absolue) toutes les fois que l'un des deux rayons interférents vient à être supprimé, c'est-à-dire toutes les fois que l'une des quantités $\sin i$, $\cos i$, $\sin(i-s)$, $\cos(i-s)$ est nulle. — Il est facile de se rendre compte de l'absence de coloration dans chacun de ces quatre cas particuliers :

1° Si l'on a $\sin i = 0$, la section principale de la lame mince étant parallèle au plan primitif de polarisation, il n'y a au sortir de cette lame qu'un seul rayon, le rayon ordinaire; par conséquent, il ne peut se produire d'interférences.

2° Si l'on a $\cos i = 0$, la section principale de la lame mince étant perpendiculaire au plan primitif de polarisation, il n'y a au sortir de la lame qu'un rayon extraordinaire, et la conséquence est la même.

3° Si l'on a $\sin(i-s) = 0$, les sections principales de l'analyseur et de la lame étant parallèles, le rayon ordinaire de la lame contribue seul à la formation du rayon ordinaire de l'analyseur, et la même relation existe entre les rayons extraordinaires.

4° Si l'on a $\cos(i-s) = 0$, le rayon ordinaire de la lame contribue seul à la formation du rayon ordinaire de l'analyseur, et réciproquement.

Toutes ces conséquences sont conformes à l'observation. Tout système formé d'un polariseur et d'un analyseur quelconque peut servir à les vérifier.

Entre les divers arrangements qu'on peut donner à ces deux pièces, un des plus simples et des plus commodes se trouve réalisé dans l'*appareil de Norremberg*. Une glace transparente GG′ (fig. 485), mobile autour d'un axe horizontal que soutiennent deux montants verticaux, reçoit une inclinaison telle, que l'angle de sa surface avec la verticale soit égal à l'angle de polarisation du verre. Les rayons que cette glace réfléchit verticalement, par l'une ou par l'autre de ses deux faces, sont donc complétement polarisés. On fait ordinairement usage de ceux qu'elle réfléchit par sa face inférieure et qui tombent sur un miroir horizontal étamé HH′. Ils se réfléchissent sur ce miroir, sans éprouver un trop grand affaiblissement, traversent la glace sans que leur état de polarisation soit modifié, puisqu'ils sont polarisés dans le plan d'incidence, et parviennent enfin à l'analyseur A, placé à la partie supérieure de l'appareil. Une lame mince est placée sur le trajet de ces rayons, par exemple entre la glace GG′ et l'analyseur A, au centre d'un support percé d'une ouverture circulaire qui ne laisse passer que les rayons sensiblement verticaux. Ce support et celui de l'analyseur peuvent tourner autour de la verticale, de façon qu'il est possible de donner aux angles i et s telle valeur que l'on veut.

Fig. 485.

615. **Phénomènes produits par la lumière convergente.** — Si l'on incline la lame cristallisée sur la direction des rayons lumineux, la différence de marche δ change de valeur, et les couleurs observées à l'aide de l'analyseur se modifient d'une manière qui dépend de la loi des variations de δ. Par conséquent, si l'on fait

arriver sur la lame plusieurs faisceaux parallèles, diversement inclinés et contenus dans des plans d'incidence différents, il se développe autant de couleurs distinctes que de faisceaux.

Sur un tableau suffisamment éloigné de l'analyseur, ces faisceaux peuvent donner des images distinctes les unes des autres, s'ils sont en nombre limité; mais si leur inclinaison varie d'une manière continue, et que, par suite, on doive les considérer comme étant en nombre infini, on ne pourra obtenir une séparation nette des couleurs qu'à la condition de disposer, à la suite de l'analyseur, une lentille convergente qui réunisse en un point déterminé de son plan focal tous les rayons parallèles à la droite menée de ce point au centre optique. Sur un plan perpendiculaire à l'axe de la lentille, passant par le foyer principal, on peut obtenir ainsi des apparences très-variées, dont l'observation sera d'un grand secours pour faciliter l'étude des lois de la double réfraction, puisque le dessin et la coloration de ces apparences doivent être des conséquences nécessaires de la loi des variations de δ[1].

Si l'on veut simplement constater les phénomènes, on peut se servir de la pince à tourmalines (594). Les milieux réfringents de l'œil font alors l'office de la lentille convergente dont il vient d'être parlé, et, si leur ajustement est tel que la vision soit distincte pour des objets infiniment éloignés, ils font converger en un point spécial de la rétine chacun des faisceaux parallèles qui tombent sur la pince à tourmalines dans une infinité de directions diverses. De là l'apparence d'un dessin coloré, placé devant l'œil à une grande distance. Un myope, pour apercevoir ce dessin avec netteté, doit mettre au devant de son œil un verre divergent.

Si l'on veut, au contraire, montrer simultanément ces phénomènes à plusieurs personnes, on peut employer des appareils de formes variées, qui sont toujours construits de manière à concentrer d'abord, sur la lame cristalline, des faisceaux parallèles de largeur finie et de directions diverses, et à séparer ensuite les colorations

(1) Pour calculer la valeur de δ, lorsque l'incidence est oblique, il ne suffit plus d'avoir égard à l'inégalité des chemins parcourus dans la lame et à la différence des vitesses, il faut encore tenir compte de l'inégalité des chemins parcourus dans l'air par les deux rayons dont on considère l'interférence.

propres à ces faisceaux, en faisant converger chacun d'eux en un point déterminé d'un tableau plan. — A considérer la lumière dans son ensemble, on peut dire indifféremment qu'elle *converge* vers la lame cristalline ou qu'elle *diverge* à partir de cette lame. De là les deux dénominations opposées par lesquelles on désigne indifféremment ces phénomènes.

Il n'est nullement nécessaire, comme on l'a supposé pour plus de simplicité, que le polariseur, la lame cristalline et l'analyseur se suivent immédiatement, et que les appareils réfringents, destinés à concentrer la lumière sur la lame et à produire sur un tableau une image nette, soient placés des deux côtés de ce système. Il suffit que le polariseur, la lame cristalline et l'analyseur soient successivement traversés par la totalité des rayons lumineux, la position des lentilles auxiliaires étant d'ailleurs quelconque. De là des dispositions très-variées, parmi lesquelles on indiquera, à titre d'exemple, celle que M. Duboscq a adoptée depuis quelques années pour les expériences de projection. — Un large faisceau lumineux, fourni par le soleil, la lampe électrique ou même la lampe de Drummond, est polarisé d'abord par un prisme de Foucault F (fig. 486), et reçu

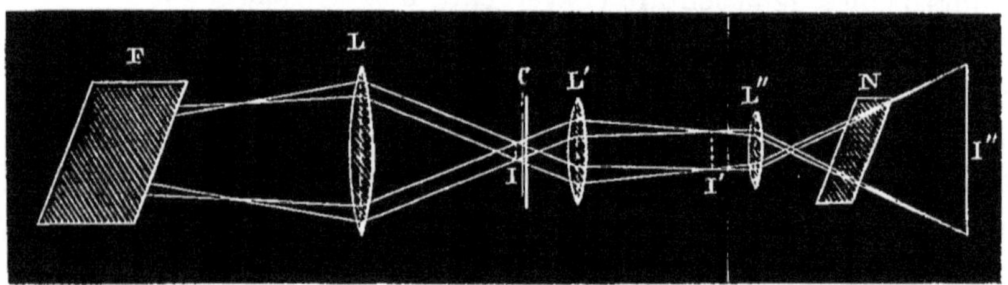

Fig. 486.

ensuite sur une première lentille convergente L, qui donne dans un plan déterminé une image I de la source de lumière : il en résulte que, derrière cette lentille, la lumière peut être considérée comme formée d'une infinité de faisceaux cylindriques, circonscrits à I et parallèles à diverses directions : on a représenté sur la figure les deux faisceaux extrêmes. La lame cristalline C est voisine de cette image; il n'est donc pas nécessaire qu'elle ait de grandes dimensions pour qu'elle soit traversée par l'ensemble de ces faisceaux. Vient ensuite une deuxième lentille convergente L′, qui donnerait dans son plan focal principal, en I′, l'apparence colorée qu'on veut observer, si les rayons traversaient l'analyseur avant d'arriver dans ce plan. Enfin, au delà de I′, est une troisième lentille L″, à foyer assez court, qui produirait sur un tableau éloigné une image très-agrandie I″ de cette apparence lumineuse. Il suffit de placer derrière la lentille L″ un prisme de Nicol N, pour que cette image se forme réellement.

616. **Des polariscopes.** — Dans toutes les expériences que l'on vient de décrire, il n'est pas nécessaire que la lumière reçue sur la lame cristalline soit complétement polarisée. L'état de polarisation partielle n'a d'autre influence que d'affaiblir la coloration des images, en les superposant aux images blanches que donne toujours la lumière naturelle. L'œil est d'ailleurs tellement sensible à la différence de couleurs de deux images voisines l'une de l'autre, ou aux colorations diverses des points d'une seule image formée par la lumière convergente, qu'on peut ainsi reconnaître les plus faibles traces de polarisation. De là la construction des polariscopes.

On donne le nom de *polariscope* à tout système composé d'une lame cristallisée biréfringente et d'un analyseur. Un faisceau de lumière, assez faiblement polarisé pour qu'il soit impossible d'apprécier la différence d'éclat des deux faisceaux entre lesquels il se partage dans un cristal biréfringent, peut donner naissance dans ces appareils à des colorations très-sensibles; l'observation des positions pour lesquelles toute coloration disparaît dans le faisceau transmis peut faire apprécier avec assez d'exactitude la situation du plan de polarisation.

L'un des polariscopes les plus usités est le polariscope de Savart. Il comprend : 1° deux lames d'un cristal à un axe, inclinées de 45 degrés sur l'axe, et croisées de manière que leurs sections principales soient à angle droit; 2° une tourmaline, dont l'axe est parallèle à la bissectrice de l'angle de ces deux sections. La lumière polarisée, lorsqu'on la reçoit sur cet appareil, donne naissance à des bandes colorées, parallèles à l'axe de la tourmaline; ces bandes disparaissent entièrement, lorsque la section principale de l'une des lames est parallèle, et l'autre perpendiculaire au plan de polarisation.

On peut, en constatant l'état d'un faisceau lumineux au moyen d'un polariscope, reconnaître s'il doit son origine à la réflexion ou à la réfraction. C'est ainsi que l'on constate, par exemple, que la lumière de la lune ou des planètes est polarisée par réflexion; que la lumière de l'arc-en-ciel est aussi polarisée par réflexion, et qu'il en est de même de la lumière bleue d'un ciel sans nuages; qu'au contraire la lumière des halos est polarisée par réfraction, etc.

617. **Distinction des cristaux à un axe et des cristaux à deux axes.** — Lorsque l'on taille, dans un cristal à *un axe,* une lame perpendiculaire à l'axe, les *lignes isochromatiques* auxquelles cette lame donne naissance ne peuvent être que des anneaux circulaires, ayant pour centre le point de la figure colorée où vont converger les rayons qui ont traversé la lame parallèlement à son axe. Comme ces rayons n'ont pas éprouvé de double réfraction, le point dont il s'agit est toujours incolore; il est d'ailleurs noir ou blanc, suivant les circonstances (fig. 487 et 488). Il est, en outre, le point

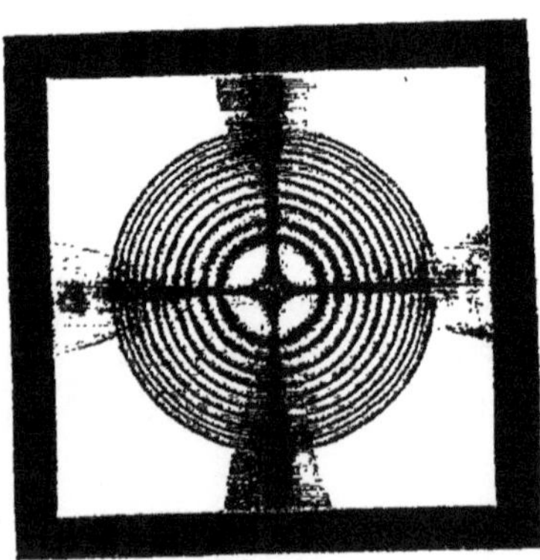
Fig. 487.

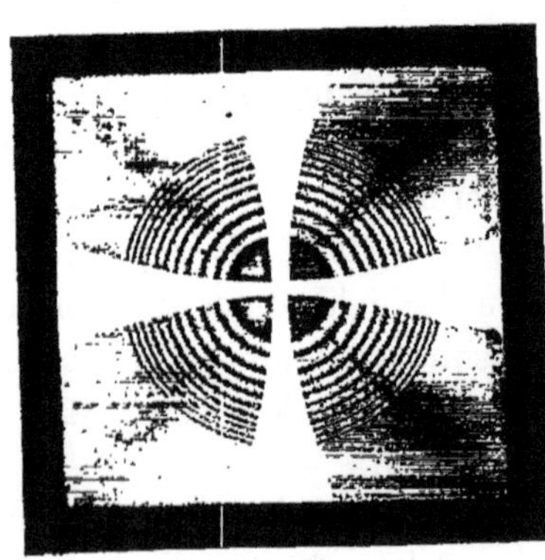
Fig. 488.

de croisement des branches d'une ou deux croix incolores, qui sont parallèles et perpendiculaires au plan primitif de polarisation et à la section principale de l'analyseur. Si ces deux derniers plans coïncident, les deux croix se réduisent à une seule : cette croix unique paraît noire dans l'une des images de l'analyseur (fig. 487), et blanche dans l'autre (fig. 488). — Cette propriété de l'axe est évidemment générale : dans toute expérience de polarisation chromatique où il arrivera qu'un des faisceaux lumineux se réfracte à travers la lame cristalline parallèlement à son axe, ce faisceau sera dépourvu de coloration.

Dans les cristaux à *deux axes*, il existe deux directions jouissant d'une propriété analogue, sinon identique. Si, dans l'intérieur d'une lame à faces parallèles, la lumière se meut suivant une de ces directions, elle sort de la lame, quelle qu'en soit l'épaisseur, sans que son état de polarisation ait changé; tout paraît donc se passer comme s'il n'y avait pas double réfraction. En réalité, la double réfraction subsiste : elle présente même des caractères spéciaux fort remarquables; mais elle n'a pas pour conséquence la production d'une différence de phase. On peut donc conserver à ces deux directions la dénomination d'*axes optiques*, qui leur a été primitivement donnée. Elles n'ont pas en général la même position pour toutes les couleurs du spectre; mais, lorsque leurs positions diverses diffèrent peu, on observe que les faisceaux qui leur sont parallèles ne développent pas plus de couleurs que les faisceaux parallèles à l'axe dans une plaque de spath.

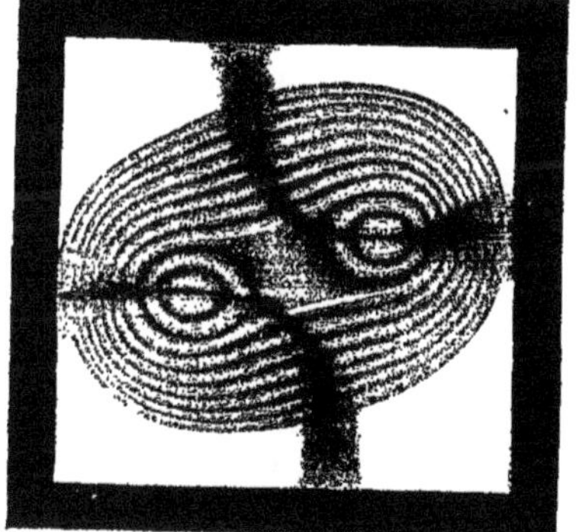

Fig 489.

Une plaque dont les faces parallèles sont perpendiculaires à la bissectrice de l'angle des axes optiques donne naissance à un système de lemniscates (fig. 489) qui ont pour foyers les deux points du tableau où viennent converger les deux faisceaux parallèles aux axes. Ce système est traversé par quatre branches d'hyperboles incolores, qui passent par les foyers des lemniscates.

POUVOIRS ROTATOIRES.

618. **Caractères offerts par la lumière polarisée, transmise normalement au travers d'une lame de quartz taillée perpendiculairement à l'axe.** — En général, une lame perpendiculaire à l'axe, taillée dans un cristal à un axe, ne développe pas de couleurs lorsqu'elle est placée sur le trajet d'un faisceau normal polarisé, et que ce faisceau est ensuite reçu sur un analyseur. — Le *quartz* ou cristal de roche fait exception à cette règle; les lames taillées perpendiculairement à l'axe donnent naissance, dans ces conditions, à des teintes qui se distinguent de celles de la polarisation chromatique par les caractères suivants :

1° Elles ne varient pas quand on fait tourner la lame, d'un angle quelconque, dans son plan.

2° Elles varient au contraire, d'une manière continue, lorsqu'on déplace l'analyseur ou le plan de polarisation primitif; par un déplacement de 90 degrés, la teinte de chacune des images passe à la teinte complémentaire, mais en traversant une série de nuances intermédiaires de coloration, au lieu de passer par le blanc.

L'image ordinaire et l'image extraordinaire de l'analyseur sont d'ailleurs toujours complémentaires l'une de l'autre. — C'est à Arago que sont dues ces remarquables observations.

Si l'on substitue à la lumière blanche incidente une lumière *homogène*, on constate, comme Biot l'a montré le premier, les divers résultats suivants :

1° La lumière émergente est polarisée, comme la lumière incidente, mais dans un autre plan.

2° L'angle du nouveau plan de polarisation et du plan primitif est exactement proportionnel à l'épaisseur de la plaque; il est à peu près inversement proportionnel au carré de la longueur d'onde.

3° Deux plaques de quartz, d'épaisseurs égales, impriment toujours des *rotations* égales au plan de polarisation; mais ces rotations peuvent s'effectuer, tantôt vers la droite, tantôt vers la gauche [1].

Cette troisième loi montre simplement l'existence de deux variétés minéralogiques distinctes de quartz : on a constaté que ces variétés différaient l'une de l'autre par d'importants caractères cristallographiques.

Les deux premières lois rendent compte des faits observés par Arago. — En effet, si l'on désigne par ω la rotation du plan de polarisation d'un rayon d'espèce déterminée, et par s l'angle de la section principale de l'analyseur avec le plan primitif de polarisation, l'intensité de ce rayon aura pour expression, dans l'image ordinaire,

$$\cos^2(\omega - s),$$

et, dans l'image extraordinaire,

$$\sin^2(\omega - s).$$

Ces deux valeurs étant variables d'une manière continue avec la longueur d'onde, les deux images doivent être colorées; les teintes qu'elles présentent doivent d'ailleurs être complémentaires, puisque l'on a

$$\sin^2(\omega - s) = 1 - \cos^2(\omega - s).$$

On voit aussi qu'une variation continue de l'angle s a pour conséquence une modification continue des proportions dans lesquelles chacun des éléments de la lumière blanche entre dans les deux images, c'est-à-dire un changement continu de couleurs; enfin, une variation de s égale à 90 degrés détermine le passage d'une teinte à la teinte complémentaire.

619. **Teinte sensible.** — On sait que l'intensité lumineuse du spectre solaire présente dans le jaune, entre les raies D et E, un

[1] Il est bon de remarquer que le signe de toute rotation supérieure à 90 degrés est ambigu, tant que l'on considère cette rotation isolément; mais l'ambiguïté disparaît lorsqu'on examine la suite des rotations produites par une série de plaques d'épaisseurs graduellement croissantes, à partir d'une épaisseur très-petite.

maximum très-marqué, et que, des deux côtés de ce maximum, l'intensité est très-rapidement décroissante jusqu'aux extrémités. — Supposons que la section principale de l'analyseur placé derrière une lame de quartz soit parallèle au plan de polarisation des rayons les plus intenses. L'image extraordinaire ne contiendra aucune trace de ces rayons : elle présentera donc une teinte complémentaire du jaune, c'est-à-dire violacée; en même temps, elle sera réduite à son minimum d'intensité. — Si maintenant on imprime un petit déplacement à l'analyseur, ce déplacement aura pour effet d'introduire dans cette image une petite fraction des rayons les plus brillants de la lumière solaire; et, pour une même valeur du déplacement, le changement de teinte produit sera évidemment plus sensible que dans toute autre situation de l'analyseur. — Enfin, suivant que le déplacement aura pour effet d'augmenter ou de diminuer l'angle formé par la section principale de l'analyseur avec le plan primitif de polarisation, on affaiblira dans l'image extraordinaire les rayons les moins réfrangibles ou les rayons les plus réfrangibles de la lumière blanche : dans le premier cas, on verra l'image virer au bleu; dans le second cas, on la verra virer au rouge.

Ces propriétés remarquables de la teinte violacée l'ont fait désigner par Biot sous le nom de *teinte sensible* ou de *teinte de passage*.

620. **Interprétation des phénomènes précédents, dans la théorie des ondes.** — Soit un système de vibrations, polarisées dans le plan YY' (fig. 490); le déplacement d'une molécule d'éther sera parallèle à l'axe OX et pourra être représenté, au point d'incidence sur une lame de quartz, par

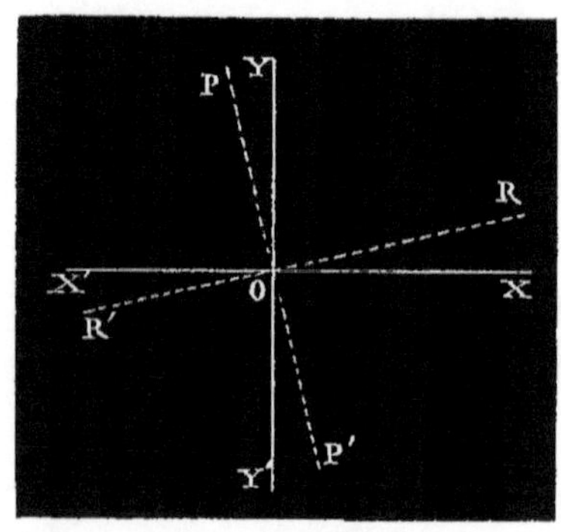

Fig. 490.

$$x = a \cos 2\pi \frac{t}{T}.$$

Or il est évident que ce déplacement peut être considéré comme équivalent au système de deux déplacements ξ et ξ' parallèles à l'axe OX, et de deux déplacements η et η' parallèles à l'axe OY, pourvu qu'on ait à chaque instant

$$\xi + \xi' = x,$$

$$\eta + \eta' = 0.$$

Donc, en vertu du principe de la superposition des petits mouvements, les effets des vibrations rectilignes qui constituent le rayon considéré seront les mêmes que les effets de la combinaison de deux groupes de vibrations dont le premier sera défini par le système des deux équations

$$\xi = \frac{a}{2} \cos 2\pi \frac{t}{T},$$

$$\eta = \frac{a}{2} \sin 2\pi \frac{t}{T},$$

et le second par le système des deux équations

$$\xi' = \frac{a}{2} \cos 2\pi \frac{t}{T},$$

$$\eta' = -\frac{a}{2} \sin 2\pi \frac{t}{T}.$$

Comme on a évidemment $\xi^2 + \eta^2 = \xi'^2 + \eta'^2 = \frac{a^2}{4}$, les vibrations représentées par chacun de ces deux systèmes sont circulaires; d'ailleurs, si l'on examine le sens dans lequel chacune d'elles s'effectue, on reconnaît que, dans les premières, la molécule d'éther parcourt sa trajectoire circulaire de droite à gauche; dans les secondes, le mouvement sur la trajectoire a lieu de gauche à droite. On peut donc énoncer ce théorème :

Un rayon polarisé peut être remplacé par le système de deux rayons égaux, polarisés circulairement et en sens contraire.

Supposons maintenant que, tandis qu'un rayon polarisé rectilignement ne peut se propager sans altération suivant l'axe du quartz, un rayon polarisé circulairement s'y propage sans éprouver d'autre modification que le changement de phase qui résulte de la propagation même. Supposons, en outre, que la vitesse de propagation ne soit pas la même pour les deux espèces opposées de rayons polarisés circulairement; désignons par D la vitesse de propagation des rayons polarisés de gauche à droite, par G la vitesse de propagation des rayons polarisés de droite à gauche. Après avoir traversé une lame de quartz, d'épaisseur ε, le premier système de vibrations circulaires sera représenté, au point d'émergence, par les équations

$$\xi_1 = \frac{a}{2}\cos 2\pi \frac{t - \frac{\varepsilon}{G}}{T},$$

$$\eta_1 = \frac{a}{2}\sin 2\pi \frac{t - \frac{\varepsilon}{G}}{T};$$

le second système sera représenté, au même point, par les équations

$$\xi_1' = \frac{a}{2}\cos 2\pi \frac{t - \frac{\varepsilon}{D}}{T},$$

$$\eta_1' = -\frac{a}{2}\sin 2\pi \frac{t - \frac{\varepsilon}{D}}{T}.$$

Le mouvement résultant de la combinaison des deux systèmes aura pour projections sur les axes coordonnés

$$x' = \xi_1 + \xi_1' = a\cos 2\pi \left[\frac{t}{T} - \frac{1}{2}\left(\frac{\varepsilon}{DT} + \frac{\varepsilon}{GT}\right)\right]\cos\pi\left(\frac{\varepsilon}{DT} - \frac{\varepsilon}{GT}\right),$$

$$y' = \eta_1 + \eta_1' = a\cos 2\pi \left[\frac{t}{T} - \frac{1}{2}\left(\frac{\varepsilon}{DT} + \frac{\varepsilon}{GT}\right)\right]\sin\pi\left(\frac{\varepsilon}{DT} - \frac{\varepsilon}{GT}\right);$$

ce mouvement sera rectiligne et s'exécutera dans un plan faisant, avec le plan des vibrations primitives, un angle égal à

$$\pi\left(\frac{\varepsilon}{DT} - \frac{\varepsilon}{GT}\right).$$

Le plan de polarisation, perpendiculaire au plan de vibration, aura donc tourné d'un angle proportionnel à l'épaisseur; il est facile de voir que cette rotation aura lieu vers la droite si l'on a

$$\frac{1}{D} - \frac{1}{G} < 0:$$

il aura lieu vers la gauche si l'on a

$$\frac{1}{D}-\frac{1}{G}>0.$$

En d'autres termes, le plan de polarisation aura tourné vers la droite ou vers la gauche, selon que la vitesse de propagation D sera supérieure ou inférieure à la vitesse G.

Telle est l'interprétation que Fresnel a donnée, dans la théorie des ondes, de l'action exercée sur la lumière polarisée par les plaques de quartz perpendiculaires à l'axe.

Fresnel a vérifié directement son hypothèse par l'expérience suivante : Un prisme très-obtus ABC (fig. 491) a été taillé dans un cristal de quartz, de manière que sa base AC fût parallèle à l'axe.

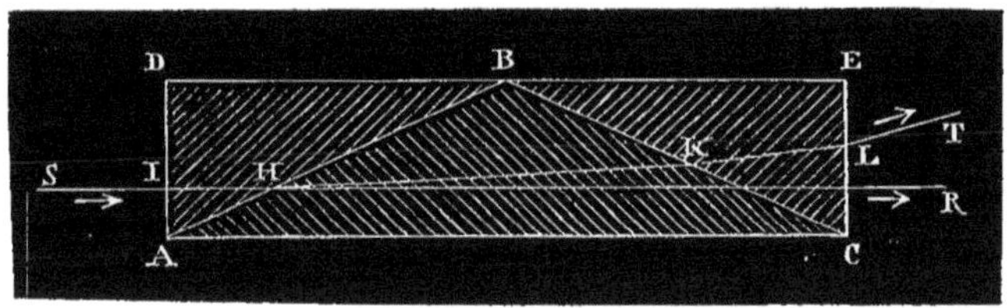

Fig. 491.

Dans un cristal d'espèce contraire, on a ensuite taillé deux prismes rectangles ABD et CBE, de telle façon que dans chacun d'eux l'axe fût parallèle au grand côté de l'angle droit, et qu'en les accolant au prisme ABC on obtînt un parallélipipède rectangle. Si les hypothèses de Fresnel étaient exactes, un rayon polarisé SI, tombant sur AD, devait se décomposer en deux rayons polarisés circulairement, d'espèces contraires, se propageant avec des vitesses inégales, et comme l'ordre des vitesses de propagation se trouvait renversé dans le second prisme ABC, ces deux rayons devaient éprouver, en y pénétrant, des réfractions inégales, et par conséquent se séparer l'un de l'autre. L'effet du troisième prisme était d'augmenter encore cette divergence et d'achromatiser les deux rayons. On peut, avec un appareil de ce genre, voir une double image d'un objet de petites dimensions, et reconnaître que les deux systèmes de rayons correspondants possèdent la polarisation circulaire.

621. **Action du quartz sur la lumière, dans une direction inclinée sur l'axe.** — L'interprétation que nous venons de donner, d'après Fresnel, des propriétés des lames de quartz perpendiculaires à l'axe, implique, comme nous l'avions pressenti, que les lois générales de Huyghens éprouvent des perturbations sensibles, quand la lumière traverse des cristaux de quartz dans des directions voisines de l'axe. — Au contraire, dans une direction perpendiculaire à l'axe, il ne paraît pas y avoir de différence appréciable entre les propriétés du quartz et celles d'un cristal quelconque à un axe.

Il est naturel de supposer que le passage des vibrations circulaires aux vibrations rectilignes a lieu par l'intermédiaire des vibrations elliptiques, et que, suivant une direction inclinée sur l'axe, le quartz ne peut transmettre sans altération que les rayons polarisés elliptiquement; la vitesse de propagation dépendrait d'ailleurs du sens de la polarisation elliptique, et les axes des ellipses de vibration seraient symétriquement placés par rapport à la section principale. — Les conséquences de ces hypothèses, développées par M. Airy, se sont trouvées conformes à l'expérience. Ainsi, le calcul a montré, et l'observation a confirmé, que deux plaques de quartz égales et d'espèces contraires donnent un système assez complexe de lignes isochromatiques, traversé par quatre spirales formant au centre une sorte de croix noire (fig. 492).

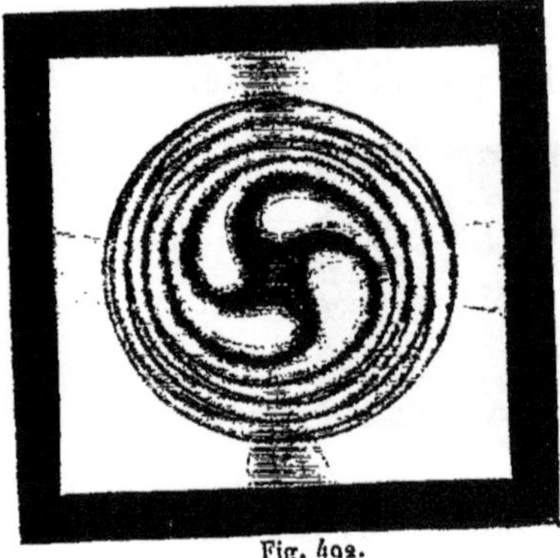

Fig. 492.

622. **Généralisation des lois précédentes. — Substances actives.** — Des propriétés toutes semblables à celles du quartz ont été découvertes par M. Descloizeaux dans le cinabre et le sulfate de strychnine, et par M. Marbach dans le chlorate de soude et quelques sels analogues. Ces derniers sels étant cristallisés dans le système cubique, toutes les directions qu'on y peut considérer jouissent de propriétés identiques : la rotation du plan de polarisation s'observe toujours également, dans quelque sens que la lumière les traverse.

Longtemps avant ces observations, Biot avait reconnu qu'un grand nombre de liquides organiques, et les solutions de corps solides assez nombreux, également d'origine organique, ont la propriété de faire tourner le plan de polarisation de la lumière qui les traverse. — Comme il ne peut y avoir dans un liquide aucune direction jouissant de propriétés particulières, cette rotation est toujours de même grandeur, quelle que soit la direction du rayon incident. Elle est d'ailleurs proportionnelle à l'épaisseur traversée, à peu près en raison inverse du carré de la longueur d'onde (1). — Lorsqu'il s'agit d'une solution, la rotation est proportionnelle au poids de la substance *active* (2) contenue dans l'unité de volume.

623. **Applications. — Saccharimètre de M. Soleil.** — La dernière loi que l'on vient d'énoncer est devenue le fondement d'une série de procédés d'analyse chimique qui ont permis, par exemple, de déterminer par une simple observation optique le titre exact d'une liqueur sucrée. Elle a permis également de reconnaître, par l'observation des propriétés des combinaisons d'une substance active, si la structure moléculaire manifestée par le pouvoir rotatoire s'était conservée ou détruite dans l'acte de la combinaison.

En raison de l'importance de ces applications, il convient de dire quelques mots des dispositions expérimentales particulières que M. Soleil a imaginées pour les faciliter. — Les rayons polarisés d'une manière quelconque sont reçus sur une plaque dont les deux moitiés sont formées de deux quartz d'espèce contraire et d'égale épaisseur, imprimant l'un et l'autre une rotation de 90 degrés au plan de polarisation des rayons jaunes moyens; de cette façon, la lumière transmise par les deux moitiés de la plaque, reçue ensuite sur un prisme de Nicol, développe la teinte de passage, aussi bien dans l'une des moitiés de l'image que dans l'autre, lorsque la section principale du prisme est perpendiculaire au plan primitif de polarisation. — Si maintenant, entre la double plaque et l'analyseur, on place une colonne liquide douée du pouvoir rota-

(1) L'acide tartrique et les tartrates font exception à cette loi.

(2) C'est l'expression abrégée par laquelle on désigne fréquemment les substances douées de la faculté de dévier le plan de polarisation des rayons qui les traversent.

toire, par exemple une colonne d'essence de térébenthine, l'effet du liquide s'ajoute à l'effet d'une des moitiés de la plaque et se retranche de celui de l'autre moitié : il en résulte que l'uniformité des teintes des deux moitiés de l'image disparaît. On rétablit l'uniformité de teinte au moyen de deux prismes de quartz à base rectangle A, B (fig. 493), dont le grand côté de l'angle droit est perpendi-

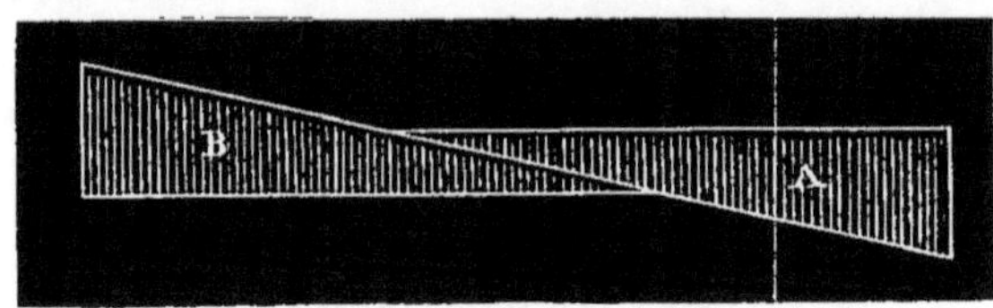

Fig. 493.

culaire à l'axe : ces deux prismes, en glissant l'un sur l'autre, constituent une lame perpendiculaire à l'axe, dont l'épaisseur est variable à volonté. L'épaisseur nécessaire au rétablissement d'une teinte uniforme produit évidemment une rotation égale et contraire à celle de l'essence, et peut lui servir de mesure. — Deux appareils compensateurs de ce genre, construits avec des quartz d'espèces contraires, permettent d'appliquer la méthode à tous les liquides dans lesquels les rotations du plan de polarisation approchent d'être inversement proportionnelles aux carrés des longueurs d'onde.

624. **Action du magnétisme sur la lumière polarisée.** — Faraday a découvert, en 1845, que tout liquide ou solide transparent, lorsqu'on le soumet à l'action d'un puissant appareil magnétique, acquiert, aussi longtemps que dure cette action, la propriété de faire tourner le plan de polarisation de la lumière qui le traverse. — L'appareil suivant, construit par M. Ruhmkorff, est généralement employé pour répéter cette importante expérience. Deux fortes bobines de fil de cuivre B et B′ (fig. 494) sont enroulées autour de deux cylindres de fer doux, percés suivant leurs axes. Les deux cylindres sont réunis par une série de pièces de fer doux, disposées de telle façon que les deux cavités qui les traversent se trouvent sur le prolongement l'une de l'autre. Aux deux extrémités de l'appareil, sont des prismes de Nicol N et N′, servant de polariseur et d'analyseur.

La substance transparente A est placée sur un support, entre les branches de l'électro-aimant, au point où l'action magnétique est le plus puissante. — Avant de déterminer l'aimantation dans les pièces

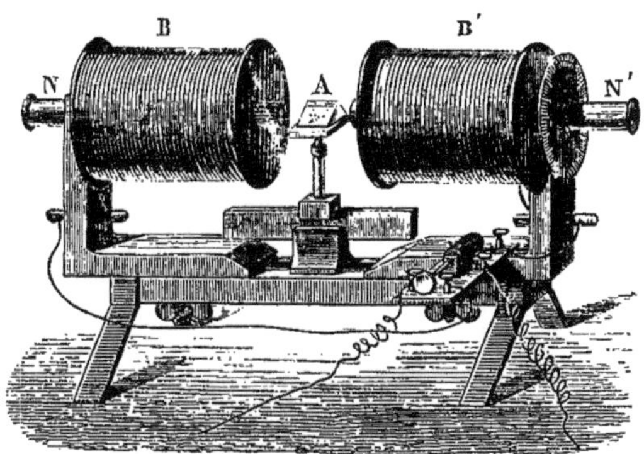

Fig. 494.

de fer doux, on éteint entièrement la lumière qui traversait l'appareil suivant son axe, en croisant les sections principales des deux prismes de Nicol; on met ensuite en jeu la puissance magnétique de l'appareil, en faisant passer le courant, et l'on voit la lumière reparaître. — L'étude du phénomène fait reconnaître que ce retour de la lumière est dû à une rotation du plan de polarisation, variable avec la longueur d'onde de la lumière employée.

Les influences qu'exercent les diverses conditions de l'expérience, sur la grandeur ou le sens de la rotation, sont comprises dans les lois suivantes :

1° La rotation est proportionnelle à l'action que l'électro-aimant exercerait sur une molécule de fluide magnétique, placée dans l'intérieur de la substance transparente.

2° Lorsqu'on incline la direction du rayon lumineux sur l'axe de l'électro-aimant [1], la rotation varie proportionnellement au cosinus de cette inclinaison. En particulier, elle devient nulle quand le rayon et l'axe de l'électro-aimant font entre eux un angle de 90 degrés; elle change de signe quand on fait tourner le rayon de 180 degrés, c'est-à-dire quand on renverse sa direction.

[1] Cette loi exige, pour sa vérification, des appareils tout autrement disposés que celui qui est décrit et figuré ici.

3° La rotation est, dans tous les cas, à peu près en raison inverse du carré de la longueur d'onde.

4° Le sens de la rotation dépend de la nature de la substance transparente. — Si l'on substitue un morceau de fer doux à cette substance, et si l'on considère les courants moléculaires qui, selon les idées d'Ampère, s'y développent par l'aimantation, on peut appeler *positive* la rotation qui s'effectue dans le sens du mouvement de l'électricité positive de ces courants, et *négative* celle qui a lieu dans le sens du mouvement de l'électricité négative. En adoptant ces dénominations, on peut dire que tous les corps dans la composition desquels il n'entre aucun métal magnétique, et les composés d'un petit nombre de métaux magnétiques (nickel et cobalt), produisent des rotations positives; la plupart des composés des métaux magnétiques (fer, chrome, manganèse, titane, cérium, uranium, lanthane) produisent des rotations négatives.

Enfin, la grandeur absolue de la rotation dépend de la nature de la substance, et ne paraît pas avoir de rapport étroit avec quelque autre propriété physique.

PROPAGATION DE LA CHALEUR.

RAYONNEMENT.

625. **Distinction du rayonnement et de la conductibilité.** — L'expérience nous révèle l'existence de deux modes distincts de propagation de la chaleur :

1° Une source de chaleur peut élever la température d'un corps éloigné, en déterminant préalablement une élévation successive de température dans tous les corps intermédiaires : c'est la propagation par *conductibilité*.

2° Une source de chaleur peut élever la température d'un corps éloigné sans élever la température des corps intermédiaires, ou du moins sans que cette élévation soit la condition essentielle de l'action à distance : c'est la propagation par *rayonnement*.

L'existence du premier mode de propagation est trop évidente pour qu'il soit nécessaire de la démontrer par des expériences spéciales. — L'existence du second mode n'est guère moins évidente, du moins lorsque l'on considère l'action du soleil ou celle des corps incandescents. La basse température qui a été constatée dans les régions supérieures de l'atmosphère prouve bien, par exemple, que ce n'est pas en échauffant les milieux intermédiaires que le soleil agit sur la surface terrestre. De même, selon l'observation de Scheele, lorsqu'un foyer de combustion est en activité, et que l'on considère les corps qui sont placés dans le courant d'air froid par lequel la combustion est entretenue, il est bien évident que ces corps ne peuvent recevoir aucune chaleur du foyer par voie de conductibilité : chacun sait cependant que la température de ces corps peut, dans certains cas, devenir très-élevée.

626. **Chaleur rayonnante obscure.** — Les expériences suivantes montrent que l'incandescence n'est pas une condition nécessaire du rayonnement, et qu'il existe une chaleur rayonnante *obscure* qui peut traverser les milieux les plus divers, sans que cette transmission dépende d'un échauffement graduel des couches successives de ces milieux eux-mêmes.

On construit, comme l'a fait Rumford, un baromètre terminé à sa partie supérieure par un ballon B; dans la partie latérale de ce ballon pénètre la tige d'un thermomètre (fig. 495). En dirigeant le dard d'un chalumeau sur l'étranglement E, on sépare le ballon du baromètre, et l'on obtient ainsi l'appareil représenté à droite de la figure : il ne contient dans son intérieur d'autre matière pondérable qu'une quantité à peu près insensible de vapeur de mercure. Dès qu'on plonge la partie inférieure du ballon dans l'eau bouillante, on voit le thermomètre accuser une élévation de température; l'effet ne peut être attribué ici qu'au rayonnement direct de la partie vitreuse échauffée.

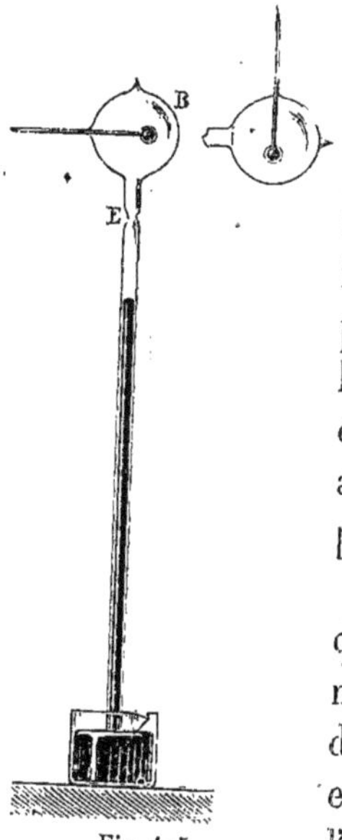

Fig. 495.

On peut citer encore l'expérience suivante, qui est due à Bénédict Prévost. Deux miroirs métalliques concaves étant disposés en face l'un de l'autre de manière que leurs axes coïncident, et un corps chaud étant placé au foyer de l'un, l'une des boules d'un thermomètre différentiel étant placée au foyer de l'autre, le thermomètre accuse une élévation de température, due à l'action des rayons calorifiques concentrés sur la boule. — On constate que cette élévation de température subsiste, bien qu'elle devienne un peu moindre, lorsqu'on fait tomber, entre le thermomètre et le corps chaud, une nappe d'eau qui se renouvelle d'une manière continue. Le même effet se produit encore si l'on interpose, entre le corps chaud et le thermomètre, un écran de verre animé d'un mouvement rapide de rotation, comme le plateau d'une machine électrique.

627. **Observations générales sur les radiations calorifiques comparées aux radiations lumineuses.** — En rapprochant des divers faits qui précèdent ceux qui ont établi l'existence des rayons calorifiques infra-rouges (487), on est conduit à considérer la partie de la science qui est désignée sous le nom d'étude de la *chaleur rayonnante* comme n'étant qu'un complément ou plutôt un nouvel aspect de l'Optique.

La faculté que possèdent les radiations dites *lumineuses*, d'agir sur notre œil, permet de reconnaître avec exactitude la *direction* de ces radiations, et, par conséquent, de déterminer les lois desquelles peuvent dépendre les diverses modifications que cette direction peut subir; mais l'œil ne peut faire la comparaison des intensités que d'une manière très-imparfaite. — Au contraire, les propriétés *calorifiques* d'une radiation, qui ne pourraient servir à en déterminer la direction que d'une manière grossière, peuvent être mesurées dans leur *intensité*, d'une manière à la fois commode et précise.

Ainsi, tandis que l'œil est spécialement approprié à l'étude des lois qui règlent la direction des radiations, les instruments thermométriques conviennent plus particulièrement à la recherche des lois relatives aux variations d'intensité, de sorte que les deux genres d'étude se complètent réciproquement. Seulement, afin de ne laisser aucun doute sur l'identité des sujets étudiés séparément par les deux méthodes, on ne doit pas plus négliger les expériences destinées à la détermination approximative des lois de propagation des rayons calorifiques obscurs, qu'on ne doit négliger les expériences photométriques proprement dites.

628. **Appareils pour l'étude de la chaleur rayonnante.** — Tout appareil sensible à l'action de la chaleur peut être employé à l'étude du rayonnement. Les physiciens se sont principalement servis des thermomètres différentiels de Leslie ou de Rumford (54) et de l'appareil thermo-électrique de Nobili et Melloni.

Lorsqu'on fait usage d'un thermomètre différentiel, on place ordinairement l'un de ses réservoirs devant un miroir métallique concave qui concentre sur lui les rayons d'une source calorifique, et l'on protége l'autre réservoir contre l'action du rayonnement. On substitue quelquefois au thermomètre différentiel un thermomètre à mercure ordinaire. — Toutes ces dispositions sont bien inférieures, pour l'exactitude des résultats, à l'emploi de l'appareil thermo-électrique.

629. **Appareil thermo-électrique.** — Les parties essentielles de l'appareil thermo-électrique de Nobili et Melloni sont : une pile thermo-électrique à éléments bismuth-antimoine, et un galvanomètre à double aiguille astatique.

La pile P (fig. 496) est fixée à un support mobile le long d'une règle métallique AB, qui soutient également les pièces accessoires

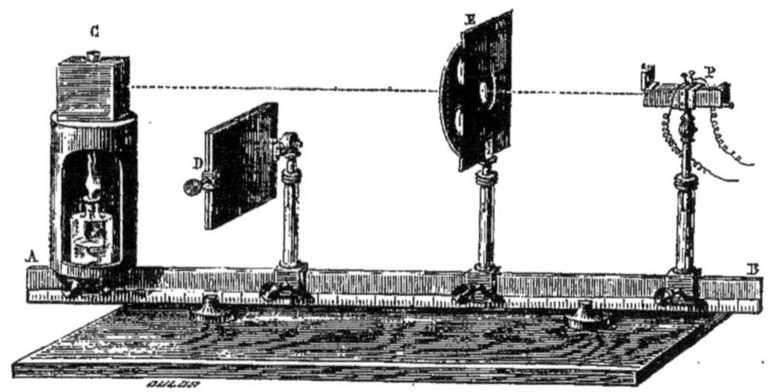

Fig. 496.

de l'appareil. Ces pièces sont : des écrans doubles et mobiles, semblables à l'écran D, qui arrêtent ou laissent passer les faisceaux calorifiques vers la pile, selon qu'on les relève ou qu'on les abaisse; des diaphragmes tels que E, qui limitent ces faisceaux à des dimensions convenables; enfin des supports qui servent à placer les sources de chaleur ou les substances destinées à agir sur les rayons calorifiques.

Le galvanomètre (fig. 150) est placé aussi loin que possible de l'appareil, et soigneusement préservé contre toute action calorifique qui pourrait déterminer dans l'intérieur de la cloche des courants d'air capables d'agir sur l'aiguille.

Lorsqu'on veut étudier la réflexion ou la réfraction de la chaleur, on fixe le support de la pile sur une règle auxiliaire qui tourne autour du support K (fig. 499); c'est sur ce support qu'on place soit le miroir réfléchissant, soit le corps réfringent. Les deux extrémités de la pile CD (fig. 497) sont ordinairement engagées dans des tubes cylindriques tels que T, munis chacun d'un opercule S

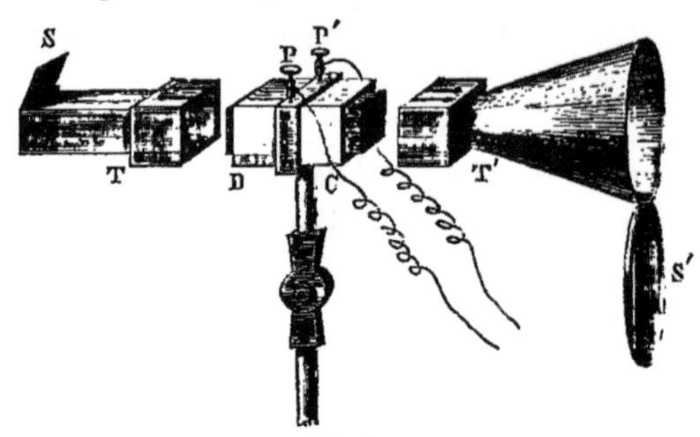

Fig. 497.

qu'on peut élever ou abaisser à volonté. Quand on a besoin de donner à l'appareil une grande sensibilité, on remplace celui de ces tubes qui est placé du côté destiné à recevoir la chaleur par un cône réflecteur de large ouverture T', qui, lorsque son opercule est enlevé, concentre sur la pile tous les rayons calorifiques qui tombent sur sa surface interne.

630. **Graduation de l'appareil thermo-électrique.** — La graduation de l'appareil est fondée sur le principe suivant : *Lorsque les deux faces de la pile reçoivent en des temps égaux des quantités égales de chaleur, le courant thermo-électrique est nul.*

Si l'on ne regardait pas ce principe comme une conséquence évidente des lois des courants thermo-électriques, on en trouverait une justification directe dans une expérience de Biot. — Une pile thermo-électrique est placée entre deux sources rayonnantes, et l'on fait varier les distances de ces sources à la pile, jusqu'à ce que l'aiguille du galvanomètre soit en repos sur le zéro de la graduation. On remplace alors la pile par un thermomètre différentiel dont les réservoirs sont de petits parallélipipèdes métalliques, enduits de noir de fumée et ayant exactement les mêmes dimensions transversales que les faces terminales de la pile : on constate que la colonne liquide reste immobile, ce qui prouve l'égalité des quantités de chaleur incidentes.

Pour appliquer ce principe, on place, des deux côtés de la pile, deux sources de chaleur aussi constantes que possible, par exemple deux lampes de Locatelli [1], et deux écrans qui permettent d'intercepter à volonté l'un ou l'autre des deux rayonnements. Sous l'action de la première lampe seule, l'aiguille du galvanomètre se met en équilibre à une distance α du zéro de la graduation; sous l'action de la deuxième lampe seule, l'aiguille se fixe à la distance α', du côté opposé; enfin, sous l'action simultanée des deux lampes, elle se fixe, par exemple, à la distance β, du même côté que dans la première expérience. Si q et q' sont les quantités de chaleur envoyées à la pile en un temps donné, dans la première et dans la deuxième expérience, la quantité q peut être considérée comme la somme des deux quantités q' et $q-q'$; alors il est évident que, dans la troisième expérience, on a, d'une part, des quantités de chaleur égales à q', tombant simultanément sur les deux faces de la pile et se faisant équilibre; d'autre part, la quantité $q-q'$ qui tombe sur l'une des deux faces, et qui produit seule la déviation β. Donc, si l'on regarde la quantité de chaleur incidente comme une fonction de la déviation, on pourra poser

$$q=\varphi(\alpha),$$
$$q'=\varphi(\alpha'),$$
$$q-q'=\varphi(\beta),$$

d'où l'on tire

$$\varphi(\beta)=\varphi(\alpha)-\varphi(\alpha').$$

En effectuant ainsi plusieurs séries d'expériences, formées de trois expériences chacune, on obtiendra autant d'équations de ce genre qu'on voudra :

$$\varphi(\beta_1)=\varphi(\alpha_1)-\varphi(\alpha'_1),$$
$$\varphi(\beta_2)=\varphi(\alpha_2)-\varphi(\alpha'_2),$$
$$\dots\dots\dots\dots,$$

(1) Les lampes de Locatelli sont de petites lampes à mèche compacte, sans cheminée de verre (fig. 498, A), et dont la combustion est lente et assez régulière.

et l'on pourra déterminer, à un facteur constant près, une formule empirique équivalente à la fonction φ.

Le plus souvent on remarque que, tant que les déviations n'excèdent pas une certaine limite, variable d'un galvanomètre à un autre, mais généralement voisine de 20 degrés, on a

$$\beta = \alpha - \alpha',$$

de sorte que la fonction φ jouit, jusqu'à cette limite, de la propriété exprimée par l'équation

$$\varphi(\alpha - \alpha') = \varphi(\alpha) - \varphi(\alpha').$$

Il en résulte que, jusqu'à la limite indiquée, la fonction φ est de la forme

$$\varphi(\alpha) = m\alpha,$$

c'est-à-dire que les déviations sont proportionnelles aux quantités de chaleur incidentes. — On peut donc, jusqu'à la limite fournie par l'expérience même, prendre les déviations de l'aiguille pour expressions des quantités de chaleur qui tombent sur la pile.

Il est facile ensuite de construire une table qui donne les expressions des quantités de chaleur correspondantes à des déviations pour lesquelles la proportionnalité précédente ne subsiste plus. — Admettons, par exemple, que la proportionnalité ait lieu jusqu'à 20 degrés, et supposons que deux sources de chaleur, qui produisent séparément des déviations de 25 degrés et de 15 degrés, donnent naissance, quand elles agissent simultanément, à une déviation de 11°,5. On aura, en conservant les notations précédentes,

$$q = \varphi(25),$$
$$q' = 15,$$
$$q - q' = 11,5,$$

ce qui donne immédiatement

$$\varphi(25) = q' + q - q' = 26,5.$$

Des expériences de ce genre, en nombre suffisant, permettront de construire une table relative au galvanomètre dont on aura fait usage. — Il ne conviendra pas d'étendre cette graduation au delà de 50 ou 60 degrés, la sensibilité des galvanomètres diminuant très-rapidement lorsque cette limite est dépassée.

On a supposé, dans ce qui précède, qu'on observait les déviations stables de l'aiguille galvanométrique, lorsqu'elle s'arrête successivement dans ses diverses positions d'équilibre. — On peut tout aussi bien observer les excursions initiales de l'aiguille, et déterminer, par la même méthode, les relations qui existent entre les quantités de chaleur incidente et les *arcs d'impulsion*. — On trouve même, dans l'usage des arcs d'impulsion, l'avantage d'abréger la durée des expériences.

631. **Diverses sources de chaleur employées dans l'étude de la chaleur rayonnante.** — Afin de donner à ses expériences une diversité de conditions qui pût en faire considérer les

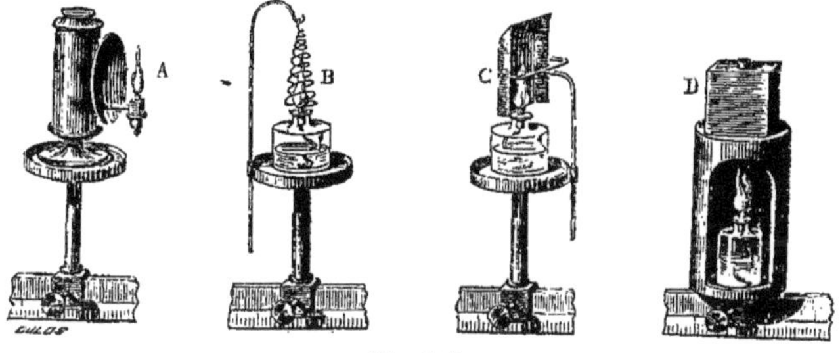

Fig. 498.

conclusions comme générales, Melloni a fait usage de sources de chaleur très-variées. On a conservé l'habitude de joindre à son appareil les quatre sources de chaleur suivantes :

1° Une lampe à mèche compacte A (fig. 498) dont la flamme est peu brillante, mais très-constante; c'est la lampe connue sous le nom de lampe de Locatelli;

2° Une spirale de platine B, portée à l'incandescence par la flamme d'une lampe à alcool ou plutôt par les gaz qui font suite à la flamme elle-même;

3° Une lame de cuivre C, couverte de noir de fumée et portée à la température d'environ 400 degrés par le contact de la flamme d'une lampe à alcool;

4° Un cube métallique D, rempli d'eau maintenue à l'ébullition, et ayant ses faces verticales couvertes de diverses substances.

On a fréquemment employé aussi les lampes à double courant d'air et à cheminée de verre, ou lampes d'Argand; la flamme du chalumeau à gaz oxygène et hydrogène; la lampe de Drummond, etc.

LOIS RELATIVES AU MODE DE PROPAGATION DE LA CHALEUR RAYONNANTE.

632. **Propagation rectiligne de la chaleur dans un milieu homogène.** — L'expression de *propagation rectiligne*, appliquée à la chaleur, doit être entendue comme dans le cas de la lumière : elle signifie, en réalité, qu'il existe des corps tels, que, si on les met en présence d'une source calorifique, la source n'envoie pas de chaleur sensible (abstraction faite de la diffraction) dans le cône d'ombre qu'on déterminerait en considérant la source calorifique comme une source lumineuse; ces corps sont caractérisés par la dénomination de *corps athermanes*.

633. **Vitesse de propagation de la chaleur.** — La vitesse de propagation de la chaleur est égale à la vitesse de propagation de la lumière.

Pour constater d'abord que cette vitesse est très-grande, il suffit d'observer que, à mesure que la sensibilité d'un appareil thermométrique augmente, le moment où il commence à accuser une élévation de température se rapproche indéfiniment du moment où une source de chaleur commence à n'être plus séparée de lui par aucun corps opaque. — C'est ce qu'on peut manifester dans l'expérience des *miroirs conjugués*, où, deux miroirs sphériques étant disposés de manière que leurs axes coïncident, un corps chaud, placé au foyer de l'un, envoie de la chaleur à un thermomètre placé au foyer de l'autre. On peut, comme le faisait Mariotte, placer les deux miroirs à plus de cent mètres l'un de l'autre, sans qu'il soit possible d'apprécier un intervalle de temps sensible entre le moment où la suppression d'un écran athermane permet aux rayons calorifiques de se propager, et le moment où le liquide du thermomètre commence à se mouvoir.

Le phénomène de l'*aberration* démontre que la chaleur se propage, dans le vide et dans l'air, avec la même vitesse que la lumière. Ce phénomène consiste en ce que la direction apparente des rayons lumineux est modifiée par le mouvement de la terre : la grandeur de cette modification dépend du rapport qui existe entre la vitesse de la lumière et la vitesse de translation de la terre. Si la vitesse des rayons calorifiques obscurs qui font partie de la radiation solaire différait sensiblement de la vitesse des rayons lumineux, l'image du soleil, formée au foyer d'un appareil optique par les rayons calorifiques, ne coïnciderait pas avec l'image formée par les rayons lumineux : on serait averti de ce défaut de coïncidence dans les expériences où l'on chercherait à étudier la distribution de la chaleur aux divers points de l'image solaire. Rien de pareil ne s'est manifesté, dans les observations assez nombreuses que les astronomes ont faites sur ce sujet depuis quelques années.

634. **Réflexion de la chaleur.** — Les lois de la réflexion de la chaleur sur les surfaces polies sont identiques aux lois de la réflexion de la lumière.

En disposant la pile de l'appareil de Melloni, comme l'indique la figure 499, sur une règle supplémentaire IH, et installant une

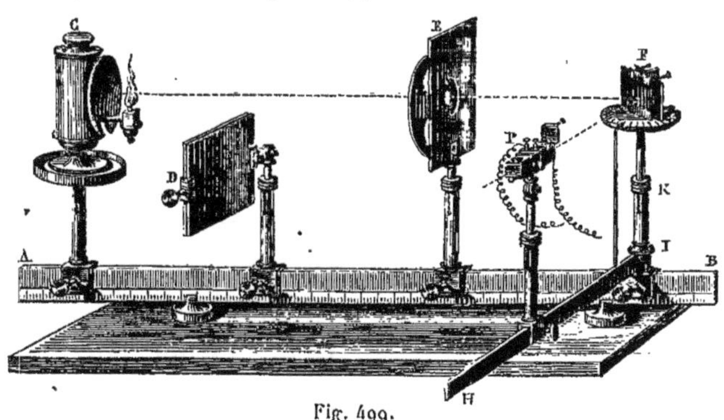

Fig. 499.

petite plaque métallique polie F sur la plaque graduée que porte le support K autour duquel cette règle est mobile, on constate que la pile reçoit la chaleur de la source, un peu amoindrie par la réflexion, dans la direction indiquée par les lois de la réflexion : pour toute autre position de la règle mobile, la pile n'accuse pas d'élévation de température sensible.

L'expérience des *miroirs conjugués* (626) permet de vérifier directement que les lois de la réflexion de la lumière sont aussi celles de la réflexion de la chaleur. Il suffit, pour cela, de placer d'abord au foyer de l'un des miroirs un corps émettant à la fois de la chaleur et de la lumière, comme la flamme d'une bougie, et de déterminer, avec un petit écran blanc, le foyer lumineux fourni par l'autre miroir. On constate alors que c'est en ce point qu'on doit placer un thermomètre, pour qu'il accuse une élévation de température. — On peut d'ailleurs remplacer ensuite la bougie par un corps émettant seulement de la chaleur obscure, comme un vase contenant de l'eau chaude; c'est toujours au même point qu'on doit placer le thermomètre, pour obtenir l'effet maximum.

Quant à la diffusion, ou réflexion irrégulière, elle a lieu sur les surfaces dépolies, pour la chaleur aussi bien que pour la lumière. — En substituant à la plaque polie F (fig. 499) une plaque d'une substance mate, et garnissant la pile de son réflecteur conique (fig. 497) pour lui donner plus de sensibilité, on constate qu'il y a de la chaleur diffusée par la surface mate, dans toute la région de l'espace qui est en avant de cette surface.

635. **Réfraction de la chaleur. — Dispersion.** — Les lois de la réfraction de la chaleur sont encore identiques à celles de la réfraction de la lumière. C'est ce que l'on constate, soit au moyen d'expériences directes, faites avec un prisme de sel gemme, soit en concentrant les rayons d'une source de chaleur au foyer fourni par une lentille de sel gemme, soit enfin en observant les effets calorifiques si intenses qui se produisent au foyer principal d'une lentille convergente qu'on expose aux rayons solaires, phénomènes qui acquièrent une intensité plus grande encore lorsqu'on fait usage de lentilles à échelons[1].

[1] Melloni a pu, au moyen d'une lentille à échelons et d'un appareil thermo-électrique sensible, constater la faculté calorifique des rayons lunaires. L'expérience est très-délicate; il faut attendre que la pile et la lentille soient exactement en équilibre de température avec l'atmosphère, et, seulement alors, retirer l'écran qui protégeait la lentille contre les

La dispersion produite par le passage d'un faisceau calorifique au travers d'un prisme peut également être constatée par l'expérience. — Si le faisceau calorifique, avant de rencontrer le prisme, a traversé successivement deux fentes étroites, parallèles aux arêtes du prisme et assez éloignées l'une de l'autre, on peut le considérer comme formé de rayons presque parallèles; en recevant le faisceau, après le passage au travers du prisme, sur une pile formée d'une série unique d'éléments et placée derrière une fente étroite, on reconnaît que le faisceau réfracté est toujours plus large que le faisceau incident. La grandeur de cette dilatation du faisceau et la valeur de sa déviation moyenne dépendent de la nature de la source calorifique, et augmentent à mesure que cette source approche de devenir lumineuse, ou que sa lumière approche d'être parfaitement blanche. — Ces divers phénomènes s'expliquent, comme les phénomènes analogues qui ont été étudiés dans l'Optique, par l'hétérogénéité des radiations calorifiques et l'inégale réfrangibilité de leurs divers éléments. A mesure que les sources calorifiques approchent de devenir lumineuses, et que leur lumière devient de plus en plus blanche, la radiation primitive se complique successivement d'éléments nouveaux, de réfrangibilité croissante.

Ces conclusions s'accordent entièrement avec celles qu'on a déjà tirées de l'étude de la portion infra-rouge du spectre (498). — La chaleur obscure que fournissent les sources artificielles est d'ailleurs hétérogène, comme la chaleur obscure qui est émise par le soleil.

636. **Interférences de la chaleur.** — Des phénomènes dus à l'interférence des rayons calorifiques ont été signalés dans des circonstances semblables à celles pour lesquelles il y a interférence des rayons lumineux.

Lorsque MM. Fizeau et Foucault ont exécuté leurs expériences destinées à manifester l'interférence des rayons lumineux qui présentent de grandes différences de marche, ils ont reconnu que, dans les bandes obscures dont le spectre était sillonné (563), la chaleur était toujours moindre que dans les parties voisines. En transportant

rayons de la lune : la déviation de l'aiguille galvanométrique indique une action calorifique très-faible.

ensuite dans les rayons infra-rouges la pile thermo-électrique qui servait à leurs observations, ils ont trouvé que cette partie de l'espace offrait des alternatives de minima et de maxima d'intensité, faisant suite aux bandes alternativement obscures et brillantes du spectre lumineux.

637. **Polarisation de la chaleur.** — Les expériences de Bérard ont montré que l'intensité des rayons calorifiques réfléchis deux fois sur deux glaces noires, sous l'angle de polarisation, est maxima quand les deux plans de réflexion sont parallèles, nulle quand ces deux plans sont perpendiculaires entre eux. — D'après les expériences de Melloni, l'intensité des rayons calorifiques transmis par deux piles de lames de mica, sous l'angle de polarisation, est maxima quand les deux plans de réfraction sont parallèles, minima lorsqu'ils sont croisés à angle droit.

L'ensemble de tous ces faits tend évidemment à confirmer l'identité de la lumière et de la chaleur rayonnante, identité rendue déjà manifeste par tant d'autres résultats.

LOIS RELATIVES AUX VARIATIONS D'INTENSITÉ DE LA CHALEUR RAYONNANTE.

638. **Loi du carré des distances.** — La variation de l'intensité calorifique en raison inverse du carré de la distance, dans un milieu homogène, résulte immédiatement du raisonnement qui a été fait plus haut pour l'intensité lumineuse (384), sans qu'il y ait à modifier en rien ce raisonnement.

Quant à la vérification expérimentale, elle s'effectuera sans peine en employant une spirale de platine qu'on portera à l'incandescence, soit au moyen d'une flamme d'alcool B (fig. 498), soit par le passage d'un courant électrique : on limitera le faisceau calorifique au moyen d'une ouverture étroite, pratiquée dans un écran.

639. **Pouvoirs réflecteurs. — Pouvoirs diffusifs.** — Dans un faisceau de rayons calorifiques parallèles, on peut appeler *intensité* du faisceau la quantité de chaleur qui, pendant l'unité de temps,

traverse l'unité de surface prise dans la section droite de ce faisceau. Lorsqu'un pareil faisceau tombe sur un corps poli, on nomme *pouvoir réflecteur* de ce corps le rapport de l'intensité du faisceau réfléchi à l'intensité du faisceau incident [1].

La figure 499 indique la disposition que l'on peut donner à l'appareil de Melloni pour mesurer directement les pouvoirs réflecteurs des divers corps. — Ces expériences conduisent aux résultats généraux suivants :

1° Le pouvoir réflecteur des corps diathermanes, ainsi que celui des corps athermanes non métalliques, varie très-peu avec la nature de la source calorifique, et beaucoup avec l'angle d'incidence. Il augmente à mesure que l'incidence s'éloigne de l'incidence normale, conformément à une formule qui a été déduite par Fresnel de la théorie des ondes, savoir :

$$R = \frac{1}{2}\frac{\sin^2(i-r)}{\sin^2(i+r)} + \frac{1}{2}\frac{\tang^2(i-r)}{\tang^2(i+r)} \text{ [2]}.$$

2° Le pouvoir réflecteur des métaux, ainsi que celui des substances athermanes qui ont l'aspect métallique, varie très-peu avec l'inclinaison : il éprouve, au contraire, de grandes variations avec la nature de la chaleur incidente. — L'argent et le métal des miroirs sont les seuls qui réfléchissent dans une proportion à peu près invariable les rayons calorifiques de toutes les origines. Cette proportion est de 0,97 pour l'argent; de 0,85 pour le métal des miroirs.

Le *pouvoir diffusif*, défini comme le pouvoir réflecteur, varie avec l'incidence, avec la direction des rayons diffusés, et avec la nature de la chaleur incidente.

Les expériences peuvent encore être effectuées avec l'appareil de Melloni en employant la disposition indiquée par la figure 499,

[1] Si le pouvoir réflecteur ainsi défini est connu pour toutes les incidences, il est facile de prévoir ce qui arrivera à un faisceau incident *quelconque*, en décomposant ce faisceau en faisceaux coniques infiniment déliés, qu'on assimile à des faisceaux cylindriques.

[2] L'angle de réfraction r étant une fonction de l'indice de réfraction, le pouvoir réflecteur dépend réellement de la réfrangibilité ou de la longueur d'onde de la chaleur incidente; mais de pareilles variations sont trop faibles pour être accusées dans les expériences thermométriques.

plaçant en F un corps mat, et garnissant la pile de son cône réflecteur (fig. 497). — Il y a, dans ces expériences où les effets calorifiques produits sont toujours peu intenses, une difficulté qui résulte de ce qu'on est exposé à prendre pour de la chaleur diffusée celle qui est, en réalité, rayonnée par la plaque F en vertu de l'échauffement que lui communique l'absorption d'une partie de la chaleur incidente; on échappe à cette cause d'erreur en n'observant, dans chaque expérience, que l'effet presque instantané qui suit la première arrivée de la lumière incidente. — La possibilité d'une fluorescence thermique est une autre cause d'erreurs, dont on ne s'est pas suffisamment préoccupé jusqu'ici.

Les lois qui précèdent, relatives aux variations d'intensité de la chaleur réfléchie ou diffusée, présentent une analogie manifeste avec les faits suivants, constatés dans l'étude de la lumière :

1° Les images réfléchies régulièrement par les corps non métalliques et par quelques métaux présentent des colorations identiques à celles des objets. Cette remarque prouve que la réflexion des rayons lumineux de diverses couleurs s'opère sur ces corps avec une même intensité.

2° L'influence de l'incidence sur le pouvoir réflecteur de ces mêmes corps est évidente à l'observation la moins attentive; d'ailleurs des mesures photométriques ont vérifié directement, pour les phénomènes lumineux, la formule théorique de Fresnel.

3° La plupart des métaux donnent une coloration particulière, et caractéristique pour chacun d'eux, à la lumière qu'ils réfléchissent régulièrement.

4° La diffusion colore généralement la lumière, en s'exerçant inégalement sur les divers éléments simples qui la constituent; c'est ainsi que les corps nous sont rendus visibles.

640. **Pouvoirs absorbants des corps athermanes.** — La partie de la chaleur incidente qui n'est ni réfléchie régulièrement, ni diffusée par les corps qu'elle rencontre, pénètre dans l'intérieur de ces corps. Dans les corps athermanes, la chaleur s'arrête tout entière dans les premières couches qu'elle traverse, et y produit une

élévation de température qui se communique ensuite au reste du corps, par voie de conductibilité. Le rapport de cette quantité de chaleur à la quantité de chaleur incidente est ce qu'on nomme le *pouvoir absorbant*.

Si l'on convient d'appeler *pouvoir diffusif total* le rapport de la somme des quantités de chaleur diffusées dans tous les sens à la quantité de chaleur incidente, on peut dire que la somme du pouvoir réflecteur, du pouvoir diffusif total et du pouvoir absorbant est égale à l'unité; ou encore que le pouvoir absorbant est complémentaire de la somme du pouvoir réflecteur et du pouvoir diffusif total. Il suit de là que les lois du pouvoir absorbant sont connues lorsqu'on connaît celles du pouvoir réflecteur et du pouvoir diffusif. — Dès lors, d'après les résultats qui précèdent et sans avoir recours à des expériences directes, on peut énoncer, par exemple, les deux lois suivantes :

1° Le pouvoir absorbant diminue à mesure que l'inclinaison augmente.

2° Le pouvoir absorbant des corps qui ont un pouvoir diffusif sensible et des corps ayant l'aspect métallique dépend de la nature de la chaleur incidente.

641. **Comparaison des pouvoirs absorbants de diverses substances athermanes.** — Le noir de fumée, lorsqu'il est bien préparé, ne réfléchit et ne diffuse qu'une portion négligeable de la chaleur incidente; par conséquent, il possède un pouvoir absorbant qui ne diffère pas sensiblement de l'unité, pour toute espèce de chaleur incidente. — C'est à cause de cette propriété que, lorsque les deux faces d'une pile thermo-électrique sont enduites de noir de fumée, deux quantités de chaleur égales, tombant sur les deux faces de la pile, se font équilibre l'une à l'autre.

Il n'en est plus ainsi lorsque les deux faces de la pile sont enduites de substances différentes, et ce défaut d'équilibre peut alors servir à démontrer, non-seulement que les pouvoirs absorbants des diverses substances sont inégaux, mais encore qu'ils varient avec la nature de la chaleur incidente. — Ainsi, si l'on place deux cubes noircis, remplis d'eau en ébullition, des deux côtés d'une pile dont les faces sont recouvertes de noir de fumée, à des distances telles que leurs rayonnements se fassent équilibre, on constate que l'équilibre subsiste lorsqu'on vient à enduire l'une des faces de la pile de blanc de céruse. Au contraire, la substitution de la céruse au noir de fumée détruit l'équilibre, lorsqu'on l'a établi en employant, comme sources de chaleur, deux lampes de Locatelli ou deux lampes d'Argand. Donc la céruse absorbe, comme le noir de fumée, à peu près la totalité du rayonnement émis par le noir de fumée qui couvre les cubes à la température de 100 degrés; au contraire, elle n'absorbe dans le rayonnement des lampes qu'une fraction beaucoup moindre que l'unité.

Si maintenant, entre une source de chaleur et une pile thermo-électrique, on interpose successivement divers écrans métalliques minces, couverts de diverses substances sur la face qui regarde la source, et de noir de fumée sur la face qui regarde la pile, l'effet produit sur la pile est évidemment d'autant plus grand que la température communiquée par la source à l'écran est plus élevée; comme d'ailleurs l'élévation de température est elle-même d'autant plus considérable que la face tournée vers la source absorbe plus de chaleur, cette expérience permet de ranger, par ordre de grandeurs, les pouvoirs absorbants des diverses substances athermanes; mais elle ne permettrait pas d'en obtenir de mesures. — L'ordre dans lequel on est ainsi conduit à classer les diverses substances est variable avec la nature de la source dont on a fait usage pour ces expériences.

642. **Pouvoirs absorbants des corps diathermanes. — Relation entre l'intensité du faisceau transmis et l'épaisseur traversée, dans le cas où le faisceau est homogène.** — On peut continuer d'appeler *pouvoir absorbant* d'un corps diathermane l'excès de l'unité sur la somme du pouvoir réflecteur et du pouvoir diffusif total (640); mais la connaissance de cet élément ne définirait en aucune manière l'absorption qui s'opère à mesure que la radiation traverse des épaisseurs croissantes du corps diathermane.

On établit facilement, comme dans le cas de la lumière (493), que l'absorption exercée par un pareil corps est soumise à la loi suivante. Si l'on désigne par i_0 l'intensité primitive d'un faisceau calorifique *homogène*, par i l'intensité à laquelle le faisceau est réduit après avoir traversé une épaisseur x de la substance en question, par k un coefficient qui dépend à la fois de la nature de la substance et de la longueur d'ondulation du faisceau, on a

$$i = i_0 e^{-kx}.$$

Cette formule a été vérifiée par MM. Jamin et Masson, en isolant, dans un spectre pur, des faisceaux de diverses réfrangibilités, au moyen d'une fente étroite. — Lorsque ces faisceaux appartenaient à la partie visible du spectre, les expériences thermoscopiques et les expériences photométriques assignaient la même valeur au coefficient d'extinction k. Lorsqu'ils appartenaient à la partie invisible, le coefficient k avait une valeur qu'il était impossible de prévoir d'après l'action exercée par la substance sur les rayons visibles. Le tableau suivant, qui contient les valeurs du rapport $\frac{i}{i_0}$ pour divers rayons, transmis à travers des épaisseurs égales de diverses substances, donne une idée de ces résultats.

POSITION DU FAISCEAU DANS LE SPECTRE.	VALEURS DE $\frac{i}{i_0}$ APRÈS LE PASSAGE		
	dans LE SEL GEMME.	dans LE VERRE.	dans L'ALUN.
Vert	0,92	0,91	0,92
Jaune	0,92	0,93	0,94
Rouge	0,92	0,85	0,84
Infra-rouge n° 1	0,92	0,87	0,41
——— n° 2	0,92	0,54	0,29
——— n° 3	0,91	0,22	0,00
——— n° 4	0,90	0,00	0,00

On voit, par ces exemples, que les substances bien transparentes transmettent à peu près dans la même proportion les diverses radiations de la partie visible du spectre, mais qu'elles transmettent dans les proportions les plus inégales les radiations de la partie invisible.

Dans le tableau ci-contre, le sel gemme se fait remarquer par l'uniformité de l'action qu'il exerce sur les radiations les plus diverses. — Cette uniformité se maintient lorsqu'on examine l'action du sel gemme sur le rayonnement complexe des diverses sources artificielles. En outre, tant que l'épaisseur du sel gemme n'est que de quelques centimètres, la proportion de chaleur transmise est sensiblement indépendante de l'épaisseur.

Il suit de là que, dans le sel gemme, l'absorption proprement dite est insensible sous de faibles épaisseurs, et que l'affaiblissement des rayons calorifiques est entièrement dû aux réflexions qui s'opèrent à l'entrée et à la sortie de ces rayons. — En effet, si l'on désigne par R et R′ les proportions de chaleur qui sont réfléchies à l'entrée et à la sortie, la formule qui exprime l'intensité d'un faisceau homogène, transmis par une plaque d'épaisseur égale à x, est

$$i = i_0(1-R)(1-R')e^{-kx},$$

ou plutôt, comme la théorie des ondulations démontre que R est égal à R′,

$$i = i_0(1-R)^2 e^{-kx};$$

et, lorsque e^{-kx} ne diffère pas sensiblement de l'unité, la valeur de l'intensité i se réduit à

$$i = i_0(1-R)^2.$$

643. **Transmission d'un faisceau hétérogène à travers un corps diathermane.** — Si maintenant on considère le cas ordinaire, où le faisceau incident est *hétérogène*, l'intensité totale du faisceau transmis est la somme d'un nombre plus ou moins considérable de termes, de la forme

$$i_0(1-R)^2 e^{-kx};$$

comme le pouvoir réflecteur est sensiblement indépendant de la nature de la radiation (639), le facteur $(1-R)$ est sensiblement le même pour tous les termes de la somme, et la somme elle-même peut s'écrire

$$(1-R)^2 \Sigma i_0 e^{-kx}.$$

L'intensité primitive totale étant représentée par Σi_0, il est évident que le rapport de l'intensité du faisceau transmis à l'intensité du faisceau incident n'est pas liée à l'épaisseur par une loi simple. Toutefois, les expériences relatives à la transmission des radiations hétérogènes mettent en évidence quelques faits généraux, qu'il est ntéressant de connaître.

D'abord, à mesure qu'un faisceau hétérogène traverse des épaisseurs croissantes d'une substance déterminée, la proportion relative des éléments les plus absorbables va en décroissant, et celle des éléments les moins absorbables va en croissant. — Par conséquent, si l'on considère une suite d'épaisseurs égales entre elles, on peut dire qu'elles donnent lieu à des pertes relatives de plus en plus faibles. Le décroissement des pertes n'est pas indéfini, mais il tend vers une limite qui est atteinte lorsque le faisceau ne contient plus, en proportion sensible, que les éléments pour lesquels le coefficient d'extinction k a la plus petite valeur. — On peut citer, comme exemples, les expériences de Melloni sur la chaleur transmise à travers une suite de lames de verre de 2 millimètres d'épaisseur. Voici quelques-uns des résultats de ces expériences :

	LAMPE DE LOCATELLI.	CUIVRE À 400°.
Proportion de chaleur transmise par une lame...	0,682	0,087
——— deux lames..	0,634	0,066
——— trois lames..	0,609	0,053
——— quatre lames.	0,592	0,046

De ces résultats on conclut aisément le tableau suivant, d'après lequel la loi devient manifeste d'elle-même :

	LAMPE DE LOCATELLI.		CUIVRE À 400 DEGRÉS.	
	Perte absolue.	Perte relative.	Perte absolue.	Perte relative.
Première lame...	0,318	0,318	0,913	0,913
Deuxième lame...	0,048	0,070	0,021	0,241
Troisième lame...	0,025	0,039	0,013	0,197
Quatrième lame..	0,017	0,029	0,007	0,134

Cette loi de décroissement des pertes successives produites par des épaisseurs égales n'est qu'un cas particulier d'un phénomène général. La composition d'un faisceau hétérogène étant modifiée par son passage à travers une lame diathermane, son aptitude relative à traverser une lame quelconque est, par là même, modifiée. — Le tableau suivant donne un exemple de ces modifications; il contient les proportions, qu'une lame d'alun a transmises, du rayonnement direct de la lampe de Locatelli, et du même rayonnement modifié par le passage à travers diverses substances.

		PROPORTION DU RAYONNEMENT INCIDENT TRANSMISE PAR L'ALUN.
Rayonnement direct de la lampe de Locatelli		0,09
Rayonnement modifié par le passage à travers le	Sel gemme	0,09
	Verre noir opaque	0,01
	Mica noir opaque	0,02
	Verre vert foncé	0,03
	Verre vert clair	0,05
	Verre ordinaire	0,27
	Acide citrique	0,88
	Alun	0,90
	Sel gemme enfumé	0,00

644. **La diathermanéité d'un corps pour les rayons obscurs peut être entièrement différente de sa transparence pour les rayons visibles.** — L'effet d'une lame sur les radiations obscures n'a généralement pas de rapport avec l'effet qu'elle produit sur les radiations visibles; en d'autres termes, on ne peut pas conclure de la transparence d'une lame à sa diathermanéité pour la chaleur des sources obscures. — On ne peut même rien conclure de la transparence, quant à l'action que la lame doit exercer sur le rayonnement hétérogène d'une source lumineuse, car le rayonnement de toutes les sources artificielles contient toujours une part plus ou moins considérable de rayons obscurs.

Le tableau suivant donne des exemples d'une opposition presque complète, chez certains corps, entre le degré de transparence et la faculté de transmettre les rayons de diverses sources de chaleur. Il montre, par exemple, que l'alun et la glace sont athermanes pour la chaleur des sources obscures; la chaleur obscure traverse, au contraire, en proportions très-sensibles, une couche de noir de fumée qu'on a appliquée à la surface du sel gemme et dont l'opacité est suffisante pour arrêter entièrement la partie visible du spectre solaire.

SUBSTANCES DIATHERMANES.	PROPORTIONS DE CHALEUR TRANSMISES. RADIATIONS HÉTÉROGÈNES PROVENANT DE			
	Lampe Locatelli.	Platine incandescent.	Cuivre à 400 degrés.	Cuivre à 100 degrés.
ÉPAISSEUR COMMUNE DE 2mm,6.				
Sel gemme	0,92	0,92	0,92	0,92
Spath fluor	0,78	0,69	0,42	0,33
Cristal de roche limpide	0,38	0,28	0,06	0,00
Cristal de roche enfumé	0,37	0,28	0,06	0,00
Alun	0,09	0,02	0,00	0,00
Glace	0,06	0,00	0,00	0,00
ÉPAISSEURS DIVERSES.				
Verre noir opaque (épaisseur, 1mm).	0,26	0,25	0,12	0,00
Mica noir opaque (épaisseur, 0mm,6).	0,29	0,28	0,13	0,00
Sel gemme enfumé, encore diaphane.	0,48	0,55	0,66	0,67
Sel gemme, diaphane pour une flamme vive	0,21	0,25	0,33	0,35
Sel gemme, diaphane pour le soleil.	0,09	0,14	0,25	0,27
Sel gemme opaque	0,08	0,10	0,18	0,23
Sel gemme opaque	0,005	0,019	0,065	0,09
Sel gemme opaque	0,00	0,00	0,003	0,06
Sel gemme opaque	0,00	0,00	0,016	0,035

On peut encore remarquer, sur ce tableau, que les corps transparents incolores transmettent les rayonnements hétérogènes en proportion d'autant plus grande que ces rayonnements sont fournis par des sources plus lumineuses, ou plus voisines de l'être : c'est ce qu'il était naturel de penser *à priori*. — L'accroissement de la faculté lumineuse coïncide d'ailleurs, dans la plupart des cas, avec l'élévation de température : ce n'est cependant pas là une règle générale; ainsi la flamme du chalumeau à gaz hydrogène et oxygène est beaucoup moins lumineuse que celle d'une lampe ordinaire, bien que sa température soit incomparablement plus élevée.

DES POUVOIRS ÉMISSIFS

ET

DE L'ÉQUILIBRE MOBILE DES TEMPÉRATURES.

645. **Pouvoir émissif. — Influence de l'inclinaison et de la température sur le pouvoir émissif du noir de fumée.** — On peut donner le nom général de *pouvoir émissif* à la propriété que possèdent les corps de rayonner de la chaleur, lorsque leur température est plus élevée que celle des corps qui les environnent.

On étudiera d'abord l'influence exercée par les conditions desquelles semble pouvoir dépendre la grandeur du pouvoir émissif dans le *noir de fumée*, c'est-à-dire dans le seul corps qui paraisse ne posséder qu'un pouvoir réflecteur et un pouvoir diffusif insensibles. — Ces conditions sont : l'inclinaison des rayons sur la surface, et la température de cette surface elle-même.

1° La quantité de chaleur rayonnée *dans une direction déterminée*, par une surface plane de noir de fumée, d'étendue constante, est proportionnelle au cosinus de l'angle compris entre la direction des

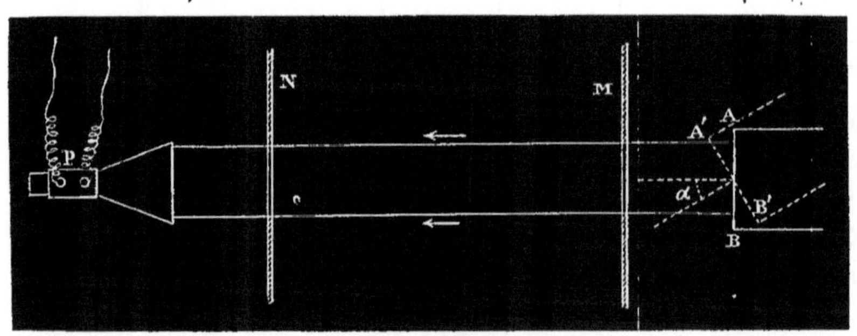

Fig. 500.

rayons et la normale. — Pour le démontrer, on fait agir sur la pile P (fig. 500), au travers de deux ouvertures égales pratiquées dans des écrans M, N placés à une distance suffisante, celle des faces du cube à eau bouillante D (fig. 498) qui est couverte de noir de fumée. Si l'on donne à cette face diverses orientations AB, A'B', la déviation produite sur l'appareil thermo-électrique reste constante. Or, la portion de la surface du cube qui rayonne au travers des deux ouvertures est inversement proportionnelle au cosinus de l'angle α, que forme la direction des rayons avec la normale à cette surface elle-même : donc la quantité de chaleur émise par l'unité de surface est directement proportionnelle à ce cosinus.

Si maintenant on appelle toujours *intensité* d'un faisceau de rayons parallèles la quantité de chaleur qui, pendant l'unité de temps, traverse l'unité de surface de la section droite, on exprimera encore le résultat qui précède en disant que l'intensité de la chaleur émise est la même dans toutes les directions. — Si l'on convient d'appeler spécialement *pouvoir émissif dans une direction déterminée* l'intensité de la chaleur émise dans cette direction, on peut dire que *le pouvoir émissif du noir de fumée est indépendant de l'inclinaison.*

2° La loi précédente se vérifiant également bien lorsque le cube rayonnant contient de l'eau bouillante ou lorsqu'il contient de l'huile portée à une température quelconque, on peut, pour étudier l'influence de la température, se borner à considérer la chaleur émise normalement à la surface.

Il est à peine besoin d'une expérience spéciale pour établir que la quantité de chaleur émise augmente à mesure que la température s'élève; mais cet accroissement de *quantité* est accompagné d'une modification de *qualité*, qu'il est au moins aussi important de considérer. — En décomposant le faisceau calorifique au moyen d'un prisme de sel gemme, et étudiant le faisceau émergent; ou bien encore en déterminant l'absorption que le faisceau émis éprouve dans son passage au travers de divers corps, on constate le changement de propriétés qui résulte d'une élévation de température de la surface rayonnante. On arrive ainsi aux résultats suivants :

1° A de basses températures, la chaleur émise par le noir de fumée, sans être absolument homogène, ne contient que des rayons différant très-peu les uns des autres par leurs propriétés.

2° A mesure que la température s'élève, la constitution de la chaleur émise se complique graduellement, par l'addition incessante de rayons de plus en plus réfrangibles.

Lorsque la température a atteint le *rouge sombre,* les apparences lumineuses qui se succèdent, à mesure que la température continue à s'élever, suffisent pour constater le changement graduel qui s'opère dans la constitution du rayonnement.

646. **Comparaison des pouvoirs émissifs des divers corps, sous l'incidence normale et à une même température.** — Il résulte des faits observés dans l'étude du noir de fumée que, pour comparer les pouvoirs émissifs des divers corps entre eux, et pour obtenir des résultats ayant un sens déterminé, il est indispensable de définir avec précision les conditions d'inclinaison et de température dans lesquelles les expériences sont instituées. En outre, pour que la comparaison fût complète, il faudrait, non-seulement mesurer le rapport des quantités totales de chaleur émises par deux corps différents, à la même température et dans des directions également inclinées sur les surfaces, mais déterminer en même temps la composition qualitative des deux rayonnements.

Les expériences effectuées jusqu'ici sont loin d'avoir été amenées à ce degré de perfection. On s'est généralement borné à comparer les *quantités totales* de chaleur émises normalement par divers corps, à une même température. — A la température de 100 degrés, MM. de la Provostaye et P. Desains ont obtenu les nombres compris dans le tableau ci-dessous, en prenant pour unité le pouvoir émissif du noir de fumée :

Céruse	1
Verre	0,90
Gomme laque	0,72
Fer	0,23
Zinc	0,19
Acier poli	0,18
Platine laminé	0,11
Platine bruni	0,09
Laiton poli	0,07
Or en feuilles	0,04
Argent laminé	0,03
Argent bruni	0,02

Les résultats numériques contenus dans ce tableau peuvent donner lieu aux remarques suivantes :

1° La céruse, dont le pouvoir émissif à 100 degrés est, comme on le voit, égal à celui du noir de fumée, n'a pas de pouvoir réflecteur sensible. Sous l'incidence normale, elle diffuse à peine la chaleur obscure rayonnée par le noir de fumée à 100 degrés, bien qu'elle diffuse très-abondamment la chaleur lumineuse rayonnée par un corps à haute température.

2° Si l'on ajoute, au nombre exprimant le pouvoir émissif du verre ou d'un métal, le nombre qui exprime son pouvoir réflecteur sous l'incidence normale[1], on obtient une somme sensiblement constante et égale à l'unité.

647. **Influence de l'inclinaison sur les pouvoirs émissifs de divers corps.** — Lorsqu'on s'écarte de la direction normale, la quantité de chaleur rayonnée par une surface d'étendue constante diminue, en général, plus rapidement que le cosinus de l'inclinaison; en d'autres termes, *le pouvoir émissif diminue à mesure que l'inclinaison augmente.* — Le tableau suivant fait connaître la loi de cette diminution, pour un petit nombre de substances autres que le noir de fumée.

INCLINAISON sur LA NORMALE.	SURFACES RAYONNANTES.				
	NOIR DE FUMÉE appliqué directement.	NOIR DE FUMÉE appliqué à l'essence.	CÉRUSE appliquée à l'essence.	OCRE ROUGE appliqué à l'essence.	VERRE.
0°	1,00	1,00	1,00	1,00	0,90
60°	1,00	//	0,95	//	0,84
70°	1,00	//	0,84	0,91	0,75
80°	1,00	0,75	0,66	0,82	0,54

Comme on sait d'ailleurs que la proportion de chaleur réfléchie ou diffusée augmente en même temps que l'incidence, ces résultats

[1] Les pouvoirs réflecteurs ont été déterminés également par MM. de la Provostaye et P. Desains.

prouvent que les variations du pouvoir réflecteur sont inverses de celles du pouvoir émissif. — On a même mesuré les pouvoirs réflecteurs du verre sous diverses incidences, et l'on a reconnu ainsi directement que la somme du pouvoir réflecteur et du pouvoir émissif est, pour toute inclinaison, constante et égale à l'unité.

En rapprochant cette observation des remarques que l'on a faites sur le tableau des pouvoirs émissifs sous l'incidence normale (646), on est conduit à énoncer la loi générale suivante :

Jusqu'à la température de 100 degrés, la somme du pouvoir émissif, du pouvoir réflecteur et du pouvoir diffusif (s'il existe) est, pour tous les corps et sous toutes les inclinaisons, constante et égale à l'unité.

On entend, dans cet énoncé, par *pouvoir émissif,* le rapport de l'intensité du faisceau de chaleur rayonné par un corps, sous une certaine inclinaison et à une certaine température, à l'intensité du faisceau rayonné par le noir de fumée, sous la même inclinaison et à la même température; par *pouvoir réflecteur,* le rapport de l'intensité du faisceau réfléchi à l'intensité du faisceau incident; par *pouvoir diffusif,* le rapport de la quantité totale de chaleur diffusée en tous sens à la quantité de chaleur incidente.

648. **Égalité du pouvoir émissif et du pouvoir absorbant.** — Il résulte de la définition même du pouvoir absorbant (640) que ce nombre est égal à l'unité diminuée de la somme du pouvoir réflecteur et du pouvoir diffusif. On voit donc que, au moins jusqu'à la température de 100 degrés, *le pouvoir absorbant est égal au pouvoir émissif,* c'est-à-dire qu'il est représenté par le même nombre, si l'on rapporte toujours le pouvoir émissif, pour chaque corps en particulier, à celui d'un corps tel que le noir de fumée, qui absorbe la totalité de la chaleur incidente, c'est-à-dire qui possède un pouvoir absorbant égal à l'unité.

Cette conclusion est d'accord avec une ancienne expérience de Ritchie, bien antérieure à l'étude que Melloni et MM. de la Provostaye et P. Desains ont faite des pouvoirs émissifs et des pouvoirs réflecteurs. — Ritchie avait fait construire un thermomètre différentiel à air, dont les boules étaient remplacées par des cylindres de métal A et B (fig. 501), ayant leurs axes placés horizontalement dans le prolongement l'un de l'autre : entre ces deux cylindres, on en plaçait un troisième C, ayant son axe dans la même direction que les deux autres, et contenant de l'eau chaude. Chacun des trois cylindres A, C, B avait l'une de ses bases enduite de noir de fumée

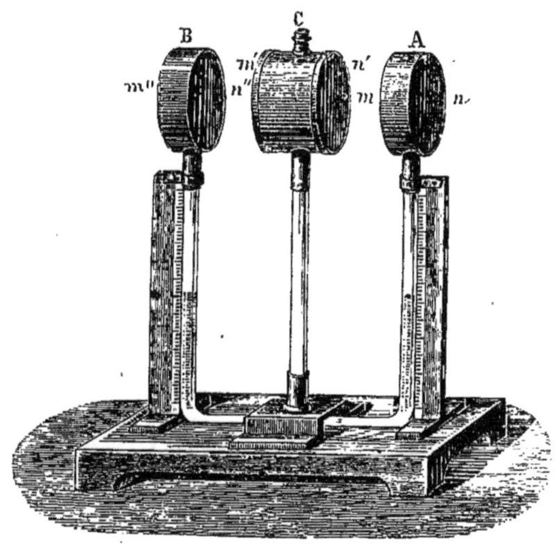

Fig. 501.

et l'autre couverte d'une feuille métallique : dans la figure ci-contre, ce sont les faces de droite *n*, *n'*, *n''* qui sont couvertes de noir de fumée, et les faces de gauche *m*, *m'*, *m''* qui sont métalliques. Le cylindre C pouvait s'approcher de A ou de B, et tourner sur lui-même autour de la verticale. — Ritchie reconnut par l'expérience que, si la face métallique *m'* du cylindre C était, comme l'indique la figure, en regard de la face noircie *n''* du cylindre B, et sa face noircie *n'* en regard de la face métallique *m* du cylindre A, on n'arrivait à maintenir la colonne liquide du thermomètre différentiel dans la position caractérisant l'égalité de température des deux côtés, qu'à la condition de placer le cylindre C exactement à égale distance des cylindres A et B. — Or, lorsque cet équilibre était atteint, chacun de ces cylindres éprouvait, dans le même temps, le même gain de chaleur de la part du cylindre intermédiaire C. Dès lors, en désignant par E_m le pouvoir émissif du métal qui forme les bases non noircies des cylindres, par E_n le pouvoir émissif du noir de fumée, par A_m et A_n les pouvoirs absorbants de ces deux mêmes corps, on devait avoir

$$E_m A_n = E_n A_m$$

ou

$$\frac{E_m}{E_n} = \frac{A_m}{A_n}.$$

Mais puisque le noir de fumée absorbe la totalité des rayons incidents, on a $A_n = 1$. Si l'on convient alors de prendre le pouvoir émissif E_n du noir de fumée comme unité de pouvoir émissif, il vient

$$E_m = A_m.$$

c'est-à-dire que le pouvoir émissif du métal est égal à son pouvoir absorbant.

649. **Remarques sur la généralité du principe précédent.** — La proposition générale de l'égalité du pouvoir émissif et du pouvoir absorbant, ainsi que les lois particulières desquelles cette proposition est déduite, ont un sens précis tant qu'on peut faire abstraction de l'hétérogénéité de la chaleur rayonnante, c'est-à-dire tant que l'on considère les pouvoirs émissifs mesurés à de basses températures, et les pouvoirs absorbants ou réflecteurs relatifs à des rayonnements qui ont eux-mêmes pour origines des sources dont la température est basse. Mais elles semblent perdre toute signification dès que, ces restrictions étant écartées, les pouvoirs absorbants ou réflecteurs doivent être regardés comme dépendant de la nature de la chaleur incidente, tandis que les pouvoirs émissifs ne dépendent que de la nature du corps, de sa température et de l'inclinaison des rayons sur sa surface.

Quelques faits expérimentaux bien constatés indiquent cependant, d'une manière assez claire, comment, dans le cas le plus général, on doit entendre la loi dont il s'agit. — Ainsi on sait que, à la température de 100 degrés, un certain nombre de corps parfaitement blancs, tels que la céruse ou le borate de plomb, ont un pouvoir émissif à peu près égal à celui du noir de fumée; on sait aussi que ces corps absorbent à peu près en totalité la chaleur émise par le noir de fumée à la température de 100 degrés. — D'un autre côté, la blancheur de ces corps suffit pour prouver qu'ils diffusent en abondance tous les rayons dont la réfrangibilité est comprise entre les limites du spectre visible, et l'on peut reconnaître directement qu'ils diffusent une proportion considérable de la chaleur émise par les sources à température élevée. D'ailleurs, si l'on vient à les porter eux-mêmes à des températures élevées, ils cessent d'émettre des quantités de chaleur égales à celles qu'émet le noir de fumée aux mêmes températures. — La comparaison de ces divers résultats montre que, pour ces corps, le pouvoir émissif diminue en même temps que le pouvoir absorbant [1].

Il semble donc qu'on échappera à toute difficulté, et qu'on se rendra compte de tous les faits observés, si l'on admet la loi générale d'après laquelle, en désignant par E_λ et e_λ les intensités des faisceaux calorifiques de longueur d'ondulation λ, qu'émettent à une même température t et sous une même inclinaison i un corps dont le pouvoir absorbant est absolu (le noir de fumée) et un corps quelconque; par a_λ le pouvoir absorbant du second corps à la température t, pour des rayons de longueur d'ondulation λ, rencontrant sa surface sous l'incidence i, on aurait toujours

$$a_\lambda = \frac{E_\lambda}{e_\lambda} \text{ [2]}.$$

— Si cette loi générale n'a pas encore été tout à fait rigoureusement

(1) MM. de la Provostaye et P. Desains ont fait cette observation importante en plaçant, entre deux piles thermo-électriques semblables entre elles, une lame de platine enduite de noir de fumée sur l'une de ses faces et de borate de plomb sur l'autre, et en élevant la température de cette lame par le passage d'un courant. A des températures peu élevées, les deux rayonnements étaient sensiblement égaux; au rouge naissant, le rayonnement du borate de plomb n'était plus que les trois quarts de celui du noir de fumée.

(2) Si la température t est trop basse pour que le noir de fumée émette des rayons d'une longueur d'ondulation égale à λ, la quantité E_λ est nulle, et la quantité a_λ est au plus égale à l'unité : il faut donc que e_λ soit également nul. La formule devient alors indéterminée et nous rappelle simplement que l'étude du pouvoir émissif d'un corps, faite à de basses températures, n'autorise aucune conclusion relative à la manière dont ce corps se comporte à l'égard de la chaleur fournie par des sources dont la température est plus élevée.

démontrée par l'expérience, elle apparaît, au point de vue de la théorie des ondes, comme une conséquence nécessaire de considérations mécaniques toutes semblables à celles qu'on a présentées au sujet de l'absorption de la lumière (573). Les mouvements vibratoires qui doivent se communiquer le plus facilement aux molécules d'un corps, c'est-à-dire qui doivent être absorbés par elles dans la proportion la plus grande, sont précisément ceux que ces molécules elles-mêmes sont disposées à produire, en vertu de leur structure et de leur élasticité, lorsque ce corps est amené à une température convenable et se comporte comme une source calorifique.

On voit ainsi que l'absorption exercée dans les corps athermanes par une couche superficielle infiniment mince, et l'absorption graduelle qui se produit dans toute l'épaisseur d'un corps diathermane, sont des phénomènes de même ordre; ils sont déterminés par une même cause, agissant avec des énergies diverses. Il est donc probable que, dans les deux cas, la même relation doit subsister entre l'émission et l'absorption de la chaleur. — Dès lors, en représentant par E_λ et ε_λ les intensités des faisceaux calorifiques de longueur d'ondulation λ, qu'émettent, à une même température t et sous une même inclinaison i, un corps dont le pouvoir absorbant est absolu et un corps diathermane quelconque, par α_λ la proportion d'un faisceau calorifique de même longueur d'onde qui est arrêtée dans le corps diathermane, lorsqu'il y pénètre en tombant sous l'incidence i et à la température t, on peut dire que l'on aurait

$$\frac{\varepsilon_\lambda}{E_\lambda} = \alpha_\lambda \text{ [1]}.$$

[1] Dans le cas des corps athermanes, e_λ et a_λ sont deux coefficients caractéristiques de la nature du corps, mais indépendants de ses dimensions et de sa forme; on peut les désigner, comme on l'a fait, sous le nom de *pouvoir émissif* et de *pouvoir absorbant* relatifs à une inclinaison, à une température et à une longueur d'ondulation déterminées. — Il n'en est plus de même dans le cas des corps diathermanes. Dans ce cas, α_λ dépend évidemment de l'épaisseur du corps considéré, et même de sa forme; car l'absorption ne s'exerce pas seulement dans le trajet direct de la première à la seconde surface, elle agit aussi sur la portion des rayons qui se réfléchit vers l'intérieur en rencontrant la seconde surface, sur la portion de ceux-ci qui est réfléchie de nouveau vers l'intérieur, et ainsi de suite. Quant à ε_λ, c'est aussi une fonction des dimensions et de la forme du corps, puisque l'épaisseur de

650. **Conséquences relatives aux conditions du renversement des raies, dans les expériences de MM. Kirchhoff et Bunsen.** — Les découvertes de MM. Kirchhoff et Bunsen sont une confirmation remarquable de cette loi. C'est même seulement en ayant égard à cette loi elle-même qu'on peut se rendre bien compte des conditions nécessaires au succès de l'expérience du *renversement des raies* (502).

Soit ε_λ l'intensité du faisceau de rayons, de longueur d'ondulation λ, qu'émet la flamme chargée de vapeurs métalliques avec laquelle on fait l'expérience; soit α_λ la fraction d'un faisceau incident, de même longueur d'ondulation, que cette flamme est capable d'arrêter; soit enfin e_λ l'intensité du faisceau de cette même longueur d'ondulation qui est émis vers la flamme par la source lumineuse dont on fait usage. La flamme agissant à la fois par absorption et par émission, on aura, dans la région du spectre qui correspond à l'espèce particulière d'ondulation que l'on considère, une intensité lumineuse totale qui pourra être représentée par

$$\varepsilon_\lambda + e_\lambda (1 - \alpha_\lambda);$$

et, suivant que, pour la qualité de lumière correspondante à un point déterminé du spectre, cette expression sera plus petite ou plus grande que e_λ, la présence de la flamme affaiblira ou augmentera l'intensité lumineuse qui était fournie par la source dans la région correspondante du spectre, c'est-à-dire qu'elle fera apparaître, dans cette région, une bande plus obscure ou plus brillante que n'était la partie du spectre de la source dont cette bande occupe la place. — Soit E_λ l'intensité du faisceau de même espèce qu'émettrait une surface douée d'un pouvoir absorbant absolu, ayant même température que la flamme; on aura, en vertu de la relation générale qui précède,

$$\varepsilon_\lambda = \alpha_\lambda E_\lambda .$$

laquelle dépend le rayonnement, dans un corps diathermane, ne peut plus être regardée comme très-petite, dès que la température est tant soit peu élevée. — C'est sous le bénéfice de ces remarques qu'on peut dire que le principe de l'égalité du pouvoir émissif et du pouvoir absorbant est vrai des corps diathermanes comme des corps athermanes.

L'expression précédente peut donc se mettre sous la forme

$$e_\lambda + \alpha_\lambda (E_\lambda - e_\lambda).$$

Dès lors, on voit que l'introduction de la flamme, dans le faisceau émis par la source lumineuse, produira une bande relativement obscure ou une bande relativement brillante, en un point déterminé du spectre fourni par la source, suivant que $E_\lambda - e_\lambda$ sera négatif ou positif. Or, à une température déterminée, le pouvoir émissif du corps dont le pouvoir absorbant est absolu étant supérieur à celui de tout autre corps, E_λ sera toujours plus grand que e_λ si la température de la flamme est égale à celle de la source; il en sera de même, *a fortiori*, si la première température excède la seconde : on obtiendra donc, dans le spectre, une bande brillante. — Au contraire, si la température de la source est suffisamment élevée au-dessus de celle de la flamme, l'intensité e_λ, qui est indéfiniment croissante avec la température, pourra devenir supérieure à E_λ, et il apparaîtra alors une bande relativement obscure.

Ainsi, la condition nécessaire pour qu'il y ait renversement des raies est une élévation de température de la source, suffisante pour rendre cette source plus rayonnante qu'un corps doué d'un pouvoir absorbant absolu, qui aurait même température que la flamme interposée. — Si la source possède elle-même un pouvoir absorbant absolu, il suffit que sa température soit supérieure à celle de la flamme.

Telles sont précisément les conditions dont l'expérience a montré la nécessité.

651. **Équilibre mobile des températures.** — Lorsque, dans un système de corps ayant une même température et placés dans des conditions où la chaleur qu'ils rayonnent puisse parvenir des uns aux autres, on élève ou l'on abaisse la température de certains de ces corps, la température de tous les autres éprouve une modification immédiate, et le rayonnement tend à produire un équilibre nouveau. — Il a paru naturel de supposer que ce n'est pas l'inégalité des températures, entre les corps mis en présence, qui fait

naître les phénomènes du rayonnement, mais que ces phénomènes se produisent encore dans le cas où ces corps sont à des températures égales. L'invariabilité de la température, dans un système de corps mis en présence les uns des autres, serait alors la conséquence d'une égalité qui existerait, pour chaque corps, entre la quantité de chaleur gagnée et la quantité de chaleur perdue.

On a beaucoup discuté sur l'exactitude de cette hypothèse, qui est connue sous le nom d'hypothèse de l'*équilibre mobile des températures*. On se bornera ici à faire remarquer qu'elle fournit au moins un moyen très-simple de réunir, sous une même formule, des faits qui semblent d'abord très-différents, et que, au point de vue de la théorie des ondulations, ce n'est qu'une expression du théorème de mécanique connu sous le nom de *principe de la superposition des petits mouvements*.

Il ne suffit pas que les températures de tous les points d'un système soient invariables, pour qu'on puisse affirmer l'égalité de toutes ces températures entre elles. Il faut encore qu'il n'y ait, en aucun point du système, de cause de production de chaleur; qu'il n'y ait, par exemple, ni action chimique, ni frottement, ni courant électrique, etc. — Si une pareille cause productrice de chaleur existe pour certains points, et si d'autres causes tendent à enlever de la chaleur au système, il se produit un état définitif, dans lequel les températures ne sont pas égales, mais *stationnaires*. Alors la connaissance exacte de l'état initial, celle de la source de chaleur et des lois du rayonnement sont nécessaires et suffisantes pour prévoir l'état définitif. Il paraît assez évident que cet état doit dépendre des situations relatives des divers corps du système, et que si, après qu'il est établi, on déplace un ou plusieurs de ces corps, il doit se produire une nouvelle distribution des températures. C'est ce que l'observation la plus grossière suffit à montrer.

Au contraire, l'état d'équilibre ou d'égalité des températures a la propriété d'être un état unique, et par conséquent de n'être pas altéré par une modification quelconque des situations relatives des corps qui sont, les uns avec les autres, en échange de rayonnement. C'est ainsi que, dans une enceinte ayant une température uniforme, un thermomètre accuse toujours la même température, en quelque point de l'enceinte qu'il soit placé; c'est ainsi encore que l'on peut, sans troubler l'équilibre, modifier comme on le voudra la forme d'une telle enceinte et l'arrangement des corps qu'elle renferme. Or, il faut remarquer que l'invariabilité des indications du thermomètre, attestée ici par l'expérience, ne résulte pas évidemment du principe de l'équilibre mobile des températures : il y a lieu d'examiner si elle n'implique pas des relations particulières entre les divers éléments desquels dépendent les échanges de chaleur effectués par rayonnement, c'est-à-dire entre les pouvoirs émissifs, absorbants et réflecteurs, les propriétés de la chaleur réfléchie, etc.

L'examen de cette question importante a été fait une première fois par Fourier, il y a cinquante ans, d'une manière qu'on a crue complète tant qu'on n'a pas connu la composition hétérogène des rayonnements calorifiques. Fourier était ainsi parvenu à démontrer la nécessité de la loi du cosinus, et de l'égalité du pouvoir émissif et du pouvoir absorbant. — Plus récemment, M. Kirchhoff a repris cette étude, en ayant égard à l'ensemble des propriétés de la chaleur qui ont été découvertes depuis Fourier : il en a déduit le principe exact de l'égalité du pouvoir émissif et du pouvoir absorbant, tel qu'on l'a formulé plus haut (649), comme un résultat indiqué, sinon démontré par l'expérience, ainsi qu'un certain nombre d'autres principes également remarquables.

On n'entreprendra pas d'exposer ici le développement de ces théories délicates. — On se contentera de montrer, dans quelques cas particuliers, comment les lois générales du rayonnement, de la réflexion et de l'absorption rendent compte de l'invariabilité de l'état d'équilibre; on donnera ensuite un exemple des faits nouveaux que la théorie peut faire prévoir.

652. **Cas où l'enceinte et tous les corps qu'elle contient ont un pouvoir absorbant absolu.** — Soit une enceinte fermée AB (fig. 502), de forme quelconque, entièrement dépourvue de pouvoir réflecteur et de pouvoir diffusif, c'est-à-dire ayant, en tous les points de sa surface intérieure, un pouvoir absorbant absolu : supposons qu'il y ait égalité de température entre tous ces points.

Prenons, sur la surface intérieure de l'enceinte, un élément infiniment petit quelconque, tel que mn, et considérons le faisceau cylindrique de chaleur, de longueur d'ondulation déterminée, que

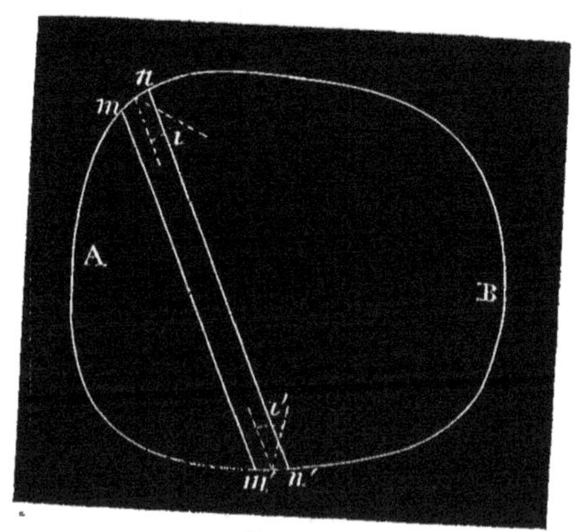

Fig. 502.

cet élément rayonne suivant une direction faisant un angle i avec la normale. Désignons par e la quantité de chaleur de même longueur d'ondulation qu'il émet, dans l'unité de temps, suivant la direction normale; par ω la surface de l'élément lui-même : la quantité de chaleur contenue dans le cylindre oblique sera exprimée, en vertu de la loi du cosinus, par

$$\omega e \cos i.$$

Mais le cylindre dont il s'agit découpe, sur la surface de l'enceinte, un élément $m'n'$. Si l'on représente la surface de cet élément par ω', par i' l'angle que font les génératrices du cylindre avec la normale à $m'n'$, on voit que cet élément envoie à l'élément mn, dans l'unité de temps, une quantité de chaleur de même longueur d'ondulation, qui est exprimée par

$$\omega' e \cos i';$$

d'ailleurs le produit $\omega \cos i$ est égal à $\omega' \cos i'$, puisque l'une et l'autre expression représentent la section droite du cylindre; donc l'élément mn reçoit de $m'n'$ précisément autant de chaleur, d'une espèce déterminée, qu'il lui en envoie lui-même. De là résulte que, l'égalité de température étant une fois établie, cette égalité doit persister indéfiniment; elle ne doit même pas être troublée par un changement de forme de l'enceinte, puisque, après ce changement de forme, quel qu'il soit, il y aura toujours équilibre d'élément à élément, et pour chaque espèce de rayons calorifiques d'une longueur d'ondulation déterminée.

Si l'on suppose que l'enceinte contienne un corps à la même température et pareillement dépourvu de pouvoir réflecteur et de pouvoir diffusif, on pourra dire, de chaque élément de la surface de ce corps, ce qu'on a dit des éléments de l'enceinte : on verra ainsi que le corps doit conserver sa température, en quelque point qu'il soit placé. Au contraire, s'il est plus froid ou plus chaud que l'enceinte, ses divers éléments recevront, des éléments de l'enceinte, une quantité de chaleur supérieure ou inférieure à celle qu'ils leur enverront; par conséquent, si la température de l'enceinte est maintenue invariable, la température du corps finira toujours par lui devenir égale.

653. **Cas où un corps contenu dans l'enceinte possède un pouvoir réflecteur.** — Donnons maintenant, à un élément *pq* d'un corps contenu dans l'enceinte (fig. 503), un pouvoir réflecteur déterminé : désignons par *r* la valeur de ce pouvoir réflecteur

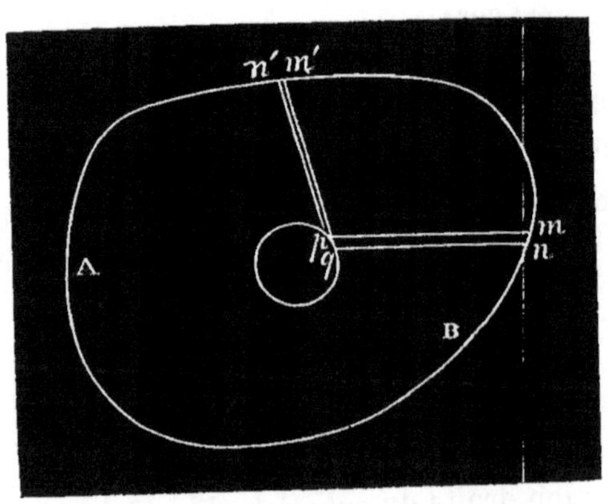

Fig. 503.

qui est relative à l'incidence *i* et à la longueur d'ondulation λ; soit σ la surface de cet élément. Soit *mn* l'élément découpé, sur la paroi interne de l'enceinte, par un cylindre ayant pour base pq et dont les génératrices sont inclinées d'un angle i sur la normale à pq : la surface de cet élément mn envoie à l'élément pq un faisceau cylindrique de chaleur, de longueur d'ondulation λ, tombant sur pq sous l'incidence i : la section droite de ce cylindre étant égale à $\sigma \cos i$, la quantité de chaleur qu'il apporte sur pq, dans l'unité de temps, peut s'exprimer par

$$e\sigma \cos i:$$

la quantité que l'élément pq absorbe est alors

$$(1-r)\, e\sigma \cos i.$$

Mais, en vertu de l'égalité du pouvoir émissif et du pouvoir absorbant, l'élément pq lui-même émet, suivant toute direction inclinée d'un angle i sur la normale, une quantité de chaleur, de la longueur d'ondulation considérée, qui est exprimée par

$$(1-r)\, e\sigma \cos i;$$

donc l'élément pq envoie à l'élément mn précisément autant de chaleur qu'il en reçoit lui-même de cet élément, et il ne doit résulter, de cet échange entre les divers éléments, aucune modification dans la température du corps.

Il n'en doit résulter non plus aucune modification dans la température de l'enceinte : car, si l'élément mn envoie à l'élément pq la quantité de chaleur

$$e\sigma \cos i,$$

et s'il ne reçoit, par suite du rayonnement de pq, que la quantité de chaleur

$$(1-r)\, e\sigma \cos i,$$

il reçoit encore, à cause du pouvoir réflecteur de pq, une certaine partie du faisceau qui est envoyé à pq par un élément $m'n'$, dont la position et la grandeur sont faciles à déterminer; cette quantité de chaleur, réfléchie par pq vers mn, peut s'exprimer par

$$re\sigma \cos i,$$

et l'on voit que la somme des quantités de chaleur reçues par mn dans cette direction est encore égale à la quantité de chaleur émise. — Il en est évidemment de même dans une direction quelconque.

654. **Polarisation des rayons émis dans des directions obliques par les corps doués de pouvoirs réflecteurs.** — Si la surface du corps que l'on vient de considérer est convexe, de manière que les réflexions multiples soient impossibles, et si l'on attribue successivement à tous les éléments de ce corps des pouvoirs réflecteurs quelconques, le raisonnement précédent montre que le principe de l'égalité du pouvoir émissif et du pouvoir absorbant suffit pour assurer le maintien indéfini de l'équilibre. Mais il n'en est plus de même si la surface du corps est concave, ou si les divers éléments de l'enceinte prennent, à leur tour, des pouvoirs réflecteurs. La chaleur contenue dans le faisceau qui chemine de pq vers mn est bien, en définitive, égale à $e\sigma \cos i$; mais la quantité de chaleur réfléchie $re\sigma \cos i$, qui est contenue dans ce faisceau, est polarisée dans le plan d'incidence; donc, si l'élément mn a un pouvoir réflecteur, la proportion de cette chaleur qu'il absorbe doit dépendre de la position relative des plans d'incidence sur mn et sur pq. On ne peut donc plus dire qu'il n'y ait rien de changé dans les conditions qui assurent le maintien de l'équilibre.

Cette difficulté disparaît si l'on admet que la quantité de chaleur polarisée dans le plan d'incidence, qui est contenue dans le faisceau réfléchi par pq, c'est-à-dire dans le faisceau ayant pour intensité $re\sigma \cos i$, est compensée par une égale quantité de chaleur, polarisée perpendiculairement au plan d'incidence, et contenue dans le faisceau émis directement par pq, c'est-à-dire dans le faisceau ayant pour intensité $(1 - r) e\sigma \cos i$. — On est donc conduit à énoncer la loi suivante :

Tout faisceau de chaleur émis obliquement, par un corps doué de pouvoir réflecteur, est *polarisé perpendiculairement au plan mené par le faisceau et par la normale;* la quantité absolue de chaleur polarisée qu'il contient est égale à la quantité absolue de chaleur polarisée dans le plan d'incidence que contiendrait un faisceau de même longueur d'onde, qui aurait été émis à la même température par une surface douée d'un pouvoir absorbant absolu, et réfléchi ensuite par le corps que l'on considère, sous l'incidence précisément égale à l'angle d'émission actuel. — Cette loi est confirmée par d'anciennes expériences optiques d'Arago, et par les mesures calorimétriques de MM. de la Provostaye et P. Desains.

Le mode de polarisation des rayons émis suivant des directions obliques, perpendiculairement au plan mené par ces rayons et par la normale, semble prouver qu'ils sont issus d'une profondeur sensible au-dessous de la surface mathématique du corps, et qu'ils se polarisent *par réfraction* à l'émergence. Depuis longtemps en effet, Rumford, en appliquant sur une surface métallique rayonnante des couches de vernis d'épaisseurs croissantes, avait constaté que l'influence de la surface métallique reste sensible, tant que l'épaisseur de la couche de vernis ne dépasse pas une limite dont la grandeur est finie et mesurable. Cette épaisseur limite est d'ailleurs assez petite; elle était inférieure à un dixième de millimètre, pour le vernis résineux dont Rumford faisait usage pour ces expériences.

655. **Réflexion apparente du froid.** — L'origine de la théorie de l'équilibre mobile des températures se trouve dans l'explication qui fut donnée, par Prévost de Genève, d'une curieuse expérience de Pictet, expérience dans laquelle on avait voulu voir une preuve de l'existence de rayons frigorifiques : ces rayons, tout en produi-

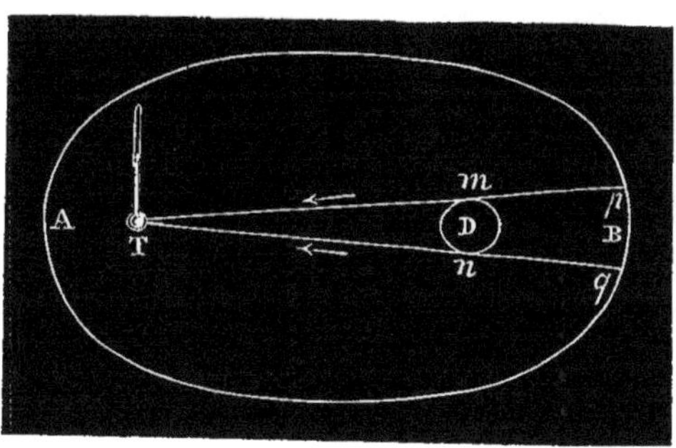

Fig. 504.

sant des effets contraires à ceux des rayons calorifiques, auraient été soumis aux mêmes lois d'émission, de propagation et de réflexion.

Lorsque, dans une enceinte AB ayant une température uniforme et contenant, entre autres corps, un thermomètre T (fig. 504), on vient à introduire un corps plus froid D, on sait que le thermomètre accuse un abaissement de température : c'est là un résultat dans lequel on ne trouve rien que de très-naturel, puisque l'introduction du corps froid a substitué, aux rayons de chaleur envoyés au thermomètre par la partie *pq* de l'enceinte, les rayons moins intenses qui lui sont envoyés par la portion *mn* du corps froid. — Mais il paraît singulier que, si l'on vient à augmenter la quantité des rayons que le corps froid envoie au thermomètre, au moyen d'un ou deux miroirs réflecteurs convenablement placés, l'abaissement de température soit rendu plus sensible, absolument comme si ces rayons tendaient par eux-mêmes à produire du froid.

L'explication de ce nouvel effet est cependant toujours la même. — Soit E l'intensité des rayons de chaleur qui sont émis par l'enceinte, et supposons, pour simplifier l'explication, que tous les points de cette enceinte soient doués d'un pouvoir absorbant absolu; soit E′ l'intensité des rayons que cette même enceinte émettrait, si elle avait la même température que le corps froid D; désignons par r le pouvoir réflecteur d'un miroir sphérique concave MN (fig. 505), dont le thermomètre T et le corps froid D occupent les

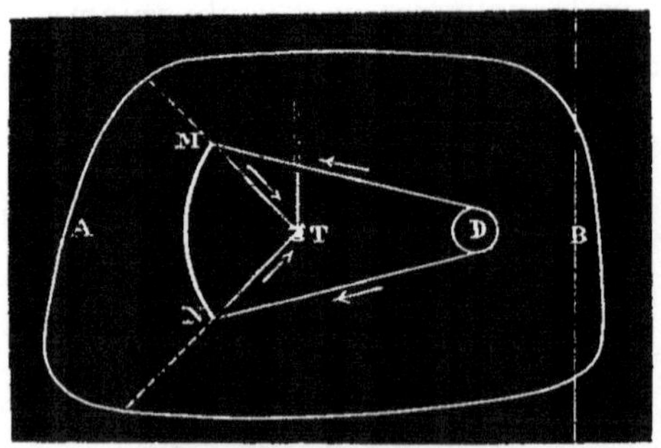

Fig. 505.

foyers conjugués; par ρ, le pouvoir réflecteur du corps froid. Dans les conditions où il est maintenant placé, le thermomètre reçoit, suivant toutes les directions qui joignent les divers points de sa surface aux points de la surface du miroir MN, au lieu du rayonnement direct de l'enceinte dont l'intensité est E, d'une part les rayons émis directement par le miroir MN, et dont l'intensité peut se représenter par $(1-r)E$, d'autre part la chaleur réfléchie par ce miroir lui-même. Or cette chaleur réfléchie est une fraction r de la chaleur qui arrive du corps froid D au miroir, et qui se compose elle-même de deux parties, savoir : le rayonnement propre du corps froid, exprimé par $(1-\rho)E'$, et la chaleur qui est venue de l'enceinte se réfléchir sur le corps froid et dont l'intensité est exprimée par ρE. Ainsi, en définitive, dans toute l'étendue du cône circonscrit au réservoir du thermomètre et au miroir, les rayons émis par l'enceinte et dont l'intensité est E sont remplacés par des rayons dont la somme des intensités est

$$(1-r)E + r[(1-\rho)E' + \rho E]$$

ou bien

$$E - r(1-\rho)(E-E').$$

Il est évident que cette expression est moindre que E : on devra donc observer un refroidissement d'autant plus sensible que l'ouverture angulaire du cône dans lequel cette substitution a lieu sera plus grande, c'est-à-dire que l'étendue de la surface réfléchissante sera plus considérable. Ce refroidissement sera encore d'autant plus marqué que le miroir aura un plus grand pouvoir réflecteur r, et le corps froid un plus grand pouvoir émissif $1-\rho$. — Ainsi s'explique l'avantage que l'on trouve, quand on veut rendre les résultats de cette expérience un peu saillants, à opérer avec un corps froid couvert de noir de fumée.

656. **Théorie de Wells sur la production de la rosée.** — D'après la théorie émise et développée par Wells, le dépôt de la rosée est dû au refroidissement nocturne des corps situés à la surface de la terre : ce dépôt se produit toutes les fois que le refroidissement est suffisant pour amener à saturation l'air qui est au contact de ces corps ; quant à la cause même du refroidissement, c'est le rayonnement des corps placés à ciel ouvert, rayonnement qui n'est compensé, pendant la nuit, que par le rayonnement des couches supérieures et froides de l'atmosphère et par le rayonnement des

étoiles. La radiation des couches supérieures de l'atmosphère et des étoiles est d'ailleurs équivalente à celle d'une enceinte dont la température serait extrêmement basse; en effet, les températures observées durant les longues nuits des régions polaires, bien qu'elles soient déjà très-basses, sont cependant plutôt supérieures qu'inférieures aux températures que la terre atteindrait si l'action solaire était supprimée et que notre globe ne reçût plus de chaleur que des étoiles.

L'observation montre que toutes les circonstances favorables au dépôt de la rosée sont précisément celles qui sont favorables au refroidissement des corps. Ainsi, Wells a remarqué que la rosée est d'autant plus fréquente et qu'elle se dépose avec d'autant plus d'abondance : 1° que les corps ont un plus grand pouvoir émissif et une moindre conductibilité : c'est ce que montre la comparaison des quantités de rosée déposées, dans une même nuit, sur des matières végétales et sur des corps métalliques polis, placés dans le voisinage; 2° que ces corps sont en échange de rayonnement avec une plus grande étendue du ciel : c'est ce que prouve l'influence préservatrice des édifices voisins et des abris de toute nature; 3° que le ciel est plus pur et plus serein : la présence d'un nuage, en substituant au rayonnement d'une portion de la voûte céleste celui d'un corps dont la température est la même que celle de couches atmosphériques médiocrement élevées, tend à diminuer le refroidissement des corps placés à la surface de la terre, et par suite la quantité de rosée qui se dépose à la surface de ces corps.

Des expériences directes de Wells établissent d'ailleurs, d'une manière manifeste, l'influence du rayonnement nocturne sur les variations de température des corps placés à la surface du sol. — Il a constaté, par exemple, que la température d'un thermomètre posé sur un sol rayonnant, ou plongé dans l'herbe, ou recouvert de filaments végétaux ou animaux, s'abaisse, pendant les nuits claires et sereines, de plusieurs degrés au-dessous de la température indiquée par un thermomètre placé dans l'air à une certaine distance du sol. — Lorsque la voûte céleste est masquée par des nuages, cet abaissement de température est moins sensible, et peut même disparaître entièrement. — Lorsque la température des corps placés à la surface du sol descend au-dessous de zéro, la rosée est remplacée par la gelée blanche.

Enfin, le refroidissement d'un thermomètre placé au voisinage du sol s'exagère lorsqu'on place le réservoir de ce thermomètre T (fig. 506) au-dessus d'un miroir métallique poli MN; les rayons

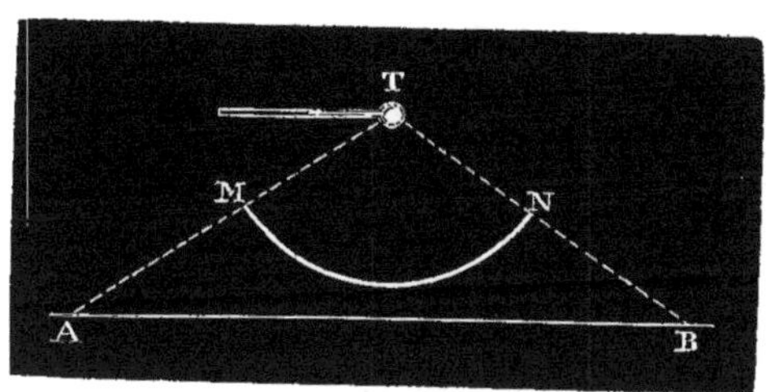

Fig. 506.

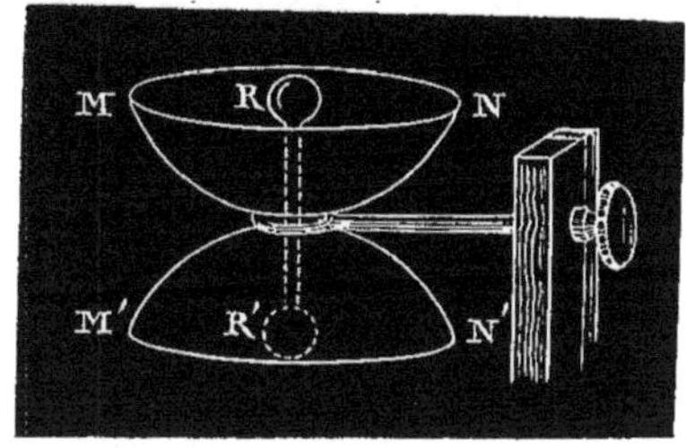

Fig. 507.

émis par la partie AB de la surface du sol sont en effet remplacés alors par les rayons venus de la voûte céleste et réfléchis sur le miroir. — L'effet est plus grand encore lorsqu'on emploie un thermomètre différentiel et qu'on place les deux réservoirs R, R′ de ce thermomètre aux foyers de deux miroirs concaves MN, M′N′ (fig. 507), en tournant ces miroirs de façon que le réservoir supérieur R soit protégé contre le rayonnement du sol, et que le réservoir inférieur R′ soit protégé contre le rayonnement des espaces célestes.

CONDUCTIBILITÉ.

657. **Rayonnement particulaire.** — Il est manifeste que la forme et les dimensions des corps exercent une influence sur la propagation de la chaleur dans ces corps, par conductibilité. — Dès lors, une étude purement expérimentale de la question, envisagée au point de vue le plus général, présenterait une complication extrême.

L'étude analytique du phénomène, telle qu'elle a été faite par Fourier, repose sur les deux considérations suivantes : 1° la transmission graduelle de la chaleur indique que l'état thermique d'un point n'a d'influence que sur l'état des points très-voisins; 2° les points les plus chauds tendent à élever la température des points les plus froids, et réciproquement. — Ces deux faits d'expérience, dont l'énoncé constitue ce qu'on a appelé à tort l'*hypothèse du rayonnement particulaire,* peuvent s'exprimer analytiquement en admettant qu'un élément quelconque du corps envoie aux éléments dont la température est plus basse et dont la distance n'excède pas une certaine limite, très-petite d'ailleurs, une quantité de chaleur qui est fonction de la différence des températures; ou, ce qui revient au même, que cet élément reçoit des éléments voisins une quantité négative de chaleur, qui est fonction de l'excès de sa température sur celle de ces éléments. Les différences de température que présentent des éléments capables de s'influencer réciproquement est toujours très-petite, à cause de la petitesse des distances qui les séparent : dès lors, on peut, au moins dans une première approximation, considérer les quantités de chaleur ainsi envoyées comme proportionnelles aux excès de températures; le coefficient par lequel s'exprime cette proportionnalité sera variable avec la nature du corps, et même avec la direction, dans le cas le plus général. — Cependant, dans les fluides, dans les corps solides non cristallisés, et dans les corps cristallisés qui appartiennent au système cubique, l'expérience montre que la transmission de la chaleur se fait de la même manière en tous sens : les phénomènes de conductibilité calorifique ne dépendent donc alors, pour chaque corps, que d'un coefficient caractéristique de ce corps lui-même, et des lois suivant lesquelles sa surface rayonne de la chaleur vers les corps qui sont placés à une certaine distance, ou en communique aux corps qui sont en contact avec elle.

658. **Propagation de la chaleur dans un cylindre dont la surface convexe est imperméable à la chaleur.** — Considérons le cas idéal d'un cylindre droit dont chacune des bases est entretenue à des températures uniformes et constantes, dont la surface convexe est absolument imperméable à la chaleur, et dont la température initiale ne dépend, en chaque point, que de la distance à l'une des bases.

Par une section droite MN du cylindre (fig. 508), il passe, en un temps infiniment court dt, une quantité de chaleur qui est la somme des quantités de chaleur émises par les éléments situés d'un côté de MN vers les éléments situés de l'autre côté, à une distance moindre qu'une limite déterminée et très-petite. Considérons, en particulier, la quantité de chaleur qu'un élément déterminé m envoie à un autre élément m' : si l'on désigne par u la température du plan MN situé à une distance z de la base A, et par ε et ε' les distances de m et de m' au plan MN, on pourra, en vertu de la petitesse de ε et de ε', représenter les températures des éléments m et m' par les expressions

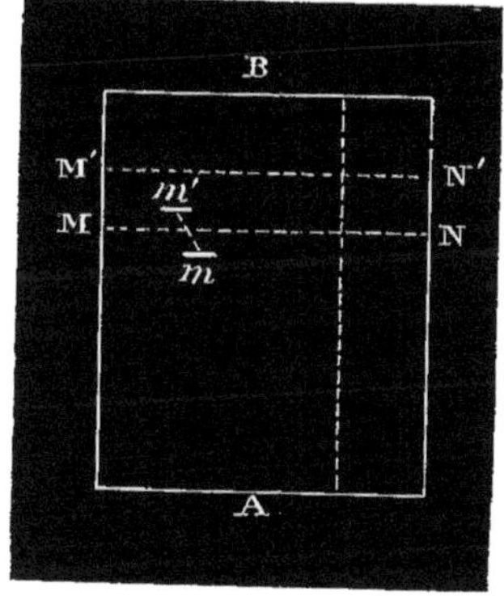

Fig. 508.

$$u - \frac{du}{dz}\varepsilon$$

et

$$u + \frac{du}{dz}\varepsilon'.$$

La quantité de chaleur envoyée par l'élément m à l'élément m' sera proportionnelle à l'excès de la première température sur la seconde, c'est-à-dire à

$$-(\varepsilon+\varepsilon')\frac{du}{dz}.$$

Lorsqu'on fera la somme de toutes les expressions de ce genre, on pourra mettre $-\frac{du}{dz}$ en facteur commun; comme d'ailleurs la quantité totale de chaleur qui traverse la section MN, en un temps infiniment court dt, est évidemment proportionnelle au temps dt et à l'aire s de la section, elle pourra se représenter par

$$-ks\frac{du}{dz}dt,$$

k étant un coefficient qui dépend de la nature du cylindre. Si l'on suppose que ce coefficient soit indépendant de la température, la quantité de chaleur qui, dans le même temps dt, traverse une section M'N', infiniment voisine de MN, sera exprimée par

$$-ks\left(\frac{du}{dz}+\frac{d^2u}{dz^2}dz\right)dt.$$

L'excès de la première expression sur la seconde représentera la quantité de chaleur qui, en un temps dt, s'accumule dans la tranche infiniment mince MNM'N', et qui y produit la variation infiniment petite de température $\frac{du}{dt}dt$. — En désignant par C la chaleur spécifique de la matière du cylindre et par D sa densité, il est facile de voir qu'on aura

$$\mathrm{CD}\,sdz\frac{du}{dt}dt=-ks\frac{du}{dz}dt+ks\left(\frac{du}{dz}+\frac{d^2u}{dz^2}dz\right)dt,$$

c'est-à-dire, toutes réductions faites,

$$\frac{du}{dt}=\frac{k}{\mathrm{CD}}\frac{d^2u}{dz^2}.$$

L'état des températures sera donc stationnaire, si l'on a

$$\frac{d^2u}{dz^2}=0,$$

et réciproquement. — En désignant par a et b les températures invariables des bases A et B, on conclut de là que la loi des températures stationnaires est représentée par la formule

$$u = a - \frac{a-b}{e} z,$$

e étant la hauteur totale du cylindre. Ainsi les températures des diverses tranches parallèles aux bases décroissent en progression arithmétique, lorsque leur distance à la base la plus chaude croît en progression arithmétique.

Lorsque l'état stationnaire est établi, le flux de chaleur devient uniforme, et la quantité de chaleur qui, pendant l'unité de temps, traverse un plan quelconque parallèle aux bases du cylindre, est exprimée par

$$- ks \frac{du}{dz},$$

c'est-à-dire par

$$ks \frac{a-b}{e}.$$

659. **Coefficient de conductibilité intérieure. — Essais de détermination directe.** — Si l'on suppose que, dans l'expression précédente, la surface de la section s du cylindre soit égale à l'unité, et si l'on suppose, en outre, que le cylindre ait une hauteur e égale à l'unité, et présente entre ses deux bases une différence de température $a - b$ égale à l'unité, on voit que l'expression précédente donne la valeur de la quantité k elle-même. De là cette définition précise du *coefficient de conductibilité intérieure* : le coefficient de conductibilité intérieure est la quantité de chaleur qui, pendant l'unité de temps, traverse l'unité de surface de la section droite d'un cylindre de hauteur égale à l'unité, dont la périphérie est imperméable à la chaleur, et dont les bases sont entretenues à des températures constantes, différant l'une de l'autre d'un degré.

Pour déterminer directement le coefficient de conductibilité, Dulong a proposé une méthode qui consiste essentiellement dans l'étude de la propagation de la chaleur à travers une enveloppe sphérique mince, remplie de glace et plongeant dans de l'eau en ébullition. Si l'on désigne par p le poids de la glace fondue en un temps τ, par s la surface de la sphère et par e son épaisseur, on détermine k par l'équation

$$\frac{100 ks\tau}{e} = p \times 79,25.$$

En effet, l'épaisseur de la couche sphérique étant assez faible pour qu'on puisse négliger la différence d'étendue de sa surface extérieure et de sa surface intérieure, et la propagation de la chaleur n'étant possible que dans la direction normale à ces deux surfaces, on peut appliquer les formules du problème précédent. — Cette expérience, qui présenterait tous les inconvénients attachés à l'emploi du calorimètre de glace pour la détermination des chaleurs spécifiques (94), n'a jamais été réalisée.

Péclet a essayé de résoudre cette même question en opérant sur deux masses d'eau séparées l'une de l'autre, soit par une lame mince conductrice de grande étendue, soit par une enveloppe cylindrique ou sphérique d'épaisseur uniforme. L'une des masses était entretenue à une température constante T, et l'on observait les variations de température de l'autre. — Si l'on représente par m le poids de la masse d'eau à température variable, par θ_0 sa température initiale, par θ_1 sa température finale, par τ la durée de l'expérience, enfin par s et e la surface et l'épaisseur de l'enveloppe, on a approximativement, pourvu que θ_0 et θ_1 ne diffèrent pas trop l'un de l'autre,

$$\frac{ks\tau}{e}\left(T - \frac{\theta_0+\theta_1}{2}\right) = m(\theta_1 - \theta_0).$$

Dans cette manière d'opérer, Péclet a rencontré une difficulté résultant de ce qu'il reste toujours une couche d'eau adhérente à chacune des deux surfaces de la lame : ces deux couches opposent une telle résistance au passage de la chaleur, que la quantité de chaleur transmise devient très-petite et est à peu près indépendante de la nature et de l'épaisseur de la lame conductrice. On cherche à éviter cet inconvénient au moyen d'une disposition mécanique, consistant dans l'emploi de brosses qui sont mises en mouvement de manière à venir frotter incessamment les deux surfaces de la lame.

Les nombres ainsi obtenus sont d'une exactitude très-suffisante pour les besoins de la pratique : on a réuni les principaux dans le tableau suivant. — L'unité de chaleur adoptée est la quantité de chaleur qui élève d'un degré centigrade la température d'un kilogramme d'eau ; l'unité d'épaisseur est le mètre ; l'unité de surface, le mètre carré ; l'unité de temps est l'heure.

NOM DES SUBSTANCES.	COEFFICIENTS DE CONDUCTIBILITÉ.
Plomb	13.83
Charbon des cornues à gaz	4,96
Marbre	2.78 à 3,48
Pierre calcaire	1,69 à 2,08
Pierre de liais	1,27 à 1,32
Verre	0,75 à 0,88
Terre cuite	0,51 à 0,69
Plâtre	0.33 à 0,52
Gutta-percha	0,17
Caoutchouc	0,17
Bois de diverses natures	0,09 à 0,21

660. **Distribution des températures dans une barre conductrice de petit diamètre.** — Lorsqu'on connaît le coefficient de conductibilité intérieure et les lois de la déperdition superficielle de la chaleur, toutes les questions relatives à la propagation de la chaleur deviennent de simples problèmes d'analyse. L'étude approfondie de ces questions constitue l'une des branches les plus étendues de la Physique mathématique. — On se bornera ici à traiter la question de la distribution stationnaire des températures dans une barre conductrice de petit diamètre, en admettant que la température de cette barre soit peu élevée au-dessus de la température ambiante, et qu'en conséquence la loi de Newton exprime, d'une manière suffisamment approchée, la déperdition qui s'opère à la surface.

Soit u l'excès de la température sur la température ambiante, dans une section MN (fig. 509) ayant pour surface s, et située à une distance x de l'une des extrémités A : la quantité de chaleur qui, en un temps infiniment court dt, traverse cette section, peut se représenter par

$$- ks\frac{du}{dx}dt.$$

La quantité de chaleur qui, dans le même temps dt, traverse la section infiniment voisine M'N', aura pour expression

$$- ks\left(\frac{du}{dx}+\frac{d^2u}{dx^2}dx\right)dt.$$

Enfin, la quantité de chaleur qui, dans le même temps, se dissipe par la surface convexe du cylindre infinitésimal MNM'N' sera, en

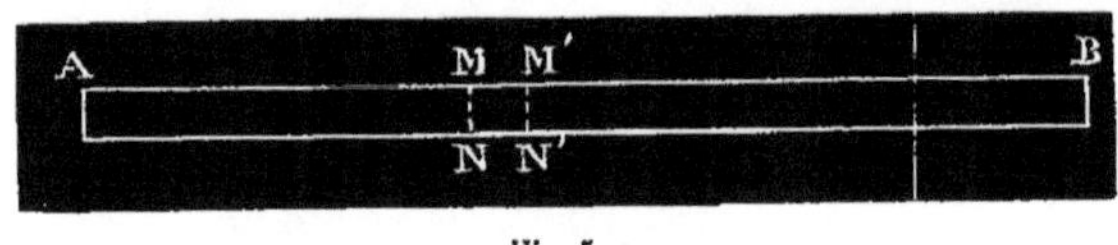

Fig. 509.

désignant par p le périmètre de la section de la barre et par h le coefficient constant qui entre dans l'expression de la loi de Newton, ou *coefficient de conductibilité extérieure*,

$$hpdxudt.$$

Le cylindre MNM'N' ne devant éprouver aucun gain ni aucune perte de chaleur, lorsque l'état de la barre tout entière est devenu stationnaire, on a

$$- ks\frac{du}{dx}dt + ks\left(\frac{du}{dx}+\frac{d^2u}{dx^2}dx\right)dt - hpu\,dx\,dt = 0,$$

d'où l'équation différentielle

$$\frac{d^2u}{dx^2} - \frac{hp}{ks}u = 0.$$

Cette équation a pour intégrale générale

$$u = \mathrm{M}e^{ax} + \mathrm{N}e^{-ax},$$

en posant $a^2 = \frac{hp}{ks}$, et en désignant par M et N deux constantes qui dépendent des conditions relatives aux extrémités. De là on conclut que, si l'on représente par u_1, u_2, u_3 les excès de température de trois points équidistants, situés aux distances $x-i$, x et $x+i$ de l'extrémité A, le quotient

$$\frac{u_1+u_3}{u_2}$$

ne dépend que de l'intervalle i, car on reconnaît facilement que ce quotient n'est autre chose que

$$e^{ai}+e^{-ai}.$$

Donc, si l'on pose $\frac{u_1+u_3}{u_2}=2n$, il vient

$$e^{ai}+e^{-ai}=2n.$$

De là on tire

$$e^{2ai}-2ne^{ai}+1=0,$$

ou bien

$$e^{ai}=n+\sqrt{n^2-1},$$

ce qui donne pour a, c'est-à-dire pour l'expression $\sqrt{\frac{hp}{ks}}$, la valeur

$$\sqrt{\frac{hp}{ks}}=\frac{1}{i}\,\mathrm{l}\left(n+\sqrt{n^2-1}\right).$$

Si maintenant on considère une barre d'une autre nature, ayant même périmètre et même section, et qu'on donne aux deux barres la même conductibilité extérieure en recouvrant les deux surfaces d'un enduit convenable, on aura

$$\sqrt{\frac{hp}{k's}}=\frac{1}{i}\,\mathrm{l}\left(n'+\sqrt{n'^2-1}\right).$$

Dès lors, on voit que si l'on parvient à déterminer expérimentalement les valeurs des quantités n et n', on en pourra conclure la valeur du rapport $\frac{k'}{k}$. — C'est par cette méthode qu'on a évalué les rapports des conductibilités des principaux métaux.

661. **Détermination indirecte des coefficients de conductibilité. — Expériences de Despretz.** — Pour appliquer la méthode dont on vient d'indiquer le principe, Despretz employait

des barres métalliques de diverses natures, chauffées à l'une de leurs extrémités A par une lampe (fig. 510), et percées de petites ca-

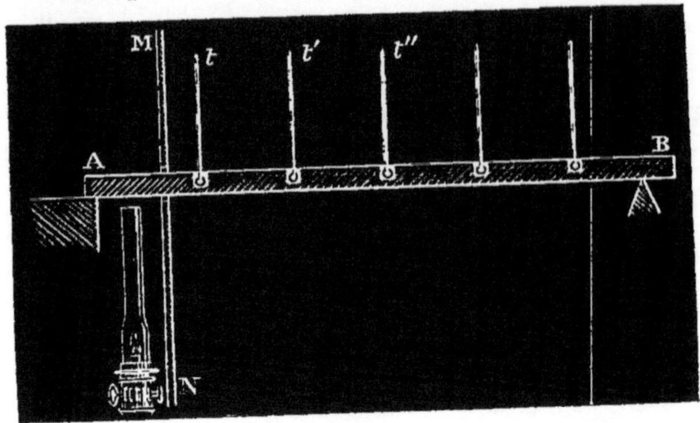

Fig. 510.

vités équidistantes qui contenaient du mercure et dans lesquelles plongeaient les réservoirs de thermomètres t, t', t'', etc. Sur la surface de toutes les barres, on avait appliqué un enduit de noir de fumée qui leur donnait à toutes le même coefficient de conductibilité extérieure.

Pour chaque barre en particulier, l'observation des thermomètres permettait de constater la constance du rapport $\frac{u_1 + u_3}{u_2}$, en prenant dans la longueur de la barre un groupe quelconque de trois thermomètres consécutifs. — La comparaison des valeurs de ce même rapport pour des barres de diverses natures donnait, comme il a été dit (660), les rapports des coefficients de conductibilité des corps qui les constituaient.

662. **Expériences de MM. Wiedemann et Franz.** — Dans les expériences de MM. Wiedemann et Franz, fondées sur le même principe que celles de Despretz, les barres métalliques avaient été argentées par la galvanoplastie et polies : on admettait alors qu'elles avaient même conductibilité extérieure. Dans chaque expérience, la barre, placée en AB (fig. 511), était enfermée dans une cloche de verre vide d'air CC; la cloche était elle-même placée dans un bain à température constante. L'une des extrémités de la barre était chauffée dans une petite étuve MN, parcourue par un

courant de vapeur d'eau qui arrivait par le tube T et s'échappait par le tube S. Enfin, une pince thermométrique P, fixée à l'extrémité d'un tube de verre V mobile dans une boîte à étoupes E, pou-

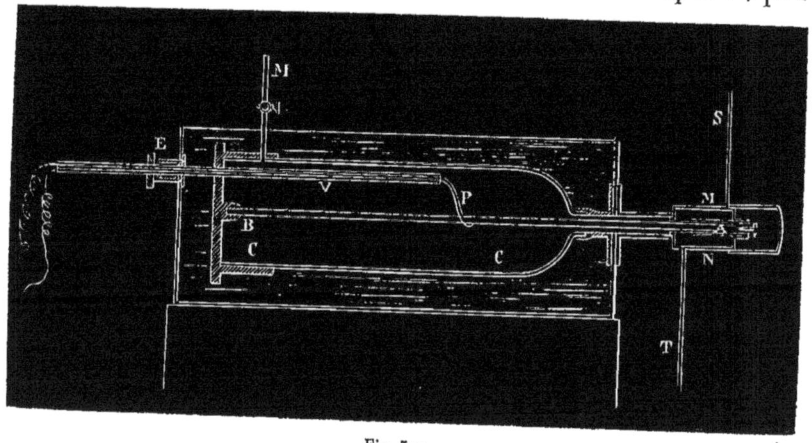

Fig. 511.

vait être amenée successivement au contact des divers points de la barre, de manière à donner les températures de ces points au moyen des déviations d'un galvanomètre placé dans le circuit.

Le tableau suivant contient les résultats de ces expériences. — On a représenté par 100 le coefficient de conductibilité de l'argent, qui est le métal le plus conducteur.

Argent	100
Cuivre	74
Or	53
Étain	15
Fer	12
Plomb	9
Platine	8
Palladium	6
Bismuth	2

Pour les divers métaux, les conductibilités calorifiques se classent ainsi dans le même ordre que les conductibilités électriques : il est probable que les rapports de ces deux sortes de conductibilité seraient absolument constants, si les échantillons d'un même métal sur lesquels on les détermine étaient absolument identiques.

663. **Détermination des constantes M et N de la formule théorique.** — Si l'on se reporte à la formule qui a été établie plus haut (660),

$$u = Me^{ax} + Ne^{-ax},$$

on voit que, dans les expériences qui ont été décrites en dernier lieu, celle des deux extrémités de la barre qui est chauffée possède, par rapport au milieu ambiant, un excès de température qui est constant, et égal à une valeur donnée u_0 : donc, pour $x = 0$, on a

$$M + N = u_0.$$

— A la seconde extrémité de la même barre, il est nécessaire que le flux intérieur de chaleur soit égal à la quantité de chaleur qui se dissipe par la conductibilité extérieure de la base du cylindre : donc, pour $x = l$, on a

$$ks\frac{du}{dx} + hsu = 0,$$

c'est-à-dire

$$ka(Me^{al} - Ne^{-al}) + h(Me^{al} + Ne^{-al}) = 0.$$

De ces deux relations on déduit

$$M = \frac{-(h - ak)u_0e^{-al}}{(h + ak)e^{al} - (h - ak)e^{-al}},$$

$$N = \frac{(h + ak)u_0e^{al}}{(h + ak)e^{al} - (h - ak)e^{-al}};$$

et il est évident que, si e^{al} est très-grand, ces valeurs se réduisent sensiblement à

$$M = 0, \qquad N = u_0.$$

On aura donc

$$u = u_0e^{-ax},$$

c'est-à-dire que les excès de température iront en décroissant en progression géométrique, toutes les fois que la barre sera très-longue, ou d'un très-petit diamètre, ou très-peu conductrice, car ces diverses conditions tendent à augmenter la valeur de l'expression e^{al}. — Cette loi simple s'était manifestée dans des expériences de

Biot, antérieures à celles de Despretz, et effectuées sur des barres de grande longueur.

664. **Application à l'appareil d'Ingenhouz.** — Dans l'appareil d'Ingenhouz, des tiges formées de diverses substances et couvertes de cire étant fixées par une de leurs extrémités dans la paroi d'une boîte pleine d'eau chaude (fig. 512), on observe que la cire

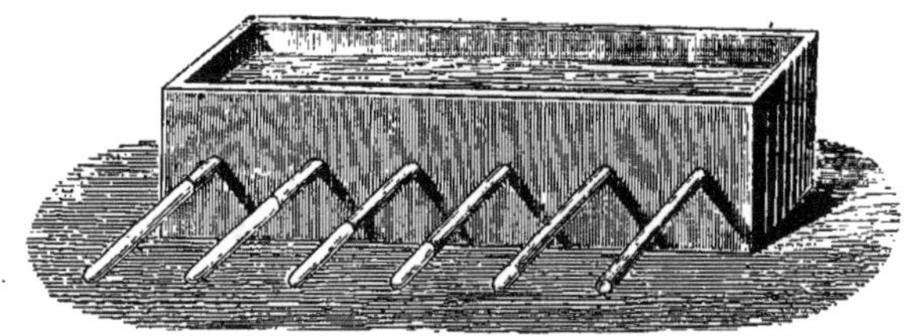

Fig. 512.

fond, sur les diverses tiges, jusqu'à des distances variables de l'extrémité chauffée. Or, si ces tiges ont un diamètre suffisamment petit, les excès de température, en des points situés à des distances de la boîte croissant en progression arithmétique, formeront, sur chacune d'elles, une progression géométrique décroissante; et, en désignant par x, x', x'', etc., les longueurs dans lesquelles la cire sera fondue sur les tiges successives, on aura

$$e^{-ax} = e^{-a'x'} = e^{-a''x''} = \ldots,$$

c'est-à-dire

$$ax = a'x' = a''x'' = \ldots.$$

Les sections des tiges étant égales entre elles, et leurs surfaces étant toutes recouvertes de cire fondue, ce qui assure l'identité des conductibilités extérieures, on aura, en élevant toutes ces équations au carré et tenant compte de la relation générale $a^2 = \frac{hp}{ks}$,

$$\frac{x^2}{k} = \frac{x'^2}{k'} = \frac{x''^2}{k''} = \ldots,$$

c'est-à-dire que les conductibilités des diverses substances soumises à l'expérience sont proportionnelles aux carrés des longueurs sur lesquelles la cire aura été fondue.

665. **Conductibilité des corps solides cristallisés.** — Pour étudier la conductibilité que présentent, dans diverses directions, les corps solides cristallisés, de Senarmont employait des plaques taillées parallèlement aux deux directions sur lesquelles devait porter l'expérience. Une petite ouverture, pratiquée au centre de la plaque AB (fig. 513), et dans laquelle on introduisait une pointe métallique placée à l'extrémité d'une tige ST que l'on chauffait en C, permettait de produire en ce point une élévation de température : la chaleur se communiquait progressivement aux régions voisines et faisait fondre la cire sur la plaque, dans un espace de forme et d'étendue variables selon la nature de la plaque elle-même et selon la direction de ses faces.

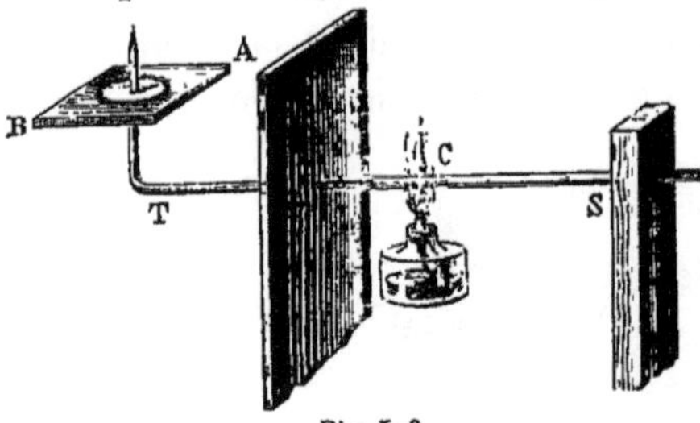

Fig. 513.

Lorsque le bourrelet circonscrivant l'espace où la cire était fondue avait une forme circulaire (fig. 514, A), on en pouvait conclure que la conductibilité était la même dans toutes les directions. Une forme elliptique du bourrelet (fig. 514, C) accusait au contraire une

Fig. 514.

variation de conductibilité dans les diverses directions, autour de l'ouverture. — En opérant avec une plaque mi-partie des deux substances (fig. 514, B), on observait une discontinuité dans la courbe formée par le bourrelet, aux points mêmes où il y avait discontinuité dans la substance de la plaque.

Les lois fournies par ces expériences peuvent se résumer comme il suit :

1° Dans les corps non cristallisés, ou dans les cristaux appartenant au système cubique, la conductibilité est la même en tous sens.

2° Dans les cristaux des autres systèmes, la conductibilité est variable avec la direction.

3° En outre, dans les cristaux à un axe optique, la conductibilité est la même suivant des directions également inclinées sur l'axe.

666. **Conductibilité des corps liquides.** — L'étude de la conductibilité des corps liquides présente des difficultés particulières, à cause de l'influence qu'exercent toujours les courants moléculaires sur la communication de la chaleur dans les divers points de la masse. Cependant la conductibilité propre des liquides peut être mise hors de doute en échauffant par la partie supérieure le liquide soumis à l'expérience.

Despretz opérait sur une cuve cylindrique de bois B (fig. 515), contenant de l'eau : la paroi de la cuve recevait, par des ouvertures

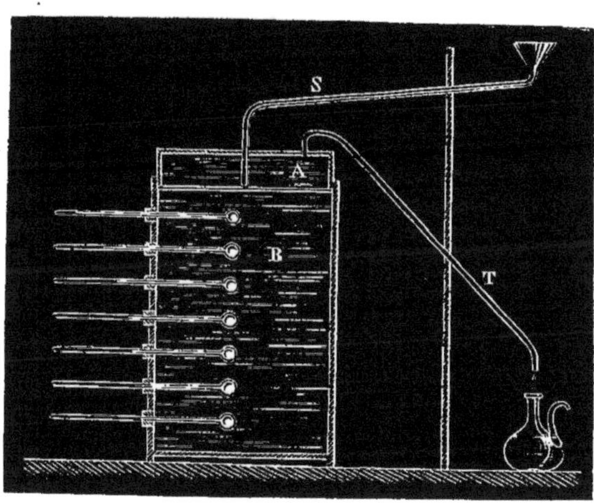

Fig. 515.

qui y avaient été pratiquées, des thermomètres dont les réservoirs plongeaient dans des couches horizontales équidistantes; à la partie supérieure, se trouvait un vase métallique A plongeant dans l'eau de la cuve; dans ce vase A, on amenait un courant d'eau chaude, incessamment renouvelé par le système des tubes S et T. — L'élévation de température des thermomètres successifs accusa la propagation de la chaleur dans la masse liquide. Lorsque l'état stationnaire fut établi, ce qui n'eut lieu qu'au bout de plusieurs heures, les excès de températures des thermomètres successifs sur la température ambiante formèrent une progression géométrique décroissante.

667. **Conductibilité des gaz.** — Dans les gaz, c'est presque uniquement par les courants moléculaires que la chaleur communiquée à certains points se transmet dans la masse. — Néanmoins l'expérience suivante, qui est due à M. Magnus, prouve que, parmi les divers gaz, l'hydrogène au moins a une conductibilité propre qui est parfaitement appréciable.

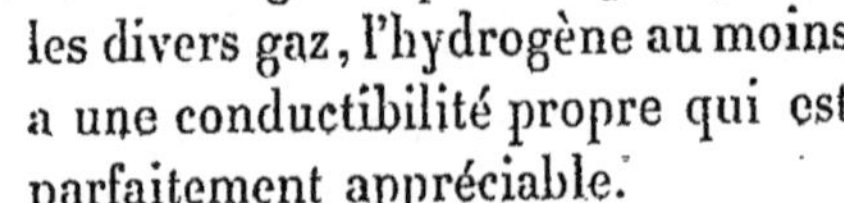

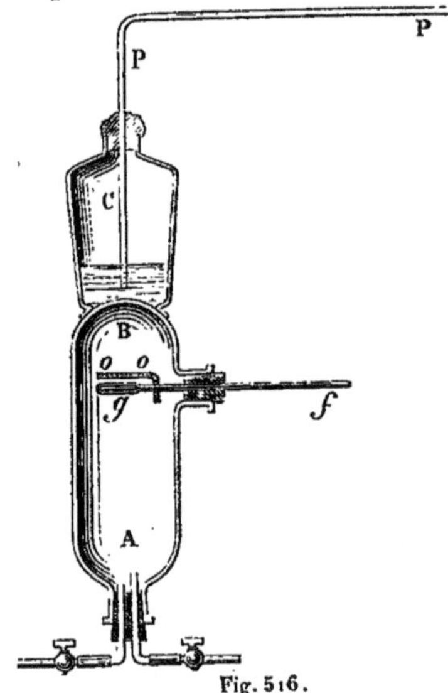

Fig. 516.

Un vase de verre AB (fig. 516) était chauffé par sa partie supérieure, au moyen d'une masse d'eau dans laquelle on amenait un courant de vapeur d'eau bouillante par le tube PC; dans ce vase était placé le réservoir *g* d'un thermomètre *fg*, protégé par un écran *oo* contre le rayonnement direct de la paroi échauffée; enfin le vase communiquait par sa partie inférieure avec une machine pneumatique. L'appareil était installé dans un laboratoire maintenu à la température de 15 degrés, de façon que l'on pût compter sur l'identité des températures ambiantes, pendant toute la série des expériences. — Le vase AB étant vide de gaz, la conductibilité des parois et le rayonnement communiquaient au thermomètre une certaine élévation de température, que l'on déterminait avec soin. On introduisait ensuite divers gaz dans ce vase, sous diverses pressions, et l'on effectuait les mêmes déterminations, en écartant scrupuleusement toutes les causes accidentelles de variations de température. Les résultats obtenus par M. Magnus peuvent être résumés de la manière suivante [1] :

(1) Ce résumé est extrait de l'analyse du travail de M. Magnus, donnée par Verdet dans les *Annales de Chimie et de Physique* (1861, 3e série, t. LXI, p. 380).

1° L'élévation de température du thermomètre au-dessus du milieu ambiant est plus grande quand le vase contient de l'hydrogène que lorsqu'il est vide; elle est d'autant plus considérable que le gaz est amené à une densité plus grande.

2° Au contraire, l'élévation de température est constamment moindre dans les autres gaz que dans le vide; elle est d'ailleurs décroissante quand la pression du gaz augmente.

3° De ce dernier résultat, on ne doit pas conclure que les gaz autres que l'hydrogène sont dépourvus de toute conductibilité, mais simplement que l'effet de leur pouvoir absorbant est supérieur à celui de leur conductibilité.

4° La remarquable conductibilité de l'hydrogène, qui rapproche ce gaz des métaux, se manifeste aussi bien quand le gaz est gêné dans ses mouvements, par de l'édredon ou par d'autres substances filamenteuses, que lorsqu'il est libre.

TABLE DES MATIÈRES.

ÉLASTICITÉ ET ACOUSTIQUE.

NOTIONS GÉNÉRALES.

PROPAGATION ET PRODUCTION DU SON DANS LES GAZ.

PROPAGATION DU MOUVEMENT VIBRATOIRE DANS LES GAZ.

RÉFLEXION ET RÉFRACTION DU SON.

PRODUCTION DU SON PAR LES GAZ.

COMPRESSIBILITÉ DES LIQUIDES.

PROPAGATION ET PRODUCTION DU MOUVEMENT VIBRATOIRE DANS LES LIQUIDES.

ÉLASTICITÉ DES CORPS SOLIDES.

PROPAGATION ET PRODUCTION DU SON DANS LES SOLIDES.

PROPAGATION DU SON DANS LES SOLIDES.

PRODUCTION DU SON PAR LES CORPS SOLIDES.

PHÉNOMÈNES PRODUITS PAR LA SUPERPOSITION DES MOUVEMENTS VIBRATOIRES.

NOTES COMPLÉMENTAIRES

RELATIVES À DIVERSES QUESTIONS D'ACOUSTIQUE.

OPTIQUE.

PROPAGATION RECTILIGNE DE LA LUMIÈRE.

PHOTOMÉTRIE.

RÉFLEXION DE LA LUMIÈRE.

RÉFLEXION PAR LES SURFACES PLANES.

RÉFLEXION PAR LES SURFACES COURBES.

RÉFRACTION DE LA LUMIÈRE.

RÉFRACTION PAR LES SURFACES COURBES.

THÉORIE GÉNÉRALE DES CAUSTIQUES.

DE L'ŒIL ET DE LA VISION.

INSTRUMENTS D'OPTIQUE.

INSTRUMENTS SANS OCULAIRE.

INSTRUMENTS À OCULAIRES.

DISPERSION.

DÉCOMPOSITION ET RECOMPOSITION DE LA LUMIÈRE.

ÉTUDE SPÉCIALE DU SPECTRE SOLAIRE.

ABSORPTION ET DIFFUSION.

ÉTUDE DES SPECTRES DE DIVERSES ORIGINES.

ACHROMATISME.

COMPLÉMENT À LA THÉORIE DE LA VISION.

DE LA MESURE DES INDICES DE RÉFRACTION.

DE L'ARC-EN-CIEL ET DES HALOS.

OPTIQUE THÉORIQUE.

INTERFÉRENCES.

I. — PHÉNOMÈNES D'INTERFÉRENCE.

II. — EXPLICATION DES PHÉNOMÈNES D'INTERFÉRENCE DANS LE SYSTÈME DES ONDULATIONS.

ANNEAUX COLORÉS.

PROPAGATION DE LA LUMIÈRE ET DIFFRACTION.

RÉFLEXION ET RÉFRACTION.

DOUBLE RÉFRACTION.

POLARISATION.

POLARISATION PAR LES CRISTAUX BIRÉFRINGENTS.

POLARISATION PAR RÉFLEXION ET PAR RÉFRACTION SIMPLE.

INTERFÉRENCES DE LA LUMIÈRE POLARISÉE.

CAUSES MÉCANIQUES DE LA DOUBLE RÉFRACTION.

POLARISATION CHROMATIQUE.

POUVOIRS ROTATOIRES.

PROPAGATION DE LA CHALEUR.

RAYONNEMENT.

LOIS RELATIVES AU MODE DE PROPAGATION DE LA CHALEUR RAYONNANTE.

LOIS RELATIVES AUX VARIATIONS D'INTENSITÉ DE LA CHALEUR RAYONNANTE.

DES POUVOIRS ÉMISSIFS ET DE L'ÉQUILIBRE MOBILE DES TEMPÉRATURES.

CONDUCTIBILITÉ.

FIN DE LA TABLE DES MATIÈRES.

A LA MÊME LIBRAIRIE

PARIS. — IMP. SIMON RAÇON ET COMP., RUE D'ERFURTH, 1.

www.ingramcontent.com/pod-product-compliance
Ingram Content Group UK Ltd.
Pitfield, Milton Keynes, MK11 3LW, UK
UKHW022321190726
13856UKWH00001B/132

9 782011 90045